微泡發生器流體動力學機理
及其
仿真與應用

李浙昆 著

Ӭ崧燁文化

前　言

隨著經濟的增長、人口的增加、工業化和城市化的發展，礦物資源消耗越來越多，人類將面臨資源枯竭的危險。由於礦物資源的不斷被開發利用，品位低、嵌布粒度細、共生礦、組成複雜的難選礦所占比例日益增大，資源高效綜合利用、微細粒礦物選別、再生資源利用、尾礦再選等，已經成為21世紀人類面臨的重要任務。

微泡浮選對微細粒礦物選別、廢紙脫墨、處理工業廢水等有著特殊的功效，急待對其進行深入的研究。新的微泡浮選方法、新型微泡浮選柱以及微泡浮選的工業應用等的研究正在進行，而氣泡發生裝置作為微泡浮選最重要的關鍵技術，一直是研究和關注的重點。微泡的生成與控製一直是影響微泡浮選推廣應用的瓶頸，對微泡浮選中微泡生成的理論與應用的研究還有待於不斷深入。

在多種新型的氣泡發生器中，流體型微泡發生器具有產生的氣泡直徑較小、空氣保有量較高、氣泡分散度較好以及可以產生湍動旋流（以利於氣泡與礦粒之間的相互作用，促進物料性別）等特點。本專著選擇了具有典型性的流體型微泡發生器作為研究對象，研究了射流式、旋流式、混流式、自吸式剪切流微孔等微泡發生器，研究了微泡發生器性能分析評價的方法、電導法檢測液位高度、泡沫層厚度的方法，並進行了該檢測裝置的設計。

在流體型微泡發生器中，微泡生成時的流動是複雜的氣、固、液三相流流動。三相流的性質、流量、流態等的變化，對微泡生成以及微泡浮選效果有著重要的影響，故對微泡生成的三相流力學機理進行研究是很有必要的。

本專著的主要研究內容如下：

一是對微泡生成機理及流體型微泡發生器進行了研究。本專著分析和研究了微泡浮選的作用及其關鍵技術、流體型微泡發生器工作原理、微泡形成的理論、微泡生成力學機理、氣核的作用、微泡析出機理、流體型微泡發生器的微泡生成機理。分析和研究了氣泡在流體中可能受到的各種力及其對微泡生成的影響作用、流體型微泡生成中可能產生的力。分析了微泡發生器的結構、各部件在微泡生成中的作用以及對微泡生成的影響。對氣泡尺寸和氣泡行為、氣泡的聚並與破碎規律、氣泡的分散與結群、氣泡與礦漿間的相互作用、氣泡尺寸大小和穩定性的影響因素等進行了研究和分析，建立了單顆粒氣泡與單顆粒礦粒因碰撞粉碎成微泡的力學機理模型。

二是研究了微泡生成三相流力學機理。在流體力學、多相流理論、湍流理論研究的基礎上，分析和總結了多相流的模型研究以及典型的應用，分析和研究了微泡浮選中的氣、固、液三相流力學，分析了微泡形成、運動、變化的規律以及影響微泡生成的主要因素，將氣泡顆粒相視為擬流體，根據雙流體模型的基本思想，建立了描述微泡發生器內流體流動的氣、固、液三相流混合模型。在 $k-\varepsilon-k_p$ 湍流模型的基礎上，提出了 $k-\varepsilon-k_p-k_g$ 多相湍流封閉模型，為進行微泡生成的三相流力學機理研究建立了相關的理論。

三是進行了基於 CFD 的數值模擬分析。本專著簡要介紹了計算流體動力學（CFD）的發展概況、CFD 數值模擬方法及主要流程、FLUENT 軟件及其主要功能。設計了流體型微泡發生器的數字樣機，利用計算機仿真技術，對微泡浮選的關鍵技術及裝置——微泡發生器進行數值模擬仿真分析，根據 CFD 的理論和計算機仿真技術，從兩相流、三相流兩個方面進行了數值模擬計算研究，定性、定量地分析了流體型微泡發生器內流場各處的速度、壓力和各相耦合強度等重要參數。結合建立的三相流混合模型，對微泡發生器卷吸中的氣、固、液三相流力學特性進行了數值模擬計算，模擬計算結果驗證了三相流混合模型的合理性，得出了一些有價值的結論，為流體型微泡發生器的設計和改進提供了依據和有價值的參考。

四是在實驗研究中，基於建立的三相流理論和流體型微泡發生器的設計理論，自主設計、製造、安裝、調試了微泡發生器物理樣機以及微泡發生器的實驗裝置。進行了一系列不同操作參數及結構參數對微泡生成的影響的實驗研究，對不同工作壓力、不同充氣量、不同背壓、不同喉嘴距、不同喉管長徑比、孔板（或篩網）的作用、擴散管接入柱體形式等因素對微泡發生器產生微泡的性能的有效性進行了實驗研究。分別對射流式、旋流式、混流式、自吸式剪切流微孔等微泡發生器進行了實驗及應用研究。實驗結果論證了三相流理論和流體型微泡發生器的設計理論的正確性，驗證了數值模擬計算的正確性，為流體型微泡發生器的設計與實驗提供了有效的方法，為微泡浮選研究提供了有價值的參考。

五是建立了微泡發生器性能分析評價系統。對微泡發生器的性能分析和評價進行了相關研究，明確了建立分析評價系統的目的和意義，為優化微泡發生器性能，提供了幫助。分析了系統的功能要求、組成結構和總體實現方法，並將其分成了結構參數化建模、解算與操作參數離散、數據分析和數據查詢與管理四大模塊。對每個模塊進行了功能分析、實現方法和程序開發三個方面的研究，分析了影響微泡發生器性能的結構參數，實現了對微泡發生器進行多結構參數組合、多操作參數組合、批量化、自動化和有序化的分析，根據相關的指標能夠對性能進行評價，同時能夠對大量的數據進行有效的管理。

六是採用電導法對液位高度、泡沫層厚度進行檢測。研究了礦漿和礦化泡沫層之間物理特性的差異，根據礦漿、礦化泡沫層以及空氣層之間的電導率差異實現液位高度和礦化泡沫層厚度的檢測。設計了一種以介質電導率差異為基礎的電導率液位傳感器及整個檢測裝置，同時完成了對礦漿液位（工作背壓）和礦化泡沫層厚度的測量。

總之，本專著以微細粒礦物選別問題為實際應用背景，從解決微粒浮選問題出發，研究流體型微泡發生器中的微泡生成三相流力學機理，為微粒的微泡浮選設備的設計、微泡浮選技術的實際應用提供了理論依據。在研究過程中建立了三相流力學模型，研究了數值模擬計算，借助計算機以及計算流體動力學（CFD）理論對微泡生成中的三相流力學問題進行了數值模擬計算，分析了微泡發生器的性能。本專著在理論研究、數值仿真分析的基礎上，研發了微泡發生器及其實驗裝置，並對微泡發生器的性能進行了理論及實驗研究。在不同工況條件下，研究和分析了微泡發生器的充氣性能、微泡生成情況等。結合實驗結果，分析總結出了微泡生成理論研究、計算機數值模擬以及實際開發設計理論和方法。本專著探索建立了一套較為完整的開發流體機械的設計與實驗的有效方法，為流體型微泡發生器的開發應用、微泡浮選的研究應用提供了有價值的參考。

關鍵詞：微泡浮選　微泡發生器　三相流力學理論　計算機仿真　實驗分析

Preface

More and more mineral resources are consumed with the increase of population, the development of economy, industrialization and urbanization. Human being will meet the danger of resources exhausted. Because the mineral resources are continuously used by man, there are more and more mines that are bad quality, little grains embed together, accrete, and component complicated, and that are very difficult to select. Synthesized and efficient utilization of mineral resources, selection of micro-grains of mine, utilization of recycle resources, reselection of gangues, and so on are important tasks with which human will be confronted in the 21st century.

Microbubble flotation is a very efficient method for the selection of micro-grains of mine, the division printing ink from waste paper, cleaning industrial waste water, etc., so it is an urgent research direction. New microbubble flotation methods, new microbubble flotation columns and applications of microbubble flotation are being studied. The bubble generator, which is the most important key technique, is a researching key point. On account of that there is not a long time for the development and application of microbubble flotation, the research about principle, structure and operating parameters is not very good. It is needed continuously to solve the problems about easy log-jam and inconvenient operation of microbubble generators. The generation and control of microbubbles is a bottle-neck problem of wider applications of microbubble flotation. It is needed to study thoroughly about the theory and application of generation of microbubbles in microbubble flotation.

In various new microbubble generators, the fluid microbubble generator has good characteristics in: the generated bubble's diameter is small, there is more air in the flow, there is a good dispersion of bubbles and it can produce turbulent vortex that are useful for mutual actions between bubbles and mine grains, and useful for material selection. The dissertation selects the fluid microbubble generator as a typical research object. The microbubble generators such as jetting, swirling, mixed flowing, self-absorption shear flow micropores were studied. The method of analysis evaluating the performance of microbubble generators was studied. The method of detecting the height of liquid level and the thickness of foam layer was studied too. And the design of the detection device was carried out.

In the fluid microbubble generator while it produces microbubbles the flow is an intricate three phase flow of air, solid and liquid. Because a little change in property, flux, and flow states etc. of three phase flow will influence the result of microbubble generation and microbubble flotation, it is necessary to study the three phase flow mechanics mechanism of microbubble generation.

Followings are the main research contents in the dissertation:

First, the mechanism of microbubble generation and a fluid microbubble generator has been studied. The dissertation has studied and analyzed the function and key technologies of microbubble flotation, the working principle of fluid microbubble generator, the theory of microbubble generation, the mechanism of microbubble generation, the effects of gas bells, the mechanism of microbubble separation and the mechanism of microbubble generation in the fluid microbubble generator. It has studied and analyzed several of mechanics that would act on a bubble in the fluid, the influence actions of these mechanics for microbubble generation and the mechanics that will exist in the fluid microbubble generation process. It has analyzed the structure of the fluid microbubble generator, the functions and influences of every component for microbubble generation. And it has also studied and analyzed bubble's size and bubble's characteristics, bubble's integrating gather and bubble's crashing law, bubble's dispersion and thronging together, the mutual action between bubble and mine plasma, the influence factors that will decide the stability and size of bubble, and so on. The mechanics mechanism model, which expresses bubble's division through the collision between a bubble and a single mine grain, was proposed.

Second, the dissertation has studied the mechanism of three phase flow mechanics for microbubble generation. Based on the hydrodynamics, the theories of multiphase flow and turbulence, the multiphase flow models and typical applications have been summarized. It has studied and analyzed the mechanics theory of air, solid, and liquid three phase flow in microbubble flotation, the law of microbubble generation, bubble's movement and change, the key influence factors for producing microbubble. The granules of bubble were taken as a kind of virtual fluid. According to the basic idea of two flow model, a mechanics mixed model of air, solid, and liquid three phase flow has been set up. This mixed model will describe the flow running in the microbubble generator. Based on the $k-\varepsilon-k_p$ turbulent flow model, the $k-\varepsilon-k_p-k_g$ multiphase turbulent flow model has been proposed. Relative theories were built up for studying mechanism of three phase flow in microbubble generation.

Third, the numerical simulation analysis, based on CFD (Computational Fluid Dynamics), has been done. The dissertation has introduced briefly the development of CFD, the main processes, CFD numerical simulation methods, FLUENT software and its main functions. It built a numerical prototype of fluid microbubble generator that is a key technology and device in microbubble flotation. And then the numerical simulation analyses have been done by computer simulation technology. Using CDF theory and computer simulation technology, the numerical simulation computations have been done from two phase flow to three phase flow. The important parameters, such as velocities at different parts, pressures, coupling actions intensity, etc. of the flow in the fluid microbubble generator, have been analyzed qualitatively and quantificationally. Combined with the created mixed model of three phase flow, mechanics features of air, solid, and liquid three phase flow as jetting flow in the microbubble generator have been numerically simulated. The results showed that the mixed model of three phase flow is reasonable. Some valuable conclusions have been obtained. And they are good valuable references and a fundamental theory for designing and improving fluid microbubble generators.

Fourth, in the experimental research, based on the proposed theory of three phase flow and the design theory of fluid microbubble generators, the physical prototype and experimental device of microbubble generator have been designed, fabricated, fixed and adjusted by myself. A series of different operational and structural parameters, which would influence the microbubble generation, were studied experimentally. It means that different factors, such as different working pressures, different air charges, different output pressures, different distances of throat and nozzle, different proportions of throat pipe lengths and diameters, aperture boards and griddles, different forms of diffuse pipes connected with a column, which will influence the microbubble's generation, have been studied experimentally. The experiments and applied researches of the microbubble generators such as jetting, swirling, mixed flowing, self-absorption shear flow micropores were carried out. The experimental results shows that the proposed theory of three phase flow and the design theory of fluid microbubble generators are correct. The validity of numerical simulation computations was validated. This dissertation affords valuable means for designing and testing fluid microbubble generators, and affords valuable references for researching microbubble flotation.

Fifth, the analysis and evaluation system of microbubble generators' performance was established. It studies the performance analysis and evaluation of the microbubble generators, and clarifies the purpose and significance of establishing the analysis and evaluation system, which is helpful to optimize the performance of the microbubble generators. The functional requirements, composition structures and overall implementation methods of the system were analyzed, and the four modules are divided into structural parameterization modeling, solution and operation parameters discretization, data analysis and data query and management. The functional analysis, implementation method and program development of each module are studied. The functional parameters of the performance of the microbubble generators are analyzed, and the multi-structure parameters combination and the multi-operation parameters combination of the microbubble generators, batching, automated and orderly analysis are analyzed. According to the relevant indicators the performances can be evaluated, while a large number of data can be effectively managed.

Sixth, conductivity method is used to detect the liquid level, the thickness of the mineralized foam layer. The differences in the physical properties between the slurry and the mineralized foam are studied. The liquid level and the thickness of the mineralized foam are measured according to the differences in conductivity within the slurry, the mineralized foam and air layers. A conductivity level sensor based on the dielectric conductivity difference and the whole detection device were designed, and the measurement of the slurry level (working back pressure) and the thickness of the mineralized foam layer was completed at the same time.

In conclusion, this dissertation takes the selection of micro-grains of mine as real application background. In order to solve the problem of micro-grains flotation, the mechanics mechanism of three phase flow in a fluid microbubble generator was studied. It provided the theory for designing devices of microbubble flotation and applying the technology of microbubble flotation to reality. For founding the mechanics models of three phase flow, numerical simulation arithmetic was studied, the mechanics problems of three phase flow were solved in numerical simulation calculation by the theory of Computational Fluid Dynamics (CFD). The capability of the microbubble generator was analyzed. Based on the results of theoretic research and numerical simulation analysis, the microbubble generator and its experimental device were developed. And the capability of the microbubble generator was analyzed theoretically and experimentally. Under the different working conditions the capability of the microbubble generator and the microbubble generation were studied. According to the experimental results, the useful references, which included the theoretic research of microbubble generation, computer numerical simulation, and real development and design, were summarized. The dissertation sets up a whole set of efficient methods for designing and testing hydro-mechanisms and provides valuable reference for developing and applying fluid microbubble generators and microbubble flotation.

Key Words: microbubble flotation; microbubble generator; mechanics theory of three phase flow; computer simulation, analysis

目　錄

第一部分　微泡發生器流體動力學機理研究——以射流式微泡發生器為例

第一章　緒論／3

1.1　資源問題／3

　　1.1.1　資源危機／3

　　1.1.2　中國的資源消耗／5

　　1.1.3　中國礦產資源的特點及面臨的任務／7

1.2　浮選概述／8

　　1.2.1　浮選發展簡況／8

　　1.2.2　微泡浮選的發展應用簡況／9

1.3　微泡浮選關鍵技術分析／12

　　1.3.1　微泡發生器／12

　　1.3.2　微泡發生器研究近況／13

1.4　選題及研究內容／15

　　1.4.1　選題背景／15

　　1.4.2　研究意義／17

1.4.3　研究內容／17

第二章　微泡生成機理及射流微泡發生器的研究／19

2.1 射流式微泡發生器工作原理／19

2.2 微泡生成力學機理研究／21

2.2.1　氣核作用／21

2.2.2　機理分析／22

2.2.2.1　微泡析出機理／22

2.2.2.2　吸氣生成微泡機理／24

2.2.2.3　孔板及擴散管的作用／28

2.3 微泡生成的尺寸與分散／29

2.3.1　微泡的尺寸／29

2.3.1.1　析出微泡的尺寸／30

2.3.1.2　孔板對微泡尺寸的影響／31

2.3.1.3　射流生成微泡的尺寸／31

2.3.2　氣泡的分散／32

2.4 微泡生成過程及力學分析／33

2.4.1　力學分析／33

2.4.2　微泡生成過程分析／38

2.4.2.1　氣泡破碎機理分析／38

2.4.2.2　氣泡兼併作用分析／44

2.4.2.3　氣泡的結群／45

2.4.2.4　氣泡在礦漿中的運動／46

2.4.3　礦粒對微泡生成的作用／46

2.5 微泡發生器結構分析／47

2.5.1　噴嘴 / 48

　　2.5.2　吸氣室及進氣管 / 49

　　2.5.3　混合室 / 49

　　2.5.4　孔板 / 50

　　2.5.5　喉管 / 50

　　2.5.6　擴散管 / 51

2.6　微泡發生器充氣性能分析 / 52

　　2.6.1　充氣量 / 52

　　　　2.6.1.1　射流速度對充氣量的影響 / 52

　　　　2.6.1.2　微泡發生器的結構對充氣量的影響 / 53

　　2.6.2　氣泡分散度 / 54

　　2.6.3　氣泡分佈 / 55

　　2.6.4　含氣率 / 55

2.7　本章總結 / 57

第三章　微泡生成三相流力學機理研究 / 58

3.1　流體力學發展概述 / 58

3.2　多相流研究概述 / 59

　　3.2.1　研究概況 / 60

　　3.2.2　顆粒軌道模型 / 62

　　3.2.3　歐拉多相模型 / 64

　　3.2.4　雙流體模型 / 64

　　　　3.2.4.1　雙流體模型及其發展 / 64

　　　　3.2.4.2　歐拉及拉格朗日觀點比較和雙流體模型通式 / 66

　　3.2.5　氣、固、液三流體模型 / 67

    3.2.6　紊流模型 / 68

  3.3　微泡發生器內三相流流動分析 / 69

    3.3.1　紊流流動 / 69

    3.3.2　射流傳質 / 70

    3.3.3　相間耦合 / 70

      3.3.3.1　氣液相間的動量傳遞 / 71

      3.3.3.2　氣固、液固相間的動量傳遞 / 73

      3.3.3.3　相間湍流相互作用 / 73

      3.3.3.4　相內作用 / 73

    3.3.4　物理模型分析 / 74

  3.4　三相流混合模型的建立 / 75

    3.4.1　瞬態方程組 / 76

    3.4.2　時均方程組 / 78

    3.4.3　湍流封閉模型 / 80

  3.5　常數及符號 / 84

  3.6　本章小結 / 85

第四章　基於 CFD 的數值模擬分析 / 87

  4.1　CFD 概述及 FLUENT 軟件 / 88

    4.1.1　CFD 的發展概況 / 88

    4.1.2　CFD 數值模擬方法及主要流程 / 88

    4.1.3　FLUENT 軟件簡述 / 90

  4.2　微泡發生器中的兩相流數值模擬 / 91

    4.2.1　計算域及數值計算模型 / 91

    4.2.2　邊界條件及基本參數 / 92

4.2.3　數值模擬結果分析／93

4.3　微泡發生器中的三相流數值模擬／98

4.3.1　微泡發生器總體結構／98

4.3.2　數值計算邊界條件／99

4.3.3　三相流的基本參數／99

4.3.4　計算域、控制方程和計算方法／99

4.3.5　仿真模擬與計算分析／100

4.3.5.1　噴嘴處礦漿噴射速度的仿真模擬與計算分析／100

4.3.5.2　速度分佈／101

4.3.5.3　壓力分佈／107

4.3.5.4　湍動能分佈／110

4.3.5.5　各相份額及分佈／111

4.4　本章總結／113

第五章　浮選柱數學模型及微泡礦化機理研究／114

5.1　浮選速率方程／114

5.2　浮選柱內礦粒的滯留時間／115

5.3　微泡礦化力學機理研究／115

5.3.1　單個礦粒與單微泡的附著／116

5.3.2　礦粒群與單微泡的附著／118

5.3.3　單層附著／118

5.3.4　多層附著／120

5.4　礦化微泡的特性／123

5.4.1　礦化微泡等速方程／123

5.4.2　空氣與礦漿的流速比／123

5.4.3　礦化微泡密度／124

　　　5.4.4　礦化微泡直徑／125

5.5　微泡礦化的影響因素／126

　　　5.5.1　礦粒疏水性對微泡礦化的影響／126

　　　5.5.2　微泡直徑對微泡礦化的影響／126

　　　5.5.3　礦粒粒度對微泡礦化的影響／127

5.6　本章小結／127

第二部分　應用實例

第六章　射流式微泡發生器性能實驗研究／131

6.1　實驗裝置／131

6.2　設計特點／133

6.3　實驗結果分析／133

　　　6.3.1　工藝參數的實驗研究／133

　　　　　6.3.1.1　介質流量及其壓力的影響／134

　　　　　6.3.1.2　背壓的影響／136

　　　　　6.3.1.3　進氣量的影響／137

　　　　　6.3.1.4　充氣壓力的影響／138

　　　6.3.2　結構參數的實驗研究／139

　　　　　6.3.2.1　噴嘴到喉管入口間距的影響／139

　　　　　6.3.2.2　喉管結構形式及長徑比的影響／142

　　　　　6.3.2.3　孔板（或篩網）的影響／143

　　　　　6.3.2.4　擴散管接入方式的影響／144

6.4　本章總結／146

第七章　旋流式微泡發生器 / 147

7.1　旋流式微泡發生器的設計與仿真 / 147

7.1.1　旋流式微泡發生器的工作原理 / 147

7.1.2　旋流式微泡發生器的主要參數 / 148

7.1.2.1　入水口直徑 / 148
7.1.2.2　內腔直徑 / 149
7.1.2.3　空氣吸口直徑 / 149
7.1.2.4　混合物出口直徑 / 149

7.1.3　旋流式微泡發生器的三維仿真分析 / 149

7.1.3.1　旋流式微泡發生器的三維建模 / 150
7.1.3.2　旋流式微泡發生器的仿真參數設定 / 150
7.1.3.3　反應流場特性的幾個主要參數 / 151
7.1.3.4　旋流自吸式微泡發生器內腔直徑的參數設計 / 152
7.1.3.5　旋流自吸式微泡發生器空氣吸口直徑的參數設計 / 157
7.1.3.6　旋流自吸式微泡發生器混合物出口直徑的參數設計 / 161
7.1.3.7　最終模型確定 / 163
7.1.3.8　仿真小結 / 163

7.2　旋流式微泡發生器的實驗研究 / 164

7.2.1　旋流式微泡發生器的實物加工 / 164
7.2.2　實驗原理與裝置 / 166
7.2.3　微泡尺寸與工況參數的關係 / 167
7.2.4　實驗小結 / 172

第八章　混流式微泡發生器的性能研究 / 173

8.1 混流式微泡發生器的設計與仿真 / 173

8.1.1 混流式微泡發生器的基本結構 / 173
8.1.2 混流式微泡發生器的工作原理 / 175
8.1.2.1 基本性能方程 / 175
8.1.2.2 充氣性能方程 / 178
8.1.3 混流式微泡發生器基本性能的評價方法 / 180
8.1.3.1 混流式微泡發生器內部流場流型 / 180
8.1.3.2 微泡尺寸計算與測試 / 183

8.2 混流式微泡發生器內流場數值模擬 / 186

8.2.1 微泡發生器內部三相流場仿真研究 / 186
8.2.2 仿真結果分析 / 187
8.2.2.1 噴嘴性能分析與評價 / 187
8.2.2.2 喉管性能分析與評價 / 194
8.2.2.3 擴散管性能分析與評價 / 200
8.2.2.4 浮選柱高度對微泡發生器性能的影響 / 203
8.2.3 仿真小結 / 204

第九章　自吸式剪切流微孔微泡發生器的研究 / 205

9.1 影響微孔成泡的因素 / 205

9.1.1 孔口特性的影響 / 205
9.1.2 氣室體積的影響 / 206
9.1.3 浸沒深度的影響 / 207
9.1.4 液體的表面張力和氣孔的潤濕性的影響 / 207
9.1.5 液體黏度的影響 / 208

9.1.6　液體密度的影響 / 208

9.1.7　氣體流率的影響 / 209

9.1.8　連續相速度的影響 / 210

9.2　在剪切流下的小孔成泡 / 211

9.2.1　單個成泡 / 211

9.2.2　脈動成泡 / 212

9.2.3　噴射成泡 / 212

9.2.4　氣穴成泡 / 213

9.3　文丘里管 / 213

9.4　多孔材料 / 215

9.4.1　有機泡沫浸漬法 / 215

9.4.2　發泡法 / 216

9.4.3　添加造孔劑法 / 216

9.5　自吸式剪切流微孔微泡發生器的仿真分析 / 217

9.5.1　文丘里式-多孔介質微泡發生器的結構研究 / 218

9.5.2　使用FLUENT對自吸式剪切流微孔微泡發生器的選優設計 / 218

9.5.2.1　已知數據 / 218

9.5.2.2　模型簡化 / 219

9.5.2.3　數值模擬參數設置 / 219

9.5.2.4　入口半錐角α的優化 / 220

9.5.2.5　出口半錐角對β的優化 / 223

9.5.2.6　喉管長度l的確定 / 227

9.5.2.7　陶瓷微孔膜管內徑d對微泡發生器性能的影響 / 230

9.5.2.8　氣室空氣入口數量的確定 / 232

9.5.2.9　最終使用模型的確定 / 233

9.5.3　仿真小結 / 234

9.6　自吸式剪切流微孔微泡發生器的實驗研究 / 235

9.6.1　實驗裝置 / 235

9.6.2　自吸狀態下水流速度與微泡大小和含氣率之間的關係 / 236

9.6.3　氣流率和剪切流速度對微泡粒徑的影響 / 237

9.6.4　實驗小結 / 238

第十章　微泡發生器性能分析評價系統研發 / 239

10.1　系統概述 / 239

10.1.1　系統開發相關工具 / 239

10.1.2　系統總體結構 / 241

10.2　參數化建模及網格劃分模塊 / 241

10.2.1　微泡發生器結構的參數化 / 242

10.2.2　模塊實現方法 / 244

10.2.3　參數化建模及網格劃分模塊開發 / 247

10.3　分析求解及操作參數離散化模塊 / 251

10.3.1　模塊實現方法 / 251

10.3.2　求解模塊開發 / 253

10.3.3　操作參數離散化開發 / 256

10.4　性能評價模塊開發 / 257

10.4.1　模塊實現方法 / 257

10.4.2　模塊開發 / 258

10.5　數據管理模塊 / 259

10.5.1　模塊實現方法 / 259

10.5.2　數據庫設計 / 259

10.5.3　數據查詢模塊開發／262

10.6　性能分析實例／263

10.7　研發小結／264

第三部分　電導法檢測液位、泡沫層的研究

第十一章　檢測液位、泡沫層及其傳感器研究／268

11.1　泡沫層厚度、液位高度對浮選的影響／268

11.1.1　泡沫層結構／268

11.1.2　泡沫層性質／269

11.1.3　液位高度對浮選的影響／270

11.2　浮選柱液位檢測方法分析／271

11.3　電導式浮選液位傳感器的研究／274

11.3.1　電導率液位檢測法原理／275

11.3.2　靜態礦漿與礦化泡沫物理特性的研究／276

11.3.3　小型浮選槽試驗／278

11.3.4　試驗結論／282

11.4　電導式浮選液位傳感器的設計／282

11.4.1　檢測原理／283

11.4.2　電導率液位傳感器結構設計／283

11.4.3　電導率液位傳感器控製電路設計／285

11.4.4　傳感器檢測電路和 A/D 轉換電路精度測試／287

11.5　本章小結／289

第十二章　檢測裝置設計 / 291

12.1　電阻式遠傳壓力表 / 292

12.2　檢測裝置硬件實現 / 293

12.2.1　控製芯片的選擇 / 293

12.2.2　時鐘電路與復位電路 / 294

12.2.3　A/D 轉換電路 / 295

12.2.4　串口通信電路 / 296

12.2.5　鍵盤與顯示電路 / 298

12.2.6　系統電源 / 299

12.3　檢測軟件設計 / 299

12.3.1　數字濾波 / 301

12.3.2　檢測系統初始化 / 302

12.3.3　壓力檢測程序 / 303

12.3.4　液位傳感器的信號採集及預處理程序 / 303

12.3.5　液位高度及泡沫層厚度判定程序 / 304

12.3.6　報警程序 / 307

12.3.7　串行中斷程序 / 308

12.3.8　上位機程序設計 / 309

12.3.8.1　Windows 環境下串行通信的實現 / 309

12.3.8.2　上位機監測系統的功能要求 / 311

12.3.8.3　上位機程序的實現 / 311

12.4　實際檢測實驗 / 312

12.4.1　工作背壓對微泡發生器性能的影響 / 313

12.4.2　微泡發生器工作壓力對泡沫層厚度的影響 / 315

12.4.3　進氣閥開度對泡沫層的影響 / 318

12.5 本章小結 / 320

第十三章　總結與展望 / 321
13.1　研究成果 / 321

13.2　展望 / 323

參考文獻 / 324

總結與展望 / 335

第一部分
微泡發生器流體動力學機理研究
——以射流式微泡發生器為例

第一章 緒論

1.1 資源問題

人類文明發展離不開資源的開發與利用，一旦沒有了資源，人類社會就不可能像今天這樣發展。過去的一百年是科技發展最快、人口增長最多、資源消耗最大的一百年。在 19 世紀以前人類從來沒有感覺到資源危機，一直把資源視為是無限的，到了 20 世紀人們才開始認識到資源的有限性，21 世紀人類將面臨某些陸地礦物自然資源的枯竭。

1.1.1 資源危機

人類正面臨著人口、資源和環境三大難題。隨著經濟的飛速發展和人口的不斷增加，逐步的工業化和城市化，使人類消耗的自然資源越來越多，人類將面臨著陸地礦物資源耗盡的危險。為了能獲得較長時間的發展，保護人類的生存環境，中國已關閉破壞礦脈、污染環境、達不到安全標準的礦業。提高資源利用率，減少或避免污染物的產生和排放，已成為中國礦業追求的目標。[1]但人類面臨的資源匱乏的危機是不可迴避的。

礦產資源是一種不可再生的自然資源，是人類生存和發展不可缺少的物質基礎，其擁有量及其開發利用水平，已成為影響國家發展的重要因素。在人類步入工業社會之后，80%左右的工業原料為礦物原料，農業生產資料中大部分原料也來自礦物資源。因此，為了維持人類的生存發展和社會的正常運轉，全球每年人均要從地球岩石圈攫取 25 噸礦物資源，以全球 58 億人計算，每年總共要從岩石圈攫取各種礦物質達 1,450 億噸。經過人類幾千年不停地攫取，在最近地質年代內，不能再生的礦產資源短缺或枯竭的危機漸漸向人類逼近。

聯合國《1994 年能源資源調查》和美國礦產局提供的數據表明，按資源可採量計算，石油可採年限為44~46年。天然氣為60~126年，煤炭為219年，銅為65年，鋅為40年，磷酸鹽為55年。

中國正面臨著礦產資源緊缺的挑戰。金屬礦產是國民經濟、國民日常生活、國防工業、尖端技術和高科技產業必不可少的基礎材料和重要的戰略物資。鋼鐵和有色金屬產量往往被認為是一個國家國力的體現。中國是金屬礦產資源比較豐富和齊全的少數幾個國家之一。五十年來已發現礦產地近20萬處，經詳細工作的有2萬處；發現礦產168種，探明有儲量的礦產151種。目前已開發利用的礦產達154種[2][3]，礦產開發總規模居世界第三位。礦業已成為中國主要的基礎產業。但其中主要礦產人均數量不及世界平均水平的1/2，許多礦產已不能滿足國民經濟的需要，如鐵礦石已經滿足不了鋼鐵生產的需要，為了彌補不足，已通過進口富礦石和廢鋼予以解決。估計未來20年，中國鋼鐵的缺口為30億噸。中國人均礦產資源佔有量為世界平均水平的58%，據國土資源部儲量司進行的全國礦產資源儲量套改統計結果表明，在中國45種固體礦產中，大多數可利用的基礎儲量只有3成左右，中國礦產資源形勢十分嚴峻。儲量套改結果還表明，全國開採、基建礦區共有9,217處，70%以上是可利用的基礎儲量，停建、停採、閉坑礦區共計3,341處，以邊際經濟基礎資源量以及次經濟資源量為主，停建、停採的主要原因是經濟效益差、礦石品位低、礦石質量差及有害組分高、水文地質條件複雜、儲量耗竭、礦產品無銷路等；全國可利用的礦區共有2,631處，主要以經濟基礎儲量為主；難以利用的礦區共2,770處，以邊際經濟基礎儲量和次經濟基礎儲量為主；可供進一步工作的礦區共有1,605處，主要以內蘊經濟資源量為主。中國礦物資源緊缺，陸地資源只能滿足20~30年的經濟發展需要。

新世紀人類對礦產資源的需求量仍在增加，礦業仍是國家經濟發展的重要支柱。但是，礦產資源的形勢極其嚴峻，聯合國經濟委員會1981年曾發表了一份預測報告，如果發展中國家對礦物原料的需求量都達到美國的水平，則現有的鋁土礦儲量在18年以后將消耗殆盡，而銅只要9年時間，鉛6年后就沒有了。雖然這種結果會隨著地質勘探工作的發展和新礦產儲量的發現而變化，但仍說明了資源問題的嚴重性。礦產資源是人類社會發展離不開的重要資源，隨著人類社會文明的進步，礦產資源的重要性愈來愈不可忽視。經濟要可持續發展，就必須解決好日益增長的物質需要與不可再生的自然資源的矛盾。如何充分利用礦產資源、發現和開發新的礦產資源、研究和探索新的礦物加工技術、保護生態環境等，是可持續發展所面臨的重要問題。資源危機的臨近，已經不可迴避。為此，人類已經開始向月球、深海進軍，去發現尋找新的資源；

從尾礦、礦渣中再次提取有用資源；加強再生資源的利用，形成資源產業的良性循環；提高現有資源的綜合利用率。

1.1.2　中國的資源消耗

在中國，特別是在西部的礦產資源開發利用方面，普遍存在著開發利用率低、大礦小開、一礦多開、礦山設備簡陋、經營粗放、掠奪性開採、破壞資源、污染環境等問題。已開採礦山服務年限逐漸縮短，綜合利用率低；中國東、中部地區的多數礦山已經面臨枯竭。50多年來中國國民生產總產值雖然增長了10多倍，但礦產資源消耗卻增長了40多倍，如果不改變這種高消耗的粗放增長方式，人均礦產資源十分貧乏的中國，到下個世紀，在三重壓力（經濟快速增長、工業化中期發展階段對礦產資源使用強度最大和人口增多）之下，除煤之外，多數礦產資源無法滿足基本的供給保障，資源的匱乏將影響中國的國民經濟的發展，影響國防建設及中國在國際事務中的地位。

在黑色金屬方面，中國鐵礦、鉻礦、錳礦等資源的供需形勢嚴峻。1996年中國鋼產量為10,124萬噸，國內成品鐵礦產量為11,892萬噸，鐵礦石滿足不了鋼鐵生產的需要，為了彌補不足，依靠進口富礦石和廢鋼予以解決。1996年進口富鐵礦石4,387萬噸，廢鋼129.21萬噸。錳、鉻、釩、鈦是鋼鐵工業重要的合金元素。由於鋼鐵工業的發展，對這些礦物原料的需求量大增。1996年中國錳礦石的自給率為73.6%。鉻鐵礦缺口更大，1996年的自給率僅為14.5%。中國地質科學院全球戰略研究中心主任王安建的《全球礦產資源研究2001年報告》，根據不同發展階段的國家經濟發展與能源和大宗金屬礦產資源消費的規律，以及未來中國GDP的增長速度等因素，進行了大量分析和計算，得出如下結論：對於鋼，中國人均消費峰值點在2012—2014年，人均消費量為183~187千克，20年累計需求量為45億~47億噸；對於銅，中國人均消費峰值點在2019—2023年，人均消費量為3.7~4.6千克，20年累計需求7,800萬~8,100萬噸；對於鋁，中國人均消費的峰值點在2022—2028年，人均消費量為8.8~10.8千克，20年累計需求量為1.7億~1.74億噸。未來20年，中國就面臨的鋼鐵缺口總量為30億噸、銅缺口為5,000萬噸、精煉鋁缺口為1億噸。中國人均礦產資源佔有量僅為世界平均水平的58%，鐵、銅、鋁礦產品及其加工產品進口率分別是11%、37%、37%。隨著國民經濟的發展、人口的增加與人民生活水平的提高，對鐵、銅、鋁等礦產品的消費量將大幅度增加，資源供需矛盾將更加突出（詳見表1-1、表1-2）[4]-[6]。

自20世紀80年代末以來，中國對礦產資源總的供需形勢與今後的發展前景先后進行了二次較大規模的論證工作。據最新一輪對 45 種主要礦產可採儲量對 2010 年經濟建設的保證程度分析（詳見表 1-2），有包括煤、稀土、鎢、錫、鋅、銻、菱鎂礦、石膏、石墨等在內的 23 種礦產，可以保證且有部分礦產或礦產品可供出口創匯；有包括鋁、鉛、磷等在內的 7 種礦產屬於基本保證但在儲量或品種上還存在不足；有包括鐵、錳、銅等在內的 10 餘種礦產不能保證，部分礦產需長期進口補缺；而鉻、鈷、鉑、鉀鹽、金剛石等 5 種礦產資源短缺，主要依賴於進口。在全部 45 種礦產中，中國有 27 種礦產的人均佔有量低於世界人均水平，有 22 種屬於對經濟建設不能保證或基本保證但存在不足的礦產。在可以保證的優勢礦產中，相當多的礦產是市場容量不大的非大宗使用的礦產，而在基本保證程度以下的礦產又多數是經濟建設需求量大的關鍵礦產。由此看來中國的礦產資源形勢是嚴峻的。

表 1-1　中國 9 種重要礦產資源對經濟建設的保證程度預測

礦種	2010 年 預計產量/預計需求量	2010 年 保證程度	2020 年 預計產量/預計需求量	2020 年 保證程度
鐵（礦石億噸）	3.29/3.99	難以保證	5.0/4.5	充分保證
銅（金屬萬噸）	90/170	難以保證	115/210	難以保證
鋁土（礦石萬噸）	805/1,120	難以保證	1,456/1,655	難以保證
錳（礦石萬噸）	472/750	難以保證	407/890	難以保證
鉻（礦石萬噸）	28/140	難以保證	29.0/196	難以保證
鉛（金屬萬噸）	/45	可以保證	/55	可以保證
鋅（金屬萬噸）	/120	可以保證	/152	可以保證
金（金屬噸）	320/	缺口較大	640/	缺口較大
銀（金屬噸）	2,200/2,300	難以保證	4,245/3,400	充分保證

表 1-2　全國 45 種礦產資源 2010 年對經濟建設保證程度簡表

保證程度類別	礦種數	主要礦產
可以保證	23	菱鎂礦、鉬、稀土、芒硝、鈉鹽、煤、鈦、水泥原料、玻璃原料、石材、螢石、鎢、錫、鋅、重晶石、銻、滑石、高嶺土、硅灰石、硅藻土、石墨、膨潤土、石膏
基本保證	7	鈾、鋁、鉛、鍶、耐火粘土、磷、石棉

表1-2(續)

保證程度類別	礦種數	主要礦產
不能保證	10	石油、天然氣、鐵、錳、銅、金銀、汞、硼、鎳
資源短缺	5	鉻、鈷、鉑、鉀鹽、金剛石

1.1.3 中國礦產資源的特點及面臨的任務

1. 中國礦產資源的特點

（1）貧礦多，雜質含量高。例如：鐵礦石平均品位為32%，比世界平均品位低11個百分點；銅礦平均品位為0.87%，品位大於1%的儲量僅占總量的35%；磷礦石品位大於或等於30%的僅占7%。

（2）多金屬共生、伴生礦多，選礦加工難度大。例如：白雲鄂博、攀枝花、大冶、長陽等鐵礦石都屬於複雜共生礦；有色金屬共生、伴生礦產占70%以上；貴金屬的40%、銀的75%為伴生礦。

（3）黑色金屬、有色金屬礦物呈細粒嵌布者居多。

（4）雲南、貴州的磷礦多為中低品位磷礦。

（5）西部地區為中國礦產資源重地，蘊藏了豐富的礦產資源，磷、銅、鉛、鋅、錫、鎳、鈦、鍺、鋼、銀、鉑族等的儲量占全國儲量的50%以上。

2. 雲南的礦產資源

目前在雲南共發現礦產142種，探明儲量的礦產83種，列居全國前3位的礦產有21種，其中磷、錫、鉛、鋅、鋼等9種礦產排列全國第1位，雲南化工非金屬礦產資源儲量潛在價值非常高，為14,401.70億元。但雲南的磷礦大都為膠磷礦，必須利用微細粒選別技術才能獲得高品位的精礦。雲南的中、低品位磷礦含硅一般為20~35%，中、低品位磷礦的選別是解決雲南磷化工產業可持續發展的關鍵，也是中國磷化工業、農業發展的關鍵。目前中國磷礦選別工藝的針對性較差，必須根據不同的磷礦選擇適應的選別技術，以降低加工成本，滿足濕法磷加工的用礦標準，既精礦中 $P_2O_5 \geq 30\%$，P_2O_5 收率 $\geq 80\%$，倍半氧化物<1.5%。本項目的研究也能為雲南微細磷礦的選別提供理論及技術支持。

3. 面臨的任務

目前，中國礦產資源總回收率和共伴生礦產資源綜合利用率分別為30%和35%左右，比國外先進水平低20個百分點。實踐證明，較低的資源利用水平，已經成為企業降低生產成本、提高經濟效益和競爭力的重要障礙。大力發展循環經濟，提高資源的利用效率，增強國際競爭力，已經成為中國面臨的一項重要而緊迫的任務。到 2010 年，中國將努力使礦產資源總回收率與共伴生礦產綜合利用率在 2005 年的基礎上各提高 5 個百分點，分別達到 35% 和 40%。[7]

全國已形成遍布城鄉的廢舊物資回收網路及區域性廢金屬、廢塑料、廢紙等集散市場，中國鋼、有色金屬、紙漿等產品近三分之一左右的原料來自再生資源，其已成為資源供給的重要渠道之一。2005 年，中國回收利用廢鋼鐵 6,909 萬噸，廢紙 3,500 多萬噸，廢塑料 1,096 萬噸，均比「九五」末增加一倍以上。再生資源綜合利用已勢在必行。

中國已經提出尾礦再選示範工程。另外，在「十一五」國家科技支撐計劃「複雜金屬礦產資源採選冶關鍵技術與裝備」重大項目課題申報指南中，多處提及要解決微細粒礦物的選別問題。

資源高效利用、微細粒礦物選別、再生資源利用等，是中國面臨的任務。微泡浮選對微細粒礦物、廢紙脫墨、處理工業廢水等有著特殊的功效，急需進行深入研究。

1.2 浮選概述

浮選作為物料選別的方法和手段，可分為泡沫浮選、表層浮選和全油浮選三種，目前工業上普遍應用的是泡沫浮選，通常所說的浮選，就是指泡沫浮選。從 1860 年出現全油浮選專利、1877 年出現泡沫浮選專利到 20 世紀初現代浮選的雛形——泡沫浮選開始在選礦中的應用，已經過去一百多年了。一百多年來人們不斷地發明新的浮選方法、製造新的浮選設備、選別新的物料品種、發現新的應用領域……在浮選工藝、浮選藥劑、浮選設備等方面進行了大量研究，使浮選技術取得了很大的發展。可以說浮選從首次發明到如今，從未停止過發展，從未停止過應用，人們一直在為提高物料選別回收率、實現不同物料的分離，進行不懈的努力。同時，僅礦石浮選每年處理量就達十多億噸，浮選為人類選別了數不清的財富。

1.2.1 浮選發展簡況

中國明朝出版的《天工開物》一書中介紹了表層浮選和全油浮選的選礦方法。[8] 19 世紀末，西方工業迅速發展，急需更多的礦物原料，為了從大量堆積的重選廢棄尾礦中回收有用金屬，以及能有效地從細粒浸染的貧礦或從組成複雜得多金屬礦石中選出精礦，人們發明了浮選法。1901 年，在澳大利亞，人們首先採用了比較原始的泡沫浮選法，用於處理多年來累積的品位高達 20% Zn 的重選廢棄尾礦，並生產出 600 多萬噸品位達 42%Zn 的鋅精礦。1910 年人們發明浮選機，使泡沫浮選有了工業化的可能。隨後相繼出現了氣體浮選、電解浮選、真空浮選、正壓力浮選、機械攪拌式浮選等浮選方法。

浮選雖然是繼重選之后發展起來的，但隨著礦石資源越來越貧，有用礦物在礦石中分佈越來越細和越來越雜，再加上材料、化工、醫藥等行業對細粒、超細物料浮選的要求越來越高，浮選法越來越顯示出優越於其他方法的特點，成為目前應用最廣且最有前途的選礦方法。[1]浮選不僅用於金屬礦物和非金屬礦物的分選，還用於冶金、造紙、農業、食品、醫藥、微生物、環保等行業的許多原料、產品或廢棄物的回收、分離、提純等。如今浮選已成為全球有色金屬、鋼鐵、煤炭、非金屬、化工、環保等行業物料選別或工業廢水處理的重要手段。

隨著浮選理論研究的不斷深入和浮選技術的不斷進步，浮選設備的發展速度也十分迅速。目前國際上代表浮選設備研究開發和應用水平的有美國 Dorr-Oliver Emico 公司，芬蘭的 Outokumpu 公司，瑞典的 Metso 公司，俄羅斯國立有色金屬研究所，中國北京礦冶研究總院（BGRIMM）。其中，具有代表性的產品包括：芬蘭的 OK-Tank Cell 型浮選機、美國的 Wemco 浮選機和 Dorr-Oliver 浮選機、瑞典 Metso 公司的 RSCTM（Reactor Cell System）浮選機、俄羅斯的 ΦⅡ型浮選機、中國北京礦冶研究總院的 XCF/KYFⅡ型浮選機和 JJFⅡ型浮選機等[9]。

目前國內外在實際選礦生產中，採用了大量浮選設備，其性能優劣將直接影響生產效率和經濟效益。從浮選機研究和應用的情況來看，對浮選機進行研究改進具有重要的現實意義。浮選設備有如下總體發展趨勢：

（1）大型化、節能化、自動化、高效化。

（2）複合化。如重浮聯合、磁浮聯合、載體浮選、高強度攪拌、油團聚浮選等。

（3）微細粒級化。針對不同粒級礦物的浮選機將成為研究熱點研究。

（4）浮選設備的應用領域擴大化。

1.2.2　微泡浮選的發展應用簡況

隨著被選別物料和浮選工藝對浮選設備提出的要求越來越高，浮選設備已經成為實現浮選目標的重要手段。隨著礦物資源的消耗，在礦物加工領域中，品位低、嵌布粒度細、礦物組成複雜的難選礦所占比例日益增大，傳統浮選設備的局限性日益突出。為了實現微細粒礦物的選別和提高浮選的技術經濟指標，礦業發達國家紛紛尋找新的浮選方法，將研究目光投向占地少、產能高、投資小、運行費用低的浮選柱，並在基礎理論、結構、發泡方式、自動控製和檢測等方面進行了研究，使浮選柱在20世紀60年代後逐漸成為研究和使用的熱點。微泡浮選方法由此產生，並在工業中獲得了應用。浮選的應用領域也不斷擴大，如礦物分選、工業廢水處理、油田污水處理、廢紙脫墨、微生物浮選分離等。

20世紀60年代，加拿大的Pirre Boutin[11]和Tremblay發明並申請了帶泡沫沖洗水裝置的浮選柱專利，其后，在蘇聯和中國迅速掀起了浮選柱研究和開發應用的熱潮。20世紀80年代（1983年），加拿大政府撥專款用於浮選柱的研究，製造並安裝了第一臺工業浮選柱應用於萊斯加斯佩礦山（Les Gaspe Mines）鉬選礦廠的精選工藝，取代了原先的丹佛浮選機，其使作業次數從13次簡化為7次，在精礦品位相同的情況下，浮選回收率從64.51%提高到71.98%。國外的鐵礦的浮選柱有Minnov Ex Technologies Inc、Outokumpu和Metso Minerals Cisa等。其生產應用表明，浮選柱尤其對細粒級礦分選效果好。現在，人們對浮選柱的設計、安裝、操作和控制有了長足的進步，使得浮選柱的應用領域不斷擴大。國際上有許多專門從事浮選柱設計安裝和調試的大公司，如加拿大柱浮選公司、Cominco工程服務有限公司、美國Deisler選礦設備有限公司等。美國近年推出的以浮選柱為中心、配有多種檢測控制裝置的浮選系統，代表了浮選設備的發展趨勢。

微泡浮選屬於特殊浮選，一般高效浮選設備有如下特點：具備良好的充氣性能；氣泡與疏水顆粒高效碰撞，粘附並順利浮出排走，盡量減少親水性顆粒的夾帶；處理能力大，動力、藥劑消耗低，投資省，運轉可靠，操作維修方便，適宜自動控制。但是，在浮選工藝中強烈攪拌與浮選分離是一對矛盾，強烈攪拌不僅使設備葉輪磨損嚴重和消耗大量的電能，且使泡沫層極不穩定，尤其在精選階段使得精選效率很低，因此浮選柱應運而生。其實質是一種具有柱型槽體的無機械攪拌充氣式浮選機。浮選柱[11]是一種新型浮選設備，一般採用獨立的不依賴礦漿攪拌的氣泡發生系統，其無葉輪、能耗少、成本及投資低、結構簡單、單機占地面積少、可露天布置。從理論上講，浮選柱可以產生數量充足、大小適中、並可方便地調節的氣泡。由於是微泡浮選，它特別適合於細粒級分選，其泡沫層厚，在泡沫層中加噴淋水洗能明顯提高精礦品位。其礦漿流平穩、擾動小，能減少分選段數，且易於實現自動控制。另外，浮選柱在結構上允許創造紊流強度大的有利於氣泡和顆粒碰撞的環境和相對平衡的有利於氣泡—顆粒結合體浮升的環境。

在國內，微泡浮選已在 20 多家選煤廠、銅礦等礦業中應用。例如中國礦業大學已成功地將微泡浮選應用於對微細煤粒的選別中[12][13]。不少學者、科研單位和高等院校仍在研究微泡浮選的機理和對各類礦種的選別作用。國際上已有將微泡浮選成功地用於對鉛、鋅、銅等金屬礦的選別，螢石礦[14]、工業廢水處理，廢紙回收脫墨處理等。這也預示著微泡浮選有著廣闊的應用前景，經過不斷的研究和改進，其分選效果將明顯優於機械攪拌式浮選機。

自 20 世紀 80 年代以來，浮選柱的研究與應用出現了方興未艾的局面。新的進展總的來說表現在以下八個方面[15]：

（1）在氣泡發生器方面，基本上由 20 世紀 60—70 年代易堵塞的內置式氣泡發生器發展為外置式（當然也有經過改進比較先進的內置式），而且其發泡方式更多、更為先進和合理，有旋渦氣泡發生器（TURBO AIR）、文丘里管氣泡發生器、在線混合器、高效氣動液壓型充氣器、美國的 Flotaire 型氣泡發生器、加拿大的 CESL 型氣泡發生器、超聲波氣溶發泡器和空氣噴射式氣泡發生器[16]等。

（2）在充填介質方面，近年來，出現了多種類型的充填介質和介質床層，解決了充填介質在鹼性礦漿中易堵塞的問題，改善了柱內礦漿流態的穩定性以及氣泡分散的均勻性等。

（3）在柱體高度方面，已由原來的十幾米降為幾米，大型浮選柱的高徑比逐漸減小，即使是大型化的浮選柱的高度也基本上都在十米以下。

（4）礦漿在浮選柱內浮選的時間越來越短。

（5）在數學模擬與按比例放大方面開展的研究越來越深入。

（6）自動控製的程度越來越高。

（7）向著大型化、系列化方向發展。

（8）在給礦和排礦方式上也有了較大的改進。近幾年出現了多種新型高效的浮選柱，但大多是在詹姆森浮選柱[16]的基礎上改進而來的，如射流式浮選柱和旋流式浮選柱等。

微細粒礦物選別是當今選礦界亟待解決的一大難題，它關係到微細粒嵌布礦產資源的合理利用。浮選作為目前最重要的選礦方法，有比重選、磁電選、化學處理等更廣的適應性，自然也成為解決微細粒礦物選別的主要研究領域。由於微細礦粒質量小，比表面積大，因而對浮選過程產生種種不利影響，主要表現在：一是由於礦粒質量小，與氣泡碰撞接觸的幾率小，與氣泡形成接觸附著的幾率也小，影響了浮選回收率；二是由於礦粒比表面大，表面力發生作用，導致不同礦粒之間團聚及礦粒與氣泡間無選擇性非接觸粘著的大量存在，影響了浮選選擇性。因而，微泡浮選又成為浮選中解決微細粒礦物選別的更主要的研究領域。

1.3 微泡浮選關鍵技術分析

微泡浮選的關鍵技術在於微泡的產生和利用。微泡浮選中必須有大小、數量分佈適當的微泡，因此微泡是微泡浮選的關鍵因素，而微泡發生器便是微泡浮選的關鍵技術。另外浮選工藝參數、浮選藥劑、浮選設備、浮選控制技術等也是不可忽略的重要技術。這裡著重研究分析微泡發生器、微泡生產技術、自吸式微泡發生器等。

1.3.1 微泡發生器

一個有效的微泡發生裝置應當能夠在可能充氣量下產生細小而均勻的氣泡。因此，浮選柱氣泡發生器的研究是浮選柱研究的最重要方面之一，倍受研究者關注。浮選柱氣泡發生器根據氣泡發生方式分為內部發泡器和外部發泡器。常見的內部發泡器有立管發泡器、過濾盤式發泡器、礫石床層發泡器。最初的浮選柱氣泡發生器多為內部發生器，這些發泡器在生產運行過程中容易發生結垢、堵塞，常導致浮選柱不能正常運行，而且檢修維護極為不便，甚至會造成停產等經濟損失。這是早期浮選柱工業應用失敗的重要因素。人們針對內部氣泡發生器易結垢、堵塞的問題，研究開發了各種外部氣泡發生器，其主要形式有旋流型發泡器、氣/水發泡器、美國礦業局型發泡器等，採用的發泡方式有電解法、壓力溶解法、機械氣泡誘導法等。外部氣泡發生器解決了發泡器易堵塞的問題，為新型高效浮選柱的研發打下了堅實的基礎。但微泡發生器仍是微泡浮選研究開發的重點，各國學者仍然在進行著新型微泡發生器的研究與開發工作。

目前常用的氣泡發生方式主要有以下幾種[17]：一是剪切接觸發泡。高速流動的礦漿和氣體以適當方式接觸，如通過金屬網充填介質產生氣泡。二是微孔發泡。氣體通過微孔塑料、橡膠、帆布、尼龍、微孔陶瓷管甚至卵石層發泡。三是降壓或升溫發泡。空氣在水中的溶解度大約為2%，當降低壓力或升高溫度時，溶解的氣體析出產生氣泡。四是射流發泡。受壓氣流噴入礦漿或礦漿噴入（或引入）氣流均可產生適合浮選的氣泡。五是電解水產生氣泡。六是超聲波發泡。通常一個氣泡發生裝置會以某一種方式為主，並融合上述中的幾種發泡方式。

1.3.2 微泡發生器研究近況

浮選柱的內置式氣泡發生器結構簡單，但壽命較短，紡織品材料的為2~3個月，橡膠的為5~7個月，而且修補起來麻煩，操作時缺乏可靠性。於是，從20世紀80年代後半期開始，人們開發了將氣泡發生器設置在機體外部、容易修補的各種充氣裝置。

（1）渦輪充氣型。這是美國礦山局（USBM）開發的噴水式氣泡發生器[16]。在內徑50mm的充氣器內充填有玻璃球或石英顆粒。該氣泡發生器因為在最大壓力720KPa的高壓下工作，所以能產生大量的細小氣泡。調整水壓和起泡劑添加量，可使氣泡直徑在0.1~0.3mm範圍內變化。該氣泡發生器取名為Turbo Air，由1990年設立的法美合資公司——控製國際（Control International）公司銷售。

（2）Flotaire型。美國戴斯特選礦機公司的Flotaire型氣泡發生器[17]通過機內的充氣板擴散到槽內，工作條件為300~480KPa，空氣和水的流量比為30，產生約0.1mm的細粒氣泡。該氣泡發生器於1986年投入實際生產後，迅速銷往以歐洲和非洲為主的世界各地。

（3）CESL型。由加拿大的科明科工程服務（CESL）公司[17]於1988年開發由外部氣泡發生器生成的空氣、水混合物通過多孔金屬管分散於槽中。運轉壓力為300~600 KPa，氣泡直徑為0.3~0.4mm。空氣滯留可確保為50%。各多孔金屬管在操作中可以更換，而損失很小。CESL型氣泡發生器應用廣泛，主要銷往北美、南美和南非。

（4）空氣噴射式充氣器。加拿大的Minnov EX技術公司[17]開發了不利用水只吹入空氣（噴氣）的機構耐久性良好的氣泡發生器。它是由噴成霧狀氣泡的註流孔組成的簡單結構。註流孔直徑大而內面襯有陶瓷材料，不會產生水垢和堵塞，因此使用壽命長，產生的氣泡直徑為0.5~3.0mm，比水/空氣噴式的大一些。CESL公司和美國Eimco的公司及南非的Multotec工藝設備公司等也已經開發並銷售這種氣泡發生器。由於只用它更換浮選柱原來的氣泡發生器即可，所以其近年來在世界各地的選礦選煤廠得到了廣泛應用。

（5）固定式攪拌微細氣泡發生器。美國弗吉尼亞州立大學的煤炭及礦物處理中心以提高超細粒精礦品位為目的，於20世紀90年代初開發了Microcel

型[17]氣泡發生器。它在管內有固定的礦漿—空氣混合機構,當空氣和尾礦漿的一部分通過混合機構時,因剪切力而產生0.1~0.4mm細粒氣泡。

(6)空氣吹入式充氣器。澳大利亞MIM工藝技術公司開發的Jameson浮選柱[18]由混合礦漿和空氣的降泥管和浮選分離用的短槽組成。給入的礦漿在降泥管中流下時吸入空氣,採用礦漿噴射式充氣,使礦漿和氣泡混合。浮選時間短,小型Jameson浮選柱結構簡單,作業成本低。現在,澳大利亞的微細煤處理廠半數以上都使用這種浮選柱。德國開發的Ekoflot-V浮選柱和中國的LM浮選柱也具有這種結構。

(7)旋流式充氣器。這種充氣器利用旋流器的離心力使礦漿和氣泡混合。空氣是自給式的,也可同時採用插入管壓入空氣。礦粒因離心力而移向槽壁,氣泡則沿內壁上升,所以捕收速度加快。這種浮選柱對於細粒浮選特別有效。

外置式充氣器具有不易堵塞、便於使用維護、能產生大量高質量的氣泡、微泡彌散度好等優點,因而具有廣闊的應用前景。本專著主要針對外置的射流式微泡發生器進行研究。

射流式微泡發生器也稱為自吸式微泡發生器。射流成泡是指將液體先變成分散相,然后隨壓力增大逐步變成連續相,氣體則由開始的連續相逐步變成分散相,在氣、固、液三相強烈的紊動混合過程中把氣體剪切粉碎成氣泡。氣泡的大小主要取決於流體的紊流度、持續混合時間等,最終達到與體系能量狀態相匹配的氣泡臨界尺寸,形成微泡。

射流式微泡發生器產生的氣泡直徑較小、空氣保有量較高、氣泡分散度較好,發生器的結構組件中沒有傳動部件,結構簡單、安裝方便、工作可靠、維修成本低。射流式氣泡發生器又分為壓氣式和自吸析氣式兩種,這兩種發生器有各自的優點。

另外,射流微泡發生器在微泡生成時是採用中礦循環,這樣可以很好地保持浮選的濃度。經過微泡發生器生成的微泡及固液三相混合射流流體,又可以以一定方式射入浮選機(柱)中,形成期望的湍動旋流流場,以利於物料與微泡間的相互作用,實現微細物料的選別。

因此,射流微泡發生器是一種非常值得進行深入研究的微泡發生裝置,這也是本專著選擇射流微泡發生器作為研究對象的重要原因。

1.4 選題及研究內容

1.4.1 選題背景

社會經濟的發展，使人類對礦物資源的需求加大，品位低、嵌布粒度細、礦物組成複雜的難選礦石所占比例日益增大，對選礦工藝方法、選礦設備提出了更高的要求。浮選作為目前最有希望解決這一問題的重要選礦方法，成為微細粒礦物選別的主要研究領域。微泡浮選是針對微細粒物料選別的有效方法，微泡發生裝置是微泡浮選的最為關鍵的技術。

微泡發生裝置是浮選柱的重要部件，由於浮選柱的發展和應用時間相對較短，對其原理、結構和操作因素的影響還瞭解得不夠，加上微泡發生器容易堵塞和操作不便等問題，因此，對浮選柱有必要進行更深入的研究，對其不斷改進，這樣才能充分發揮它的長處。微泡的生成與控製一直是影響浮選柱推廣與應用的瓶頸。微泡的產生和應用是微泡浮選技術的關鍵，微泡浮選中的流動屬於氣、固、液三相流混合流動，是一個複雜的動態過程。三相流的性質、流量、混合比例及流態的變化都對浮選結果有重要的影響。然而，沒有微泡就談不上微泡浮選，因此，要實現微泡浮選、選別微細粒物料，就必須研究開發高質量的微泡發生裝置。

20世紀末以來，許多學者在微細粒礦物浮選理論與實踐方面做了大量的工作，取得了一定的成果。薩梅金[18]等總結了礦粒與氣泡作用機理，把微細礦粒與氣泡的接觸主要歸結為在表面力場中的無慣性接觸。Schulze[19]等分析了礦粒與氣泡碰撞過程，提出礦粒在氣泡表面的滑過對礦粒在氣泡表面的附著更有利。R. H. Yoon[20]在推導礦粒附著幾率模型后提出以較小氣泡提高礦粒、氣泡碰撞附著幾率的觀點。Yiaatos[21]等人曾用帶放射性的不可浮細顆粒觀察到泡沫—礦漿界面的二次富集過程，將親水顆粒的脫落歸因於泡沫—顆粒結合體到達界面的動能釋放和界面的衝擊力、氣泡的振動以及氣泡的兼併。理論研究為各種新型微細粒礦物浮選設備的研製提供了依據。如R. H. Yoon的微泡浮選柱、D. C. Yang的充填式浮選柱、J. D. Miller的旋流充氣浮選柱以及G. J. Jameson的噴射浮選柱等[22]，都是典型的例子。

國內外已有人從力學方面對浮選進行了研究。在國外[23]-[27]，M. TarShan對表徵浮選中泡沫產品隨浮選時間變化的幾個分佈函數進行了數學分析，基於概率理論，結合浮選過程，著重解釋了函數中酌分佈參數，指出了浮選速率常數的物理意義，並對不同的分佈函數進行了比較。L. G. Bell 等試圖通過實驗獲取空氣—水系統的動力學關係。Z. W. Jiang 和 P. N. Holtham 將浮選中粒子與氣泡的碰撞速度分解成切向速度及向粒子內的徑向速度，只有徑向速度能產生使粒子與氣泡間水化膜破裂所需的能量，而切向速度只能使粒子遠離氣泡表面。M. Bourassa 等研究了從實驗室分批浮選到半工業試驗過程中，表徵礦物浮選動力學行為的參數放大問題。J. A. Finch、R. H Yoon 等對微泡浮選氣、固、液力學問題進行了研究。在國內，有的學者研究建立了湍流態下浮選礦化速率數學模型[28]，有的對吸氣式浮選旋流器內部流場進行了理論分析[29]，也有從實驗和數字仿真方面對三相流進行研究的[30][31]等。

　　近幾年來，與浮選相關的基礎理論研究進步很快。作為研究流體的運動規律及其與物體相互作用的機理的一門專門科學，流體力學在理論和工程實際應用方面得到了極大的發展，湍流的工程模擬、紊流擴散機理、碰撞理論、各種表面作用等理論的研究都得到了很大的發展。

　　兩相與多相流理論也發展迅速。兩相流（Two-phase Flow）一詞在 1949 年見諸文獻[32]，人們開始有意識地總結歸納所遇到的各種現象，用兩相流的統一觀點系統地加以分析和研究。20 世紀 50 年代以後，相關論文的數量明顯的增加，內容包括兩相流邊界層、激波在二相混合介質中的傳播、空化理論、流態化技術、噴管流動等[33]。1956 年 Ingebo[34] 顆粒群阻力系數與單顆阻力系數的差別，總結出描述顆粒群阻力系數的經驗公式。1961 年 Streeter 主編的《流體動力學手冊》[159]用專門一節介紹兩相流。20 世紀 60 年代以後，越來越多的學者探索了描述兩相流運動規律的基本方程，有關兩相流的專著也在 20 世紀 60 年代后陸續出版。Rudinger[36]於 1976 年以「氣體—顆粒流基礎」為題在比利時的 Von Karman 流體動力實驗室作了專題系列講座，並於 1980 年整理成書出版。國際多相流雜誌（Int. J. Multiphase Flow）也於 1974 年創刊，1982 年出版了多相流手冊（Handbook of Multiphase System）[37]。20 世紀 80 年代以來，國內學者陳之航、陳學俊、林宗虎等也有專著出版。可以說這方面的研究已經形成一門獨立的學科，並且正在迅猛發展。但是，兩相流動力學的理論還很不成熟，尚處於發展初期。近年來，兩相流、三相流在石油工業和環境工業中的應用和研究也日見增多。但是三相流在浮選中的應用和研究卻還不多見，特別是在微泡生成中的研究幾乎未見報導，而三相流力學機理卻在微泡浮選中起著關鍵作用，它是研製新型微泡發生器的理論依據，所以是本專著的重要研究內容。

1.4.2 研究意義

微泡浮選是有望解決微細粒物料選別的重要方法之一。經過多年的研究和開發，各種設計新穎、效率更高的浮選柱大量湧現，顯示出勃勃生機。在中國，因細粒難選礦多，選別設備與分選工藝矛盾十分突出，而微泡浮選和浮選柱[16]是能夠解決問題的最有希望的方法和設備之一。長期以來，微泡的生成和控製一直是微泡浮選技術發展的瓶頸[17]，所研製的各種氣泡發生器也基本上都是憑經驗和實驗獲得的，而沒有從根本上去對微泡發生的三相流力學機理進行理論研究，沒有建立研製微泡發生器的理論依據和有效手段。

為了解決上述問題，研究和開發產生細小、均勻、足量氣泡的微泡發生器，正是微泡浮選研究的發展方向，是工業廢水處理、廢紙脫墨、化工、醫藥、環保等行業的需要。這事關資源的高效利用、再生資源利用，事關經濟的可持續發展，能提高資源的利用效率，降低生產成本、提高經濟效益，增強國際競爭力。

本研究以噴射混流式微泡發生器為研究對象，研究探索微泡生成中的三相流力學機理、計算機仿真分析方法，並建立微泡浮選實驗環境。為微泡浮選、微泡發生器的設計與應用提供理論依據和新的方法，為發展適合中國礦石特點、微細物料選別的微泡浮選設備和微泡發生器提供有價值的參考。

1.4.3 研究內容

本專著將以微細粒物料選別問題為背景，從解決微細粒物料浮選問題出發，研究噴射混流式微泡發生器中微泡生成的力學機理，研究微泡浮選中的氣、固、液三相流力學理論，為微粒的微泡浮選設備的設計、微泡浮選技術的實際應用提供理論依據。在研究過程中將建立三相流力學模型，研究數值計算算法，借助計算機進行數值模擬仿真分析，分析其充氣性能，結合實驗結果，分析總結微泡生成力學機理。

本專著將設計研製微泡浮選實驗裝置、微泡發生器，並對其發泡性能進行理論及實驗研究，在不同工況條件下，分析噴射混流式微泡發生器的充氣性能，研究其微泡發生。本專著主要的工作任務和研究內容為：

（1）研究微泡生成的力學機理、影響微泡生成的尺寸與分散的因素，進行微泡生成過程分析，研究分析微泡發生器結構對微泡生成的影響、礦粒對微泡生成的作用、微泡發生器充氣性能，完成微泡生成的力學理論基礎及微泡發生器對微泡生成的作用原理研究。

（2）以（1）的研究為基礎，研究微泡浮選中的氣、固、液三相流力學理論。分析多相流研究現狀，進行微泡發生器內三相流流動分析，建立影響微泡生成的三相流混合模型。

（3）在（1）、（2）的研究基礎上，應用 CAD 技術對微泡發生器進行數字樣機設計。應用 CDF 對兩相流和三相流進行數值計算分析，研究數值計算算法，並對微泡發生器進行計算分析，為微泡發生器的設計提供理論依據及數字樣機。

（4）在以上研究的基礎上，研究、設計、製作微泡發生器及微泡浮選實驗的物理樣機。在計算機輔助設計、數字仿真的基礎上，研究微泡發生器及微泡浮選物理樣機的加工工藝性，並製作、安裝物理樣機。

（5）在物理樣機實驗裝置的基礎上進行相關實驗，分析多種情況下的實驗數據，同時對微泡發生器進行充氣性能分析和生成氣泡的質量情況分析。對三相流微泡生成力學理論，氣、固、液三相流力學理論以及計算機仿真結果進行分析驗證。

第二章 微泡生成機理及射流微泡發生器的研究

在工程應用中，浮選是通過產生泡沫進行分選的。浮選設備的性能是否優良、浮選效果是否高效，關鍵在於氣泡發生器性能的好壞，在於氣泡製造技術的優劣。在礦物浮選中，各種氣泡製造技術有著很大的區別，而這種差別主要在於其產生氣泡機理的差異。根據氣泡產生機理不同，氣泡製造技術可以分為三大類，即溶氣析出氣泡、引氣製造氣泡和電解析出氣泡。幾十年來，人們從分子微觀角度、界面化學理論、擴散理論、藥劑對氣泡尺寸的影響以及靜態下水中氣泡的形成等各方面對氣泡的生成和控制進行了不同程度的研究和探討，也在實驗數據的基礎上對微泡在浮選中的機理進行了一定的分析和闡述。可是對微泡的形成力學機理，特別是在微泡生成中的三相流力學機理的研究幾乎還沒有進行。本章將研究微泡生成的力學機理、影響微泡生成的尺寸與分散的因素，進行微泡生成過程分析，研究分析微泡發生器結構對微泡生成的影響、礦粒對微泡生成的作用、微泡發生器充氣性能，為下一章研究微泡生成的三相流力學機理打下基礎。

2.1 射流式微泡發生器工作原理

浮選中，氣泡發生器起三個方面作用：一是產生粒徑、分佈合適的氣泡，二是產生足夠量的氣泡，三是促使氣泡與礦物間的礦化。射流式微泡發生器是採用射流方式來產生微泡的，這種發泡方式的充氣原理是：在射流成泡的過程中，液體相先是在射流的作用下由連續相變成分散相，然後在流場中隨壓力的增大又逐步變回連續相；而氣體則由開始的連續相逐步變成分散相，通過氣體充分分散後直接形成微泡，其生成的微泡存在穩定的臨界尺寸。射流引氣具有充氣量大、節能、形成微泡多等優越的性能。同時，射流引氣可以在較低的工作壓力下通過優化發生器的結構設計來產生較高的充氣量。射流式微泡發生器結構簡單、能耗較低，能較好地適應浮選的需要；發生器的管段外形便於布設與安裝，有利於氣泡均勻分佈。正是鑒於射流發泡方式具有優越的特性，本專著將對其進行深入的研究，並將設計研製一種新型的射流微泡發生器及微泡浮選實驗裝置，以進行實驗驗證。

射流式微泡發生器是依據射流原理研製的。射流是工業生產中常見的物理現象，射流技術已被廣泛應用於冶金、化工、食品、紡織、能源、建築等行業，人們利用射流來強化質交換、熱交換、引射氣流以及引吸其他流體。Leach 和 Walker[38]研究表明，為在射流噴射器的噴嘴附近獲得流速高、壓力低的流場，最佳的噴嘴形狀是一個角度較小（13°）的錐形口。射流式微泡發生器的基本結構示意圖如圖 2-1 所示，圖中 1 為噴嘴，2 為引射氣體段，3 為負壓吸氣室，4 為喉管，5 為擴散管段。

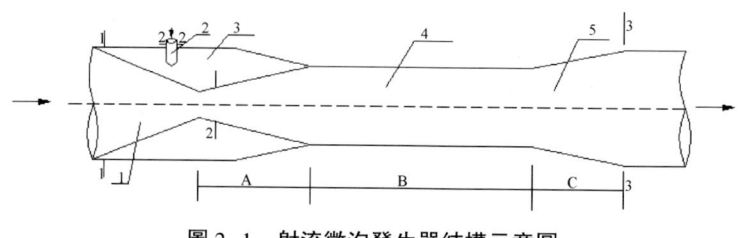

圖 2-1　射流微泡發生器結構示意圖

射流式微泡發生器的工作原理如下：加壓礦漿從噴嘴高速噴出，壓力降低，使溶入礦漿的空氣析出形成微泡氣核，同時礦漿的部分動能轉變成為勢能，使吸氣室產生負壓，吸入空氣。噴嘴通過吸氣室與喉管相連接，噴嘴噴出的礦漿和吸入的空氣一起進入喉管，在此發生能量交換。氣固液三相強烈混合，部分空氣被攪拌粉碎成氣泡，在與顆粒碰撞中產生礦化氣泡，另一部分空氣則溶入高速液流中。混合液流從喉管進入擴散管時，流速度減小、壓力升高，氣體被進一步壓縮。如圖 2-1 所示，A、B、C 各段的作用如下：

A 段是礦漿與氣體相對運動段（引射氣體段）。在該段內，從噴嘴射出的礦漿射流是密實的，由於射流邊界層與氣體間的粘滯作用，射流將氣體從吸氣室帶入喉管，因其射流卷吸作用，使得吸氣室內形成真空負壓，外部空氣在大氣壓的作用下進入吸氣室。因此，礦漿和空氣在其間的運動是相對的、均為連續介質的運動。射流由於受外界擾動影響，在離噴嘴一段距離後，也就是在 A 段的后半部分開始產生脈動和表面波。

B 段是礦漿與氣體混合段。在該段內，因礦漿質點的紊動擴散作用，射流表面波的振幅不斷增大，當振幅大於射流半徑時，它被剪切分散形成液滴。高速運動的液滴分散在氣體中，它與氣體分子衝擊和碰撞將能量傳給氣體，這樣，氣體被加速和壓縮。該段內，礦漿變成不連續介質，而氣體仍為連續介質。在此段的首部和尾部的適當位置處，可以分別設置孔板，使射流來的礦漿在碰到孔板後形成回旋，回旋的礦漿對因真空負壓吸入的空氣進行裹卷，增大了礦漿中的氣流量，同時射入漿體的能量被垂直孔板消散，產生強烈的湍流和局部渦流，使氣流受到巨大的撕裂作用而成為氣泡，在管內，因孔板引起的高擾動產生的氣泡被迅速分散，而礦漿的高速紊流對氣泡的分散及其與礦漿的接觸進行優化，以保證碰撞進行。

C 段是泡沫流運動段。在此段內，氣流被礦漿粉碎為微小氣泡分散在液體中成為泡沫，而礦漿重新聚合為液體。隨著通過擴散管混合液的動能轉換為壓能，壓力升高，氣體被進一步壓縮。此時，礦漿為連續介質，而氣體變成分散介質。由於礦漿的熱容量比氣體大得多，所以，氣體是在等溫過程中受到壓縮的。

本射流微泡發生器在結構上綜合了真空減壓析出微泡、引氣生成微泡、孔板製造微細泡等多種微泡製造技術，具有優良的產生微泡的性能，有著廣闊的發展前景。

2.2　微泡生成力學機理研究

2.2.1　氣核作用

溶液中氣泡的形成受許多因素的影響，如液體粘度、氣體和液體的流速、顆粒的直徑、體積、表面粗糙度、疏水性等，這些因素同時決定了氣泡的形狀和大小，所以微泡的形成是非常複雜。

水溶液中的氣體分子呈兩種存在形態：溶於水中的氣體，呈分子溶液存在狀態；懸浮於水中的氣體分子聚集體，呈微泡核存在狀態。Harvey 及其同事證明[20]了氣核在溶液中或固體表面上的存在是氣泡形成的先決條件。溶解氣體能夠在溶液中以真分子溶液的形態存在，既以極小的氣泡形式甚至降低到納米尺寸［「氣泡籽」（Bub Stons）和「鐘形氣泡」（Gas Bells）］，以及稍微大一些的氣泡形態存在。具有直徑為亞微米的小氣泡、Harvey 氣核、夾帶或鼓起的氣泡是一個氣泡的來源。在 Harvey 氣核特定的情況下，氣泡來源可以是任何充氣的空穴，也就是氣腔，在該處被俘獲的氣體不能被周圍的液相所取代，這就生成了氣泡。氣腔的形成主要受粘度的影響，這是因為產生氣腔的條件是，當克服液體內聚力所需的減壓（通常稱為負壓）大到足以克服內聚力時產生氣穴，而產生氣穴所需壓力變化取決於液體的粘度，此時也就產生了微泡和亞微泡。通常懸浮在水中的微泡核直徑的數量級為 10^{-4} 微米，含有這種微泡核的水比溶有氣體的水更易斷裂，這有利於微泡核在礦粒表面析出及擴大，而水中氣體的過飽和度越高和大氣泡含量越多，微泡核發展為微泡的幾率也越大。

固體顆粒在溶液中與空氣接觸，會形成 Harvey 氣核，且表面越粗糙、越疏水，俘獲氣體形成 Harvey 氣核的機會就越大。顆粒表面粗糙時，在裂隙中存在微量氣體，儘管在數量上是微少的，卻和液相中懸浮的微泡核功能一樣，當其壓力低於飽和壓力時，它們將成為在固體表面微區沉澱的氣核。這些微泡核只能附著在疏水性表面上，並且附著得很牢固，因此稱為選擇性附著。微泡核在脈動壓力作用下，迫使氣體通過氣液界面，由液相向氣相擴散，這種擴散具有整流性，故稱為整流擴散。由於整流擴散，當微泡受到正壓強時，其表面積收縮，而受負壓時，其表面積增大，毛細壓力降低，因而由泡外向泡內滲入的氣量高於由反方向滲出的氣量，所以微泡脹大，這就是固體顆粒表面微泡增生的機理。

以上主要是從氣核作用的微觀領域討論了氣泡的形成，如果從能量觀點來看，則在流動中來自於液相的動能，將耗散於氣泡的形成過程，一方面用來增加氣泡的表面能，促成氣泡的形成，另一方面用來克服泡內的粘性阻力。本專著將主要針對射流式微泡發生器，從不同的微泡製造技術方法及力學機理方面對微氣泡的形成進行研究，為建立微泡生成三相流力學模型和微泡發生器的優化設計奠定基礎。

2.2.2 機理分析

2.2.2.1 微泡析出機理

液體中溶解氣體減壓析出的物理原理是 Henry-Dalton 原理[1]，在恒溫下，氣體在液體中的溶解度與其分壓成正比。礦漿流經過渣漿泵加壓輸送時，壓力升高，空氣在礦漿中的溶解度增大。當加壓礦漿流入噴嘴時流態驟變，液流斷面急遽收縮，紊動程度加劇，流速突然加快，壓力迅速降低並出現局部真空，液膜減薄，表面更新率達到頂點，空氣分子釋出，並迅速擴散，使超微細泡並大形成微細泡。這種突然減壓可使溶於液相的氣體發生過飽和現象，這是液相中氣泡析出的直接原因。噴嘴處壓力降低類似減壓浮選，溶解在礦漿中的空氣大量析出，可附著在疏水礦粒的表面，形成礦化微泡。從溶液中析出的氣泡，直徑小，分散度高，同樣的充氣量可產生更大的氣液界面，在單位體積內有很大的氣泡表面積，與礦物顆粒就有更多的碰撞機會。而且微泡能有選擇地優先在疏水性礦物表面析出，形成活性微泡。這些對礦物的礦化和選別是有利的。增加礦漿初始壓力和降壓程度（噴射）增大了氣泡析出前後的壓力差，可獲得大量微泡。疏水性表面越多越有利於微泡的析出，特別是疏水性顆粒表面的微孔、裂紋和缺口處若被氣體分子填補（稱氣體幼芽），就容易形成微泡析出的氣核，有利於物料的浮選。

微泡析出過程如圖2-2所示，突然減壓造成溶解氣體在礦漿中過飽和，在隨後很短的一瞬間（A段曲線），溶解氣體分子克服水分子間的引力開始在某些地點濃集；氣體分子濃集到一定數量後就進行分子合併而突然從礦漿中析出，形成氣泡胚，半徑為 R_{min}（B段曲線）；形成氣泡胚後氣體分子繼續向氣泡胚擴散，氣泡長大直至達到平衡（C段）。

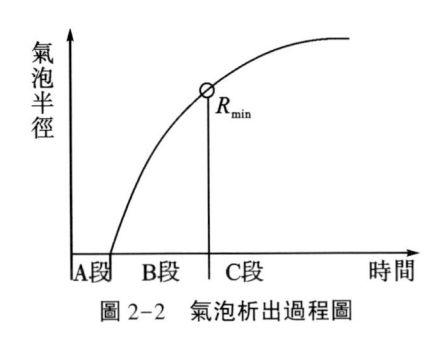

圖 2-2　氣泡析出過程圖

下面從力學方面來討論氣泡從溶液中析出的過程：

液流壓力突然降低可使溶液中的氣體呈過飽和狀態，這是液相中能析出氣泡的根本原因。氣核的形成大體可分為兩個過程：一是在突然減壓后的一瞬間，溶液中的氣體分子向它們易於聚合起來的區域移動並割斷水分子間的阻礙；二是在這些易於聚合的區域內，當已積聚了一定數量的氣體分子時，它們便在範德華（分子力）作用下相互聚合併形成半徑為 R_{min} 的氣核（初生氣泡或氣泡胚）析出，此過程進行的時間很短，也就是說初生氣泡也是在突然間形成的。所謂 R_{min}，就是指能夠穩定地存在於液相中的氣泡的最小半徑，如果所析出的氣泡半徑小於 R_{min}，由於這時毛細壓力過大，析出的氣泡又會溶於液相，氣泡內的剩餘毛細壓力 P 與氣泡的半徑 R 及液—氣界面的表面張力 $\sigma_{液氣}$ 存在如下關係式[39]：$P = \dfrac{2\sigma_{液氣}}{R}$。可見，如果初生氣泡半徑 R 很小，則氣泡內所呈現出的剩餘毛細壓力 P 將很大，初生氣泡又會復溶於溶液中，所以根據 Henry 定律可知，氣泡的溶解和析出間存在著動平衡關係，使初生氣泡能夠穩定地存在於液相中的條件是初生氣泡的半徑 R_{min} 要有足夠的大，要使氣泡內所呈現的氣體壓力不超過液相內氣體所受的外壓力。這樣析出的初生氣泡就不易再溶解。使初生氣泡能穩定地存在而不重新溶解的力學條件是[39]：$P_{最小} \approx \frac{2\sigma_{液氣}}{P_1 - P_2} \approx \frac{2\sigma_{液氣}}{K(C_1 - C_2)}$。式中，$K$ 為亨利常數，P_1 為氣體在溶液中呈飽和狀態時的液面表壓力，P_2 為降壓後氣體在溶液中呈過飽和狀態時的液面表壓力。兩者的差是壓力降。$C_1 - C_2$ 為溶液中氣體的過飽和量（即氣泡開始析出與析出終了時，溶液中氣體的濃度差）。初生氣泡穩定存在後，隨著時間的增長，由於溶解氣體在溶液中的繼續擴散，初生氣泡（氣核）在溶液中也將繼續增大，最終形成微泡。這就是減壓微泡生成機理的定性分析。

從以上分析可知，微泡的析出生成與空氣在礦漿中的溶解度以及壓力降有關，關於壓力降，在后面的「微泡的尺寸」章節中還將對其進行定量的分析。而空氣在水中的溶解度卻是隨水中溶解的其他物質濃度增加而降低，因此當礦漿濃度增加時對微泡的生成是不利的。然而，從另一方面來考慮，當礦漿濃度增加時，礦粒的分壓也增大，這又能夠促進空氣在礦漿中的溶解，所以二者有一個平衡點，也就是說在其他條件（如溫度等）不變時存在一個最優礦漿濃度點，使得空氣在礦漿中的溶解度為最大，因此，為獲得更多、更好的微泡，應適當控制礦漿的濃度。

2.2.2.2 吸氣生成微泡機理

在射流噴射器中，加壓礦漿（通常為[17]0.16~0.20MPa）以 10 米/秒以上的速度從噴嘴中噴出，在吸氣室產生真空負壓吸入空氣，吸入的空氣在高速噴出的礦漿產生的強烈旋渦、衝擊和碰撞作用下，被交叉剪切粉碎成為氣泡。礦漿的流動形式為圓湍射流，在此種流動形式下，礦漿和氣泡相對速度越大，紊流程度越高，氣液界面張力越低，氣流被礦漿的旋渦剪切分割成的單個氣泡就越快，分割成的氣泡直徑也就越小，數量越多；但紊流程度越高，液面就越不穩定，且耗能就越大。

實際上，在射流場中，射流湍流場是由大大小小的旋渦組成的，有研究表明[40]，這些渦結構往往是擬序的。圓湍紊動射流存在三個區域（噴口區、過渡區、核心區），通過對流場顯示和熱線測量研究認為，圓湍射流中的渦環僅存在於一個相對很短的、並且與雷諾數有關的近噴口區域；過渡區的主要特徵是存在由於渦環核的波不穩定性產生的三維變形的渦環，它們的合併形成了直到核心區結束處還能保持擬序的大尺度渦，但是合併的位置並不固定。考慮其運動特徵，旋渦螺旋結構在射流下游運動的同時還有徑向向外的運動，連同當地的湍流的同時噴射（Ejection）及隨后噴射的流體與周圍環境靜止介質的裹入運動是射流動量傳遞和擴散的主要機制。同時，大渦結構的下游具有較強的剪切應變，導致了強烈的耗散渦生成和流體混合。而在耗散渦作用下，混合空氣被渦漩吸至渦心，形成氣泡；已形成的氣泡在湍流脈動產生的動壓力和剪切力作用下可能分裂成更小的氣泡。高登（Gan Din）[41]在1975年得出結論：「可以認為，速度梯度是弄碎氣泡的主要原因。」快速運動的礦漿束和周圍慢速流動的空氣的相互作用，在劇烈的速度梯度下形成強烈紊流，空氣和礦漿得到充分混合，空氣被分散破碎成氣泡。

在礦漿與空氣流的交錯剪切過程中，空氣流往往是先被分割成較大的氣泡，在礦漿渦流作用下旋渦會從大氣泡表面帶走一些空氣，使大氣泡反覆經受分割形成眾多的小氣泡。在充氣過程中，空氣流被分散成小氣泡或小氣泡兼併成大氣泡，這種反向過程在一定條件下會達到動力學上的平衡，礦漿內能將保持住大致相對穩定的氣泡粒度。

所以，在氣流與高速礦漿的接觸面處主要是依靠紊流中兩者間的速度差碰撞並實現粘附俘獲。在紊動中顆粒性質對氣流俘獲有較大影響。當礦粒的表面粗糙度較大時，湍流時引起其周圍流體湍動程度加大，增大了流體的混合作用。進入混合區時，氣固液三相在其中進行激烈混合，氣流被切割，分散成氣泡，而氣泡又與顆粒間的摩擦碰撞進一步被切割，使氣泡尺寸變小，數量變多，增大了氣、液傳質面積，使氣體向溶液中的擴散加速。

若在射流發生器中安放孔板，由於射流中心區為極低壓區，吸入的空氣流會在中心軸匯聚成束。礦漿噴出後漿氣流射向孔板，有利於中心空氣束的分散。射入管腔內的漿氣流碰擊孔板後消耗了噴射能並沿噴入流體周圍旋轉折回，一方面可保證空氣的分散，另一方面使水平噴射運動轉成垂直運動，產生回旋流動，對空氣進行裹卷，能增大含氣率。

另外，也可以從能量角度分析吸氣微泡生成的過程：

當加壓礦漿通過噴嘴時，其壓力能在噴嘴處轉化成動能。在吸氣室內一部分動能轉變為壓力能，用於吸空氣。進入喉管後，液相的一部分動能通過氣液的混合傳遞給氣體，氣體被粉碎為細小氣泡，流體在喉管內的劇烈混合，氣液之間的速度漸趨於一致，形成混合流體。在擴散管處，由於直徑比喉管大，流速降低，混合流體的動能又轉變為壓力能，氣泡進一步被壓縮。

圖2-3為射流引氣介質混合機理圖，從射流原理方面說明引氣製造微泡的機理。按照湍流射流兩相介質混合機理，由噴嘴內 O 點以速度 U_0 發出的礦漿流射入速度為 Ua（靜止時為0）的空氣介質中，當射流的雷諾數很高（10^4~10^6）時，以噴嘴出口邊緣為射流速度的間斷面逐漸發展為湍流射流。由於

图 2-3　射流引气介质混合机理图

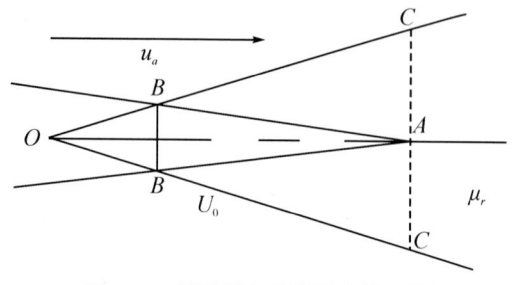

湍流的不稳定性在间断面上会出现涡流，这些涡旋在流动历程的各处做不规则运动而产生卷吸效应（负压），将周围介质吸引进入射流边界层中，从而形成矿浆和空气的混合区，在此区域内混合剧烈，气、固、液三相分子微粒的运动方向无规律性，碰撞过程也是随机的。边界层中涡旋或流体微团间的横向动量交换，是湍流射流中两相或多相介质混合的主要原因。在 BA 为内边界、BC 为外边界的湍流射流边界层混合区内，以矿浆为射流、以空气为伴随流形成湍流射流，气、固、液在 BAC 混合区中发生三相混合。在内边界 BAB 中间，由于射流静压不变、速度稳定，其是未受扰动的势流等速核心区。射流边界层混合区 BAC 和核心区 BAB 统称为射流初始段。由于射流引入周围介质，所以混合区不断发展，从 CAC 断面后，速度降至 u_r，称为射流主段，在该段内矿粒和气泡可以继续接触和矿化。

在射流引气生成微泡的机理研究方面，不少学者[42]还从动量交换的角度进行了很多有益的研究和探索。从流动结构上看，射流属于边界层的研究范畴。因其雷诺数较高，通常是湍流流动。由于受摩擦和负压的作用，射流矿浆与气体会发生质点间的动量交换，同时还存在质量和能量交换。

图 2-4 为射流结构示意图，在圆孔出口截面，假定为均匀流速 u_0，当周围介质为静止时（在高速射流时，真空负压卷吸吸入的空气流动速度与矿浆射流速度相比可以忽略，可设为静止环境），形成速度以内边界 CA、$C'A$ 与外边界 $CBC'B'$ 为界的湍流射流边界层混合区，由于射流与周围介质发生动量交换，将周围流体的质量引入射流边界层内，使混合区厚度逐渐扩大，形成圆锥形射流结构。在两边界 CA、$C'A$ 内的射流核心区，其静压强不变，速度值为 u_0。边界层混合区和核心区组成射流初始段。在初始段后射流厚度不断扩大，形成整个湍流射流 $BDD'B'$ 区域，过渡区（工程中常因简化而忽略，认为该区蜕变为 BAB' 过渡截面）。射流主段边界延长相交于点 O，称为极点，流体好似从该点喷出，故可将 O 点看作点源。

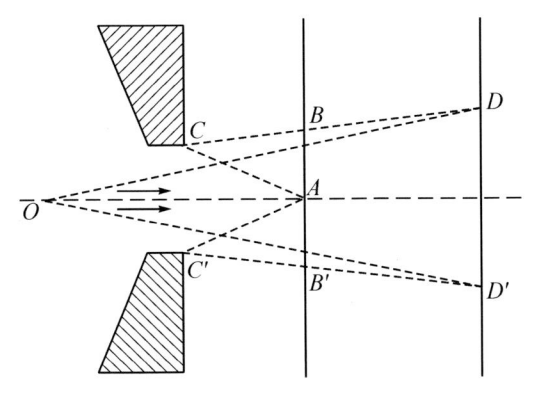

圖 2-4　射流結構示意圖

圓孔射流運動屬於柱坐標下的準定常不可壓縮湍流流動，不可壓縮定常湍流流動的雷諾方程為[43]：

$$\rho \frac{D\overline{u_i}}{Dt} = \rho \overline{f_i} - \frac{\partial \overline{P}}{\partial x_i} + \frac{\partial}{\partial x_j}(\mu \frac{\partial \overline{u_i}}{\partial x_j} - \overline{\rho_i u^i}) \tag{2-1}$$

柱坐標系下的連續性方程為[44]：

$$\frac{D\rho}{Dt} + \rho(\frac{\partial \overline{u}}{\partial x} + \frac{\partial \overline{v}}{\partial r} + \frac{1}{r}\frac{\partial \overline{w}}{\partial \theta} + \frac{\overline{v}}{r}) = 0 \tag{2-2}$$

式中的 u，v，w 分別為坐標 x，r，θ 方向的時間平均流速。

應用式（2-1）的柱坐標形式，並對兩方程進行簡化，同時作如下考慮：

（1）射流中慣性力遠遠大於質量力和粘性力，因此可忽略質量力和粘性力；

（2）因為圓紊射流是軸對稱流動，$w = 0$；

（3）對於射流，有 $\overline{u} >> \overline{v}$ 和 $\frac{\partial}{\partial r} >> \frac{\partial}{\partial x}$；

（4）可認為徑向和周向的湍流應力大致相等。

根據上述假定，可以推出單位時間內通過射流中任意截面的動量為：

$$J = \int_0^\infty 2\pi\rho u^2 r \mathrm{d}r = \frac{\pi\rho u_o^2 d_0^2}{4} = \mathrm{const} \tag{2-3}$$

射流軸向與徑向表達式分別為[45]：

$$u = \frac{3}{8\pi}\frac{k}{v_0 x}\frac{1}{(1 + \frac{1}{4}\eta^2)^2} \tag{2-4}$$

第二章　微泡生成機理及射流微泡發生器的研究 | 27

$$v = \frac{1}{4}\sqrt{\frac{3}{\pi}}\frac{\sqrt{k}}{x}\frac{\eta - \frac{1}{4}\eta^3}{(1+\frac{1}{4}\eta^2)^2} \qquad (2-5)$$

式中 v_0 為特徵湍流粘性系數，$k = J/\rho$，η 為無量綱變數，且有：

$$\eta = \sigma\frac{y}{x} = \frac{1}{4}\sqrt{\frac{3}{\pi}}\frac{\sqrt{k}}{v_0}\frac{y}{x} \qquad (2-6)$$

由此得，軸線上的最大速度為：

$$u_{max} = \frac{3}{8\pi}\frac{k}{v_0 x} \qquad (2-7)$$

根據實驗值與理論上的分析[43]，

當 $u = u_{max}/2$ 時 Y 坐標值 $y \approx 0.084, 8x$，$b_e = 2.5y$，由（2-4）、（2-7）可得，$u = u_{max}/2$ 時，有 $\eta = 1.286$，由（2-6）、（2-7）求得：

$$\sigma = \frac{\eta}{0.084,8} \approx 15.2 ; \quad \frac{b_e}{x} = 0.212 \approx \tan 12^0 ; \quad v_0 \approx 0.016, 1\sqrt{k} \approx 0.010, 2u_{max}b_e \qquad (2-8)$$

由（2-4）、（2-6）、（2-8）可得射流的流量為：

$$Q = \int_0^\infty u 2\pi y dy = \int_0^\infty \frac{3}{8\pi}\frac{k}{v_0 x}\frac{1}{(1+\frac{1}{4}\eta^2)^2} 2\pi y dy = \frac{3k}{8v_0 x}\int_0^\infty \frac{dy^2}{(1+\frac{3ky^2}{64\pi v_0^2 x^2})^2}$$

$$= 8\pi v_0 x \approx 0.404 x\sqrt{k} \qquad (2-9)$$

流量 Q 隨 X 線性增加，這是由於射流卷吸周圍流體的結果，也是形成圓錐形射流結構的原因。

這裡從動量交換出發，得到了射流礦漿的速度分佈特徵和吸氣室內射流流量的變化特徵。

2.2.2.3 孔板及擴散管的作用

孔板的作用：高速礦漿撞擊孔板，形成渦流回旋，劇烈的紊動產生傳質、消能、釋氣等作用，使空氣在分子擴散和紊流擴散的作用下，逐級變成微細泡。同時高速紊動礦漿夾帶氣體通過多孔孔板，分散成微泡進入擴散管中；通過孔板而生成的微泡量大，而且彌散程度好。但隨著孔板數量的增加，阻力加大，紊動流動降低，將影響微泡的有效生成。

擴散管的作用：礦漿以一定壓力高速流經氣泡發生器，氣泡發生器同時吸入大量空氣，在充氣礦漿經噴嘴通過喉管流入擴散管的瞬時，因喉管與擴散管二者直徑相差懸殊，導致三相流速度梯度發生突變，混合液流速突然變緩，動壓向靜壓轉化，微泡進一步被壓縮，並平穩進入物料選別區。

2.3 微泡生成的尺寸與分散

礦物微泡浮選主要是通過微氣泡來進行的，因此對微氣泡的研究就顯得非常重要。在浮選柱中，如果產生的氣泡分散度高、微細氣泡多（微泡粒徑一般在 0.1~0.5mm），則同樣的充氣量可產生更大的氣液界面，在浮選時與礦物顆粒就有更多的碰撞機會，而且可產生多個氣泡粘附於多個顆粒的氣固絮團，降低了氣泡和顆粒的脫落幾率。此外，大量微細氣泡上升速度較慢，使浮選過程基本處於層流狀態，創造了和顆粒碰撞的有利條件，也提高了浮選的速率和回收率。當其他條件相同時，用常規浮選，重晶石精礦的品位為 54.4%，回收率為 30.6%；而用微泡浮選（真空浮選），其品位可提高到 53.6%~69.6%，相應的回收率為 52.9%~45.7%。[46]此外，氣泡行為對研究能量、動量和質量傳遞，優化微泡發生器的設計具有重要意義。可以通過對氣泡尺寸、氣泡的聚並與破碎規律、氣泡分佈、氣泡穩定性、氣泡與礦漿的相互作用等各方面的研究，瞭解氣泡行為本質，研究氣泡生成的力學機理，為微泡發生器和浮選柱的優化設計提供有價值的參考和指導。

2.3.1 微泡的尺寸

微泡的尺寸受多個因素的影響，如氣固液的物理性質、氣泡製造技術方法、氣泡製造裝置和工況條件（如礦漿壓力、表面張力、流體流態、流速、固液濃度、三相混合比以及加入的表面活性劑的種類和用量）等。氣泡的大小主要依賴於氣體發生器的幾何形狀和流體動力學條件。在溶液中，常常是液相為連續相，固相和氣相為分散相，固體顆粒增加了氣核的形成，有利於氣泡數量上的增加。氣泡的平均尺寸減小時，在體積分率相同時，固體顆粒的直徑增大，氣泡核的數目會減少。所以，一般氣泡大小隨氣體流速（含氣量）的增加而增加，隨液體流速增加而減小，隨固體顆粒直徑的增加而增加。氣體流量是影響氣泡大小的重要因素，但當氣體流量很小時，則可認為氣泡體積不受氣體流量的影響，在射流自吸氣中生成的微泡的體積幾乎不受進氣孔孔徑截面的影響，但產生微泡的數量受其影響很大。這時影響氣泡大小的物理性質主要有液體的粘性、密度以及表面張力等，而氣體的密度、粘性等的影響可以忽略。

另外，氣泡大小與氣體在溶液中的飽和程度有很大關係。若液體中氣體不飽和，氣體將擴散到液體中，則氣泡尺寸就小。而在紊動射流中，氣泡尺寸更多地受溶液流速的影響。一些學者對氣泡弦長進行了研究，Lee 等[47]發現，低液速時氣泡弦長服從正態分佈，而高液速時服從對數正態分佈；Kim 等[48]在二維床中研究了液相表面張力和粘度對氣泡尺寸的影響，認為液相表面張力和粘度對氣泡尺寸的影響很小，此時決定氣泡大小的主要因素是氣流量和溶液流速，即氣速增大會使氣泡直徑增大，而液速增大會使氣泡直徑降低。研究表明，礦漿中的氣泡尺寸受其周圍外界的壓力影響顯著，氣泡的體積隨湍流速度和壓力降低而增大，而流速越大，衝擊力和壓力也就越大，氣泡尺寸就越小。另外，湍流流動對氣泡尺寸的影響，主要取決於氣泡的聚並及破碎，當破碎及聚並過程達到平衡時，氣泡尺寸及分佈也就穩定下來。然而在高速礦漿的紊動射流中，由於強烈湍流的液體阻止了將要碰撞氣泡的凝聚過程，使得湍流狀況下的氣泡大小主要由氣泡的破碎而非聚並過程控制，這也是高速射流能夠產生大量微細氣泡的一個重要原因。下面將對射流微泡發生器所生成的微泡的尺寸進行分析研究。

2.3.1.1　析出微泡的尺寸

各國學者對析出式微泡進行了研究，得出了一些微泡尺寸的計算公式。

托爾托雷等[49]用靜水力學觀點分析溶氣析出的氣泡受液壓力的作用，得到計算氣泡直徑的公式為：

$$R = \frac{2a}{\Delta P} \tag{2-10}$$

式中 R 為最小氣泡直徑，a 為氣、液表面張力係數，ΔP 為壓差。此式表明：R 與 ΔP 成反比，即要獲得小的氣泡，必須提高壓力差。氣泡尺寸隨液體表面張力的增加而增加。

從過飽和量及氣液界面張力的角度出發，又可得到析出微泡的最小穩定半徑尺寸計算公式[50]為：

$$R_{\min} = \frac{2\gamma_{gl}}{K(c-c_1)} = \frac{2\gamma_{gl}}{P-P_1} \tag{2-11}$$

式中 K 為亨利常數；γ_{gl} 是氣液界面張力；$c-c_1$ 為礦漿中氣體過飽和量；$P-P_1$ 為壓差數值（以氣體溶解飽和壓為起點）。

由（2-11）式可知，氣液界面張力越小，壓差幅度越大，氣泡的最小穩定半徑就越小，氣泡胚也就越容易存在。增加適量的表面活性劑，將有效地降低氣液界面的張力。

計算單位體積中析出的氣泡數的公式為[51]：

$$n = \left[\frac{K(c-c_1)}{2\gamma_{gl}}\right]^4 \sqrt{\frac{8\pi\gamma_{gl}}{kT}} \qquad (2-12)$$

式中 K 為亨利方程常數；T 為絕對溫度；k 為波爾茨曼常數。

2.3.1.2 孔板對微泡尺寸的影響

孔板製造的氣泡尺寸存在如（2-13）式所示的關係[52]：

$$d_b = V_g n \qquad (2-13)$$

式中 V_g 為引氣量，n 為常數。

而對於通過孔板（適應於半徑小於2mm）介質產生氣泡的大小有如（2-14）式所示的關係[53]：

$$R_b = 6\sqrt[4]{r^2\gamma_{gl}} \text{ cm} \qquad (2-14)$$

式中 R_b 為氣泡半徑，r 為小孔半徑 γ_{gl} 是液氣表面張力，$10^{-5}N/cm$。

Rubinstein[54]根據小孔成泡的實驗，提出了用（2-15）式來計算小孔產生的氣泡的直徑：

$$d_b = \left(\frac{6d_c\gamma}{g(\rho_l - \rho_g)}\right) \qquad (2-15)$$

式中，d_b 為氣泡直徑；d_c 為小孔直徑；γ_{gl} 為氣液表面張力；ρ_l 為液體密度；ρ_g 為氣體密度，g 為重力加速度。

可見，降低液—氣界面表面張力，適當減小孔的直徑，對形成小氣泡是有利的，隨著氣流（即引氣量）的增加，氣泡尺寸會增大。

2.3.1.3 射流生成微泡的尺寸

射流吸氣生成的氣泡尺寸將隨礦漿噴射速度增大而減小。因為流體的湍流程度增加，作用在氣泡上的流動曳力及剪切升力將增大，使得氣泡直徑減小。在射流微泡發生器內，氣泡生成的大小的影響因素有發生器的結構尺寸及物性參數，如噴嘴孔徑、進氣管位置與截面大小、喉管距及喉管長度、液體粘度、表面張力、流速（氣體流量）等。通常射流發泡器所產生的氣泡平均直徑隨著充氣量的增加而增加。

在噴嘴附近的中心流束兩側，氣泡的大小分佈是有一定規律的，有人[55]以照相方法繪出其氣泡大小分佈圖表明氣泡直徑近似呈正態分佈。隨著遠離噴嘴和吸氣室，氣泡與其他氣泡、顆粒以及周圍液固介質之間由於相互作用而發生氣泡的合併和破碎，此時氣泡尺寸主要決定於氣泡的聚並及破碎等動力學過程，而與表面張力之間關係不大。

為獲取較小的微泡尺寸，可以考慮在混合室中加入起泡劑，當加入的起泡劑在一定限度（不超過臨界兼併濃度）內時，可防止氣泡兼併。

起泡劑一般是有機異極性表面活性劑，其作用機理是：能顯著降低氣液界面張力，自發地在氣液界面聚集，阻礙或減輕氣泡的相互兼併；增強氣泡的機械強度，增加氣泡抗變形及破裂的能力，大大提高了氣泡在液相中的穩定性；降低氣泡的升浮速度，在氣泡表面形成的水化外殼保護層，增大了氣泡升浮的粘性阻力；促使氣泡形成並改善分散度，氣液界面張力的降低，有利於氣泡的形成，一般機械攪拌在純水中生成的氣泡直徑為 4~5mm，添加起泡劑後氣泡直徑平均降為 0.8~1mm。常用起泡劑有鬆油、2 號油（鬆醇油）、樟腦油、桉樹油、甲酚、重吡啶、脂肪醇類、醚醇類、醚類等。

射流式成泡方法利用氣、固、液混合過程把氣體粉碎成氣泡，其氣泡尺寸的大小主要取決於礦漿紊流程度以及持續混合時間，並最終達到與體系能量狀態相匹配的氣泡臨界尺寸。劉炯天等[56]沒有考慮礦物固粒的影響，僅從微泡發生器內氣液兩相流體能量交換的結果出發，推導出氣泡臨界尺寸公式[57]為：

$$d_{b,\max} = 0.725\left\{\left[\frac{\sigma_{Lg}}{\rho_L}\right]^3\left[\frac{M}{W}\right]^2\right\}^{1/5} \qquad (2-16)$$

式中，$d_{b,\max}$ 為氣泡最大穩定尺寸；σ_{Lg} 為氣液界面張力；ρ_L 為液體密度；M 為兩相混合的液體質量；W 為兩相混合的液體能量消耗。(2-16) 式表明，射流氣泡發生器中的氣泡尺寸取決於氣液界面的能量狀態（σ_{Lg}）及成泡過程中的能量耗散（$\frac{M}{W}$）。

2.3.2 氣泡的分散

氣泡的分散主要依賴礦漿的紊動來實現。根據碰撞理論、統計紊流理論以及紊流的各向同性理論[58]，氣泡的分散作用主要有兩種：一是氣泡通過剪切作用而分散；二是氣泡受到慣性力而分散。

在紊動場中，由於湍流脈動的流體動壓和速度隨時隨處都在變化，而且這種變化是隨機的，因此各種脈動衝擊和剪切力造成氣泡變形乃至粉碎。列維奇以方程（2-17）[53]將脈動衝擊下氣泡發生分裂的臨界尺寸與湍流性質關聯在一起：

$$d_{臨界} = L^{\frac{2}{5}}\left(\frac{\gamma_{gl}}{k\rho_l}\right)^{\frac{3}{5}}\frac{1}{\bar{u}^{\frac{6}{5}}}\left(\frac{\rho_l}{\rho_g}\right)^{\frac{1}{5}} \qquad (2-17)$$

式中，L 為氣泡初始尺寸；$\bar{u}$ 為平均流速；k 為常數（氣泡阻力係數）；ρ_l 和

ρ_g 為分別為液體和氣體的密度；γ_{gl} 為氣液界面表面能。

2.4 微泡生成過程及力學分析

2.4.1 力學分析

在氣泡生成的研究中，氣核成長為微泡以及微泡生長是一個重要過程。氣泡的成長應滿足力學平衡與相平衡（三相化學勢相等）條件，當氣泡內壓力大於氣泡外壓力時氣泡開始長大，即當氣泡的表面張力平衡不了內外壓差時氣泡就會膨脹。氣泡的成長過程主要由氣液界面及液體的運動方式控制，氣泡成長的速率主要取決於液體的慣性力與表面張力，而氣泡長大所需的能量是由外界提供的，在射流引氣微泡發生裝置中，其能量主要是由高速流動的礦漿提供的。這裡對氣泡成長的研究主要是從以下兩個方面來進行：

一是利用傳遞過程基本方程（能量、動量傳遞方程），結合特定初始條件及某些假設求解氣泡生長速度。

二是根據流體力學，對氣泡生長過程進行分析。通常假定氣泡為球形，利用浮力與曳力相等的基本公式，結合力學分析以及實驗檢測數據建立過程的數學方程。

對第一方的分析主要通過 X、Y 兩個方向上的動量方程進行：

$$\sum F_x = \frac{\mathrm{d}(m_b u_{bcx})}{\mathrm{d}t} = m_b \frac{\mathrm{d}u_{bcx}}{\mathrm{d}t} + u_{bcx} \frac{\mathrm{d}m_b}{\mathrm{d}t}$$
$$\sum F_y = \frac{\mathrm{d}(m_b u_{bcy})}{\mathrm{d}t} = m_b \frac{\mathrm{d}u_{bcy}}{\mathrm{d}t} + u_{bcy} \frac{\mathrm{d}m_b}{\mathrm{d}t}$$
(2-18)

在后述的章節中還要對此問題進行研究，這裡不再進行詳細的討論。

第二種方法是通過對氣泡在礦漿中的受力分析，建立氣泡生成、長大過程的動力學方程，進而獲得氣泡的生長速率。噴射礦漿中的氣泡受到各種力的作用，有內壓力、浮力、流動曳力、慣性力、粘性阻力、礦漿的表面張力、表面張力引起的附加力、靜壓力、礦漿挾帶動壓力、剪切升力等，以下對氣泡的形成和長大有重要影響的力進行分析：

（1）內壓力 F_{in}

$$F_{in} = p_g * \frac{\pi}{4} d_b^2$$
(2-19)

式中：p_g 為氣壓；d_b 為氣泡直徑。

內壓力是氣泡長大的驅動力，在氣泡形成過程中，由於氣體不斷進入氣泡使得氣泡內壓力增加，從而造成氣泡的長大。

（2）浮力 F_b

浮力是由重力場及密度差引起的，其計算公式為：

$$F_b = (\rho_l - \rho_g) V_b g \tag{2-20}$$

式中，ρ_l 為礦漿密度；ρ_g 為大氣密度；V_b 為氣泡體積；g 為重力加速度。

（3）流動曳力[56] F_d

$$F_d = C_d * \frac{1}{2}\rho_l u_l^2 A_{mp} \tag{2-21}$$

式中，C_d 為曳力系數，在高雷諾數下，曳力系數通過以下公式計算[59]：

$$C_d = 2.7 + \frac{24}{\mathrm{Re}_d} \tag{2-22}$$

A_{mp} 是氣泡垂直於流動曳力方向的投影面積，通過以下公式計算：

$$A_{mp} = \frac{\pi}{4} d_b^2 \tag{2-23}$$

（4）慣性力[60] F_i

當引入氣體流量一定時，氣泡將以相應的速率膨脹，從而引起動量改變，膨脹慣性力 F_i 通過下列公式計算：

$$F_i = \frac{\mathrm{d}}{\mathrm{d}t}(Mu_e) \tag{2-24}$$

式中 M 是氣泡的表觀質量，等於氣體的質量與包圍氣泡的液體體積（相當於氣泡體積的 11/16）的質量之和，即 $M = (\rho_g + \frac{11}{16}\rho_l)Qt_e$，式中 t_e 是膨脹階段特徵時間，Q 為氣泡體積膨脹速率平均值，$Q = u_b \pi d_b^2$（見式 2-35），u_b 為氣泡質心運動速度。由式（2-35）有 $u_e = \frac{\mathrm{d}d_b}{\mathrm{d}t_e} = \frac{2Q}{\pi d_b^2}$，$u_e$ 為氣泡膨脹速度。如果 $\rho_g \ll \rho_l$，則 ρ_g 可以忽略，則有 $M = \frac{11}{16}\rho_l Qt_e$，由此可以得到：

$$F_i = \frac{\frac{11}{8}\rho_l Q^2}{\pi d_b^2} = \frac{11}{8}\pi \rho_l d_b^2 u_b^2 \tag{2-25}$$

（5）粘性阻力 F_D

礦漿對氣泡的粘性阻力為[60]：

$$F_D = 6\pi \mu_l r_b u_e = 6\pi \mu_l d_b u_b \tag{2-26}$$

式中，u_e 和 r_b 分別是氣泡膨脹速度和氣泡半徑，μ_l 為礦漿粘度。

(6) 礦漿的表面張力 S_T

如圖 2-5 所示，氣泡的膨脹阻力主要來自漿的表面張力，設漿的表面張力為 S_T，其沿 X、Y 兩軸的分力分別為 $S_{T,x}$ 和 $S_{T,y}$。單元面積 $ds = r_b d\alpha * r_b d\delta = r_b^2 d\alpha * d\delta$，單元面積 ds 上的應力在 X 軸上的投影分量為：$ds_t = \sigma * ds * \cos\alpha\cos\delta$，則 1/8 球面上的表面張力在 X 軸上的投影分量為：

$$S_t = r_b^2 \int_0^{\frac{\pi}{2}} \int_0^{\frac{\pi}{2}} (\sigma\cos\alpha\cos\beta) d\alpha d\delta = \sigma * r_b^2$$

則有：

$$S_{T,x} = 8S_t = 8\sigma * r_b^2 = 2\sigma * d_b^2$$

同理有：

$$S_{T,y} = 2\sigma * d_b^2 \tag{2-27}$$

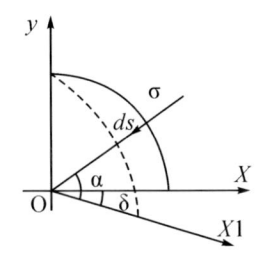

圖 2-5 作用於氣泡上的礦漿表面張力

(7) 表面張力引起的附加力[60] F_σ

$$F_\sigma = \pi d_b S_T$$

則有：$F_{\sigma,x} = \pi d_b S_{T,x} = 2\pi\sigma d_b^3$

$$F_{\sigma,y} = \pi d_b S_{T,y} = 2\pi\sigma d_b^3 \tag{2-28}$$

(8) 靜壓力 F_L

因氣泡靜力壓強為 $P_L = P_0 + \rho g h$，則所受的靜壓力 F_L 為：

$$F_L = P_L * 4\pi r_b^2 \tag{2-29}$$

(9) 動壓力[61] F_p

$$F_p = 6\pi\mu_l r_b (u_l - u_{b0}) \tag{2-30}$$

式中 $u_l - u_{b0}$ 為液氣相對速度，其中 u_{b0} 為氣泡速度，在此將其看為靜止狀態。

(10) 剪切升力[62] F_s

$$F_s = C_l * \frac{1}{2}\rho_l u_l^2 A_{ml} \tag{2-31}$$

其中，$A_{ml} = \dfrac{\pi}{4}d_b^2$；升力係數 C_l 為[63]：

$$C_l = 0.29 \tag{2-32}$$

若將促進氣泡生長的力定義為正，束縛氣泡長大的力定義為負，則可建立 X 軸和 Y 軸兩個方向的氣泡膨脹過程方程：

$$\sum F_x = F_{in,x} + F_{i,x} - F_d - F_{D,x} - S_{T,x} - F_{\sigma,x} - F_{L,x} - F_{P,x} = m_b \dfrac{du_{bx}}{dt_e} + u_{bx}\dfrac{dm_b}{dt_e}$$

… (2-33)

$$\sum F_y = F_{in,y} + F_{i,y} - F_b - F_S - F_{D,y} - S_{T,y} - F_{\sigma,y} - F_{L,y} - F_{P,y} = m_b \dfrac{du_{by}}{dt_e} + u_{by}\dfrac{dm_b}{dt_e} \tag{2-34}$$

在 dt_e 時間段內，氣泡直徑的變化微量為 dd_b，氣泡體積膨脹速率平均值為 Q，則：

$$Q dt_e = 4\pi r_b^2 dr_b,\ \Rightarrow dt_e = \dfrac{4\pi r_b^2 dr_b}{Q} = \dfrac{4\pi d_b^2 dd_b}{2Q}$$

氣泡質心運動速度 u_b 等於氣泡直徑增大速度的一半，即：

$$u_b = \dfrac{1}{2}u_e = \dfrac{1}{2}\dfrac{dd_b}{dt_e} = \dfrac{dr_b}{dt_e} = \dfrac{Q}{\pi d_b^2} \tag{2-35}$$

則 $\dfrac{du_{bx}}{dt_e} = \dfrac{\dfrac{Q\cos\theta}{\pi}d\left(\dfrac{1}{d_b^2}\right)}{\dfrac{\pi d_b^2 dd_b}{2Q}} = \dfrac{2Q^2\cos\theta}{\pi^2 d_b^2 dd_b}d\left(\dfrac{1}{d_b^2}\right)$，令 $h = \dfrac{1}{d_b}$，

則 $\dfrac{du_{bx}}{dt_e} = \dfrac{2Q^2 h^2\cos\theta * dh^2}{\pi^2 d\left(\dfrac{1}{h}\right)} = \dfrac{4Q^2 h^3\cos\theta * dh}{\pi^2 \left(-\dfrac{1}{h^2}\right)* dh}d$，以 $d_b = \dfrac{1}{h}$ 回代，

即有

$$\dfrac{du_{bx}}{dt_e} = -Q^2\dfrac{4\cos\theta}{\pi^2 d_b^5} \tag{2-36}$$

θ 為氣泡質心離 X 軸偏角。

設在 dt_e 時間段內，氣泡質量的變化微量為 dm_b，氣泡膨脹質量速率平均值為 G，即 $dm_b = G dt_e$，則：

$$\dfrac{dm_b}{dt_e} = G = Q\rho_g \tag{2-37}$$

將以上各式代入（2-33）式中，又 $m_b = \rho_g V_b$, $V_b = \frac{1}{6}\pi d_b^3$, $Q = u_b \pi d_b^2$，且考慮到氣相的持續時間很短，可以認為在礦漿射流引氣中氣相的加速是瞬間完成的。同時考慮氣泡膨脹，則得 $u_l - u_{b0} = u_b$。將這些已知條件也代入（2-33）式中，有：

$$\frac{\pi}{4}P_g d_b^2 \cos\theta + \frac{11}{8}\pi\rho_l d_b^2 u_b^2 \cos\theta - \frac{\pi}{8}C_d \rho_l u_l^2 d_b^2 - 6\pi\mu_l d_b u_b \cos\theta - 2\sigma d_b^2$$
$$- 2\pi d_b^3 \sigma - \pi(P_0 + \rho gh) d_b^2 \cos\theta - 3\pi\mu_l d_b u_l \cos\theta = \frac{1}{3}\pi\rho_g d_b^2 u_b^2 \cos\theta \quad (2\text{-}38)$$

整理后得到 X 方向的氣泡膨脹過程方程為：

$$(\frac{11}{8}\pi\rho_l - \frac{1}{3}\pi\rho_g) d_b \cos\theta * u_b^2 - 6\pi\mu_l \cos\theta * u_b - 3\pi\mu_l u_l \cos\theta$$
$$[\frac{\pi}{4}P_g d_b \cos\theta + \frac{\pi}{8}C_d \rho_l u_l^2 d_b - 2\sigma d_b - 2\pi d_b^2 \sigma - \pi(P_0 + \rho gh) d_b \cos\theta] = 0$$
$$(2\text{-}39)$$

同理，Y 軸方向的氣泡膨脹過程方程為：

$$(\frac{11}{8}\pi\rho_l - \frac{1}{3}\pi\rho_g) d_b \sin\theta * u_b^2 - 6\pi\mu_l \sin\theta * u_b - 3\pi\mu_l u_l \sin\theta + [\frac{\pi}{4}P_g d_b \sin\theta$$
$$+ \frac{\pi}{8}C_d \rho_l u_l^2 d_b - \frac{\pi}{6}d_b^2(\rho_l - \rho_g)g - 2\sigma d_b - 2\pi d_b^2 \sigma - \pi(P_0 + \rho gh)d_b \sin\theta] = 0$$
$$(2\text{-}40)$$

綜合（2-39）和（2-40）兩式，就可以分別求出氣泡膨脹速度 u_b 和氣泡尺寸 d_b。

應用 MATLAB 求解，令：

$d_b = x$, $u_b = y$, $\rho = \text{mi}$, $\delta = \text{delta}$, $\pi = \text{pi}$, $\theta = \text{theta}$, $\mu = \text{mu}$,

$\rho_l = \text{mil}$, $\rho_g = \text{mig}$, $u_l = \text{ul}$, $\mu_l = \text{muil}$, $p_g = \text{pg}$, $c_l = \text{cl}$, $c_d = \text{cd}$, $p_0 = \text{po}$

編制求解程序如下：

function guosheng_1

syms x y;

symsmil cd mig ul muil theta pg cl delta po mi g h;

a=（11/8＊mil-1/3＊mig）＊pi＊x＊cos（theta）＊y^2；

b=-（6＊pi＊muil＊cos（theta）＊y）-（3＊pi＊muil＊ul＊cos（theta））+1/4＊pi＊pg＊cos（theta）＊x；

c=1/8＊pi＊cd＊mil＊（ul）^2＊x-2＊delta＊x；

```
d=-2*pi*delta*x^2-pi*（po+mi*g*h）*cos（theta）*x;
f=a+b+c+d;
v=（11/8*mil-1/3*mig）*pi*x*sin（theta）*y^2;
w=-（6*pi*muil*sin（theta）*y）-（3*pi*muil*ul*sin
（theta））+1/4*pi*pg*sin（theta）*x;
m=1/8*pi*cl*mil*（ul）^2*x-1/6*pi*（mil-mig）*g*x^2-2*
delta*x;
n=-2*pi*delta*x^2-pi*（po+mi*g*h）*sin（theta）*x;
z=v+w+m+n;
[x, y] =solve（f, z）;
```

可求得：

$$d_b = \frac{1}{4} \frac{\cos 2\theta * (16\sigma - 3u_l^2 \rho_l c_l) * g}{\cos \theta * (\sin \theta + \cos \theta) * (\rho_l - \rho_g)} \qquad (2-41)$$

至此，建立了氣泡生成長大的力學模型。

2.4.2 微泡生成過程分析

一般液體中的氣泡總是趨向於合併成大的氣泡，並具有最小的表面能。但在礦漿的紊動射流中，由於流體湍動的強烈摻混、撕裂以及礦粒的碰撞作用，氣泡又會發生破碎，形成微小氣泡。由於射流式微泡發生器是一個開放的系統，外界有能量不斷地補充，在流體湍流、粘性力及顆粒破碎作用下，系統內氣泡將維持一定的大小和分佈，即發生器內的氣泡總是處於一種不斷地聚並和破碎的動態過程。當達到平衡時，氣泡的大小和分佈將保持穩定。

氣泡的破碎可增加總氣泡面積，而氣泡的兼併則減小總氣泡面積，與破碎兼併是互為反向而又同時存在的過程。在此過程中，一方面氣泡在不斷聚並長大，另一方面大氣泡不斷破碎成小氣泡。這裡將從氣泡的破碎、兼併及結群等方面討論研究氣泡的兼併或碰撞的幾率和氣泡數目、氣泡速率及氣泡尺寸間的關係，研究氣泡的破碎與聚並的機理。

2.4.2.1 氣泡破碎機理分析

氣泡破碎的形式一般有兩種：自身變形破碎和與顆粒碰撞、摩擦破碎。在礦漿的射流紊動摻混過程中，兩種氣泡破碎情況同時存在，氣泡的破碎非常劇烈，因此能獲得大量尺寸較小、總表面積較大、有利於微細礦粒浮選的微泡。所以射流式微泡發生器具有較好的微泡生成性能。

（1）氣泡自身變形破碎

氣泡自身變形破碎主要與流體的湍動情況有關。在湍流中，大氣泡由於湍動旋渦而引起變形甚至破裂，形成較小氣泡，在此種情況下引起的氣泡破碎，有一個氣泡臨界直徑。當氣泡直徑接近或者大於氣泡臨界直徑時，就可能產生破碎。因為在湍流狀態，與氣泡尺寸在同一量級的湍動渦產生的湍動壓力，使氣泡表面不均而引起泡內氣體激烈湍動，當湍動壓力造成的破壞力足以克服氣泡表面張力及泡內粘性力時，氣泡就會發生破碎。氣泡破碎條件為[59]：

$$\tau \geqslant \frac{\sigma}{d_b} + \frac{\mu_g}{d_b} \cdot \sqrt{\frac{\tau}{\rho_g}} \qquad (2\text{-}42)$$

式中，τ 為液相的粘性應力或湍動壓力。

根據湍動渦的大小，對氣泡的作用有三種情形：與氣泡直徑尺寸相近的湍動渦引起氣泡破碎；比氣泡直徑尺寸大的湍動渦引起氣泡的主體運動；比氣泡直徑尺寸小的湍動渦不具備擾動氣泡表面的足夠能量。由（2-42）式可知，有三種單位面積上的力控製著氣泡的變形及破碎，它們分別是外部變形力 τ、反抗氣泡變形的表面張力 $\frac{\sigma}{d_b}$、以及氣泡內部的粘性應力 $\frac{\mu_g}{d_b} \cdot \sqrt{\frac{\tau}{\rho_g}}$。如果忽略氣泡內的氣體粘性，則氣泡破碎條件為 $\tau \geqslant \frac{\sigma}{d_b}$，據此，Hinze[64] 定義了氣泡破碎的臨界韋伯數：

$$We_c = \frac{\tau}{\sigma/d_{b,\max}} \qquad (2\text{-}43)$$

臨界韋伯數 $\geqslant 1$，則氣泡容易破碎。最大氣泡直徑可由使氣泡趨向於變形或破碎的湍流脈動壓力和阻止氣泡變形的表面張力之間的平衡來確定。

Levich[65] 認為，氣泡內壓力和變形氣泡的表面張力之間處於不平衡狀態時，氣泡將破碎。當外部流體施加對氣泡的粘性應力時，就會使氣泡內的氣體產生旋轉運動以平衡外部的應力。由於氣泡內氣體的粘性系數比氣泡外的液體低幾個數量級，所以氣泡內的氣體速度梯度應比氣泡外的液體速度梯度大，才能達到平衡。速度梯度的存在使這種運動具有湍流性質，從而在氣泡內產生一個方向由氣泡內指向氣泡外的動壓力。如果這個動壓力超過表面張力，則氣泡將破碎。Levich 用氣泡內的動壓力與表面張力的比定義了臨界韋伯數並簡化為如下形式：

$$We_c = \frac{\tau}{\sigma/d_{b,\max}} \left(\frac{\rho_g}{\rho_l}\right)^{1/3} \qquad (2\text{-}44)$$

式中 ρ_l 為連續相液體的密度，ρ_g 為離散相氣體的密度。湍流脈動壓力 τ 可表示為脈動速度的函數：

$$\tau = \rho_l \overline{u'^2} \qquad (2\text{-}45)$$

式中 $\overline{u'^2}$ 為液體脈動速度平方的空間平均值。若湍流是均勻、各向同性的，則：

$$\overline{u'^2} = \frac{1}{3}\left[(u')^2 + (v')^2 + (w')^2\right] = \frac{2}{3}k \qquad (2\text{-}46)$$

式中 k 為單位質量流體的湍動動能。在各向同性湍流中：

$$k = C(\zeta \cdot l)^{2/3} \qquad (2\text{-}47)$$

式中 C 為經驗常數，ζ 為能量耗散率，l 為湍流長度標尺。Batchelor 把 $\overline{u'^2}$ 表示為 ζ 的函數：

$$\overline{u'^2} \approx 2(\zeta d_{b,\max})^{2/3} \qquad (2\text{-}48)$$

將以上公式代換計算，可得出根據 Hinze 理論的最大穩定氣泡直徑：

$$d_{\max} = \left(\frac{We_c}{2}\right)^{0.6}\left(\frac{\sigma^{0.6}}{\rho_l^{0.4}\rho_g^{0.2}}\right)\zeta^{-0.4} \qquad (2\text{-}49)$$

其中臨界韋伯數 We_c 的範圍為 0.6~1.5。

(2) 氣泡與顆粒之間相互作用的破碎

三相流體中氣泡與顆粒之間存在不斷的碰撞和摩擦，這就是促使氣泡破碎的第二種原因。單個氣泡在礦漿中運動，將與微粒產生相互作用，氣泡的破碎主要產生於微粒對氣泡的切割。在與單個微粒的作用下，氣泡在垂直於碰撞方向上可能被分裂成兩個；如果單個氣泡與多個微粒發生碰撞，在能量足夠且碰撞角度適宜的情況下，還可能被分裂成多個微小氣泡。另外，氣泡由於受到液渦的剪切作用，軸向拉長，故沿軸向也容易發生破裂。

研究[66]表明，氣泡的破碎是有分區的，在甲區是破碎，而在乙區則可能是匯合。利用含氣率 ε_a、液渦含率 ε_v、氣泡分佈密度 f、噴射流速度 u，可得出匯合區、破碎區、邊界區的界限。相關文獻[41]中提出了因球形微粒碰撞而引起的帽狀氣泡的破碎機理，給出了微粒完全穿過氣泡的破碎條件，被微粒刺穿后的氣泡變成具有中心孔徑為粒子直徑 d_p 的麵包圈狀，氣泡高為 h，由變形后的氣泡體積小於或等於原來的氣泡體積的假定來確定高度 h 的大小。

在三相流中，顆粒與氣泡的碰撞是複雜的。因為碰撞是在高速紊動的氣、固、液三相混流中進行的，由於液相的存在，顆粒與氣泡的碰撞並非完全剛性的。如果微粒動量不足，則要靠運動慣性與氣泡碰撞接觸並形成三相接觸邊界，此時礦粒與氣泡的相互作用更多地體現在摩擦方面。當能量不足時，微粒附著於氣泡的機率更大，而不是粉碎氣泡。

微粒密度不同、質量不同、濃度不同、速度不同、壓力不同、碰撞氣泡的衝擊角度不同，發生碰撞后所產生的效果也不相同。當氣泡與水發生相對運動時，水掠過氣泡，流線彎曲，水中的礦粒受水介質黏滯作用使其隨流線運動，同時又受慣性力作用使其保持原來的運動方向而脫離流線。所以，礦粒粒度不同，慣性力也不同，粒度大小不同的礦粒與氣泡之間的碰撞作用機率也不一樣。細礦粒運動時，由於受水介質黏滯作用力大，易隨流線彎曲，微細粒與氣泡之間的慣性碰撞弱，主要是黏滯力引起的攔截碰撞。粗顆粒因運動慣性較大不易隨流線彎曲，與氣泡之間的碰撞主要是慣性碰撞。

在顆粒的碰撞衝擊下，氣泡表面產生凹陷，衝擊方向愈垂直於氣泡表面，其衝擊力愈集中，氣泡表面的凹陷就愈深。在礦漿中，氣泡外包裹著一層彈性膜的水化層。礦粒與氣泡發生碰撞，首先要穿透該膜。當水化層減薄直至破裂時，氣泡自由能迅速降低，形成三相接觸面。水的表面張力迅速減低直至為零，而礦粒的速度也減慢，同時氣泡膜的韌度和強度隨水的表面張力的減低而增強，礦粒要與氣泡碰撞並使之被切割、粉碎，就要有適宜的動力學條件，這在很大程度上決定於兩者的相對速度以及運動軌跡（碰撞角）。在射流微泡發生器中，大都是多顆粒和多氣泡之間的碰撞，並且是在高速湍流中的隨機碰撞，顆粒與氣泡的運動速度及運動方向時刻都在變化。礦粒呈隨流運動的微粒狀，氣泡呈受到各種頻率不同的脈動速度和脈動壓力作用的微泡狀，碰撞發生在氣泡表面的各個部位，碰撞力和碰撞速度取決於湍流性質，而氣泡同時受到礦漿流體的拉力和剪切力的作用。

為說明顆粒與氣泡的碰撞過程，下面從簡單的單顆粒與單氣泡的碰撞著手，分析研究氣泡的碰撞粉碎機理，建立氣泡碰撞粉碎的模型，如圖 2-6（1）至圖 2-6（5）所示。

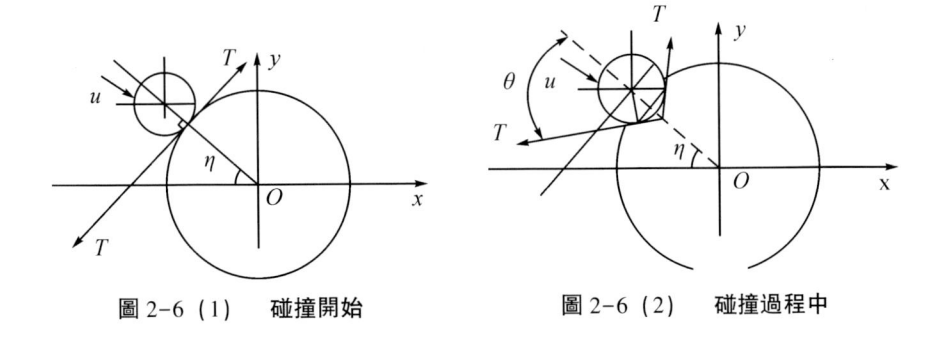

圖 2-6（1）　碰撞開始

圖 2-6（2）　碰撞過程中

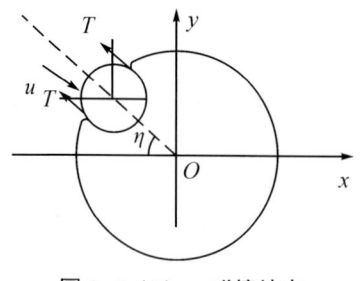

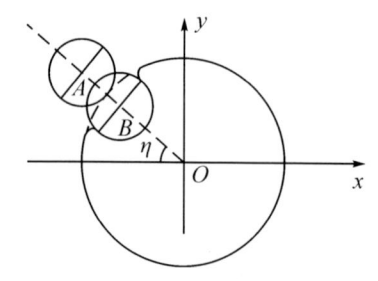

圖 2-6（3）　碰撞結束　　　　　圖 2-6（4）　整個碰撞移動的距離

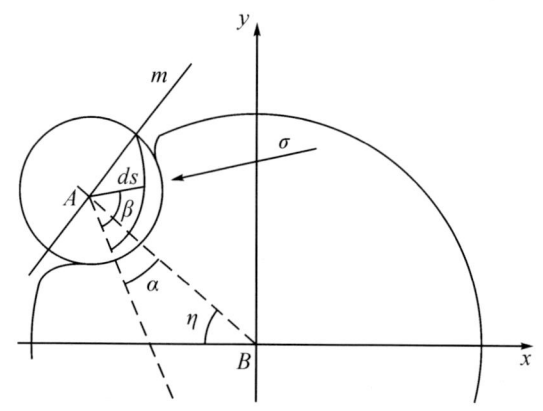

圖 2-6（5）　碰撞中礦粒所受應力投影圖

圖 2-6　單氣泡與單顆粒碰撞粉碎機理圖

為便於研究分析顆粒撞擊氣泡的過程，假設直徑為 d_b 的氣泡靜止不動，而直徑為 d_p 的顆粒以一定的碰撞角度（設為 η）與氣泡相碰，設兩者的相對速度為 u，顆粒和氣泡形狀均假設設為球形，且 $d_b \geq d_p$。

在碰撞中，由於從開始接觸到碰撞結束時間極短，因此在碰撞過程中碰撞角 η 可認為是不變的，張力角 θ 從 0 到 $\frac{\pi}{2}$ 之間進行變化。整個碰撞過程從兩者外切接觸開始（如圖 2-6（1）所示），到顆粒進入氣泡而氣泡變形（如圖 2-6（2）所示），直至顆粒完全嵌入氣泡，碰撞結束（如圖 2-6（3）所示，即顆粒的外徑落在氣泡外層上，此時為碰撞結束的臨界點）。從碰撞開始到結束的過程中，顆粒的運動位移 l 即為圖 2-6（4）中 A 點到 B 點之距：

$$l = \frac{1}{2}\left[d_p + d_b - \sqrt{d_p^2 - d_b^2}\right] \qquad (2\text{-}50)$$

顆粒的受力情況分析如下：

第一，質量力為 $f = -\rho_p V_p g$。 (2-51)

第二，浮力為 $F = \rho_l V_p g$。 (2-52)

第三，表面張力具體分析如下：

如圖 2-6（5）所示，單元面積為 $d_s = r_p d\alpha * r_p d\beta$，作用在 d_s 上的應力在中心線 AB 上的投影分應力為 $ds_t = \sigma ds * \cos\alpha\cos\beta$，則作用在嵌入氣泡中的顆粒部分球面上的應力在中心線 AB 上的投影分應力為：

$$s_t = -4\sigma \int_0^{\frac{\pi}{2}-\theta} r_p^2 \cos\alpha d\alpha \int_0^{\frac{\pi}{2}-\theta} \cos\beta d\beta = -4r_p^2 \sigma * \cos^2\theta \quad (2-53)$$

由對稱性，在垂直於 AB 方向（m）上的分應力的合力為 0。將質量力及浮力分別沿 AB 方向和 m 方向分解，與表面張力合成，則有顆粒所受合外力為：

$$\begin{cases} F_{AB} = s_t - (\rho_l - \rho_p)V_p g\sin\eta = -[d_p^2 \sigma \cos^2\theta + (\rho_l - \rho_p)V_p g\sin\eta] \\ F_m = (\rho_l - \rho_p)\cos\eta \end{cases} \quad (2-54)$$

顆粒與氣泡剛剛接觸為初始位置，其相對速度為 u，當顆粒運行位移 l 后，顆粒速度為 u_t，在 AB 方向上有能量守恒，則有：

$$F_{AB} * l = \frac{1}{2}m(u_t^2 - u^2) \quad (2-55)$$

顆粒穿透氣泡的條件是 $l = \frac{1}{2}[d_p + d_b - \sqrt{d_p^2 - d_b^2}]$ 且 $u_t > 0$，由式（2-55）有：

$$F_{AB} * l = \frac{1}{2}m(u_t^2 - u^2) > -\frac{1}{2}mu^2 \quad (2-56)$$

當 $l = \frac{1}{2}[d_p + d_b - \sqrt{d_p^2 - d_b^2}]$ 時，有 $\theta = 0$，在此條件下將 F_{AB}（見式（2-54））代入（2-56），則有：

$$[d_p^2 \sigma + (\rho_l - \rho_p)V_p g\sin\eta](d_p + d_b - \sqrt{d_p^2 - d_b^2}) < mu^2 \quad (2-57)$$

整理后得 $d_p + d_b - \dfrac{mu^2}{d_p^2 \sigma + (\rho_l - \rho_p)V_p g\sin\eta} < \sqrt{d_p^2 - d_b^2}$，兩邊平方得：

$$d_b^2 + (d_p - \frac{mu^2}{d_p^2 \sigma + (\rho_l - \rho_p)V_p g\sin\eta})d_b + \frac{m^2 u^4}{2(d_p^2 \sigma + (\rho_l - \rho_p)V_p g\sin\eta)^2}$$

$$-\frac{mu^2 d_p}{d_p^2 \sigma + (\rho_l - \rho_p)V_p g\sin\eta} < 0$$

(2-58)

解得：

$$d_b < \frac{mu^2}{d_p^2\sigma + (\rho_l - \rho_p)V_p g\sin\eta} - d_p +$$

$$\frac{\sqrt{[mu^2 - d_p^3\sigma - (\rho_l - \rho_p)V_p g\sin\eta d_p]^2 - 2m^2u^4 + mu^2 d_p[d_p^2\sigma + (\rho_l - \rho_p)V_p g\sin\eta]}}{d_p^2\sigma + (\rho_l - \rho_p)V_p g\sin\eta}$$

(2-59)

式（2-59）為顆粒穿透氣泡的必要條件。顆粒穿透氣泡后，若顆粒的直徑等於變形后環形氣泡高度（$dp \geq h_b$），則會迫使氣泡變成環形。當顆粒的直徑等於環形氣泡高度時，環形氣泡體積為：

$$V_{bl} = \pi(2d_p) \cdot \frac{\pi}{4}d_p^2 = \frac{\pi^2}{2}d_p^3 \tag{2-60}$$

又 $V_{bl} = V_b = \frac{1}{6}\pi d_b^2$，被單個固體顆粒破碎的氣泡最大直徑為：

$$d_{b,max} = \sqrt[3]{3\pi} \cdot dp \tag{2-61}$$

氣泡變為環形后，容易引起截面收縮，導致氣泡破裂。當多個顆粒同時或連續穿透一個氣泡時，引起氣泡的不穩定將導致氣泡破裂。所以固體顆粒穿透氣泡的條件可以作為氣泡破裂的條件，即公式（2-61）為固體顆粒撞擊氣泡使之破裂的充分條件。上述即為礦漿中氣泡被礦粒碰撞粉碎的機理模型，可見：顆粒的粒徑越大，固含率越高，碰撞初速越大，越易於促進氣泡的破裂；礦粒與氣泡碰撞的表面接觸角度越接近直角，氣泡碰撞粉碎的機率越高。一般說來，接觸角在 $60^0 \sim 90^0$ 時對粉碎氣泡有利，而在 $0^0 \sim 30^0$ 時則對附著有利。

2.4.2.2 氣泡兼併作用分析

氣泡生成后便趨向於兼併，以減少總的氣泡表面積，從而降低自由能總量。氣泡兼併是氣泡在礦漿中的重要行為特徵之一。在不同尺寸的氣泡之間更容易發生兼併，當兩個直徑不同的氣泡相互接觸時，毛細壓力差產生的附加力，有助於氣泡間水化層破裂，產生兼併。在尺寸相差不大的氣泡之間的兼併，只在尺寸中等以上的氣泡中較為常見。兼併會大大減小氣泡的總表面積，而且形成的大氣泡極不穩定，容易破滅。在氣泡的聚並中，最為常見的形式是大氣泡兼併小氣泡，而很少發現兩個或幾個小尺寸的氣泡合併為一個大氣泡。這是因為小氣泡內的氣體太少，總體內能不夠，很難衝破液體壁面的張力束縛而合二為一，即小氣泡與小氣泡之間相互合併長大的機率小，氣泡兼併長大的形式主要為大氣泡吞並小氣泡或兩個較大尺寸的氣泡合併為一個更大的氣泡。大氣泡兼併小氣泡的主要原因在於，小氣泡的壓力 P_1 大於大氣泡的壓力 P_2，形成的壓力差為[50] $P_1 - P_2 = 4\gamma(1/R_1 - 1/R_2)$，使得小氣泡內的空氣容易透過水層向大氣泡擴散，最終導致小氣泡被大氣泡兼併。

氣泡聚並常常與氣泡之間的碰撞聯繫在一起。和氣泡與礦粒的碰撞不同，氣泡與氣泡的碰撞大多是彈性的，在礦漿溶液中，這種碰撞結果更多的是粘附，這為氣泡聚並準備了條件。其聚並機理是：流體內的氣泡是分散的，只有兩個氣泡發生碰撞且接觸一段時間，才可能聚並。氣泡的聚並分三個步驟：一是兩氣泡在某種因素作用下發生碰撞，在它們中間夾帶少許液體作為液膜；二是液膜中的流體排出，液膜變薄至臨界厚度；三是液膜破裂，氣泡發生聚並。

在礦漿高速紊動射流中，氣泡的碰撞與湍流、浮力和粘性剪切有關，其碰撞的原因和形式主要有：湍流引起氣泡的隨機運動，從而引起碰撞；位於較高流速區域的氣泡可與位於相鄰流場中較低流速區域內的氣泡因粘性剪切作用發生碰撞；在氣泡運動過程中，后面的氣泡常常被前一氣泡后方所形成的低壓區吸引而加速，因為受氣泡尾流的影響，后面的氣泡比它前面的氣泡速度要快，氣泡間的距離逐漸縮短，且間距越短后面氣泡被加速越快，最終后面的氣泡與前面的氣泡碰撞合併。氣泡尾流的影響距離約為 10 倍氣泡直徑，這種現象在上升過程中更為明顯。在一個系統裡，上述碰撞形式往往是同時存在的。

在影響氣泡兼併的眾多因素中，充氣量是一個重要的因素相關研究[46]表明，當空氣在礦漿中的平均體積約為 20%～30% 時，氣泡的兼併速率比較穩定，此時如果充氣量再提高，則氣泡兼併就會顯著增加。氣泡兼併對微泡的生成是不利的，要防止氣泡的兼併。在抑制氣泡兼併的因素中，除化學藥劑外，礦漿的濃度和礦粒的粒度也是很關鍵的因素，在合適的流體力學條件下，通常微細礦粒會吸附在氣泡周圍，形成「裝甲外殼」，此時氣泡的兼併需使粘附的礦粒脫落而要消耗額外能量，這樣，兼併就不易發生。

因此，要防止氣泡兼併，可採用適當的充氣量、適當的礦漿濃度和礦粒粒度以及使用起泡劑的等。

2.4.2.3 氣泡的結群

氣泡的結群是微細氣泡行為的典型現象之一。隨著微泡的形成和數量的增多，礦漿中的氣泡常常發生結群現象。氣泡結群是通過許多礦粒與氣泡在短時間內碰撞、破碎氣泡以及從溶液中析出的氣泡實現的。氣泡結群有利於傳質及流體湍動程度的加大，有可能造成氣泡聚並的發生。在礦漿中，氣泡的結群形式常常有小尺寸氣泡結群、大氣泡與許多小尺寸氣泡結群、氣泡和顆粒結群等。其中氣泡與顆粒結群對浮選極為有利。相關研究表明[67]，當浮選的形式為礦粒周圍附著眾多小氣泡，在小氣泡的外層周圍又附著較大氣泡時，浮選效果最好。即當礦漿中以礦粒在內、微泡在中間、較大氣泡在外層的形式結群時，最有利於浮選。氣泡與礦粒的結群主要通過尾渦捕捉和流體湍動碰撞附著實現的，在藥劑的幫助下，更容易實現氣泡與礦粒的結群，實現物料的選別。

2.4.2.4　氣泡在礦漿中的運動

氣泡在礦漿中的運動是一個複雜的過程，由於在微泡發生器中的流動是三相流動，並且高速礦漿噴出後的射流呈強烈紊動狀態，各相之間的作用強烈且複雜，各相內部也存在複雜的各種作用，這就使得氣泡在礦漿中的運動行為複雜多變。射流卷吸的氣相被礦漿剪切、摻混、裹卷、撕裂形成氣泡后迅速被加速，這一段的持續時間極短，離開噴嘴后的礦漿由於受摩阻和動量損失影響，速度逐步降低，而隨流的氣泡在被礦漿加速到臨界速度後又被速度降低的礦漿所延滯，所以礦漿對氣泡的作用是先加速後又延滯，最終它們的速度趨於一致。進入浮選區後，在 Y 軸方向上氣泡除受礦漿作用外，浮力對其的影響相當大。氣泡在浮力作用下不斷上升，而在上升過程中內外壓差導致氣泡的膨脹，膨脹產生的氣泡體積的變化將引起氣泡所受浮力的變化，同時系統壓力和氣泡內壓力的變化，又反過來影響氣泡的膨脹。因此氣泡膨脹上升過程是一個氣泡膨脹長大過程和加速上升過程的耦合。另外，氣泡的運動還與氣泡尺寸有極大關係，一般說來，小氣泡大多為球形，主要受表面力控製，在靜態環境中常做直線運動。而尺寸較大的氣泡因受力而變形，不再是球狀，更多時候呈球冠的扁狀，其受力情況變得複雜，運動狀態也複雜多變，不再是直線。

2.4.3　礦粒對微泡生成的作用

在射流微泡發生器中，礦漿的噴射、空氣的捲入，形成了三相紊動流，氣、固、液三相的相互作用生成的氣泡的液—氣界面同整個流體介質處於動平衡狀態。在整個流體介質中，水與礦粒間存在多種物理、化學作用關係。例如：水與礦粒間的範德華力決定了水中溶解礦粒的物理吸附、離子吸附和粘著作用；水與礦粒間的化學吸附會形成一種強化學鍵等。這些相互作用一方面使水分子在礦物表面上的吸附形成礦物表面水化，較大地影響了整個體系的表面自由能；另一方面促進礦物溶解及微細礦粒的凝聚，較大地改變了整個流體介質的性質。

礦漿中礦粒濃度將影響含氣率及氣泡的分佈。在氣固液三相流中，由於微細固體造成流體表觀粘度增加，氣泡的分離和解析將趨緩，吸入的氣體被固液流剪切分散，噴口處由於固體粒子的變向和衝刷，造成局部的高湍動，氣相在此處的聚集或產生空洞的趨勢減弱。在一定範圍內提高礦漿濃度可提高礦漿的紊流程度，這對形成尺寸較小、彌散度較好的微細氣泡有利。但隨著礦粒濃度的進一步加大，混合流體密度加大，含氣率會降低。相關研究表明[68]，固含率為 20%左右時含氣率較高。

在三相流動中，顆粒相和液體相的湍流擴散和相互作用機理對建立和完善氣固液三相流動的數學模型極為重要。研究液固兩相圓湍射流在浮選中的作用，具有重要的實用價值。研究不同顆粒質量濃度比 η 對兩相射流中顆粒相行為的影響，是瞭解兩相流動中顆粒相和流體相相互作用機理的重要途徑。相關研究表明[69]：在低顆粒質量濃度比時顆粒行為受重力影響不敏感，射流具有一定的對稱性，射流核心區顆粒相受影響較小，顆粒和氣相間的動量交換較充分；隨著 η 增加，重力和 Stokes 粘性阻力也增加，在高質量濃度比時，射流不同區域的湍動能變化不大，氣相與單個粒子間的能量交換沒有低質量濃度比時那麼劇烈，這就造成宏觀上湍動能的變化減弱；隨顆粒質量濃度比 η 的增加，顆粒相行為與氣相擬序結構的關聯將減弱，同時重力影響開始變得明顯，流動受湍流混合層擬序結構的調制。要生成高質量的微泡，流體中顆粒質量濃度比 η 應適當。

2.5 微泡發生器結構分析

射流微泡發生器的結構對微泡的生成有較大的影響，噴嘴、吸氣室、混合室、喉管、擴散管等各部分的結構尺寸等對充氣量、氣泡大小和氣泡分散都有影響，對各部位進行結構分析，有利於射流微泡發生器的結構設計及性能優化。射流自吸氣微泡發生器結構示意圖如圖 2-7 所示。

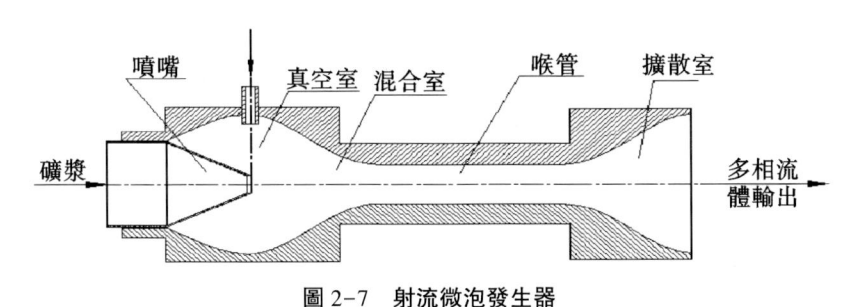

圖 2-7 射流微泡發生器

2.5.1 噴嘴

噴嘴是射流微泡發生器的一個關鍵部件。發生器的摻混、裹卷、引射等能力與噴嘴壓力、結構尺寸等有關。在石油、化工、冶金、醫藥等行業中，常用的是圓錐形噴嘴，錐形噴嘴產生的射流對稱性好。相關研究[70]表明：具有 13° 錐角並帶有長度約為出口直徑 0.25 倍的圓柱體噴口的噴嘴具有較好的流動性能。在噴嘴的各部位中，噴口最為重要。由於工作介質是礦漿，為防止噴口堵塞，噴口直徑不宜太小，噴口直徑太小射流束就容易霧化。但從射流形成、流體均勻性等方面考慮，噴口直徑又不宜過大，噴口直徑太大，流速下降將影響射流的成形，空氣的摻混、裹卷將無法實現。一般噴嘴的內孔為 2~12mm 為宜，噴口的長徑比為 0.25，噴嘴噴口截面直徑可由以下公式計算[52]：

$$d = 0.69 \frac{q^{1/2}}{k^{1/2}(p_i - \Delta p_1)^{1/4}} \tag{2-62}$$

式中 d 為噴嘴噴口孔直徑，q 為射流體積流量，p_i 為泵額定壓力，Δp_1 為沿程壓力損失，k 為噴嘴流量系數（圓錐收斂型噴嘴取 0.95）。

當知道流量和流速時，可以用 $Q_w = su = \frac{1}{4}\pi u d_n^2 \Rightarrow d_n = (\frac{4Q_w}{\pi u})^{1/2}$ 計算噴嘴噴口內徑。在實際中考慮到存在流量損失，還應加上一個修正系數，則噴嘴噴口內徑計算公式變為：$d_n = \varphi(\frac{4Q_w}{\pi u})^{1/2}$。式中 d_n 為噴嘴出口內徑；Q_w 為流量；噴嘴流速系數[70] $\varphi = 0.95$；u 為出口流速（常為亞音速）。

噴嘴噴口的結構形狀除圓形外還有多種形狀，Krothapalli[71]和 Quinn[72]等人在做完相關實驗后認為：矩形射流能增強射流流體與周圍流體的摻混與卷吸；矩形口徑可以增強傳質效果，有利於氣泡的產生。另外，對於微泡發生器來說，含氣率是一個重要的指標，這取決於最大進氣量和氣液摻混，要提高含氣率，就應充分滿足氣液有最大的接觸面積，在噴嘴的結構設計上可以考慮採用環形射流來提高氣液的接觸面積，達到提高含氣率的目的，可以將噴嘴設計成雙層的環形結構。無論是矩形孔口結構還是環形孔口結構，加工工藝性都很差，加工費用也較高，因此不常被採用。

在微泡發生器中，固液流體高速流過噴嘴，因此噴嘴是微泡發生器中的易磨損部件。延長噴嘴的使用壽命的途徑有兩種：一是使用耐磨材料，研究延長噴嘴使用壽命的新材料。近 30 年來，由於陶瓷基複合材料在一定程度上克服了傳統陶瓷的脆性，大大提高了耐磨綜合性能和零件的使用壽命，因而在噴嘴的材料應用方面備受關注。二是改變射流的流動形式，控製礦漿顆粒的運動軌跡，減輕顆粒對噴嘴的衝蝕、磨損。劉昭偉等[73]的研究表明，切向旋轉方式的射流對減小噴嘴的磨損有明顯效果。射流流動形式的改變對射流摻氣有重大影響。董志勇[45]通過實驗認為，旋動射流的摻混作用比平動射流大，所以，將射流的流動形式改為旋轉式，不僅有利於延長噴嘴的使用壽命，而且有利於微泡發生器的發泡性能的改善。但以上兩種方法都將增加噴嘴的加工難度和製造成本，需要研究開發新的加工工藝和新耐磨材料。

2.5.2 吸氣室及進氣管

吸氣室（真空室）一般為圓筒形，進氣管直接與吸氣室相連，進氣管的安裝位置、插入吸氣室內的深度以及孔徑對微泡發生器的充氣性能有較大的影響。相關研究[74]表明，當射流為亞音速時，負壓出現在離噴嘴口距離為 $0.2d$ 處（d 為噴嘴噴口內徑），負壓隨流體速度的增加而增加，在 $0.2d \sim 4d$ 區域為最大負壓區，負壓區與射流流場中心軸線為中心，進氣管的中心線與噴嘴中心線相交時的充氣速度（吸氣量）最大。由於最大負壓區出現在射流束中心軸上，則結構參數一定時，充氣速度（吸氣量）的大小還受噴嘴與進氣管之間的高度差的影響。徐志強等的研究表明[12]，進氣管的插入深度向噴嘴中心軸增加有利於含氣率的提高，但是插入深度的增加意味著吸氣時的壓損增加，不利於空氣的吸入，並且插入過深還可能增加流體的阻力，影響礦漿的噴射紊動，所以應該綜合考慮進氣管插入深度。進氣管口直徑的計算式為：

$$d_a = \left(\frac{4Q_a}{\pi u_a}\right)^{1/2} \tag{2-63}$$

式中 Q_a 為吸入空氣流量；u_a 為吸入口的空氣流速。

2.5.3 混合室

吸氣室的后部與喉管相接的部分叫混合室（混合管）。在混合室部位，快速流動的礦漿和周圍被捲入的空氣相互作用加劇，空氣和礦漿得到充分混合，空氣被分散破碎成氣泡。因此，混合室對於氣泡發生器的起泡質量有重要影響，混合室的結構、形狀、尺寸也很重要。為使氣體被切割成微小的氣泡，就須使礦漿流與空氣流在混合室進行劇烈的紊動混合，混合越充分，成泡率就越高。混合室的長度及大小（一般用混合室截面與噴口截面之比 m（在 $6 \sim 10$ 之間）來表示）對生成的氣泡的尺寸及其彌散度具有重要的作用，混合室直徑較小時，紊動混合劇烈，生成的氣泡尺寸就較小、彌散度就較好。但另一方面，混合室直徑較大時，有利於吸入更多氣體，增加含氣率。對於射流吸氣式微泡發生器來說，混合室直徑不宜過大，以免高速射流在混合室部分不起紊動混合作用，同時混合室的長度不宜過小，否則射流會直接穿透混合室而不起混合、摻混作用。分析、選擇混合室的長度和大小，是射流微泡發生器的重要設計步驟。

2.5.4 孔板

卷吸攜帶空氣的高速流體穿過孔板後，氣體在孔板的作用下容易被粉碎成彌散的氣泡。當高速漿氣流射向孔板時，一方面大部分射入的漿氣流穿過孔板的孔，使空氣束得到離散，產生氣泡；另一方面射入的漿氣流部分撞擊孔板後，改變運動方向，向周圍旋轉折回，回流增加紊動，將裹挾更多的空氣，同時破碎氣體形成氣泡。

孔板的過孔流量是一個重要參數，過孔流量太小，阻力加大，會使礦漿在混合室和吸氣室形成聚集而使流體壓力升高，嚴重影響引氣效果，降低含氣率。可以參照孔板流量計流量的計算方法，用下式[63]來計算多孔板的過孔流量：

$$u_0 = c_E \sqrt{\frac{1}{1-\xi^2}} \sqrt{\frac{2\Delta p_p}{\rho}} \qquad (2-64)$$

式中 ξ 為多孔板的開孔率；Δp_p 為多孔板兩側的壓降；c_E 是排出系數，取決於開孔率、固含率和流體的雷諾數（由實驗確定）。

2.5.5 喉管

喉管位於混合室之後，也是氣泡發生器中的一個關鍵部位。喉管的約束作用形成了水力學上稱為窄束流的作用。窄束流形成過程中可以產生非碰撞礦化，對物料分選有利。射流式微泡發生器的含氣率取決於吸入空氣量的大小，喉管的結構形式對流體的阻力、流體負壓的產生有很大的影響作用。何種形式的喉管產生的阻力不至於嚴重影響微泡的生成和含氣率，是需要研究的內容。另外，喉管的長度對微泡發生器的發泡性能也有很大影響，長徑比 $L_t/dt > 15$ 時，屬於長喉管，在此類喉管中，氣體與礦漿接觸混合時間長，動量、質量傳遞較為充分，能量利用充分，但沿程越長，阻力就越大，適合於低背壓的情況。長徑比 L_t/dt 在 5～7 之間時，屬於短喉管，在短喉管中，射流流體可能未被完全摻混便穿過喉管，進入擴散管，其能量得不到充分利用，氣、固、液三相動量與質量傳遞不充分，吸氣量相對較少，但沿程短，阻力小，出口壓力大，適用於要求射流器出口有較高背壓的情況。考慮到喉管長徑比 L_t 過小時，流體不能均勻混合，而 L_t 過大時摩阻損失增加，使射流的動力降低，根據向清江[75]的研究，L_t 可確定為：

$$L_t = 7.77 + 2.42m \tag{2-65}$$

式中 L_t 為喉管長；m 為面積比。

設計短喉管的基本步驟為：

第一，利用索科洛夫最佳性能經驗方程[52]。

$$m = \frac{1}{h}, \quad q = \frac{0.85}{h^{0.5}} - 1 \tag{2-66}$$

根據徐志強等的研究[12]，可選擇面積比 m 在 6～10 之間，由（2-66）式計算壓力比 h 和流量比 q。

第二，計算礦漿流量和空氣流量。

射流微泡發生器中礦漿流量 $Q_w = \frac{Q_a}{q}$，其中 Q_a 為引氣量。

第三，計算射流微泡發生器出口承受力（背壓）。

$$P_c = P_1 + P_2 + P_3 \tag{2-67}$$

式中 P_1、P_2、P_3 分別為靜壓、動壓和壓損。

第四，計算工作壓力。

$$P_a = \frac{P_c}{q} \tag{2-68}$$

第五，計算喉管基本尺寸。

若噴嘴噴口孔內徑為 d_n，則喉管內徑 $d_t = d_n m^{1/2}$，喉管長 $L_t = 7.77 + 2.42m$，喉嘴距[52]（噴嘴出口端到喉管入口端的距離）$L_{t,n}$ 在 $1.5d_n$ 到 $2.5d_n$ 之間。

2.5.6 擴散管

喉管道射流器出口的過渡斷為擴散管（擴散室）。從流體力學角度來分析，擴散管起到了由動力能逐漸向壓力能轉化的過渡作用，為減少能量的損失，對擴散管有一定的形狀要求。參照相關研究[52]，其結構尺寸的計算公式為：擴散管長 $L_d = k(d_d - d_t)$。其中 k 為擴散角係數，常取 6~7；d_d 為擴散管出口內徑；d_t 為喉管內徑。

擴散角 γ 取值為 $15^0 \sim 30^0$，$\tan\gamma = (d_d - d_t)/L_d$。

2.6 微泡發生器充氣性能分析

微泡發生器的氣泡特性及充氣性能對微泡浮選效率起著決定性的作用。常常用含氣率大小、氣泡大小和氣泡分佈來表徵微泡發生器的充氣性能，而且微泡發生器的充氣性能所包括含的充氣量、充氣均勻度、充氣容積利用系數和氣泡彌散度等性能是在清水中測定的，故稱為浮選機的清水性能。而含氣率常指礦漿中的氣體體積百分數，是多相流的一個表徵參數。

2.6.1 充氣量

充氣量是表徵微氣泡發生器性能優劣的一個重要參數。對於射流微泡發生器來說，影響充氣量的主要因素有射流速度、礦漿濃度、微泡發生器的結構等。充氣量越大，生成氣泡的數量就越多，對礦物的浮選越有利。但充氣量的增加也有一個限度，研究表明[12]，礦漿中的空氣平均體積約為 20%~30% 時，將形成最為適宜的微泡生成的穩定環境。充氣量過大，會顯著增加氣泡兼併，不利於微泡的生成。

2.6.1.1 射流速度對充氣量的影響

礦漿射流形成的真空直接影響射流微泡發生器的充氣量，礦漿射流速度越快，形成的真空度越高，吸入的空氣就越多，充氣量就越大，如圖 2-8 所示。

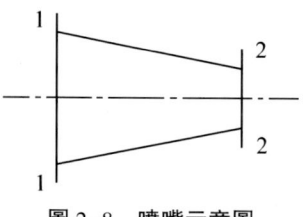

圖 2-8 噴嘴示意圖

由圖 2-8 噴嘴示意圖可列出 1-1、2-2 截面的伯努利方程為：

$$z_1 + \frac{p_1}{\gamma} + \frac{\alpha_1 v_1^2}{2g} = z_2 + \frac{p_2}{\gamma} + \frac{\alpha_2 v_2^2}{2g} + h_w \quad (2-69)$$

式中 z_1 和 z_2 為位置標高；p_1 和 p_2 為動水壓強 p_a；γ 為比重 kg/m^3；α_1 和 α_2 為動能修正系數；h_w 為壓頭損失 m。

在圖 2-8 的 1-1、2-2 截面中，$z_1 = z_2$，取 $\alpha_1 = \alpha_2 = 1$，因為光滑收縮段很短，可忽略 h_w，則有：

$$\frac{p_1}{\gamma} + \frac{v_1^2}{2g} = \frac{p_2}{\gamma} + \frac{v_2^2}{2g} \tag{2-70}$$

即：$\dfrac{v_2^2 - v_1^2}{2g} = \dfrac{p_1 - p_2}{\gamma}$ (2-71)

由流量連續性，有：

$$v_1 s_1 = v_2 s_2 \Rightarrow v_1 = \left(\frac{d_2}{d_1}\right)^2 v_2 \tag{2-72}$$

式中 s 為截面積，d 為孔徑；將（2-72）式代入（2-71）式有：

$\left[1 - \left(\dfrac{d_2}{d_1}\right)^4\right] \dfrac{v_2^2}{2g} = \dfrac{1}{\gamma}(p_1 - p_2)$，令 $\Delta p = p_1 - p_2$，則有：

$$\Delta p = \gamma \cdot \left[1 - \left(\frac{d_2}{d_1}\right)^4\right] \frac{v_2^2}{2g} \tag{2-73}$$

由（2-73）式可知，$\dfrac{d_2}{d_1}$ 減小，Δp 增大，真空度也隨著增大。射流微泡發生器噴嘴的 d_1 和 d_2 是確定的，真空度將隨 v_2 的增大而增大，即射流的速度越快，形成的真空度越高，吸入的空氣就越多，充氣量就越大。

在實際設備中，用真空表可測得吸氣室的真空度 P_f，類似於（2-71）式，且 $v_1 = 0$，$p_1 - p_2 = p_f$，$\gamma = \rho_g$，空氣穿過射流束附近環形表面的速度為：$v_g = v_2 = \sqrt{2gP_f/\rho_g}$。考慮到動量損失，將上式模化為：

$$v_g = k_1 \sqrt{2gP_f/\rho_g} \tag{2-74}$$

式中，v_g 為空氣穿過環形面積的速度；k_1 為速度系數，一般取 1~1.3 或由實驗確定；P_f 為真空度；ρ_g 為空氣的密度。

進入的空氣量 Q 應等於穿過射流束附近環形表面的速度 v_g 和環形面積 A 的乘積，考慮紊流擴散，有效環形面積應為 A 的 k_2 倍，故有：

$$Q = v_g k_2 A = k_2 v_g h \pi d_2 \tag{2-75}$$

式中，h 為喉管孔口半徑與噴嘴孔口半徑之差；d_2 為噴嘴孔口內徑。

流體射流夾帶氣量與射流出口相對速度和氣液的有效接觸面積應成正比，且有效面積與噴射速度、噴射孔口形狀和尺寸、礦漿濃度、礦物微粒物性特徵、混合室及喉管的結構和尺寸等眾多因素有關，所以系數 k_2 應由實驗來確定。

2.6.1.2 微泡發生器的結構對充氣量的影響

微泡發生器的結構對充氣性能有較大的影響，在「微泡發生器結構分析」一節中已有論述。另外，射流微泡發生器的充氣量與面積比、長徑比、工作壓力等也有很大關係[52]。

（1）喉管截面積與噴嘴截面積之比對充氣量有明顯的影響。當工作壓力較低時，充氣量先隨增加，之后卻呈下降趨勢，因此，在低壓工作時應有一個最佳的面積比。

（2）對於同一結構參數的射流微泡發生器，在保持面積之比一定的情況下，不同大小的進氣管對充氣速度無明顯影響。

（3）當長徑比和面積比均較小時，壓力的升高對充氣量變化的影響較小；隨著兩個比值的增加，這種變化的影響顯著。

（4）充氣量與長徑比在工作壓力較高時呈正比關係；在低壓時，超過一定值后呈反比關係。

（5）無論長徑比和面積比如何變化，充氣量都隨工作壓力的增大而增加。

2.6.2 氣泡分散度

氣泡分散度是對氣泡發生器的充氣性能進行度量和評價的重要參數，氣泡分散度包含氣泡的彌散程度及其分佈的均勻性兩個方面。

礦漿中空氣的彌漫程度是指充氣量一定時，空氣分散成氣泡的程度。彌漫程度越高，生成的氣泡就越小，氣泡數量就越多，氣泡總面積也就越大，礦粒與氣泡碰撞粘附機會也越大，這對礦物浮選有利。氣泡彌散度通常受表面張力的影響較大，可用加起泡劑的方法來提高氣泡彌散度。在射流微泡發生器中，氣泡的彌散度還受流體紊動強度的影響，湍流程度越大，氣泡彌散度越好。也就是說，在射流微泡發生器中，氣泡彌散度與發生器的結構有關。

氣泡在礦漿中分佈的均勻性主要是指同一體積內的氣泡的分佈均勻程度。氣泡分佈越均勻，就越有利於浮選。氣泡的分佈均勻性受發生器的結構、射流性質、礦漿濃度等多種因素影響，適當的攪拌或紊動可以促進氣泡分散的均勻性。

評價氣泡發生器的性能優劣，不僅要看其能否吸入足量的空氣，還要看吸入的空氣能否在礦漿中充分彌散成眾多的大小適中和分佈均勻的氣泡，以便提供足夠的液—氣分選界面，並使氣泡具有適宜的升浮速度。發生器的結構參數、礦漿的物性都會影響氣泡分散，礦粒越細、礦漿濃度越適宜[76]，氣泡的彌散程度及分佈均勻性就最好。

氣泡的分散度可用以下式子進行計算：

$$氣泡分散度 = \frac{礦漿平均充氣量}{不同測定點礦漿充氣量的最大差值} = \frac{礦漿平均充氣量}{最大點充氣量 - 最小點充氣量}$$

2.6.3 氣泡分佈

近幾年來，很多學者對氣固液三相流化床內的氣泡分佈情況進行了大量的研究。Lee 等[47]發現，低液速時氣泡弦長服從正態分佈，而高液速時則服從對數正態分佈；氣泡尺寸服從對數正態分佈，並且在各個流域中，氣泡平均直徑均隨床層膨脹係數的增大而增大；壓力對氣泡尺寸分佈有影響，壓力大於 5MPa 時，氣泡的大小分佈變得很窄。對於射湍動場中的氣泡分佈問題，因其流速快、紊動程度高，而不易被觀測，在這方面的相關研究也較少。

在微泡發生器中，由於射流中心束速度高、壓力低，射流束內外存在壓力差，流束中心的壓力小於流束外層的壓力，在壓力差的作用下，氣體很容易從外層被吸入到中心，氣泡數量就增多。通常來說，來流礦漿流速越高，流束中心的含氣率就越高。因為，來流速度越高、湍動強度越大，射流束內外的壓力差也越大，壓力差作用下進入流束的氣體就越多。在射流微泡發生器中，氣泡含量由中心流束向周側逐步減少，其數量分佈近似於正態分佈。氣泡的分佈均勻性還受到氣泡尾流的影響。尾流通常是以旋渦形式存在的，如果尾流中的旋渦像個氣團一樣隨著流體流動，則在這種尾流運行形式下的含氣率分佈將非常不均勻。

流場的紊流強度是影響氣泡分佈的一個重要參數。在射流發泡器內，因射流卷吸的氣體對礦漿的擾動，使發生器內的三相流場的紊流強度更為激烈。此外，氣相與液固礦漿兩相的密度相差很大，由密度差產生了較大的壓力梯度，這種壓力梯度所引起的流動特性的變化是存在很大的差別的，這也導致了強烈紊流的產生。紊流的加劇對氣泡的分佈有促進作用。

2.6.4 含氣率

含氣率是指流體中氣體所佔的體積百分數，是微泡發生器性能的一個重要指標。含氣率是由其他變量決定的，如充氣量、氣泡的大小、礦漿的濃度、礦粒性質、礦漿速度以及液相物性（如液體的粘度、表面張力和密度等）等。相關研究表明[77]，液相的物性對含氣率的影響較大，隨著液相表面張力的增加，平均含氣率將減小。Kim[48]等則認為，含氣率幾乎與表面張力無關，液相粘度對含氣率有一定的影響。在實驗研究基礎上，可以得出含氣率 ε_β 的表達式[78]：

$$\varepsilon_\beta = 0.24 n^{-0.6} \left[\frac{U_{gl}}{\sqrt{gd_c}}\right]^{0.84 \sim 0.14} \left[\frac{gd_c^3 \rho l^2}{u_{ap}^2}\right] \tag{2-76}$$

式中，ρ 為流體密度；U_{gl} 為氣速；u_{ap} 為表觀粘度。

綜合考慮表觀氣速、表觀液速、固體顆粒、物性及含量等的影響，可得到微泡發生器中含氣率的影響因素。

（1）充氣速率。射流式發泡器中，充氣速率對含氣率影響較大。起初含氣率隨充氣速率的增加而迅速增加，當充氣速率達到一定量後，含氣率達到最大值。

（2）面積比。射流的目的是吸卷空氣，並將空氣破碎成分佈均勻、彌散度好、大小適當的微泡。射流微泡發生器的喉管與噴嘴的面積比直接影響空氣的吸入量，因此面積比是影響含氣率的重要參數。開始時含氣率隨面積比的增加而增加，當到達一定量後轉而下降，也就是說存在一個最佳面積比。不同流體壓力下的最佳面積比基本相同，徐志強等[12]認為最佳面積比為 6~10。

（3）流體壓力。含氣率隨壓力升高而增加，開始上升較快，壓力升到一定量後，含氣率趨於平穩。

（4）流體表觀流速。流體表觀流速與含氣率間的關係類似於流體壓力與含氣率間的關係。當流體表觀流速達到一定量後，含氣率趨於飽和，這時流體流速對含氣率的作用已不明顯。所以在射流發泡器結構參數確定的條件下，達到一定流速後，靠加快流速或增加能量來提高含氣率，其效果已不理想。

（5）吸氣室負壓及下進氣管插入深度。因為負壓區位於流束中心軸周圍，進氣管插入越接近中心軸，越有利於含氣率的提高。但是插入深度的增加意味著吸氣時的壓損增加，不利於空氣的吸入，且插入過深還可能增加流體的阻力，影響礦漿的噴射紊動，所以應該綜合考慮進氣管的插入深度。當吸氣室負壓達一定數值後，含氣率將趨於飽和，氣泡發生器三相間的相互交換、混合存在飽和態現象，根據朱友益[27]有關靜壓平衡方程，P_v(吸氣室負壓) + P_h(靜液壓) + P_z(擴張動壓) + P_f(摩損) = $Patm$(大氣壓)，則當吸氣室負壓達一定程度後，上式方程已達平衡，增加吸氣室負壓對含氣率影響不大。

（6）礦漿質量濃度。開始時含氣率隨礦漿濃度增加而增加，且增加速度較快。因為在一定範圍內的固體微粒濃度增加，相當於增加了氣核的形成，有利於提高礦漿中的含氣率。當達到一定程度後，含氣率趨於平穩，此時隨著礦漿濃度的進一步增加，沿程阻力損失增加，流速相應降低，從而導致吸氣量減少，含氣率呈下降趨勢。

（7）起泡劑。起泡劑能降低氣液界面張力、促使氣泡形成、改善分散度、增加氣泡抗變形及破裂的能力。起泡劑大大提高了氣泡在液相中的穩定性，因此，隨著起泡劑的用量加大、質量提高，含氣率呈上升趨勢，但起泡劑用量也有一個臨界值，超出此值，含氣率將不再上升。

為更為細緻、有效地分析礦漿中的氣泡行為狀況，可將含氣率細分為平均含氣率和局部含氣率進行研究。礦漿中的平均含氣率是揭示多相流中各相分佈規律重要的物理量，是表徵流動特徵的重要參數，平均含氣率隨著表觀氣速的加快而增加。局部含氣率是深入研究的切入點，由於射流系統處於複雜的噴射三相流狀態，對其整體的、全局性的瞭解和研究應該從局部含氣率的研究開始。有人已經進行了局部含氣率的研究，發現湍動域內局部含氣率徑向上的分佈可以用拋物線方程來描述，但檢測分析難度較大，相關研究還有待深入。對氣固液三相流的研究也處於累積階段，這給本研究帶來了困難，為此，在后面的章節中，本專著將致力於三相流力學模型的建立，為分析研究三相流問題提供理論基礎和研究參考。

2.7　本章總結

（1）分析了射流式微泡發生器各段的工作原理、射流的作用及工作過程，以及其對微泡生成的作用等。

（2）研究了微泡生成力學機理、氣核的作用、微泡析出機理，分析研究了射流微泡發生器的微泡生成機理，為微泡發生器的設計和改進提供了有價值的參考，為建立三相流微泡生成力學機理模型提供了基礎。

（3）研究分析了氣泡在流體中各種受力情況、各種力對微泡生成的影響作用、射流微泡生成可能產生的力。

（4）分析研究了氣泡的形成和長大、氣泡尺寸和氣泡行為等，對氣泡的聚並與破碎、分散與結群、氣泡與礦漿各相的相互作用、氣泡大小和穩定性的影響因素等進行了分析，提出並建立了單個氣泡與單顆粒礦粒碰撞粉碎的力學機理模型。

（5）分析了微泡發生器的結構、各部件在微泡生成中的作用及其對微泡生成的影響。

（6）分析了充氣量、含氣率、氣泡分散度、氣泡分佈及其影響因素，研究了射流紊動中礦物固體顆粒對湍流及含氣率的影響等。

第三章　微泡生成三相流力學機理研究

在礦物加工工藝中，微泡浮選因效率高、能耗低、適合於微細顆粒浮選等特點，受到人們的重視。射流微泡發生器本身具有成本低、不易堵塞、能量消耗小、便於操作維護、充氣量大等特點，引起了世界各國礦物界的關注。由於在氣泡發生器內氣、固、液發生強烈的質量、動量和能量傳遞，各相之間存在複雜的相互作用，每相內部也存在各自的作用，而且礦漿為紊動射流，整個微泡形成環境和機理較為複雜，目前，對氣、固、液微泡發生器的理論及結合實驗的研究還不夠深入。本專著擬對射流微泡發生器的流動特性進行理論和實驗研究。

本章的研究建立在上一章的微泡生成力學機理分析的基礎上。研究工作將基於多相流體力學理論，借鑑流體力學、流體動力學、計算流體力學等相關理論，包含氣固、氣液流動的模擬等相關內容，涉及石油、化工等相關工業應用方面的成功經驗，以射流式微泡發生器為研究對象，考慮氣固液三相流動、傳質以及湍流脈動作用，分析氣流轉化為微泡的過程及其影響，並從三相流力學機理上加以探討，建立射流微泡發生器氣、固、液三相流流動模型，對流體在發生器內的複雜過程進行理論解析，為微泡發生器的設計和改造提供依據和有價值的參考。

3.1　流體力學發展概述

在自然界中，流體是廣泛存在的，它與人類的生活、生產有著密切的關係。早在數千年前人們已開始對流體及其作用力進行了研究，公元前250年左右，阿基米德通過對浮力的研究，得出了著名的阿基米德定律。在現代工業中，流體力學的發展對學科的發展起了巨大的推動作用。流體力學是力學的一個分支，現在已發展成為一門獨立的學科，流體力學是研究流體的平衡和運動的力學規律及其在工程實踐中的應用的學問。牛頓在固體力學方面的研究成果給流體力學的發展注入了動力，歐拉的研究奠定了經典流體力學的基礎，歐拉方程是研究流體的基本方法。伯努利方程確定了流體的速度、壓力和所處高度間的相互關係，首先在不可壓縮流體中得到應用，后又被推廣到可壓縮流體，成為流體動力學中最基本的公式之一。海爾姆霍茲和湯姆遜提出的流體中的旋渦理論使經典流體力學得到進一步完善。但經典流體力學中研究的是理想流體，不涉及實際流體的粘性，不能解決流體流動時的阻力問題，納維爾和斯托克斯在歐拉運動方程的基礎上建立了考慮粘性的實際流體運動方程。

實際流體的流動阻力問題是進行精確工程設計時的一個關鍵問題，阻力大小與流體流態有著密切的關係。著名的雷諾試驗表明，當 Reynolds 數（簡稱 Re 數）小於某一臨界值時，流動是平滑的，相鄰的流體層彼此有序地流動，這種流動稱作層流（Laminar Flow）。當 Re 數大於臨界值時，會出現一些複雜的變化，最終導致流動特徵的本質變化，流動呈無序的混亂狀態。這時，即使邊界條件保持不變，流動也是不穩定的，速度等流動特性都在隨機變化，這種狀態稱為湍流[58]（Turbulent Flow），也稱紊流。在工程實用上，為安全起見都採用 Re=2,320 作為層流或紊流的判別式。如流動工況的 Re>2,320，則流動為紊流或湍流；當 Re<2,320，則流動為層流。湍流是自然界中非常普遍的流動類型，湍流運動的特徵是，在運動過程中流體質點具有不斷的互相混摻的現象，速度和壓力等物理量在空間和時間上具有隨機性質的脈動值。

現代邊界層理論、機翼理論與紊流理論的建立，對近代流體力學的發展具有十分重要的意義。隨著流體力學的不斷發展，又出現了許多的新興分支，其中，多相流體力學[79]在國民經濟和人類生活中的地位日益重要。多相流體力學的形成與瓦特發明的蒸汽機有著密切的關係，在蒸汽機發明後出現了蒸汽輪船、蒸汽機車等裝備有蒸汽鍋爐的設備，特別是蒸汽發電使水的沸騰、凝結等傳熱過程以及水和蒸汽混合物同時流動等流動過程的研究得到了重視。隨後伴隨著核電、化工、石油、冶金、制冷等現代工業的發展，以及在其中經常遇到的多種流體同時流動和傳熱過程的出現，使多相流體力學得到迅速發展。

3.2　多相流研究概述

多相流是自然界、人類日常生活和工程技術中常見的自然現象，它比單相流更具有普遍性。多相流系統區別於單相流最突出的特點是需建立第二相或第三相的傳遞方程以及模擬複雜的相間質量、動量和能量耦合項，這使方程的數目成倍增加。多相流動模型預測能力的提高，很大程度上取決於相間作用的分析與表述，而相間作用與多相湍流結構、流動系統的幾何結構、氣泡行為、固體粒子的運動、相介質、初始條件、邊界條件、浮力、氣泡的聚並與破碎等存在複雜的聯繫。由於多相流動的複雜性、多樣性和多變性，要準確地描述多相流動的基本規律是相當困難的。近幾十年來，在化工、石油、環保等領域引入了計算流體力學，隨著計算機軟硬件的發展以及計算方法和各種理論的新發展，計算流體力學已得到了較快的發展，並顯示出巨大的活力。通過流體力學數值模擬，可以獲得所需的數據，降低實物實驗所需的人力、物力和財力。但迄今為止，將計算流體力學引入到礦物浮選，特別是微泡生成的三相流動分析中的相關報導卻相當少見。本專著將致力於初步建立氣、固、液三相流力學模型，為微泡發生器的設計和製作提供理論分析和重要參考。

3.2.1 研究概況

隨科學技術的進步，近幾年來多相流的研究得到了發展。由於三相流的情況複雜，有關三相流的研究起步較晚，成果也很有限。但對兩相流的研究較為深入[80]-[82]。

多相流是兩種或兩種以上的流體同時存在的一種混合流，自然界及工程實踐中的大多數的流動都是多相流動。在多相流中，各相間存在分界面，且分界面隨流動在不斷變化，例如：水夾帶氣泡在管中流動，水和每個氣泡間都存在分界面，但是在流動過程中，每個氣泡在水中的位置和形狀隨時都在變化，小氣泡有時會合併成較大氣泡，大氣泡也會破碎分解為小氣泡。所以也可以將多相流定義為可能存在變動分界面的多種獨立物質組成的物體的流動。

在多相流中，每一相均具有自已的流場、溫度場、濃度場等，各相間的相互作用由相間相互傳遞項來表述。由固體顆粒與氣體或液體組成的混合流動都屬多相流，各種氣體的混合流動都可視為單相流，各種液體混合時若液體間能互溶則可認為是單相流。如果液體間不互溶且物理特性（比重、粘度等）不同，則可認為是多相流。一般多相流可分為兩相流和三相流。三相流又可分為三種：氣體、固體顆粒和液體的共同流動；兩種不能均勻混合的液體和固體顆粒一起的流動；兩種不能均勻混合的液體和氣體一起的流動。

多相流的主要研究對象是流體的湍流運動、傳熱、傳質、相與相之間的質量、動量和能量的相互作用規律。對於三相流化床系統的研究和應用，則主要集中於石油、化工、環保等方面。20世紀50年代，氣、固、液三相流化床系統被用於有機化學或聚烯烴反應。1968年，三相流化床反應器首次在美國被用於渣油加氫和固體催化劑生產輕質油。在環保方面，為減少污染改善環境而設計的蒸氣濕化系統就是一種三相流化床系統。此外，三相流化床近來還被廣泛應用於生物化學技術等方面，包括廢水處理、醫藥和發酵等，但對於其在礦物浮選中的研究卻剛剛開始。

計算機的迅速發展，也給多相流的研究帶來了巨大的推動力。從20世紀70年代中期開始，人們對多相流動過程進行計算機模擬研究，美國的Har-low和英國的Spalding[83]兩個學派分別對多相流的研究做出了突出貢獻。20世紀90年代以來，Torvik和Svendsen[84]等利用液固擬均相的二維雙流體模型模擬了氣、固、液三相漿狀流動，模擬了漿狀流速、含氣率和湍流動能等參數，建立了經典的模型控製方程組。

在多相流動中，由於多相流各相的分界面是變化的，所以多相流的流動結構多種多樣且變化常常帶有隨機性。多相流的流型除受各相物性影響外，還受壓力、各相流量受熱狀況、管道布置方式以及幾何形狀等因素的影響。不同流型有不同的流體動力學特性和傳熱特性，研究並設法預測多相流型，對於存在多相流的工業設備的設計和運行是很重要的。因此，建立適用的多相流動模型，對於多相流的研究和應用極為重要。描述多流體的流動有不同的模型，目前研究最為廣泛的是氣固和液固兩相流，各國研究者已經提出了大量的模型和公式[85]。多年以來，眾多學者根據不同的研究環境提出了各種多流體模型，最早期的單顆粒動力學模型只是一種極其簡化的模型。20世紀60年代后期和70年代初，有學者提出了兩相流的單體模型和無滑移模型，認為空間任意處顆粒與流體時均速度和溫度相等，而顆粒擴散則相當於流體組分的擴散，把顆粒與流體作為統一的流體加以研究，這也是一種簡化的模型。20世紀70年代中期以后逐步發展了較為完善的兩相流模型，較完整地考慮了相間速度、顆粒擴散、溫度滑移及相間質量、動量和能量的耦合，其中又主要分成顆粒相軌道模型（包括考慮擴散的隨機軌道模型和不考慮擴散的確定軌道模型）及顆粒相擬流體模型兩大類。這兩類模型從流體力學的基本方程出發，具有較好的預測性和普遍的適用性，非常適合局部流動特性的研究。而研究三相流流動問題遠比研究單相流體及兩相流體的流動要複雜，相與相之間的質量、動量、能量的相互作用十分複雜，難以精確描述。由於多相流動的複雜性、多樣性和多變性，要想建立統一的數學模型或統一的方程是相當困難的，多相流數學模型的建立一般基於以下幾個方面：

一是由守恒定理，得出質量、動量、能量方程。

二是考慮現有的實驗數據（流型、控製體內部流體變量及分佈等），將多相流動進行某些理想化處理。

三是考慮現有的實驗數據，根據某些普遍規律對各相和界面的有關物性參數進行某些理想化處理。

四是考慮現有實驗數據，對發生在邊界上的傳遞進行某些理想化處理。

五是考慮某些理論及實際的限制（方程組的閉合、方程易於處理性等）。

多年以來，眾多學者在研究三相流中提出了各種各樣的模型，這些動力學模型嘗試著把觀察到的實驗流動狀況模化以及將人為設計提高到一個行之有效的方法。聞建平等[86]利用雙流體模型來表述氣、液兩相的相互作用，在 Lagrange 坐標系中分析了顆粒的運動，把顆粒對氣、液兩相的影響耦合於雙流體模型中，提出了 Eulerian/Eulerian/Lagrangian 模型，並對三相湍流流動進行了模擬。Mitra-Majiumdar 等[87]把氣、固、液三相分別看成三種可以相互滲透的流體，提出了三流體模型，較為合理地考慮了氣、固、液三相之間的相互作用，但是在對固相流體化處理時與其粒子分散性的本質特點相違背。羅運柏[88]及 Wen Jianping[89]等採用擬均相的處理方法，將固相看成液體的一部分，把氣、液雙流體模型應用於氣、固、液三相流動，並引入有效性加以修正，但無法準確描述三相流動中相與相之間相互耦合的複雜關係。由於三相流的流動特性複雜，相間存在界面效應和相對速度，各相間的相互作用也很複雜，而且各相內部也存在相互作用，因此，三相流體系的模型建立、設計分析、生產控製都很困難。而在微泡浮選中的三相流相關研究和報導更為稀少，為了建立三相流力學機理模型，首先對目前研究的模型進行分析。

3.2.2 顆粒軌道模型

當兩相流中的顆粒的體積分率不大於 50%時，可將顆粒視為不連續的分散相，對每一個粒子或粒子群進行跟蹤，而把氣相（或液相）認為是連續相，因此產生了連續的氣相或液相的 Euler 方程和固相的 Lagrange 方程，被稱為 Eulerian/Lagrange 模型，又被稱為分散顆粒模型或粒子軌道模型[90]。

從目前的研究來看，在兩相流中，軌道模型應用較廣，它能夠或容易模擬複雜流動的顆粒相。粒子分散模型能夠詳細地分析粒子之間的受力以及粒子之間和粒子與流體之間的複雜的相互作用。在顆粒軌道模型（Eulerian-Lagrangian 混合模型）中，把流體作為連續介質，而把分散相顆粒作為離散體系，探討受各種力作用的顆粒動力學、顆粒軌道等，對流體連續相的處理在 Euler 坐標內進行，而對分散相的處理一般是在 Lagrange 坐標內進行，故又稱之為 Euler/Lagrange 方法。在此方法中，一方面用 Euler（歐拉）法描述處理連續相的運動情況，另一方面利用 Lagrange（拉格朗日）法描述處理顆粒相（氣泡顆粒或固體顆粒情況），其描述方式符合兩相流動的宏觀表現形式。該方法對顆粒相進行的單顆粒尺度上的描述，使其便於模擬異相界面上的質量、動量和能量傳遞，而且可以避免大量經驗性的關係和分散相數值解的偽擴散[91]。可以通過牛頓定律描述氣泡的運動情況，在拉格朗日坐標系中研究顆粒群的運動情況，即把顆粒群按初始尺寸分組，各組顆粒沿其自身軌道運動。該方法對氣泡間的相互作用易於描述，特別是在具有分散小氣泡的情況下，易於定義壓力、質量力和提升力等，但需要跟蹤每個氣泡個體，並對其進行方程求解。同時，該方法能研究顆粒群和流體相之間的較大滑移，並把複雜的顆粒變化情況耦合進來。

在顆粒軌道模型中，如果考慮顆粒群的湍流擴散，則可定義顆粒隨機軌道模型，其基本假設是：

（1）顆粒群和流體相之間有滑移，即在相間存在動力學不平衡和能量不平衡。

（2）顆粒群按初始尺寸的分佈分組，各組間只有自身的質量變化，互不關聯。相同尺寸組的顆粒在尺寸不斷變化的過程中，任何時刻都有相同的速度和溫度。

（3）各組顆粒由一定的初始位置出發，沿各自的軌道運動，互不相干。沿軌道可以跟蹤顆粒的速度、質量、密度和直徑的變化。

（4）顆粒群存在湍流擴散。

（5）顆粒群作用於流體的質量、動量及能量源分佈於整個流體單元。

基於這一模型，在研究氣固兩相流中，把顆粒群「當作假連續介質」來處理，發展了分散顆粒群模型，並利用控製體法，得到了流體相動量方程的一般形式[60]：

$$\frac{\partial}{\partial t}(\rho'_g u_{gi}) + \frac{\partial}{\partial x_j}(\rho'_g u_{gi} u_{gj}) = -\varphi\frac{\partial P}{\partial x_i} + \frac{\partial}{\partial x_j}(\varphi\tau_{ij}) + \rho'_g g_i + S_m u_{Pi} + \sum_k f_{P_{ki}}$$

(3-1)

式中 $S_m u_{Pi}$ 為相間質量交換引起的動量交換項；$\sum_k f_{P_{ki}}$ 為相間阻力項；ρ'_g 為某尺寸組顆粒相對於單位 S 的表觀密度；φ 為顆粒體積分數；τ_{ij} 為粘性應力張量；S_m 為物質源項。

顆粒軌道模型認為各組分之間沿各自的軌道運動，互不相干，這與本專著要研究的紊射三相流中的情況是不相符的。但顆粒軌道模型認為相間具有滑移，利用碰撞模型計算粒子之間的作用，把粒子之間碰撞的作用分解，碰撞力被模化為三部分，即彈性作用、阻尼作用和滑動作用，然後通過這些力來決定粒子各個方向的運動，這樣就易於描述相間相互作用，這對於微泡生成三相流力學模型的建立是有幫助和啟示的。特別是分散顆粒模型中動量方程的一般形式，對研究三相流中有關顆粒相（礦粒或氣泡）的動量方程具有重要的借鑑作用。

3.2.3　歐拉多相模型

在歐拉多相模型[79]中，每一相都按歐拉方法進行處理，不對顆粒相（氣泡顆粒或固體顆粒）進行分別處理，而是對分散相的動力學特性進行整體的平均化，從而獲得一系列與連結續相的方程相似的歐拉方程，並在單相模型的基礎上引入附加的守恒方程，由此建立湍流流動模型。其基本思想是將湍流流場看作流體各自的運動及其相互作用的綜合。其基本假設有：

（1）湍流流體在時空上共存，表徵量為相分佈參數：含氣率、液含率、固含率。

（2）流體可被視為互相穿透的連續介質，其運動規律遵從各自的控製微分方程組。

（3）把氣泡視為連續相，其流動特性除受流體湍流影響外，還受其自身傳遞過程的制約。

（4）流體之間存在質量、能量及動量的相互作用，即相間耦合，流體受各種相間力，如曳力、升力等的作用。

歐拉多相模型較好地考慮了相間耦合，認為不僅要考慮流體湍流對粒子的影響，而且還要考慮粒子對流體湍流的作用，這對研究湍動三相流的流動問題有著重要的啟示。

3.2.4　雙流體模型

雙流體模型是在研究兩相流時提出來的，採用雙流體模型對於流速較高或相介質均勻混合的情況有較好的計算精度[92]。

3.2.4.1　雙流體模型及其發展

在雙流體模型中，將氣液兩相流單獨處理，均看作連續介質，並將兩相界面視為一個移動的邊界，相與相之間可以相互穿透，並引入各種組分，每種組分仍可是連續的，並根據連續性理論引出 Euler 基本方程，所以又稱之為 Euler/Euler 方程[93]。雙流體模型主要用 Euler 方法對多相流進行數值模擬，將顆粒作為擬流體，認為顆粒和流體是共同存在且相互滲透的連續介質，兩相同在 Euler 坐標系下處理。這類連續流體模型經歷了無滑移模型、小滑移雙流體模型、有滑移—擴散的雙流體模型及近年來發展起來的以顆粒碰撞理論為基礎的顆粒動力學雙流體模型。雙流體模型的基本思想是將兩相流湍流場看作是兩種流體各自運動及相互作用的綜合，每一相有其單獨的計算域，相間相互作用靠在各自的流體力學方程組中增加傳遞項來實現。例如：兩相分別有不同的速度，但它們要通過相間的力的作用來實現平衡。

雙流體模型把分散相作為與流體互相滲透的擬流體或擬連續介質，具有方便地得出分散相的濃度分佈和計算量較小的特點。利用雙流體模型，在動量互相作用中考慮 Magnus[94] 力（指在多相流場內，當顆粒存在旋轉運動時，會在其周圍產生不對稱的壓力分佈，即使流場是均勻的且沒有剪切，一般來講，也會使顆粒產生一個與運動方向垂直的升力，這就是 Magnus 力），能較好地模擬軸向、徑向速度及含氣率。雙流體模型的基本假設有：

（1）空間各處各分散相與流體相共存、相互滲透，各相具有各自不同的速度、溫度及體積分率，表徵量為相分佈參數（含氣率、固含率、液含率）。

（2）分散相在空間中有連續的速度、溫度及體積分率分佈。

（3）兩相流體間存在質量、能量及動量的相互作用，即相間耦合。

（4）相間有各種力的相互作用，如曳力、Magnus 力等，氣泡顆粒或固體顆粒的存在將加劇了液相的湍動。

雙流體模型考慮了相變和各個方向上界面動量與能量的傳遞，在這種模型中氣液兩相均被看作連續介質，通過相間相互作用來耦合。假設中的兩種流體共存，可以理解為在一個有限空間單元中兩種流體各占一部分體積，也可理解為在一個空間位置上兩種流體各以一定的概率出現。這裡兩種流體空間共存的概念實際上是在一定的時間間隔和一定的空間範圍內平均的概念，在數值分析中是可接受的，因在積分區域離散化的過程中，時間步長和空間網格都是有限大小的，所以數值分析中的量實際上本來就是在有限時間和有限空間內的平均值。而將兩種流體當作可以互相穿透的連續介質，它們的運動規律將遵守各自的控制方程，這就給計算和分析帶來了方便。對於假設中的兩種流體間存在質量、動量和能量方面的相互作用，主要考慮到氣體與液體間的阻力等作用力會導致兩種流體間的動量交換、氣泡誘發的湍動作用、動量互相作用中的 Magnus 力、流體湍流對粒子的影響以及粒子對流體湍流的作用等各方面的作用。對於這些問題，在液相紊流模型中利用 K-ε 雙方程，而在工程應用中則以局部平均物理量來描述兩相流體動力學，通過各種形式的平均，如時間平均、體積平均和統計平均等來處理。

近年來,雙流體模型得到了應用和發展,在雙流體模型的基礎上,各國學者發展了很多應用於多相流的力學模型[95][96]。其中,羅運柏[94]提出了適合於固含率較低的三相流的擬兩相流體力學模型。這種模型基於雙流體模型,而把固相看成液體的一部分,在歐拉/歐拉坐標系中來考慮,各相有自己的連續性方程和動量方程,忽略氣相湍流影響,考慮氣泡對湍流粘度的影響。對於液相湍流則利用 K-ε 雙方程來模擬計算液相的湍動能 K 和湍流耗散率 ε。對於氣相湍流粘度,則通過擬均相求得,同時通過固相有效粘度來進行修正。

在國外,Kuipers 等人[97]在氣、固、液三相流中將固相看成液相的一部分,僅在空隙率中考慮了固相的存在,把兩相的粘度看成不變的常數,利用雙流體模型來描述,模擬了氣泡的形成、上升和破碎。

還有人發展了受固粒影響的氣液雙流體模型[98],在此模型中,用有效粘度來表徵溶液粘度,其計算式為 $\mu_{eff} = \mu + \mu_t$,其中,μ 為物質的粘度,μ_t 為湍流粘度,紊動能及其耗散率可採用 Jones 和 Launder 提出的 $k-\varepsilon$ 模型來計算。

紊動能 (k) 方程為:

$$\frac{\partial(\rho \overline{u_j} k)}{\partial x_j} = \frac{\partial}{\partial x_j}(\frac{\mu_{eff}}{\sigma_k}\frac{\partial k}{\partial x_j}) + G - \rho\varepsilon \qquad (3-2)$$

湍動能耗散率 (ε) 方程為:

$$\frac{\partial(\rho \overline{u_j} \varepsilon)}{\partial x_j} = \frac{\partial}{\partial x_j}(\frac{\mu_{eff}}{\sigma_\varepsilon}\frac{\partial \varepsilon}{\partial x_j}) + C_1\frac{\varepsilon}{k}G - C_2\frac{\varepsilon^2}{k} \qquad (3-3)$$

式中,G 為湍動能產生項,$G = \mu_t \frac{\partial \overline{u_i}}{\partial x_j}(\frac{\partial \overline{u_i}}{\partial x_j} + \frac{\partial \overline{u_j}}{\partial x_i})$;湍流粘度 $\mu_t = \rho c_u \frac{k^2}{\varepsilon}$。其餘已知參數可用 Launder 和 Spalding 的推薦值:$C_1 = 1.44$,$C_2 = 1.92$,$C_u = 0.09$,$\sigma_k = 1.0$,$\sigma_\varepsilon = 1.3$。

3.2.4.2 歐拉及拉格朗日觀點比較和雙流體模型通式

雙流體模型是研究多相流流動模型的基本出發點,雙流體模型對於研究混合物的流動是極為有利的。由於實驗驗證和觀察的條件限制,在氣泡發生器中所要研究的氣、固、液三相流動主要是在液氣兩相流基礎上進行的,即是在清水噴射卷吸氣流的基礎上來研究高速礦漿射流微泡發生器的性能狀況的,因此應該對氣液兩相流的理論研究有一個較全面的認識。

對於氣液兩相流的理論有兩種基本觀點:一種是歐拉觀點。此觀點是將流體相和粒子相(氣相粒子或液滴)都作為連續介質處理,從宏觀的連續介質理論出發處理問題。另一種是拉格朗日觀點。這種觀點是將流體相作為連續介質，而粒子相作為分散體，通過研究粒子的軌跡，得到兩相流的流場及各種參數。對於歐拉觀點，目前比較有效的理論模型有兩種：均勻流模型和分層流模型。前者把多相流看成是一種均勻混合體，認為各相之間沒有滑移，用單相連續介質力學的概念和方法處理，但需要對它們的物理特性和傳遞特性做合理的假定。后者把各相介質分別看作單相流，並且用單相介質力學的概念和方法處理，但需要同時考慮相間的各種相互作用，使各相之間互相耦聯。這種模型又分為小滑移模型和滑移擴散模型。對於拉格朗日觀點，主要有分離流模型，包括分散粒子模型、連續粒子模型和連續表示法模型。分散粒子模型又可分為確定性分離流模型和隨機分離流模型。按照歐拉的觀點建立的氣液兩相流雙流體模型具有通用的形式，其形式如下[99]：

$$\frac{\partial}{\partial t}(\alpha_k \rho_k \varphi_k) + \frac{\partial}{\partial x_j}(\alpha_k \rho_k u_{kj} \varphi_k) = \frac{\partial}{\partial x_j}(\alpha_k \Gamma_k^\varphi \frac{\partial \varphi_k}{\partial x_j}) + S_k^\varphi \tag{3-4}$$

式中從左至右依次為時間導數項、對流項、擴散項、源項。下標表示氣相或液相，其具體表達式見表3-1。

表3-1　　　氣液兩相流雙流體模型通用方程的各項表達式

方程類型	物理量 φ_k	對應的 $\alpha_k\rho_k$	擴散系數 Γ_k^φ	源項 S_k^φ
氣相連續方程	1	$\alpha_g\rho_g$	0	0
液相連續方程	1	$\alpha_l\rho_l$	0	0
氣相動量方程	u_g^i	$\alpha_g\rho_g$	0	$-\alpha_g\frac{\partial P}{\partial x_i} + \alpha_g\rho_g f_{gi} + M_{gi}$
液相動量方程	u_l^i	$\alpha_l\rho_l$	μ_t	$-\alpha_l\frac{\partial P}{\partial x_i} + \alpha_l\rho_l f_{li} + \frac{\partial}{\partial x_j}(\alpha_l u_t \frac{\partial u_{lj}}{\partial x_i}) + M_{li}$
K方程	K	$\alpha_l\rho_l$	μ_t	$\alpha_l(G - \rho_l\varepsilon)$
ε方程	ε	$\alpha_l\rho_l$	μ_t/σ_ε	$\alpha_l\frac{c_l\varepsilon}{K}G - c_2\alpha_{l1}\rho_l\frac{\varepsilon^2}{K}$

註：$\sigma_k = 1.0$，$\sigma_\varepsilon = 1.314$，M為兩相之間的相互作用力。

3.2.5　氣、固、液三流體模型

在多相流的流動模型研究中，氣、固、液三流體模型的提出是一大進步，在此模型中，將氣、固、液三相分別看成三種可以相互滲透的流體，假定：

（1）在同一計算單元內各項壓力相等。
（2）流體流動軸對稱。
（3）忽略氣相湍流對流場的影響。
（4）固體顆粒遠遠小於計算單元的大小。

在三流體模型中，氣、固、液三相每一相均有自已的連續性方程和動量方程。在三相流動中，忽略氣相對湍流的影響，但考慮氣泡的引入對湍流粘度的影響，引入粘度影響量來表徵[100]：$\mu'_{b,l} = C_u \rho_l \frac{k_l^2}{\varepsilon_l} + \mu_{b,l}$，其中 $\mu_{b,l}$ 為氣體的存在對液體湍流粘度的影響[101]，$\mu_{b,l} = C' d_b R_g |V_r|$，$C'$ 為經驗常數，R_g 為氣相體積分率，V_r 為氣液之間的相對速度。對於液相湍流則利用 $k - \varepsilon$ 雙方程來模擬計算液相的湍流動能 k_l 和湍流耗散率 ε_l。同時也考慮了固相粒子的存在對液固擬均相密度和粘度的影響，以固相有效粘度來表示，其計算式為[100]：

$$\mu_{eff,p} = \frac{[(R_p \rho_p)/(R_l \rho_l)]^{1.5}}{[1.0 + (\rho_p/\rho_l)]^{-0.5}} (\mu'_{b,l} + \mu_l) \tag{3-5}$$

在此，三相流模型較為合理地考慮了氣、固、液三相之間的兩兩相互作用，但沒有考慮第三相的存在對其餘兩相相互作用的影響，且經驗式較多，因此，僅以上述表徵式來取代三相耦合，是不夠完善的。並且在三相流中，各分散相處於強烈的脈動狀態，這種脈動使得各相參數發生劇烈的變化，在模型建立中應該加以考慮。

3.2.6 紊流模型

本專著研究的微泡生成三相流力學機理模型，將以雙流體模型為基礎，同時綜合考慮射流紊動的特殊性。因為在微泡發生器內發生的是射流卷吸，其多相流流場也是湍動流場。在湍流中，不可壓縮流體的連續方程[45]是 $\frac{\partial u'_i}{\partial x_i} = 0$。湍流時均的運動方程（雷諾方程）[45]如下：

$$\rho \frac{\partial \overline{u_i}}{\partial t} + \rho \overline{u_j} \frac{\partial \overline{u_i}}{\partial x_j} = \rho \overline{g_i} - \frac{\partial \overline{p}}{\partial x_i} + \frac{\partial}{\partial x_j}(\mu \frac{\partial \overline{u_i}}{\partial x_j} - \rho \overline{u'_i u'_j}) \tag{3-6}$$

為使雷諾方程封閉，有人[45]導出了準確的雷諾應力方程、k 方程、ε 方程。而在模擬紊動應力（雷諾應力）$-\rho \overline{u'_i u'_j}$ 的進程中，分別出現了三種較有代表性的模型[45]：單方程模型、標準 $k - \varepsilon$ 模型以及代數應力模型（Algebraic Stress Model—ASM）。

3.3 微泡發生器內三相流流動分析

射流微泡發生器中噴射的礦漿在發生器內形成一個對稱的圓紊射流,射流出口周圍的氣體被高速流動的流體帶走,形成低壓。卷吸進入的空氣,經過與高速礦漿的強烈剪切混合、裹卷摻混、摩擦等作用而進入礦漿形成氣泡,其尺寸、分佈、運動是微泡生成的關鍵。在喉管入口處礦漿折回,沿兩側邊界回流,影響射流邊界層的發展擴散,射流與回流共同形成旋渦,固液氣三相在混合室中充分混合。

流體在射流微泡發生器內的流動是複雜的,是一種氣、固、液多相湍流懸浮流動,其中包含粒子碰撞、圓紊射流、射流卷吸、湍動混合等多種作用以及氣、固、液三相的相內和相間的質量、動量和能量的傳遞等。射流微泡發生器內的各種作用是快速且高度耦合的,任何一種作用的變化都會影響其他作用,而氣、固、液三相的湍流脈動又會強化這些影響。為了對這些複雜過程進行理論解析,應該對微泡發生器內的氣固液湍流三相流動、傳質、動量和能量傳遞進行研究,把發生器的結構尺寸、流體入口條件、流動特徵等影響考慮進來,將流動、傳質、湍流脈動及動量和能量的傳遞作用納入模型中。

3.3.1 紊流流動

在射流微泡發生器中,高速礦漿以不可壓縮圓紊射流形式進入吸氣室和混合室,與低速的氣流發生劇烈的紊動擴散與摻混,使空氣獲得能量。在紊動射流中,紊流在三維空間的各個方向引起動量的傳遞和質量的輸送,其激烈程度主要取決於被輸送量的局部梯度和紊流的擴散系數,在此過程中,流體質點的運動軌跡雜亂無章、相互交錯、變化迅速,流體質點除有主流方向的流動外,還作橫向和局部逆向運動,從而造成各流層間質點的相互摻混,這是紊流的本質與特徵。另外,紊流還有一個突出特點,就是流速、壓強等動力特徵值做紊亂的、無秩序的脈動,這將導致流體動力場中的瞬時值與空間、時間坐標的關係極為複雜。岑可法和樊建人等[102]認為:湍流(紊流)實際上是由具有各種不同週期、振幅和方向的三元脈動隨機地組合在一起的結果,每一個湍流渦團有著不同的脈動頻率、頻譜、振幅和方向等。由於湍流脈動的這種瞬時的紊亂和隨時間、空間的劇烈變化,在研究紊流時,常常採用平均法則對各動力特徵值加以平均,從而獲得一個有規律的、用平均值表示的動力特徵場,以便應用力學和數學分析的方法對紊流規律進行研究。

紊流脈動對傳質、均質是極為有利的。在湍流運動中，由於紊流的各流層質點間互相摻混、碰撞，使各流層間的能量不斷地互相交換，致使紊流在同一過流截面上各質點的流速發生均化現象。在紊流中，雷諾數越大，均化現象越明顯，這主要是由顆粒擴散機理決定的。引起顆粒群擴散的原因主要有兩個：一是由流體分子與顆粒碰撞而產生的布朗運動；二是由湍流速度產生的脈動曳引了顆粒，使顆粒群產生脈動擴散。

微泡發生器中的紊動射流是受限空間內的圓紊射流。當高速礦漿與周圍的氣體相接觸時，因兩者具有的不同流速，在接觸面處將形成一個流速不連續的間斷面。這種間斷面是不穩定的，將引起紊流脈動混摻現象，並向下游擴展。射流周圍的氣相有一部分被紊動射流卷吸帶入下游，因此使射流的斷面質量流量沿程擴大。隨著射流斷面的擴展，流體流動速度將逐步減小，但斷面的動量保持不變，流體的固相濃度將不斷降低。

在研究紊動射流時，因為粘性應力比紊流應力要小很多，可以忽略。垂直於流動方向的尺度遠小於流動方向尺度，具有與邊界層一樣的特點，因而可以應用如下普朗特邊界層微分方程式[43]來進行研究和計算：

$\frac{\partial u}{\partial t} + u\frac{\partial u}{\partial x} + v\frac{\partial u}{\partial y} = \frac{1}{\rho}\frac{\partial \tau}{\partial x}$，$\frac{\partial u}{\partial x} + \frac{\partial u}{\partial y} = 0$。式中 τ 為紊流剪切應力。

3.3.2 射流傳質

在微泡發生器內，由於受限的圓紊射流，三相之間存在強烈的摻混傳質作用，其傳質機理具體如下：

（1）濃度梯度引起分子擴散；
（2）壓力梯度引起壓力擴散；
（3）除重力以外的其他外力引起強迫擴散；
（4）強迫對流傳質；
（5）自然對流傳質；
（6）湍流傳質；
（7）相際傳質。

這些強烈的質量傳遞使得發生器內三相流動的研究較為複雜，而在建立相應的連續性方程時應該綜合考慮這些傳質因素。

3.3.3 相間耦合

在射流微泡發生器中，流動的礦漿的雷諾數較大，射流進入混合室和喉管后，捲入的氣流與礦漿一起作湍流流動。在湍流渦流的作用下，氣泡呈彌散狀態，懸浮礦粒只有小到足以跟隨液體湍流運動時才呈彌散狀態，對於大顆粒或顆粒聚集體，因其慣性與渦流強度沿截面存在顯著的不均勻分佈，湍動渦流間相互作用的結果將導致顆粒沿整個截面的不均勻分佈。在氣、固、液三相流動中，由於液相速度的脈動、固相速度的脈動以及氣相速度的脈動三者是相互影響的，因而使三相流動過程的定量描述較為複雜。氣、固、液三相速度可以分別由其局部平均值和隨機分量兩部分組成，描述三相流動的機理性行為必須包括氣、固、液三個速度場的許多相互作用，這些相互作用有：

（1）因三相之間的平均速度之差造成的三相間的相互作用，這一相互作用產生的曳力帶動氣泡作隨流流動。

（2）三相速度的脈動分量間產生相互作用，這一相互作用造成了在三相速度的脈動分量間的各方向上的動能輸運，這一輸運既可以是抑制礦漿速度的脈動，促進氣泡速度的脈動，也可以是相反的作用。

（3）平均顆粒運動與其脈動分量間產生相互作用，這一相互作用在顆粒聚集體間產生剪切應力，並形成其表觀粘性。

（4）各相速度的湍流脈動及其平均運動間的相互作用，正是這一相互作用產生了著名的雷諾應力。

因此，在研究三相流力學機理時，以粒子分散方法來考慮氣泡在三相流中的運動時應考慮氣泡在礦漿中的受力、氣泡間的力、固體粒子對氣泡的影響。而對於連續相液相，可以利用牛頓第三定律來考慮氣泡和礦粒對液體動量的影響。在將要建立的三相流力學模型中，應考慮粒子和氣泡在相中分散流動的特點及與液相一起的湍流，同時考慮粒子和氣泡對湍流的影響，綜合考慮分散相與連續相以及分散相與分散相之間的相互作用關係。例如：粒子對流體湍流的作用，若礦粒小，則還應考慮流體湍流時對粒子的影響；氣泡與氣泡之間的相互影響等。

在三相流中，相間耦合作用非常強烈，不同相之間通過相界面進行的動量交換在時刻進行著。其動量交換主要發生在離散相與連續相之間，為此，在基於兩相之間相互作用的基礎上，應考慮第三相的存在對其餘兩相相互作用的影響，通過相間作用力建立關係式，以便對三相耦合進行較好的分析和描述。

3.3.3.1 氣液相間的動量傳遞

要建立三相流動的動量方程，就應該對三相的受力情況進行分析和研究，而相間的動量傳遞也是通過各種力的作用來實現的。在發生器中，氣相被卷吸、摻混到礦漿中，在礦漿拖曳力作用下氣相加速至礦漿速度，在此過程中不同直徑氣泡的加速時間不同，但最后氣泡都加速到礦漿速度。在這個湍流的過程中，離散的氣泡與液體相互接觸、相互作用，從其主要的運動特徵出發，考慮液體對氣泡的附加質量力、曳力、Saffman 升力[94]（分散相粒子遭遇了具有橫向速度梯度的流場的剪切而產生的一種側向升力）的作用，忽略氣泡所受的重力、虛擬質量力等作用的液氣間的相互作用力為：

$$F_{inter,\ l-g} = F_{R,\ l-g} + F_{L,\ l-g} + F_{D,\ l-g} \tag{3-7}$$

其中，附加質量力（$F_{R,\ l-g}$）是由液體和氣體之間的加速度差引起的。由於氣泡加速時總是帶動其后尾渦中的一部分流體一起加速，增加了其阻力，相當於增加了氣泡質量，該作用可以表示為[103]：

$$F_{R,\ l-g} = \alpha_g \rho_l C_R (u_g - u_l) \tag{3-8}$$

式中，C_R 為附加質量力系數，通常設定為 0.5。

升力是表示液相的剪切運動對氣泡運動的影響的物理量（浮力已模化於其中），因射流場是紊流剪切場，則 Saffman 力是造成升力的主要原因，而不必考慮 Magnus 力，其對氣泡的側向分佈具有顯著影響，可以用下式來表達[104]：

$$F'_{L,\ l-g} = \alpha_l \rho_l C_L (u_g - u_l)(\frac{\partial u_{li}}{\partial x_j} + \frac{\partial u_{lj}}{\partial x_i}) \tag{3-9}$$

式中，C_L 是升力系數，通常設定為 0.5。

這種升力只考慮了流場剪切作用，而忽略了氣泡尾渦的作用，如果計入由氣泡尾渦和剪切場的相互作用產生的徑向作用力，則有[63]：

$$F_{L,\ l-g} = \alpha_l \rho_l C_T (u_g - u_l)(\frac{\partial u_{li}}{\partial x_j} + \frac{\partial u_{lj}}{\partial x_i}) \tag{3-10}$$

式中 $C_T = 0.29$。

氣液之間最主要的作用力為它們之間的曳力（$F_{D,\ l-g}$），可以表示為[105]：

$$F_{D,\ l-g} = \frac{3}{4}\frac{C_D}{d_b}\alpha_g \rho_l \mid u_g - u_l \mid (u_g - u_l) \tag{3-11}$$

式中，C_D 為曳力系數，在高雷諾數下取 $C_D = 0.44$。

而氣泡對液相湍動的影響，主要是通過液相有效粘度來體現的，可以用下式表達：

$$\mu_{eff,\ l} = \mu_l + \mu_{t,\ l} + \mu_{l,\ b} \tag{3-12}$$

式中，$\mu_{l,\ b}$ 為氣泡運動對液相湍動的影響，採用 Sato 等[106]提出的方法計算：

$$\mu_{l,\ b} = C_{\mu,\ b}\rho_l \alpha_g d_b \mid u_g - u_l \mid \tag{3-13}$$

由流體剪切引起的液體湍流粘性係數為[107]：

$$\mu_{t,l} = C_\mu \rho_l \frac{k^2}{\varepsilon} \tag{3-14}$$

3.3.3.2 氣固、液固相間的動量傳遞

氣固相間的動量傳遞主要通過氣固之間的曳力實現，曳力是由離散氣泡和固體顆粒之間因速度梯度而產生的。Soo 等[108]認為，這主要是由碰撞作用決定的，氣固之間就是通過這種不連續的碰撞作用進行動量交換的，其表達式為[109]：

$$F_{D,P-g} = \frac{3}{4} \frac{C_D}{d_b} \alpha_P \rho_P \mid u_P - u_g \mid (u_P - u_g) \tag{3-15}$$

在礦漿射流的環境中，液固之間的曳力作用很小，並且由於礦物微粒的直徑較小，且具有很強的隨流性，因此，在這種情況下，液固之間的作用力可以忽略曳力，只考慮礦粒本身的重力及液相對其的剪切升力。剪切升力的表達式為[63]：

$$F_{L,l-P} = \alpha_l \rho_l C_L (u_P - u_l) \left(\frac{\partial u_{li}}{\partial x_j} + \frac{\partial u_{lj}}{\partial x_i} \right) \tag{3-16}$$

3.3.3.3 相間湍流相互作用

在氣固液三相流中，氣泡的曳力、破碎、尾渦等作用，使礦漿相的湍流程度得到加強，一般稱為氣泡誘發湍動[110]，可以表示為：

$$P_b = C_b [F_{lx}(u_{lx} - u_{gx}) + F_{ly}(u_{ly} - u_{gy})] \tag{3-17}$$

式中，C_b 為氣泡誘發湍動係數，一般取 0.75。

這種誘發湍動對液固相互作用有較大的影響，可以用 Sato[106] 提出的氣泡誘導的湍流粘性模型來說明：

$$\mu_{t,b} = C_{\mu b} \rho_l \alpha_g d_b \mid u_l - u_g \mid \tag{3-18}$$

在氣泡發生器內，礦漿高速噴出噴嘴，在吸氣室、混合室及喉管內運行的時間極短，礦物微粒尺寸小，有較好的隨流性，且與液相的速度差極小，因此，固體顆粒的存在對湍動的影響可以通過改變液固混合物的粘度和密度（有效粘度和密度的修正）來考慮（參見本專著章節 3.2.5 中式 3.2-5）。

3.3.3.4 相內作用

相內作用主要是指氣泡與氣泡之間、礦物微粒與礦物微粒之間的相互作用，這些作用主要是通過碰撞來實現的，而對於液相內的相互作用，一般可以不考慮。

對於氣泡顆粒或固體顆粒相內的各粒子之間的相互作用，通過在氣相動量

方程及固相動量方程中分別引入壓力項 ΔP 來進行描述。

另外，對於氣泡與氣泡之間的作用，主要是通過氣泡尾跡來進行的，可以用前述的曳力來進行描述。但對於氣泡群來說，曳力系數發生了變化，氣泡群中氣泡的曳力系數大於單個氣泡的曳力系數，且增幅與含氣率有關，相關文獻 (Tomiyama et al., 1995) 給出了氣泡群中氣泡的曳力系數與單個氣泡的曳力系數間的關係式[111]：

$$C_D' = C_D \cdot \varepsilon^{-\frac{1}{2}} \tag{3-19}$$

同樣，對於固相顆粒群來說，其曳力系數也大於單顆粒的曳力系數，且有相似的變化。考慮周圍顆粒及流動結構對曳力系數的影響，可採用 Wen 和 Yu 曳力關聯式進行修正[112]：

$$C_D' = C_D \cdot \varepsilon^{-2.7} \tag{3-20}$$

3.3.4 物理模型分析

在射流微泡發生器中，礦漿以 10~14m/s 的速度從噴嘴射入到吸氣室內，空氣流在負壓的作用下從導氣管進入，在吸氣室和混合室內，高速礦漿與捲入的氣流進行強烈的剪切、撕裂、混合。氣固液各相的紊動、脈動作用，使微泡在複雜的過程中生成。射流微泡發生器內流體流動的行為有：

(1) 礦漿由噴嘴噴射進入微泡發生器後卷吸幾乎靜止的氣流。

(2) 在射流卷吸的過程中，流束體積膨脹，增加了三相流動的湍動性。

(3) 在整個流動過程中，存在著氣、固、液之間的質量、動量和能量的傳遞。

(4) 氣泡的流動是礦漿對它的曳力和自身浮力綜合作用的結果，而礦粒除受氣、液曳力作用外，還受到慣性力和重力的影響，所以三相之間存在速度差，而湍流流動造成了氣泡和礦粒濃度分佈和速度分佈的不均勻性。

(5) 因為是礦漿高速射流，湍流脈動劇烈，而且氣泡和礦粒在密度上存在巨大差異，所以沿射流微泡發生器軸向、徑向和圓周方向都存在著較大的濃度梯度和速度梯度。

(6) 射流礦漿為軸對稱圓紊流。

綜合以上分析，本專著提出射流微泡發生器內氣固液三相流動及相互作用的物理模型（如圖 3-1 所示）。該模型明確表達了礦物微粒、液相以及氣相之間的湍流流動、傳質以及動量和能量的傳遞之間的耦合關係。三相流相互作用緊密，還存在湍動能傳遞。液相具有自身的流動，同時又受到來自氣相和固相的影響，氣相和礦物顆粒相也是如此。微泡發生器氣固液三相流動模型的建立，就是從這三相本身的特性和相互之間的影響關係入手的。根據牛頓基本定律、能量守恒和動量守恒定律將其數學模型化，列出準確體現三相關係的動量守恒方程、質量守恒方程、組分守恒方程和能量守恒方程等控制方程，求解這些數學模型的控制方程組，即可掌握微泡發生器內整個流動的複雜狀況。

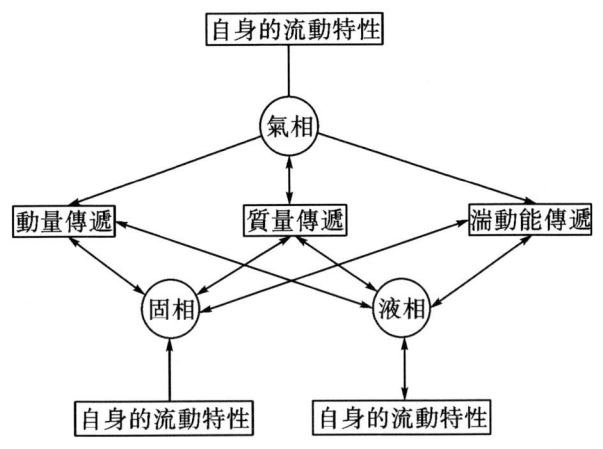

圖 3-1 微泡發生器內三相流動及相互作用的物理模型

3.4 三相流混合模型的建立

根據上述分析及圓縈射流微泡發生器中的三相流動特徵，可以較為合理地推導出以雙流體模型為基礎的三相流混合模型。在此模型中，採用 E/E 模型和流體動力學理論，將液相作為連續相，氣相以氣泡顆粒形式分散在液相中，顆粒相（氣泡顆粒、礦物顆粒）由液體流化為擬均相，即顆粒相使得液體懸浮物如同擬均勻介質，只是比純液相介質具有不同的表觀粘度和密度，並且可以引入有效物性參數來進行修正。各相與液相間的相互作用主要有氣泡與液相、固體顆粒與液相間的直接相互作用，以及氣泡與固體顆粒、氣泡與氣泡和固體顆粒與固體顆粒間的間接相互作用。同時，離散顆粒相除與連續相有質量、動量和能量的相互傳遞外，還具有自身的湍流脈動，引起其質量、動量及能量的湍流輸運，且離散相的脈動取決於對流、擴散以及與連續相湍流的相互作用。此三相流混合模型是通過分析液固混合物和氣泡相的相互協調機制來建立的，顆粒相遵守牛頓第二定律，整個流體運動遵循 Navier-Stokes 瞬態方程。

從原理上講，可以對氣、固、液三相間的質量、動量、能量和它們的初始

第三章 微泡生成三相流力學機理研究 | 75

條件與邊界條件進行精確描述[113]，但很複雜，在實際工作環境中也很難得到精確解，需要以近似法來表述系統中本質的、主要的動力學特徵。本模型主要採用時均方法[43]，根據質量、動量和能量平衡原理，在 Lagrange 坐標系中模擬顆粒相，在 Euler 坐標系中利用雙流體模型描述固液流動，從各種作用力的角度揭示氣相與礦漿介質的流動特性，並給出三相瞬態特性。對微泡發生器內無質量變化的湍流多相流動的氣、固、液三相流動模型採用三相流混合模型描述，並建立相應的控製方程組。

3.4.1 瞬態方程組

瞬態方程組的建立可以採用 Eulerian 方法的多流體混合模型，其基本假設為：

（1）氣泡和礦漿相在宏觀上都是流動體，但只有液體在微觀上是連續介質，也就是說控製體相對於氣泡、礦粒的尺寸來說很大。

（2）空間各處各氣泡顆粒相與礦漿流體共存，相互滲透，各相具有各處不同的群體速度和體積分數。

（3）氣泡與礦粒顆粒相在空間有連續的速度和連續的體積分數。

（4）氣泡顆粒相與流體間除了時均運動相互作用外，還有湍流的相互作用以及自身的湍流對流、擴散、產生和消亡等，因而具有其自身的湍流輸運特性。同時具有因相互之間以及自身內部之間的相互碰撞而引起的粘性、擴散等另外一種輸運特性。

（5）忽略氣泡所受的重力、虛擬質量力、壓降梯度力、Basset[33]力（由於流體中粘性的存在，當顆粒速度變化即顆粒有相對加速度時，顆粒周圍的流場不能達到穩定，因此，流體對顆粒的相對速度（阻力部分）以及當時的相對加速度（附加質量力）還依賴於在這之前加速度的歷史，這部分力就叫 Basset 力）、Magnus 力，僅考慮氣泡在流場中所受的曳力、阻力、浮力和 Saffman[94]力。

（6）假定湍流為各向同性[58]，氣泡間的碰撞是造成氣泡間聚集和兼併的主要原因，而礦粒對氣泡的碰撞是造成氣泡破碎的主要原因。氣泡對礦漿湍流的影響主要表現在造成其湍動能的變化。假設氣、固、液三相流為空氣、礦粒和水的混合物，氣體不能溶解於氣體，也沒有液體蒸發，三相無質量變化。

（7）溫度不變，無傳熱過程，且各相密度為常數。

基於以上假設，根據質量守恒定律和以 Navier-Stokes 方程表示的牛頓第二定律，對於三相之間的作用則根據牛頓第三定律，運用歐拉方程及雷諾應力輸運方程[79]，在雙流體模型的基礎上，可以得到微泡發生器內氣固液三個流動的瞬態方程組。由文獻[43]可知，粘性流動連續方程為 $\frac{d\rho}{dt} + \rho \nabla \cdot u = 0$，考慮射流微泡發生器內液固兩相的流場狀態為高速射流，Y、Z方向的速度相對於X方向的速度來說可以忽略，而氣相因持續時間極短，也可以進行同樣的處理，則可以得到如下連續方程：

氣相連續方程：

$$\frac{\partial}{\partial t}(\alpha_g \rho_g) + \frac{\partial}{\partial x_j}(\alpha_g \rho_g u_{gj}) = 0 \qquad (3-21)$$

礦粒相連續方程：

$$\frac{\partial}{\partial t}(\alpha_P \rho_P) + \frac{\partial}{\partial x_j}(\alpha_P \rho_P u_{Pj}) = 0 \qquad (3-22)$$

液相連續方程：

$$\frac{\partial}{\partial t}(\alpha_l \rho_l) + \frac{\partial}{\partial x_j}(\alpha_l \rho_l u_{lj}) = 0 \qquad (3-23)$$

$$\alpha_g + \alpha_P + \alpha_l = 1 \qquad (3-24)$$

根據前面的分析，對於氣相在微泡發生器中的運動，應主要考慮氣泡顆粒與氣泡顆粒之間的作用（主要是尾跡作用）以及礦漿中液相與礦粒對氣泡的曳力作用，由於考慮的是動水壓強，故質量力項不再出現[43]，此時氣泡顆粒相動量方程即 Navier-Stokes（納維-斯托克斯）方程為[45]：

$$\rho \frac{\partial u_i}{\partial t} + \rho u_j \frac{\partial u_i}{\partial x_j} = -\frac{\partial P}{\partial x_i} + \mu \frac{\partial^2 u_i}{\partial x_j \partial x_j} \qquad (3-25)$$

在雙流體模型氣相動量方程的基礎上，根據假連續介質的概念由牛頓第二定律可推得氣泡顆粒動量守恆方程為：

$$\frac{\partial}{\partial t}(\alpha_g \rho_g u_{gi}) + \frac{\partial}{\partial x_j}(\alpha_g \rho_g u_{gj} u_{gi}) = -\alpha_g \frac{\partial P}{\partial x_i} + F_{inter,\, l-g} + F_{D,\, P-g} \qquad (3-26)$$

將式（3-7）至（3-11）及（3-15）代入上式，並分別定義氣泡顆粒和礦物顆粒的速度鬆弛時間為：

$$\tau_{rb} = \frac{d_b^2 \rho_g}{18\mu} \frac{1}{C_D} \frac{24}{Re_b \alpha_g},\quad \tau_{rP} = \frac{d_P^2 \rho_P}{18\mu} \frac{1}{C_D} \frac{24}{Re_P \alpha_P} \qquad (3-27)$$

式中，氣泡顆粒和礦物顆粒的雷諾數分別為[114]：

$$Re_b = d_b |u_l - u_g|/\nu,\quad Re_P = d_P |u_P - u_g|/\nu \qquad (3-28)$$

考慮氣泡群及顆粒群的曳力系數的修正，參見（3-19）及（3-20）兩式，令：

$$\tau_{rb}^{'} = \frac{\tau_{rb}}{\alpha_g^{-\frac{1}{2}}} \quad , \quad \tau_{rp}^{'} = \frac{\tau_{rp}}{\alpha_p^{-2.7}} \tag{3-29}$$

則上述氣泡顆粒動量方程變為：

$$\frac{\partial}{\partial t}(\alpha_g \rho_g u_{gi}) + \frac{\partial}{\partial x_j}(\alpha_g \rho_g u_{gj} u_{gi}) = -\alpha_g \frac{\partial P}{\partial x_i} + \frac{\rho_g}{\tau_{rb}^{'}}(u_{li} - u_{gli})$$
$$+ \frac{\rho_P}{\tau_{rP}^{'}}(u_{Pi} - u_{gi}) + \rho_l (u_{li} - u_{gi})[\alpha_g C_R + \alpha_l C_L (\frac{\partial u_{li}}{\partial x_j} + \frac{\partial u_{lj}}{\partial x_i})] \tag{3-30}$$

考慮礦粒與礦粒間的作用、氣泡與礦粒的曳力及液相對礦粒的剪切升力，有礦粒相動量方程：

$$\frac{\partial}{\partial t}(\rho_P u_{Pi}) + \frac{\partial}{\partial x_j}(\rho_P u_{Pj} u_{Pi}) = -\alpha_P \frac{\partial P}{\partial x_j} + \frac{\rho_P}{\tau_{rP}^{'}}(u_{gi} - u_{Pi})$$
$$+ \alpha_l \rho_l C_L (u_{Pi} - u_{li})(\frac{\partial u_{li}}{\partial x_j} + \frac{\partial u_{lj}}{\partial x_i}) + \alpha_P \rho_P g \tag{3-31}$$

固相礦粒的加入對液相的影響，可模化為加大了液相的有效粘度和固含率，在動量方程中以有效粘度代替液相粘度，同時考慮離散的氣泡對液相的曳力，有液相動量方程：

$$\frac{\partial}{\partial t}(\rho_l u_{li}) + \frac{\partial}{\partial x_j}(\rho_l u_{lj} u_{li}) = -\alpha_l \frac{\partial P}{\partial x_j} + \frac{\partial}{\partial x_j}[\mu_{eff,p}(\frac{\partial u_{li}}{\partial x_j} + \frac{\partial u_{lj}}{\partial x_i})]$$
$$+ \frac{\rho_l}{\tau_{rb}^{'}}(u_{li} - u_{gi}) + \alpha_l \rho_l g \tag{3-32}$$

其中，$\mu_{eff,p}$ 見式（3-5）。

3.4.2 時均方程組

以上方程組中的各變量表示的是湍流流場中的瞬時值，是很難被檢測到的，實際中常常關心的是時均值。因為液相是連續相，若將氣泡顆粒及固體顆粒均視為擬均相，忽略液相密度脈動和速度脈動的三階關聯以及非定常關聯項和阻力脈動，採用 Reynolds 時平均[43]，對各相密度及速度進行雷諾分解，則時均值為[115]：

$$\overline{\Phi} = \lim_{T \to large} \frac{1}{T} \int_0^T \varphi \mathrm{d}t \tag{3-33}$$

一般湍流流動的瞬時值可分解為時均值加脈動值：

$$\Phi = \overline{\Phi} + \Phi^{'} \tag{3-34}$$

由式（3-33）及（3-34）可得：

$$\overline{\Phi'} = 0, \quad \overline{\Phi\Phi'} = 0, \quad \overline{\overline{\Phi}} = \overline{\Phi}, \quad \overline{\Phi'\psi'} \neq 0$$

將 $\rho = \bar{\rho} + \rho'$ 和 $u = \bar{u} + u'$ 代入，取時間平均並消去若干等於 0 的項，可得到時均方程組。氣相連續方程為：

$$\frac{\partial}{\partial t}(\alpha_g \rho_g) + \frac{\partial}{\partial x_j}(\alpha_g \rho_g u_{gj}) = 0 \Rightarrow$$

$$\alpha_g \frac{\partial}{\partial t}(\bar{\rho}_g + \rho'_g) + \alpha_g \frac{\partial}{\partial x_j}[(\bar{\rho}_g + \rho'_g)(\bar{u}_{gj} + u'_{gj})] = 0 \Rightarrow$$

$$\alpha_g [\frac{\partial}{\partial t}(\bar{\rho}_g) + \frac{\partial}{\partial t}(\rho'_g) + \frac{\partial}{\partial x_j}[(\bar{\rho}_g \bar{u}_{gj} + \rho'_g \bar{u}_{gj} + \bar{\rho}_g u'_{gj} + \rho'_g u'_{gj})]] = 0 \quad (3\text{-}35)$$

舍去 $\frac{\partial}{\partial t}(\rho'_g) = 0$ 項，並對上式取時均平均，有：

$$\frac{\partial}{\partial t}(\alpha_g \overline{\bar{\rho}_g}) + \frac{\partial}{\partial x_j}(\alpha_g \overline{\bar{\rho}_g \bar{u}_{gj}} + \alpha_g \overline{\rho'_g \bar{u}_{gj}} + \alpha_g \overline{\bar{\rho}_g u'_{gj}} + \alpha_g \overline{\rho'_g u'_{gj}}) = 0 \quad (3\text{-}36)$$

因 $\overline{\bar{\rho}_g} = \bar{\rho}_g$，$\overline{\bar{\rho}_g \bar{u}_{gj}} = \bar{\rho}_g \bar{u}_{gj}$，$\overline{\rho'_g \bar{u}_{gj}} = 0$，$\overline{\bar{\rho}_g u'_{gj}} = 0$，則由上式可得到：

$$\frac{\partial}{\partial t}(\alpha_g \bar{\rho}_g) + \frac{\partial}{\partial x_j}(\alpha_g \bar{\rho}_g \bar{u}_{gj}) = -\frac{\partial}{\partial x_j}(\alpha_g \overline{\rho'_g u'_{gj}}) \quad (3\text{-}37)$$

同理可得礦粒相連續方程：

$$\frac{\partial}{\partial t}(\alpha_P \bar{\rho}_P) + \frac{\partial}{\partial x_j}(\alpha_P \bar{\rho}_P \bar{u}_{pj}) = -\frac{\partial}{\partial x_j}(\alpha_g \overline{\rho'_P u'_{Pj}}) \quad (3\text{-}38)$$

如前所述，在時均過程中忽略液相密度脈動，即有 $\rho'_l = 0$，同理可推得液相連續方程：

$$\frac{\partial}{\partial t}(\alpha_l \bar{\rho}_l) + \frac{\partial}{\partial x_j}(\alpha_l \bar{\rho}_l \bar{u}_{lj}) = 0 \quad (3\text{-}39)$$

$$\alpha_g + \alpha_P + \alpha_l = 1 \quad (3\text{-}40)$$

由瞬態方程（見式（3-30）），不考慮異相的脈動量之間的相互影響，對左邊的兩項以 $\rho_g = \bar{\rho}_g + \rho'_g$，$u_{gj} = \bar{u}_{gj} + u'_{gj}$，$u_{gi} = \bar{u}_{gi} + u'_{gi}$ 代入，則有氣泡顆粒相動量方程：

$$\frac{\partial}{\partial t}[\alpha_g(\bar{\rho}_g + \rho'_g)(\bar{u}_{gi} + u'_{gi})] + \frac{\partial}{\partial x_j}[\alpha_g(\bar{\rho}_g + \rho'_g)(\bar{u}_{gj} + u'_{gj})(\bar{u}_{gi} + u'_{gi})]$$

$$= -\alpha_g \frac{\partial P}{\partial x_i} + \frac{\rho_g}{\tau_{rb}}(u_{li} - u_{gli}) + \frac{\rho_P}{\tau_{rP}}(u_{Pi} - u_{gi}) + \rho_l(u_{li} - u_{gi})[\alpha_g C_R$$

$$+ \alpha_l C_L(\frac{\partial u_{li}}{\partial x_j} + \frac{\partial u_{lj}}{\partial x_i})] \Rightarrow$$

$$\frac{\partial}{\partial t}[\alpha_g(\overline{\rho_g u_{gi}} + \overline{\rho_g u'_{gi}} + \overline{\rho'_g \overline{u}_{gi}} + \overline{\rho'_g u'_{gi}})] + \frac{\partial}{\partial x_j}[\alpha_g(\overline{\rho_g u_{gi} u_{gj}} + \overline{\rho'_g \overline{u}_{gj} u_{gi}} + \overline{\rho_g u_{gj} u'_{gi}} +$$

$$\overline{\rho'_g \overline{u}_{gj} u_{gi}} + \overline{\rho_g u'_{gj} \overline{u}_{gi}} + \overline{\rho'_g u'_{gj} u_{gi}} + \overline{\rho_g u'_{gj} u'_{gi}} + \overline{\rho'_g u'_{gj} u'_{gi}}) = -\alpha_g \frac{\partial P}{\partial x_i}$$

$$+ \frac{\rho_g}{\tau_{rb}}(u_{li} - u_{gli}) + \frac{\rho_P}{\tau_{rP}}(u_{Pi} - u_{gi}) + \rho_l(u_{li} - u_{gi})[\alpha_g C_R + \alpha_l C_L(\frac{\partial u_{li}}{\partial x_j} + \frac{\partial u_{lj}}{\partial x_i})]$$

略去高階微量，即 $\overline{\rho'_g u'_{gj} u'_{gi}} = 0$，又 $\frac{\partial}{\partial t}(\overline{\rho'_g u'_{gi}}) = 0$、$\overline{\rho'_g \overline{u}_{gi}} = 0$，再對上式時均化，考慮到 $\overline{\rho_g u'_{gi}} = 0$、$\overline{\rho_g u'_{gj} u'_{gi}} = 0$、$\overline{\rho'_g \overline{u}_{gj} u_{gi}} = 0$、$\overline{\rho'_g u_{gi} u_{gj}} = 0$，則有：

$$\frac{\partial}{\partial t}(\alpha_g \overline{\rho_g u_{gi}}) + \frac{\partial}{\partial x_j}(\alpha_g \overline{\rho_g u_{gj} u_{gi}}) = -\alpha_g \frac{\partial P}{\partial x_i} - \frac{\partial}{\partial x_j}(\rho_g \overline{u'_{gi} u'_{gj}} + u_{gi} \overline{\rho'_g u'_{gj}} + u_{gj} \overline{\rho'_g u'_{gi}})$$

$$+ \frac{\rho_g}{\tau'_{rb}}(u_{li} - u_{gli}) + \frac{\rho_P}{\tau'_{rP}}(u_{Pi} - u_{gi}) + \rho_l(u_{li} - u_{gi})[\alpha_g C_R + \alpha_l C_L(\frac{\partial u_{li}}{\partial x_j} + \frac{\partial u_{lj}}{\partial x_i})]$$

(3-41)

同理可得礦粒相動量方程：

$$\frac{\partial}{\partial t}(\alpha_P \rho_P u_{Pi}) + \frac{\partial}{\partial x_j}(\alpha_P \rho_P u_{Pj} u_{Pi}) = -\alpha_P \frac{\partial P}{\partial x_i} + \frac{\rho_P}{\tau'_{rP}}(u_{gi} - u_{Pi}) + \alpha_P \rho_P g -$$

$$\frac{\partial}{\partial x_j}(\rho_P \overline{u'_{Pi} u'_{Pj}} + u_{Pi} \overline{\rho'_P u'_{Pj}} + u_{Pj} \overline{\rho'_P u'_{Pi}}) + \alpha_l \rho_p C_L (u_{Pi} - u_{li})(\frac{\partial u_{li}}{\partial x_j} + \frac{\partial u_{lj}}{\partial x_i})$$

(3-42)

忽略液相密度脈動，同理可得液相動量方程：

$$\frac{\partial}{\partial t}(\alpha_l \rho_l u_{li}) + \frac{\partial}{\partial x_j}(\alpha_l \rho_l u_{lj} u_{li}) = -\alpha_l \frac{\partial P}{\partial x_i} + \frac{\partial}{\partial x_j}[\mu_{eff,l}(\frac{\partial u_{li}}{\partial x_j} + \frac{\partial u_{lj}}{\partial x_i})]$$

$$+ \frac{\rho_l}{\tau'_{rb}}(u_{li} - u_{gi}) + \alpha_l \rho_l g - \frac{\partial}{\partial x_j}(\alpha_l \rho_l \overline{u'_{li} u'_{lj}})$$

(3-43)

3.4.3 湍流封閉模型

上述所得方程組的形式是非封閉性的，需用本構方程[116]（表達物質受力與運動響應之間的關係的方程）來對其進行封閉[117]。因為在方程組中又新增加了五個未知量，即 $\overline{\rho'_P u'_{Pj}}$、$\overline{\rho'_g u'_{gi}}$、$\overline{u'_{li} u'_{lj}}$、$\overline{u'_{Pi} u'_{Pj}}$、$\overline{u'_{gi} u'_{gj}}$，這就需要用兩相湍流模型來封閉。採用 $k-\varepsilon-k_P$[118] 兩相湍流各向同性的假設，採用兩相湍流粘性係數的概念來封閉方程組中有關脈動關聯項。本專著建立的三相流動模型中，將氣泡處理成顆粒相。參照相關文獻[119]，分別引入礦粒顆粒相及氣泡顆粒相對液相湍流作用的源項，則得到液相的 Reynolds 應力輸運方程的通用形式：

$$\frac{\partial}{\partial t}(\alpha_l \rho_l \overline{u_i' u_j'}) + \frac{\partial}{\partial x_k}(\alpha_l \rho_l u_k \overline{u_i' u_j'}) = D_{ij} + P_{ij} + \pi_{ij} + G_{ij} - \alpha_l \rho_l \varepsilon_{ij} + G_{P,ij} + G_{b,ij}$$

(3-44)

式中，下標 k 為坐標方向指標，左邊兩項分別代表了脈動動能的當地與遷移變化率，D_{ij}、P_{ij}、G_{ij}、π_{ij}、ε_{ij} 的含義與單相流中相應的項相同[119]-[121]，即 D_{ij} 為擴散傳遞項，P_{ij} 為壓力擴散項，G_{ij} 為湍動能產生項，π_{ij} 為剪切力產生項，ε_{ij} 為粘性耗損項，$G_{P,ij}$ 為礦粒加入后通過曳力對液相湍流作用的源項，$G_{b,ij}$ 為氣泡顆粒通過曳力對液相湍流作用的源項。具體計算為：

$$D_{ij} = \frac{\partial}{\partial x_k}\left(\frac{\mu_l}{\sigma_k}\frac{\partial \overline{u_{li}' u_{lj}'}}{\partial x_k}\right) \;;\; P_{ij} = -\rho\left(\overline{u_i' u_k'}\frac{\partial u_j}{\partial x_k} + \overline{u_j' u_k'}\frac{\partial u_i}{\partial x_k}\right) \;;\; \pi_{ij} = \mu\left(\frac{\partial u_i}{\partial x_j} + \frac{\partial u_j}{\partial x_i}\right) \;;$$

$$G_{ij} = -C_1 \rho \frac{\varepsilon}{k}\left(\overline{u_i' u_j'} - \frac{2}{3}\delta_{ij} k\right) - C_2\left[P_{ij} - C_{ij} - \frac{2}{3}\delta_{ij}(P - C)\right]，其中 P = \frac{1}{2}P_{ij}，$$

$$C = \frac{1}{2}C_{ij} \;;$$

$$C_{ij} = \frac{\partial(\rho u_k \overline{u_i' u_j'})}{\partial x_k}, \; C_1 = 1.80, \; C_2 = 0.60 \;;\; \varepsilon_{ij} = \frac{2}{3}\rho\varepsilon\delta_{ij} \;;$$

$$G_{P,ij} = \frac{\rho_P}{\tau_{rP}}(\overline{u_{li}' u_{Pj}'} + \overline{u_{lj}' u_{Pi}'} - 2\overline{u_{li}' u_{lj}'}) \;;\qquad G_{b,ij} = \frac{\rho_g}{\tau_{rb}}(\overline{u_{li}' u_{gj}'} + \overline{u_{lj}' u_{gi}'} - 2\overline{u_{li}' u_{lj}'}) 。$$

為引申得到 k_P 方程，在礦粒的雷諾應力方程中引入 $D_{P,ij}$、$P_{P,ij}$、$\varepsilon_{P,ij}$，$D_{P,ij}$ 和 $P_{P,ij}$ 為礦粒相雷諾應力的擴散項和產生項，$\varepsilon_{P,ij}$ 為液相湍流對礦粒相湍流流動作用的源項。$G_{P,ij}$ 和 $\varepsilon_{P,ij}$ 體現了礦物顆粒對液固兩相整體湍流流動結構的影響，其形式為[122]：

$$\frac{\partial}{\partial t}(\rho_P \overline{u_{pi}' u_{pj}'}) + \frac{\partial}{\partial x_j}(\rho_P u_{pk} \overline{u_{pi}' u_{pj}'}) = D_{P,ij} + P_{P,ij} + \varepsilon_{P,ij}$$

(3-45)

$$D_{P,ij} = \frac{\partial}{\partial x_k}\left[C_D \rho_P \frac{k_P}{\varepsilon_P}\overline{u_{Pk}' u_{Ph}'}\frac{\partial}{\partial x_h}(\overline{u_{Pi}' u_{Pj}'})\right]$$

$$P_{P,ij} = -(\rho_P \overline{u_{Pk}' u_{Pi}'} + u_{Pk} \overline{\rho_P' u_{Pi}'})\frac{\partial u_{Pj}}{\partial x_k} - (\rho_P \overline{u_{Pk}' u_{Pj}'} + u_{Pk} \overline{\rho_P' u_{Pj}'})\frac{\partial u_{Pi}}{\partial x_k}$$

$$+ \overline{\rho_P' u_{Pj}'} g_i + \overline{\rho_P' u_{Pi}'} g_j$$

$$\varepsilon_{P,ij} = \frac{1}{\tau_{rP}}[\rho_P(\overline{u_{Pj}' u_{li}'} + \overline{u_{Pi}' u_{lj}'} - 2\overline{u_{Pi}' u_{Pj}'}) + (u_{li} - u_{Pi})\overline{\rho_P' u_{Pj}'} + (u_{lj} - u_{Pj})\overline{\rho_P' u_{Pi}'}$$

$G_{P,ij}$ 和 $\varepsilon_{P,ij}$ 反映了液固兩相湍流間的相互作用。取 $i=j$，將 $k_p = \frac{1}{2}\overline{u'_{pi}u'_{pj}}$ 代入，即可得到礦粒相的 k_p 方程。

同理，可導出湍流多相流中氣泡顆粒相的雷諾應力方程：

$$\frac{\partial}{\partial t}(\rho_g \overline{u'_{gi}u'_{gj}}) + \frac{\partial}{\partial x_j}(\rho_g u_{gk}\overline{u'_{gi}u'_{gj}}) = D_{b,ij} + P_{b,ij} + \varepsilon_{b,ij} \qquad (3-46)$$

式中，$D_{b,ij}$ 和 $P_{b,ij}$ 為氣泡顆粒相雷諾應力的擴散項和產生項，$\varepsilon_{b,ij}$ 為液相湍流對氣泡顆粒相雷諾應力作用源項。

$$D_{b,ij} = \frac{\partial}{\partial x_k}[C_D\rho_g \frac{k_g}{\varepsilon_g}\overline{u'_{gk}u'_{gh}}\frac{\partial}{\partial x_h}(\overline{u'_{gi}u'_{gj}})]$$

$$P_{b,ij} = -(\rho_g \overline{u'_{gk}u'_{gi}} + u_{gk}\overline{u'_g u'_{gi}})\frac{\partial u_{gj}}{\partial x_k} - (\rho_g \overline{u'_{gk}u'_{gj}} + u_{gk}\overline{u'_g u'_{gj}})\frac{\partial u_{gi}}{\partial x_k}$$

式中，k 與 h 均為坐標方向指標。

$$\varepsilon_{b,ij} = \frac{1}{\tau_{rb}}[\rho_g(\overline{u'_g u'_{li}} + \overline{u'_{gi}u'_{lj}} - 2\overline{u'_{gi}u'_{gj}}) + (u_{li} - u_{gi})\overline{\rho'_g u'_{gj}} + (u_{lj} - u_{gj})\overline{\rho'_g u'_{gi}}]$$

取 $i=j$，將 $k_g = \frac{1}{2}\overline{u'_{gi}u'_{gj}}$ 代入就可得到氣泡顆粒相的湍動能 k_g 方程，加上液相和礦物顆粒相的 $k-\varepsilon-k_p$ 方程，就建立了微泡發生器氣固液三相流動模型的 $k-\varepsilon-k_p-k_g$ 多相湍流封閉模型。本專著以射流和回流流動為研究對象，因此可以採用這一多相湍流封閉模型。

模型中又引入了新的未知量 $\overline{u'_{pj}u'_{li}}$、$\overline{u'_{pi}u'_{lj}}$、$\overline{u'_{gj}u'_{li}}$、$\overline{u'_{gi}u'_{lj}}$，對於各向同性的多相流，可以用以下方式來對其進行簡化[122]：

$$-\overline{u'_{mi}u'_{lk}} = v_l(\frac{\partial u_{li}}{\partial x_j} + \frac{\partial u_{lj}}{\partial x_i}) - \frac{2}{3}k\delta_{ij}$$，式中，下標 m 為礦粒相或氣泡相，k 為方向 i 或 j。

由於雷諾方程中的雷諾應力可用渦黏性模型，它的普遍形式可類比黏性應力與變形率的關係式[43][122]為：

$$-\overline{\rho'_P u'_{Pj}} = \frac{v_P}{\sigma_P}\frac{\partial \rho_P}{\partial x_j}; \quad -\overline{\rho'_g u'_{gj}} = \frac{v_g}{\sigma_g}\frac{\partial \rho_g}{\partial x_j}$$

參照相關文獻[123]，雷諾應力項可由下式來表示：

$$-\rho\overline{u'_{li}u'_{lj}} = \mu_T(\frac{\partial u_{li}}{\partial x_j} + \frac{\partial u_{lj}}{\partial x_i}) - \frac{2}{3}(\rho k + \mu_t \frac{\partial u_i}{\partial x_i})\delta_{ij}$$，而粘性切應力項 $\mu_t \frac{\partial u_i}{\partial x_i}$ 遠小於雷諾應力項 $-\rho\overline{u'_{li}u'_{lj}}$，可以忽略不計[45]，則有：

$$-\rho \overline{u_{li}'u_{lj}'} = \mu_T(\frac{\partial u_{li}}{\partial x_j} + \frac{\partial u_{lj}}{\partial x_i}) - \frac{2}{3}\rho k \delta_{ij} \ ; \quad -\overline{u_{P_i}'u_{P_j}'} = \nu_P(\frac{\partial u_{P_i}}{\partial x_j} + \frac{\partial u_{P_j}}{\partial x_i}) - \frac{2}{3}k_P \delta_{ij} \ ;$$

$$-\overline{u_{gi}'u_{gj}'} = \nu_g(\frac{\partial u_{gi}}{\partial x_j} + \frac{\partial u_{gj}}{\partial x_i}) - \frac{2}{3}k_g \delta_{ij} \ \circ$$

其中，δ_{ij} 為單位二階張量（克羅內克爾（Kronecker）符號），$i=j$ 時 $\delta_{ij}=1$，$i \neq j$ 時 $\delta_{ij}=0$；k 為液相脈動動能，$k = \frac{1}{2}\overline{u_{li}'u_{li}'}$；$k_p$ 為礦粒相脈動動能，$k_p = \frac{1}{2}\overline{u_{pi}'u_{pi}'}$；$k_g$ 為氣相脈動動能，$k_g = \frac{1}{2}\overline{u_{gi}'u_{gi}'}$；$\nu_g$ 和 ν_p 分別為氣泡顆粒及礦粒的動力粘度；μ_T 為流體剪切引起的液體湍流粘性係數，有[124] $\mu_T = C_\mu \alpha_l \rho_l \frac{k^2}{\varepsilon}$

在兩方程湍流模型中，當流體不可壓縮且不考慮自定義源項時，標準 $k-\varepsilon$ 模型變為[123]：

$$\frac{\partial}{\partial t}(\rho k) + \frac{\partial}{\partial x_i}(\rho u_i k) = \frac{\partial}{\partial x_j}[(\mu + \frac{\mu_t}{\sigma_k})\frac{\partial k}{\partial x_j}] + G_k - \rho\varepsilon \quad (3-47)$$

$$\frac{\partial}{\partial t}(\rho\varepsilon) + \frac{\partial}{\partial x_i}(\rho u_i \varepsilon) = \frac{\partial}{\partial x_j}[(\mu + \frac{\mu_t}{\sigma_\varepsilon})\frac{\partial \varepsilon}{\partial x_j}] + \frac{\varepsilon}{k}[C_{1\varepsilon}G_k - C_{2\varepsilon}\rho\varepsilon] \quad (3-48)$$

在此引入氣泡、顆粒兩相的加入對流場的影響，參照相關文獻[123]，$k-\varepsilon-k_P-k_g$ 模型可用以下方程組表示：

k 方程為：

$$\frac{\partial}{\partial t}(\alpha_l\rho_l k) + \frac{\partial}{\partial x_i}(\alpha_l\rho_l u_j k) = \frac{\partial}{\partial x_i}(\frac{\mu_{eff,p}}{\sigma_k}\frac{\partial k}{\partial x_i}) + G_l + G_g + G_P - \alpha_l\rho_l\varepsilon \quad (3-49)$$

ε 方程為：

$$\frac{\partial}{\partial t}(\alpha_l\rho_l\varepsilon) + \frac{\partial}{\partial x_i}(\alpha_l\rho_l u_j\varepsilon) = \frac{\partial}{\partial x_i}(\frac{\mu_{eff,p}}{\sigma_\varepsilon}\frac{\partial \varepsilon}{\partial x_i}) + \frac{\varepsilon}{k}[C_1(G_l+G_g+G_P) - C_2\alpha_l\rho_l\varepsilon]$$

$$(3-50)$$

式中，σ_k 和 σ_ε 分別為液相湍動能和耗散率方程中的湍流 Schmidt 數；G_l 為液相湍動能產生項，G_g 為氣泡引起的液相湍動能產生項，G_P 為礦粒引起的液相湍動能產生項。

$$G_l = \mu_{t,l}(\frac{\partial u_{li}}{\partial x_j} + \frac{\partial u_{lj}}{\partial x_i})\frac{\partial u_{li}}{\partial x_j} \ , \ G_g = \frac{2\rho_g}{\tau_{rP}}(C_g^l\sqrt{kk_g} - k) \ , \ G_P = \frac{2\rho_P}{\tau_{rP}}(C_P^l\sqrt{kk_P} - k)$$

$\mu_{t,l}$ 見（3-14）式，氣固液三相流場的有效粘度 $\mu_{eff,p}$ 可由（3-5）式得到。

k_P 方程[125][126]為：

$$\frac{\partial}{\partial t}(\rho_P k_P) + \frac{\partial}{\partial x_j}(\rho_P u_{Pj} k_P) = \frac{\partial}{\partial x_j}(\frac{\mu_P}{\sigma_P}\frac{\partial k_P}{\partial x_j})$$
$$+ \frac{\partial}{\partial x_j}(k_P \frac{\nu_P}{\sigma_P}\frac{\partial \rho_P}{\partial x_j}) - \frac{\nu_P}{\sigma_P}\frac{\partial \rho_P}{\partial x_i}g_i + G_{PP} + G_{lP}$$
(3-51)

式中，$G_{PP} = \mu_P(\frac{\partial u_{Pi}}{\partial x_j} + \frac{\partial u_{Pj}}{\partial x_i})\frac{\partial u_{Pi}}{\partial x_j} + u_{Pj}\frac{\nu_P}{\sigma_P}\frac{\partial \rho_P}{\partial x_i}\frac{\partial u_{Pi}}{\partial x_j}$；$\nu_P = C_{\mu,P}k_P^{0.5}k^{1.5}/\varepsilon$；$G_{lP} = \frac{2\rho_P}{\tau_{rP}}(C_P^l\sqrt{kk_P} - k_P) + \frac{1}{\tau_{rP}}\frac{\nu_P}{\sigma_P}(u_{li} - u_{Pi})\frac{\partial \rho_P}{\partial x_i}$；$\mu_P = \rho_P \nu_P$。

忽略氣相重力的 k_g 方程如下[123]：

$$\frac{\partial}{\partial t}(\rho_g k_g) + \frac{\partial}{\partial x_j}(\rho_g u_{gj} k_g) = \frac{\partial}{\partial x_j}(\frac{\mu_g}{\sigma_g}\frac{\partial k_g}{\partial x_j}) + \frac{\partial}{\partial x_j}(k_g \frac{\nu_g}{\sigma_g}\frac{\partial \rho_g}{\partial x_j}) + G_{gl} + G_{gP}$$
(3-52)

式中，$\mu_g = \rho_g \nu_g$；$\nu_g = C_{\mu g}k_g^{0.5}k^{1.5}/\varepsilon$；$G_{gg} = \mu_g(\frac{\partial u_{gi}}{\partial x_j} + \frac{\partial u_{gj}}{\partial x_i})\frac{\partial u_{gi}}{\partial x_j}$；$G_{gl} = \frac{2\rho_l}{\tau_{rb}}(C_g^l\sqrt{kk_g} - k_g) + \frac{1}{\tau_{rb}}\frac{\nu_g}{\sigma_g}(u_{li} - u_{gi})\frac{\partial \rho_g}{\partial x_i}$。

G_{PP} 為礦粒引起的流場湍動能產生項；G_{lP} 為液固兩相間的相互作用引起的湍動能產生項；G_{gg} 為氣泡顆粒引起的流場湍動能產生項；G_{gl} 為氣液兩相間的相互作用引起的湍動能產生項；ρ_P 為固相表觀密度；u_{Pi} 為固相時均速度在 i 方向分量；ν_g 為氣泡顆粒湍流粘性系數；ν_P 為顆粒湍流粘性系數；σ_P 代表了顆粒相的湍流 Schmidt 常數[125]。

3.5 常數及符號

在建立的微泡生成的三相流混合模型中，符號多、常數多，在此有必要進行總結和說明。

主要常數為[105][125][126]：

$C_\mu = 0.09$，$C_{\mu,P} = 0.006,4$，$C_1 = 1.45$，$C_2 = 1.92$，$C_P^l = 0.75$，$\sigma_P = 0.35$，$\sigma_\varepsilon = 1.33$，$\sigma_k = 1.0$，$C_\mu = 0.09$，$C_{\mu,b} = 0.006,4$，$C_g^l = 0.75$，$\sigma_g = 0.70$，$C_D = 0.44$，$C_{\mu,P} = 0.006,4$。

主要符號如表 3-2 所示：

表 3-2　　　　　　　　　　本章主要符號

C_D	曳力係數	v_g	氣泡湍流粘性係數
C_1、C_2、C_μ	$k-\varepsilon$ 模型係數	v_p	顆粒湍流粘性係數
C_g^l	氣液兩相作用係數	σ_b	顆粒相湍流 Schmidt 常數
C_L	升力係數	σ_k	湍流動能普朗特數
C_P^l	固液湍流兩相作用係數	σ_p	顆粒相湍流 Schmidt 常數
$C_{\mu,b}$	氣泡湍流粘性係數	σ_ε	湍流動能耗散率普朗特數
$C_{\mu,P}$	顆粒湍流粘性係數	α	相含率
d_b	氣泡直徑	δ_{ij}	單位二階張量
d_p	礦粒直徑	τ_{rp}	礦粒速度鬆弛時間
G	平均流產生項	τ_{rb}	氣泡顆粒速度鬆弛時間
k	液相湍流動能	下標 b	氣泡顆粒
k_g	氣泡湍動能	下標 g	氣相
k_P	礦粒湍動能	下標 i,j	坐標方向
R	體積分率	下標 k,h	坐標方向啞指標
Re	雷諾數（Reynolds 數）	下標 l	液相
u	速度	下標 P	固體顆粒
ε	湍流動能耗散率	下標 t	湍流
μ	粘度	上標 —	Reynolds 時平均值
$\mu_{eff,p}$	固相有效粘度	上標 ′	Reynolds 時平均脈動值

3.6　本章小結

　　研究分析了流體力學的發展概況、多相流的研究概況，分析總結了多相流的模型研究以及典型的應用，為建立微泡生成的三相流力學模型奠定了理論基礎。

　　從微泡發生器內三相流動特性出發，參照小分子顆粒隨機軌道模型及顆粒動力學機理，運用流體力學湍流理論，將氣泡顆粒相視為擬流體，按雙流體模型的基本思想，建立了描述微泡發生器內氣、固、液三相流混合模型。

在混合模型中考慮了三相脈動的相互影響，並在 $k-\varepsilon-k_p$ 湍流模型的基礎上提出了 $k-\varepsilon-k_p-k_g$ 多相湍流模型。

對建立的三相混合模型進行了封閉研究，引入了各種湍動模型，其中包含了一些假設和經驗常數。

第四章　基於 CFD 的數值模擬分析

多相流動現象在自然界和工業設備中大量存在，涉及礦冶、動力、化工、石油、核能工業等，在模型、算法方面，即使有一個微小的改進也可能產生巨大的經濟效率。其研究方法主要有兩類：一是建立數學模型求解；二是利用實驗和經驗求解。近年來，隨著計算機技術及計算流體力學的發展，數值模擬的研究倍受關注。

計算流體力學（Computational Fluid Dynamics，簡稱 CFD）[93][127]是通過計算機數值計算和圖像顯示，對包含有流體流動和熱傳導等相關物理現象的系統所做的分析。CFD 的基本思想可以歸結為：把原來在時間域和空間域上連續的物理量的場，如速度場和壓力場等，用一系列有限個離散點上的變量值的集合來代替，通過一定的原則和方式建立起關於這些離散點上場變量之間的代數方程組，然后求解這些方程組獲得場變量的近似值。近年來，計算流體力學的研究發展迅速，是目前國際上應用研究的一個重要領域，是進行傳熱、傳質、動量傳遞以及燃燒、多相流和化學反應等研究的重要技術。應用計算流體力學可以獲得流體力學問題的各類數值解，能夠預報阻力、分析內部流動、完整地描述流體流動狀況，目前已廣泛地應用於熱能動力、航空航天、土木水利、環保、化工等領域。

目前在雲南共發現礦產 142 種，探明儲量的礦產 83 種，列居全國前三位的礦產有 21 種，其中磷、錫、鉛、鋅、鍋等 9 種礦產排列全國第 1 位，雲南化工非金屬礦產資源儲量潛在價值非常高，為 14,401.70 億元。雲南磷礦形成於寒武系初期的梅樹村組內，主要集中在滇池和撫仙湖沿岸的晉寧、澄江、玉溪一帶。磷礦產名列全國第一，國家已提出在雲南建立全國最大的磷化工基地，建立 3 個國家級磷復肥基地。但雲南的磷礦大都為膠磷礦，必須用微細粒選別技術才能獲得高品位的精礦。雲南的中、低品位磷礦含硅一般為（SiO_2）20%~35%，中、低品位磷礦的選別是解決雲南磷化工產業可持續發展的關鍵，也是中國磷化工業、農業發展的關鍵，因此論文的固相將以磷為研究分析對象。

4.1 CFD 概述及 FLUENT 軟件

4.1.1 CFD 的發展概況

公元前 250 年左右，阿基米德通過對浮力的研究，得出了著名的阿基米德定律。到 19 世紀末，流體力學理論在實驗的基礎上得到很大發展，建立了能精確描述流動現象的著名的 Navier-Stokes 方程（簡稱 N—S 方程）。因 N—S 方程是非線性方程，實際流動又非常複雜，僅少數問題可得到解析解或攝動解[43]。實驗流體力學在方法和技術方面的高要求，受了實驗研究費用高昂和場地、安全等方面的限制。計算機技術的迅猛發展以及數值計算方法的深入研究，為計算流體力學的誕生創造了條件，促成了計算流體力學的發展。近幾十年來，隨著計算機性能的提高，計算流體力學發展迅速、更具生命力。特別是在現階段，多相流測試技術還不完善，數值模擬幾乎是多相流性能考查及多相流設備設計中最主要、最有效、最有前途的工具之一。對多相流中流體力學、傳熱傳質行為的模型及其數值模擬研究，已引起國內外研究者的重視，許多學者在這方面進行了有益的探索，其中基於 Spalding 學派[83]的多相物理化學流體力學模型——雙流體 K-ε 流動模型已成為研究這類問題的基礎。雙流體 K-ε 流動模型僅關心平均運動參數和少數幾個脈動量的統計平均參數，在建模和計算過程中，普遍採用了統計方法，從時均運動方程出發，引入各種湍動模型，使方程組的不封閉性得到解決。

目前，CFD 技術已被應用於飛機和噴氣式發動機的研究、設計和製造，應用於可控核反應堆及航天飛機飛行和返回時的複雜流場的預測，也已被應用於內燃機、氣輪機和熔爐的設計。CFD 日益成為工業生產及設計的重要工具。隨著計算機技術的發展，數值計算作為一種研究手段，將越來越多地滲入各個科學的研究和各種工業的應用中。

4.1.2 CFD 數值模擬方法及主要流程

正如 P. J. Roache[93]在 1983 年所述，數值模擬是在計算機上實現的一個特定的計算，通過數值計算和圖像顯示履行一個虛擬的物理實驗——數值試驗。用 CFD 進行模擬和計算的主要步驟為[93]：

(1) 建立數學模型。建立反映問題（工程問題、物理問題等）本質的數學模型，建立各量之間的微分方程及相應的定解條件。

（2）研究計算方法。研究使用有效的計算方法，包括數學方程的離散化及求解方法，計算網格的建立以及邊界條件的處理等。

（3）進行數值計算。在確定了計算方法和坐標系統后，用計算機求解方程組，實現數值計算。當求解的問題比較複雜時，如求解非線性的 N—S 方程，還需要通過實驗加以進一步的驗證，以獲得正確的結果。

（4）顯示計算結果。完成計算工作後，用流場的圖像顯示數值計算的結果，即以各式各樣的圖像和曲線形式輸出數值計算的結果，以便有效地判斷結果的正確性，得出結論和獲取需要的數據。另外，可以將數據存儲，以便以后的使用和分析。

從 CFD 進行模擬和計算的主要步驟可知，在進行流體力學數值模擬時，首先要根據流體力學、傳質學等基本原理，建立質量守恒方程、動量守恒方程、能量守恒方程、組分質量守恒方程以及湍流特性等方程，列出基本控製方程組。再根據問題的物理特徵，確定計算域並給定計算域進出口條件和邊界條件，並根據實驗或物理概念的基本假設使基本控製方程組封閉。然后對以上封閉了的非線性基本控製方程組進行離散化，研究求解思想和計算方法。對於複雜情況，還應該比較數值模擬計算結果及實驗結果，經過調試和修改，不斷地改進模型和求解方法，以獲得較為滿意的結果。

CFD 數值模擬是建立在各種數學模型的基礎上的，在整個操作流程中，數學模型極為重要，它決定了計算與仿真的精度與可靠性。CFD 的數學模型基於質量、動量和能量守恒三個傳遞方程，在描述湍流流動時加入了額外的湍流方程，整個方程組被稱為 Navier-Stokes 方程組。除了數學模型外，還有許多環節在流場數值模擬過程中起著重要的作用，如網格劃分、初始條件及邊界條件的處理、微分方程的離散方法等。

數學模型又是以物理模型為基礎的，在建物理模型時要考慮空間維數、時間因素（穩態或非穩態）、流動狀態（層流或紊流）、物性參數（可壓或不可壓、常物性或變物性）、初始條件、邊界條件（湍流是非穩態三維流動，速度、壓力、溫度等都隨時間與空間發生隨機地變化）。對於射流微泡發生器研究中的多相流動問題，大部分是紊流問題，而在紊流中，由於流體內不同尺度渦旋的隨機運動造成了湍流具有物理量脈動的重要特點，其處理方法可以按 Reynolds 平均法，將任意變量中的時間平均值定義為 $\bar{\varphi} = \dfrac{1}{\Delta t}\int_{t}^{t+\Delta t}\varphi_{(t)}\mathrm{d}t$，任意物理量的瞬時值為 $\varphi = \bar{\varphi} + \varphi'$（式中 φ' 為脈動值），其中一次項在時均前后的形式不變，而二次項（即乘積項）時均化處理后產生包含脈動值的附加項，要確定這些附加項的關係式，就要在 K-ε 雙方程模型基礎上構建本構方程來進行封閉。

一個完整的 CFD 模型應包含[35]如下要素：一是本構方程[116]，即流體力學基本方程，包括連續性方程、動量方程、能量方程等。二是湍流模型。須考慮流體單元的脈動速度，實質是尋找因脈動而引起的運動粘度變化的表達式。三是需要進一步分析各相運動規律及相間作用力規律。四是選擇合適的差分格式、鬆弛因子、時間步長等，以使結果收斂並盡量減少 CPU 的運算時間。

4.1.3　FLUENT 軟件簡述

CFD 通用軟件包的出現與商業化，對 CFD 技術在工程中推廣應用起到了較大的促進作用，其中 FLUENT 是目前功能最全面、適用性最廣的商業 CFD 軟件之一。1998 年，全球市場佔有率最高的 CFD 軟件——FLUENT 軟件正式進入中國，成為目前 CFD 軟件的主流商業軟件，其市場佔有率達 40%左右。

FLUENT 軟件[128]的設計基於「CFD 計算機軟件群的概念」，其針對每一種流動的物理問題的特點，採用合適於它的數值解法，在計算速度穩定性和精度等各方面達到最佳。不同領域的計算機軟件組合起來，成為 CFD 軟件群，從而高效率地解決各個領域的複雜流動的計算問題。這些不同軟件都可以計算流場。在各軟件間可以方便地進行數值交換，各種軟件採用統一的前后端處理工具，這為 FLUENT 的通用化建立了基礎。由於採納了比利時的 Polyflow 和澳大利亞的 Fluent Dynamic International（FDI）（前者是公認的在黏彈性和聚合物流動模擬方面占領先地位的公司，而後者是基於有限元方法 CFD 軟件方面領先的公司）兩家的優點，因此 FLUENT 軟件能推出多種優化的物理模型，如定常和非定常流動、層流（包括各種非牛頓流模型）、紊流（包括最先進的紊流模型）、不可壓縮和可壓縮流動等。對每一種物理問題的流動特點，有適合它的數值解法，用戶可對顯示或隱式差分格式進行選擇，以期在計算速度、穩定性和精度等方面達到最佳。

FLUENT 將不同領域的計算機軟件組合起來，成為 CFD 計算機軟件群，軟件間可以方便地進行數據交換，並採用統一的前、後處理工具，這就省去了科研工作者在計算方法、編程、前后處理等方面低效的勞動，而可以將主要精力和智慧用於物理問題本身的探索上。

在 FLUENT5.0 中，採用 Gambit 的專用前處理軟件，使網格[129]有多種形狀。對二維流動，可以生成三角形和矩形網格；對於三維流動，則可生成四面體、六面體、三角柱和金字塔等網格；結合具體計算，還可以生成混合網格，具有較強的自適應能力，能對網格進行細分或粗化，或生成不連續網格、可變網格和滑動網格[93]。

FLUENT 提供的這種非常靈活的網格特性，使得問題更易於被解決。建立計算網格的步驟通常為：

（1）根據幾何形狀創建網格：初始網格可以使用 GAMBIT、Tgrid 或某一具有網格讀入轉換器的 CAD 系統；

（2）運行合適的解算器，如 2D、3D、2DDP、3DDP；

（3）輸入網格；

（4）檢查網格模型；

（5）選擇求解器及運行環境；

（6）決定計算模型的基本方程；

（7）確定所需要的附加模型；

（8）設置定義材料物理性質；

（9）調節解的控制參數；

（10）初始化流場；

（11）計算求解；

（12）檢查結果；

（13）保存結果；

（14）必要時細化或修改網格，改變數值和計算模型。

4.2 微泡發生器中的兩相流數值模擬

在對微泡發生器內使用液體（水）射流卷吸空氣的兩相流進行數值模擬研究時，為減少流動阻力及能量損失，吸氣室與喉管段的連接採用圓滑過度。因為背壓（本研究中約有 0.15 個大氣壓）的存在，喉管長度尺寸不能太長，否則會加大阻力，影響兩相混合與流動效果，最終使氣泡難以產生。根據第二章的理論，將喉管的長徑比定為 12，即將喉管長度參數定為 120mm，然后再進行兩相流數值模擬與計算，優化射流微泡發生器的結構設計和參數配置，為氣、固、液三相流的數值模擬和計算打下基礎。

4.2.1 計算域及數值計算模型

圖 4-1 是根據第二章的理論設計的射流微泡發生器的計算網格的劃分，

由於開發設計的射流微泡發生器的結構是對稱的，邊界條件也是對稱的，所以可選取對稱體的一半來表示射流微泡發生器，這樣網格數減少一半，也可大大節約計算時間。在網格劃分和計算中採用了 2-D 軸對稱模型，網格劃分採用四邊形，在噴嘴附近劃分得較密，總網格數約為 4,000 個。

圖 4-1　計算網格的劃分

數值模擬的流體流動為氣液兩相流，假設氣液兩相流與外界無熱量交換且溫度不變，氣液兩相流為定常湍流流動。其數學模型可以採用歐拉兩相流，其控制方程可以用式（3.2-4）所表示的氣液兩相流雙流體模型對流擴散通用形式來表達，具體的各項表達式見表 3.2-1，數學模型可用標準 $k-\varepsilon$ 雙方程來進行封閉[123]，方程形式為：

$$\frac{\partial}{\partial t}(\alpha_l \rho_l K) + \frac{\partial}{\partial x}(\alpha_l \rho_l u K) = \frac{\partial}{\partial x}(\alpha_l \frac{\mu_l}{\sigma_k}\frac{\partial K}{\partial x}) + \alpha_l(G - \rho_l \varepsilon) \qquad (4-1)$$

$$\frac{\partial}{\partial x}(\alpha_l \frac{\mu_l}{\sigma_\varepsilon}\frac{\partial}{\partial x}) + \alpha_l \frac{c_1 \varepsilon}{K}G - c_2 \alpha_l \rho_l \frac{\varepsilon^2}{K} = \frac{\partial}{\partial t}(\alpha_l \rho_l \varepsilon) + \frac{\partial}{\partial x}(\alpha_l \rho_l u) \qquad (4-2)$$

湍流粘性系數為：$\mu_l = c_\mu \rho_l K^2/\varepsilon$。式中 σ_k、σ_ε、c_μ、c_1、c_2 均為常數。

數值模擬計算的邊界條件為：射流噴嘴入口處液體的流速為 14m/s，射流微泡發生器出口處的背壓為 0.15 個大氣壓，空氣入口處的壓力為大氣壓力，氣相流速在入口處趨近於靜止。

4.2.2　邊界條件及基本參數

射流微泡發生器有兩個入口和一個出口，可以將三個口分別設為液體（水）速度入口、氣體壓力入口以及兩相流壓力出口，射流微泡發生器中兩相流數值計算的邊界條件為：

（1）液體速度入口邊界條件。噴嘴噴射截面液體的流速為 $u = 14m/s$，r 為截面處的特徵尺度（噴嘴半徑），其值為 2mm。

（2）空氣入口設為壓力入口邊界條件。氣體入口壓力為零。

（3）兩相流壓力出口邊界條件兩相流經過擴散管流出微泡發生器，流入微泡浮選設備，因為微泡發生器安裝處有浮選柱的背壓存在，其壓力為 0.15 個大氣壓（0.015MP$_a$）。

（4）對稱軸邊界條件。兩相流滿足軸對稱條件。

(5) 固壁邊界條件。採用壁面函數處理壁面。

射流微泡發生器數值模擬的基本參數條件設定為：液相（水）的密度（Density）為 998.2(kg/m^3)，動力粘度（Dynamic Viscosity）為 1.003×10^{-3}（$P_a \cdot s$）；被卷吸的空氣密度為 1.0(kg/m^3)，粘度（Viscosity）為 2×10^{-5}（$P_a \cdot s$)。

4.2.3 數值模擬結果分析

圖 4-2 和圖 4-3 顯示了水從噴嘴以 14m/s 的速度噴出，對空氣卷吸后氣液兩相在微泡發生器中的速度矢量圖。由顏色深淺可以看出，在軸中心處兩相流速度大，越靠近噴嘴，中心速度越大。對比圖 4-2 和圖 4-3 可直觀地看到，除在氣流的入口外，其他處氣流與液相（水）的流動形態基本趨於一致，這說明氣液兩相速差較大，在噴嘴附近氣相被迅速加速，其持續時間極短。另外，在吸氣室與喉管的聯結部位，發生較大的回流返混，這在圖 4-3 和圖 4-4 中更為清晰可見，正是這種因湍流紊動及管壁引起的強烈剪切返混，使得氣液兩相混合迅速，流態很快趨於一致。而從擴散管可明顯見到氣相的流速矢量圖，說明在有較大背壓的情形下，減小喉管的長徑比，對氣泡的生成及流動是有利的。

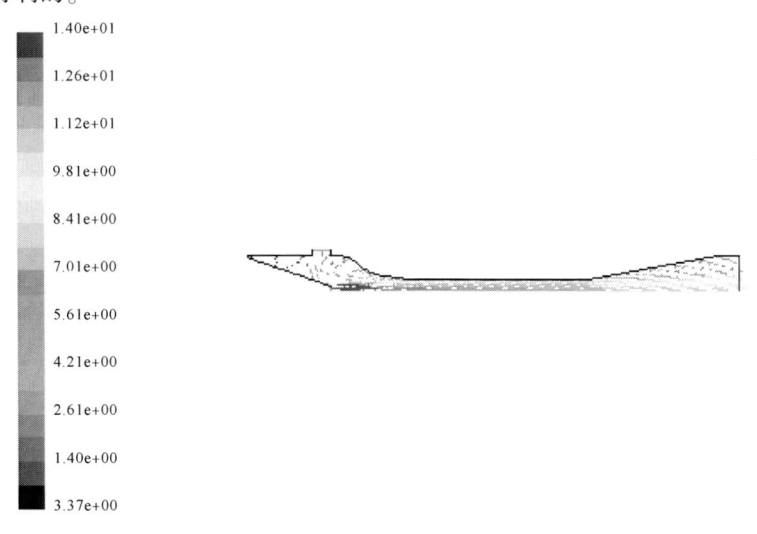

圖 4-2　氣流速度矢量圖

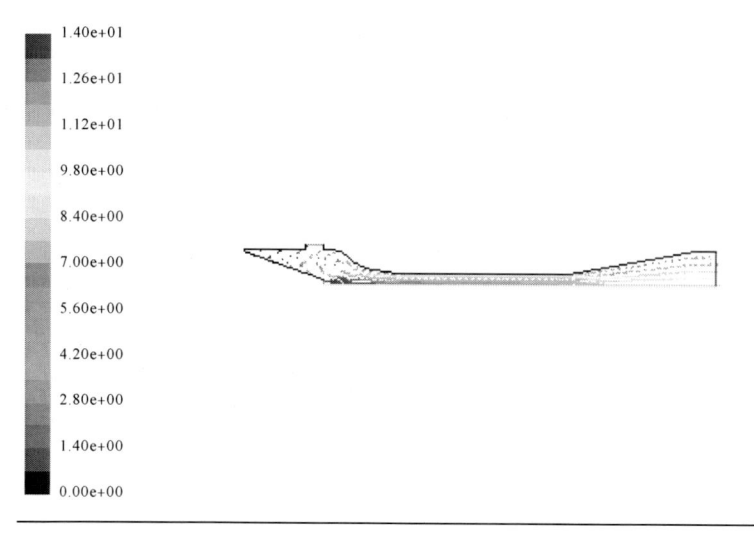

water-yclocity Colored By water Velocity Megnitude(mls)　　　　　　　　　　Jun 26,2006
　　　　　　　　　　　　　　　　　　　　　　　　　FLOENT 6.0(2d,scgrgated,culcrian,ske)

圖 4-3　液相（水）速度矢量圖

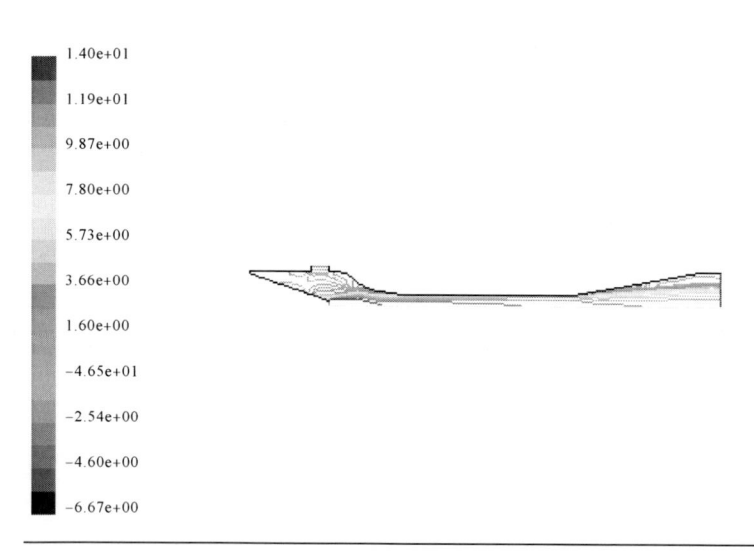

Protiles of water X Vclocity(mls)　　　　　　　　　　　　　　　　　　Jun 26,2006
　　　　　　　　　　　　　　　　　　　　　　　　　FLOENT 6.0(2d,segrcgated,culcrian,ske)

圖 4-4　液相（水）X 軸向速度矢量圖

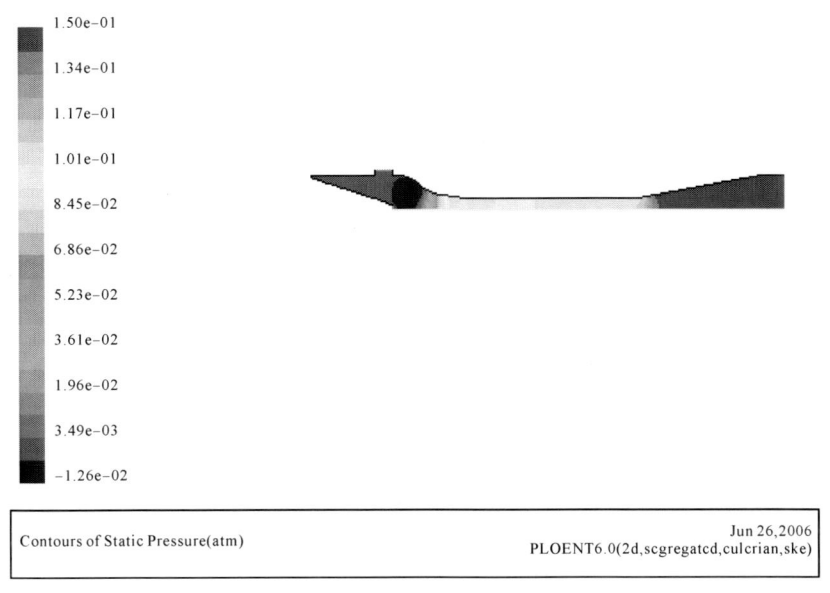

圖 4-5　X 軸向截面靜壓雲圖

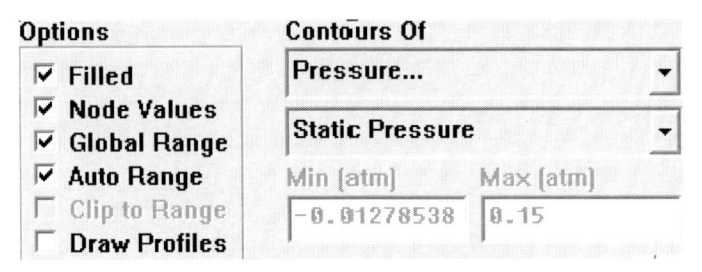

圖 4-6　X 軸向靜壓計算結果圖

第四章　基於 CFD 的數值模擬分析 | 95

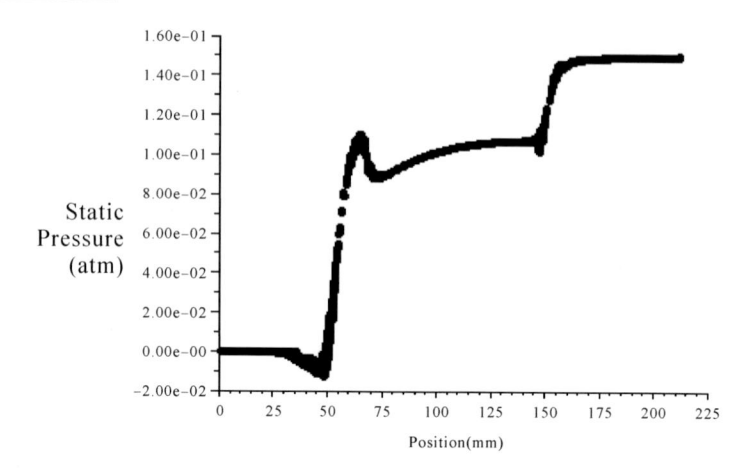

圖 4-7　X 軸向靜壓等值線圖

　　圖 4-8 和圖 4-9 顯示了微泡發生器內沿 X 軸向各位置處紊動能分佈變化的情況。由兩圖顯示的情況可知，流體在喉管入口以及喉管與擴散管聯結處，具有較大的紊動能，在這兩處各相的剪切、摻混、撕裂較為劇烈。也就是說，這兩個位置對於微泡的生成及分佈有著重要的影響。由圖可見，在喉管入口處的紊動能較為集中，在喉管與擴散管聯結處的紊動能較為離散。氣流在混合室和喉管入口處得到了強烈剪切、摻混、撕裂，在擴散管得到分散，獲得分佈較好的微泡。

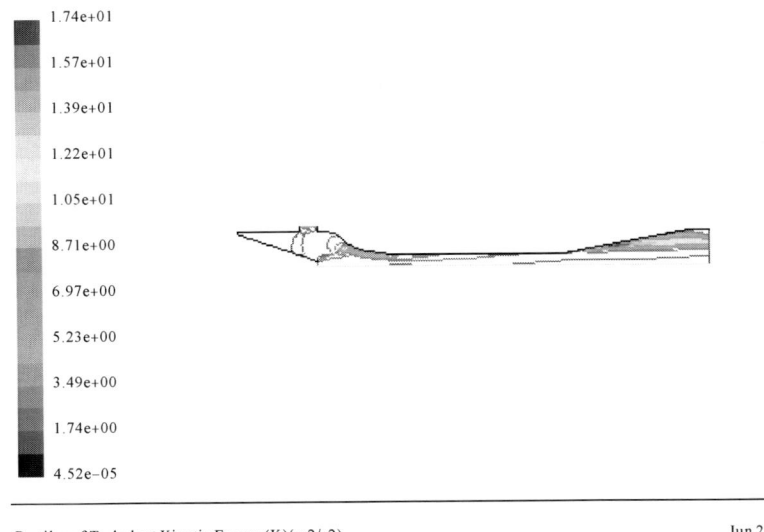

圖 4-8　X 軸向截面紊動能分佈雲圖

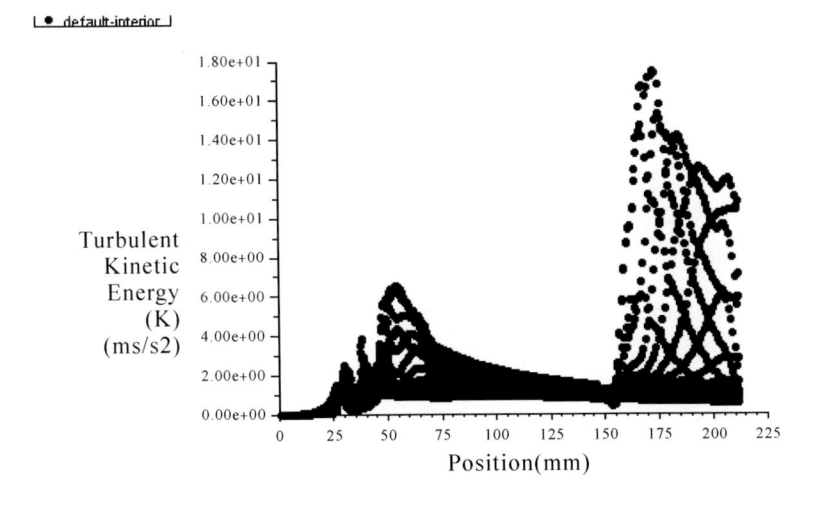

圖 4-9　X 軸向紊動能等值線圖

4.3　微泡發生器中的三相流數值模擬

對微泡發生器中的兩相流數值模擬分析表明，按照第二、第三章的理論設計的射流微泡發生器在結構和參數設置上已經具有一定的合理性，為進一步分析論證微泡發生器內的三相流動場，瞭解其流動特性，以更進一步修改微泡發生器的結構設計及其參數設置，下面將對微泡發生器內的射流卷吸三相流動進行氣、固、液三相數值模擬研究。

4.3.1　微泡發生器總體結構

根據第三章氣固液三相流動模型建立時的分析研究，數值模擬的射流微泡發生器的結構、入口和出口物質流示意圖（幾何模型）如圖4-10和圖4-11所示，噴嘴進口直徑為20mm，出口直徑為4mm，錐角為13.5度，礦漿從噴嘴處以18米/秒左右的速度噴射進入發生器，卷吸幾乎為靜止的氣體，礦漿與氣體在吸氣室、混合室及喉管內強烈剪切、摻混、裹卷、撕裂，形成大小、分佈、分散合理的微泡，含有微泡的三相流經過擴散管對微泡進一步離散後，流出微泡發生器。

圖4-10　微泡發生器工作示意圖

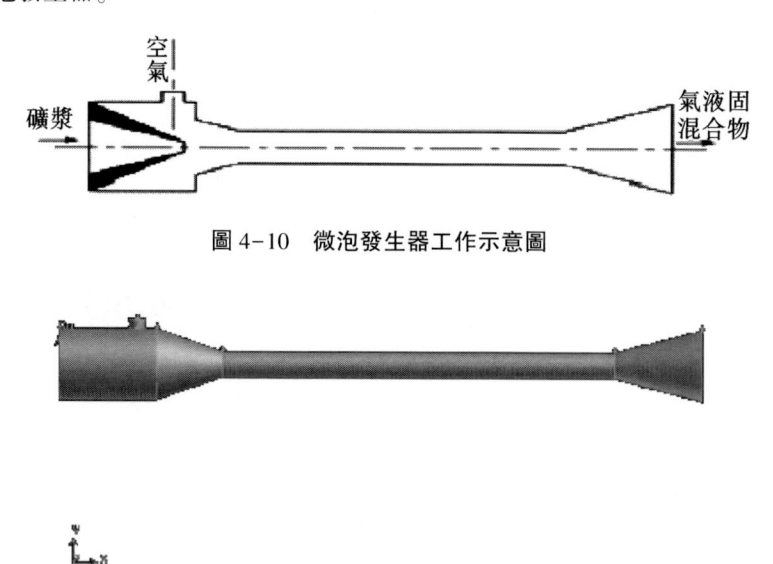

圖4-11　微泡發生器示意圖

4.3.2 數值計算邊界條件

如圖4-10射流微泡發生器工作示意圖所示,射流微泡發生器有兩個入口和一個出口,將三個口分別設為礦漿速度入口、空氣壓力入口及三相流混合物壓力出口。

(1) 礦漿速度入口邊界條件。假定噴嘴噴射處固、液兩相時均速度相等,根據第二章伯努利原理及流量公式的理論計算,取噴嘴噴射截面的時均速度為 $u = 18\text{m/s}$,$k = 0.1u^2$,$\varepsilon = \dfrac{k^{\frac{3}{2}}}{0.05r}$,$r$為噴嘴半徑,其值為2mm。

(2) 空氣入口設為壓力入口邊界條件。氣體入口壓力為零。

(3) 三相流混合物壓力出口邊界條件。三相流經過擴散管流出微泡發生器,流入微泡浮選設備,因為微泡發生器安裝處有浮選柱的背壓存在,根據實驗需要,為保證舉升1.5m高度,故將出口邊界設為三相流混合壓力出口邊界,其壓力為0.015MP$_a$(0.15個大氣壓)。

(4) 對稱軸邊界條件。三相流滿足軸對稱條件,即 $\dfrac{\partial u}{\partial r} = \dfrac{\partial k}{\partial r} = \dfrac{\partial \varepsilon}{\partial r} = 0$。

(5) 固壁邊界條件。採用壁面函數處理壁面處 u、k、ε,均為0。

4.3.3 三相流的基本參數

射流微泡發生器數值模擬的工況參數條件設定為:礦漿的固相為磷礦石,其體積份額為35%左右(即在剛離開噴嘴時固相P占礦漿總體積的35%,液相(水)占65%)。因固相礦粒磷的體積百分比超過10%,可以處理為擬流體。參閱常用物質的熱物理性質[44],液相(水)作為第一相,水的密度為998.2(kg/m^3),動力粘度(Dynamic Viscosity)為 1.003×10^{-3}(P$_a$·s)。被卷吸的空氣作為第二相,其密度為1.0(kg/m^3),粘度(Viscosity)為 2×10^{-5}(P$_a$·s)。固相磷礦石作為第三相,密度為3,110(kg/m^3),粘度為0.014,12(P$_a$·s),粒狀粘度(Granular Viscosity)為0.011(P$_a$·s),粒狀體積粘度(Granular Bulk Viscosity)為0.008(P$_a$·s)。噴嘴直徑 $D = 4$mm,流道為圓錐型,噴嘴出口處流速為18(m/s)左右。

4.3.4 計算域、控製方程和計算方法

計算域和網格劃分如圖4-1所示。由於射流微泡發生器結構是對稱的,在網格劃分和計算中採用了2-D軸對稱模型,網格劃分採用四邊形,在重要部

位如噴嘴附近網格劃分得較密。

根據圓柔射流微泡發生器中的三相流動特徵，數值模擬計算中將液相作為連續相，氣相以氣泡顆粒形式分散在液相中，顆粒相（氣泡顆粒、礦物顆粒）由液體流化為擬均相，礦漿中的磷礦粒處理成擬流體。根據第三章建立射流微泡發生器三相流混合模型的理論基礎，在模型中較充分地考慮了氣固液三相之間的相互作用與影響，其控制方程見式（3-38）至式（3-44），採用雷諾時均化將流動瞬時值分解為時均值和脈動值兩部分，代入控制方程，以 $k-\varepsilon-k_p-k_g$ 多相湍流封閉模型對方程組進行封閉，選取 $k-\varepsilon$ 模型估計湍流量。

因射流微泡發生器中的三相流流動具有高速性、多相流性的特點，數值模擬計算過程中採用耦合解算技術對控制方程進行求解較為合適，在 FLUENT 軟件中採用有限體積法對控制方程進行離散，運算器為 SIMPLE，當連續殘差的總和小於 10^{-4} 時，認為計算已經收斂。FLUENT 軟件在控制方程的求解方法中分顯式和隱式兩種，本專著採用隱式格式[123]，這種算法對於單元內的未知量，用鄰近單元的已知值及未知值來計算，每一個未知量會在不止一個方程中出現，這些方程必須同時求解才能解出未知量的值，這種格式的收斂速度較快。採用二階迎風差分格式，同時採用交錯網格及 SIMPLE 算法，並應用欠鬆弛技術使計算收斂。

4.3.5 仿真模擬與計算分析

4.3.5.1 噴嘴處礦漿噴射速度的仿真模擬與計算分析

因礦漿中磷礦粒所占體積份額為 35%，故礦漿的密度、粘度要比清水時大得多，有些參數特別是噴射速度要重新計算和設定。經多次試算，發現當將噴嘴出口處的流速設為 17m/s 時，如圖 4-12 所示的計算結果顯示，計算不收斂，計算結果發散，要進行壓力修正。這說明因固粒相的加入使得微泡發生器內的三相流動摩擦阻力加大，需要提高礦漿工作壓力或噴射速度，才能獲得理想的效果。

```
reversed flow in 6 faces on pressure-outlet 5.

Error: divergence detected in AMG solver: pressure correction
Error Object: ()
```

圖 4-12　礦漿噴射速度為 17m/s 時的模擬計算結果

將礦漿噴出流速改設為 18m/s 時，計算到 1,454 步時已經收斂，如圖 4-13 所示。在這種工況下，當礦漿噴出速度大於等於 18 米/秒時，才能使計算結果收斂，這說明射流微泡發生器在 4.3.2 節及 4.3.3 節設定的邊界條件和工況參數下，噴射流速應設定為 18m/s，才能獲得收斂的計算結果。

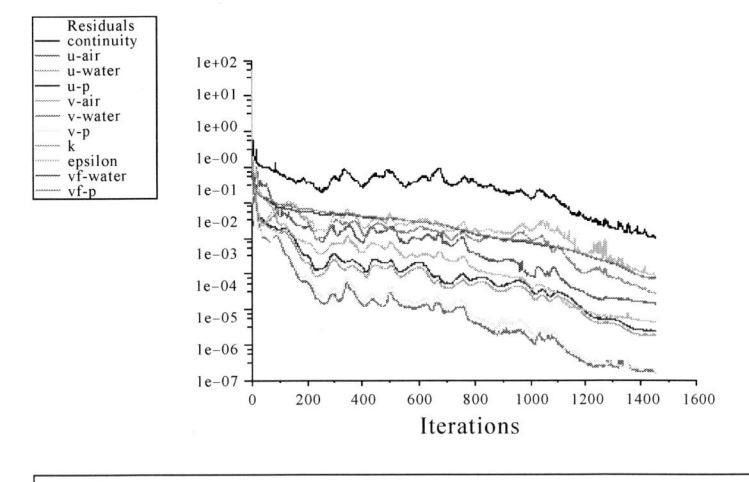

圖 4-13　礦漿噴射速度為 18m/s 時的模擬計算結果顯示

4.3.5.2　速度分佈

從圖 4-14 中可以觀察到，氣流在入口處以較均勻的流速被卷吸進入微泡發生器，在噴嘴附近，礦漿與氣相存在較大速差，低速氣流與高速礦漿碰撞而被捕獲、加速，其持續時間極短。從圖 4-15 中可清晰見到氣相被捕獲、剪切而從氣流變為氣泡以及變為氣泡后與礦漿混合的整個流動情況，氣相被剪切撕裂而形成氣泡及其在礦漿中的分佈主要發生在混合室（吸氣室與喉管的聯結區域）和喉管內。與前面的兩相流模擬相比（見圖 4-2），顯然氣相在喉管內的分佈更為均勻，氣泡尺寸更小，與礦漿的混合也更為充分，氣泡分佈更均勻。這說明一定量礦粒相加入，能更好地促進了微泡生成與分佈。

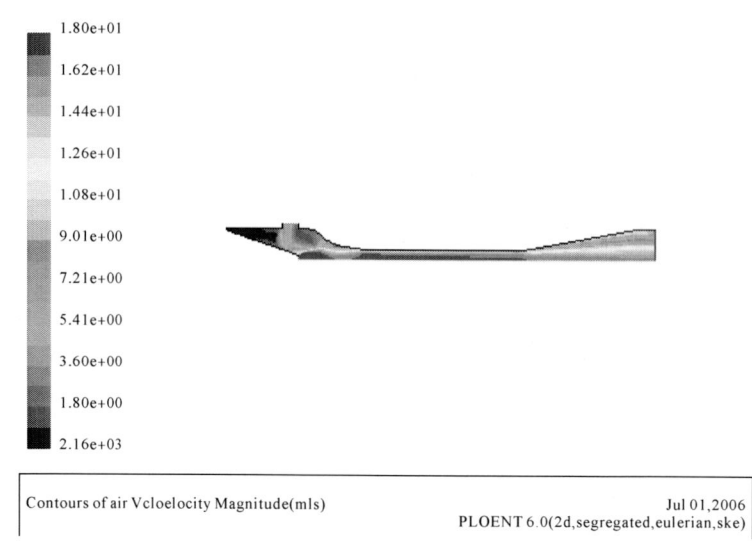

圖 4-14　氣相速度分佈雲圖

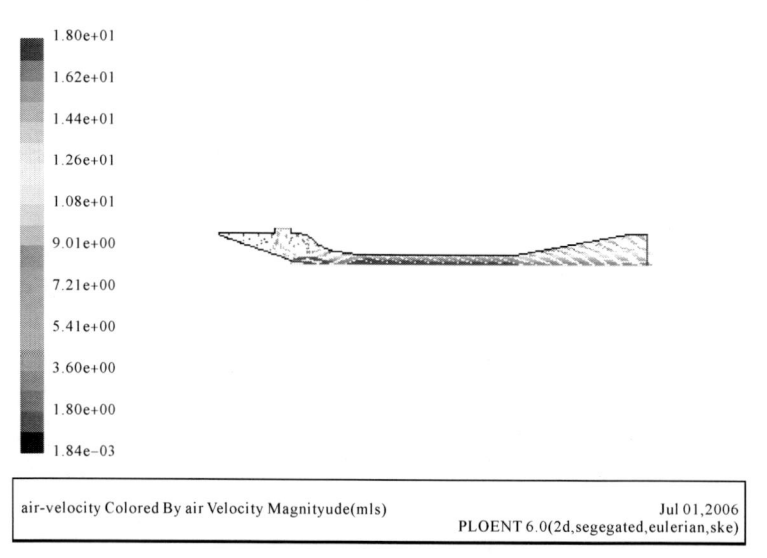

圖 4-15　氣相速度分佈矢量圖

圖 4-16　氣流沿 X 軸（軸向）速度分佈矢量圖

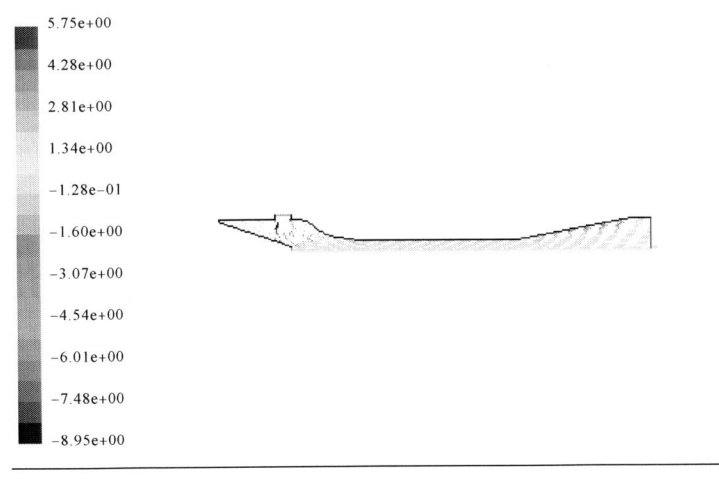

圖 4-17　氣流沿 Y 軸（徑向）速度分佈矢量圖

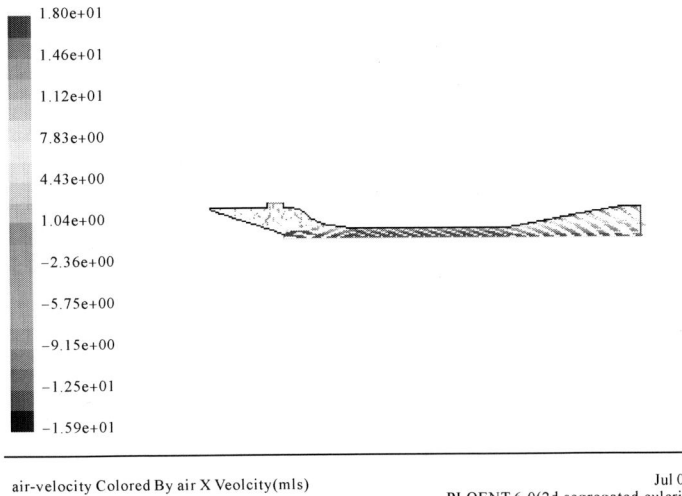

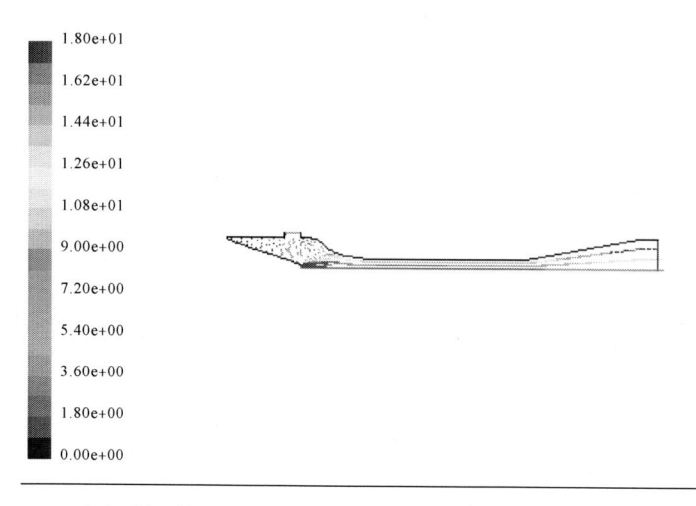

water-velocity Colored By water Velocity Magnitude(m/s)　　　　　Jul 01,2006
PLOENT 6.0(2d,segregated,eulerian,ske)

圖 4-18　液相（水）速度分佈矢量圖

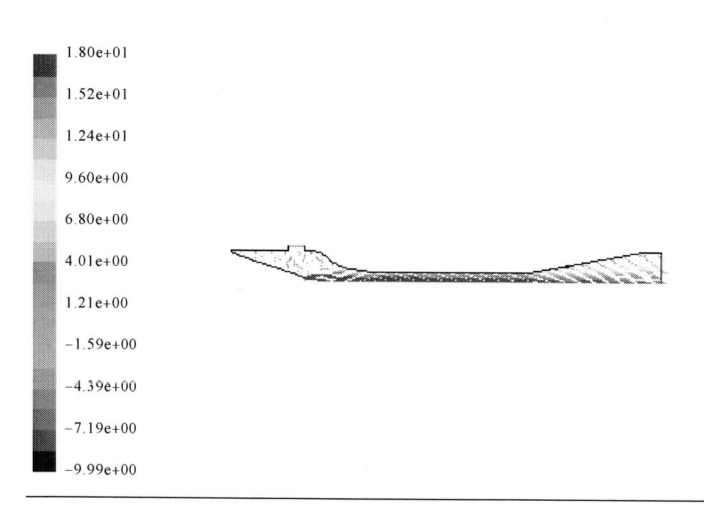

water-veocity Colored By water X Velocity(m/s)　　　　　Jul 01,2006
PLOENT 6.0(2d,segregated,eulerian,ske)

圖 4-19　液相（水）沿 X 軸（軸向）速度分佈矢量圖

圖 4-20　液相（水）沿 Y 軸（徑向）速度分佈矢量圖

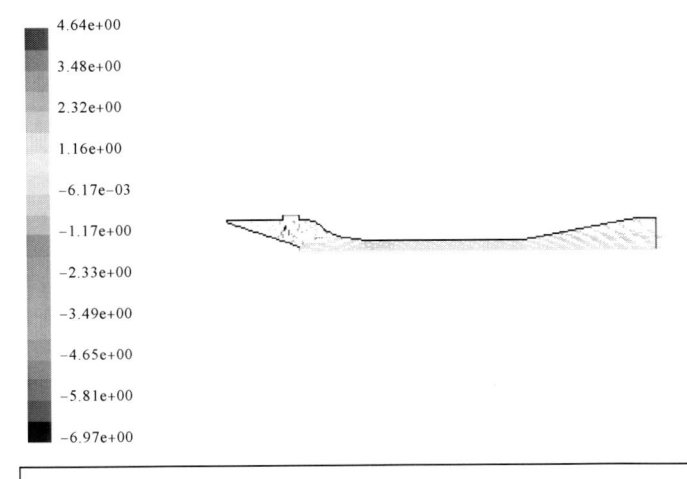

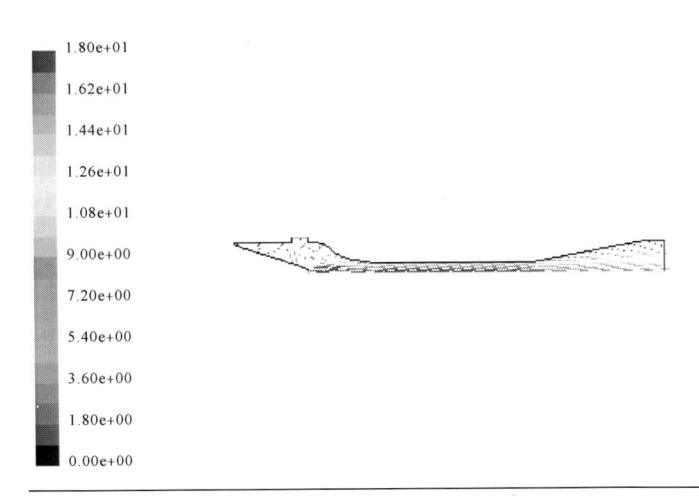

圖 4-21　固相（磷礦粒）速度分佈矢量圖

第四章　基於 CFD 的數值模擬分析

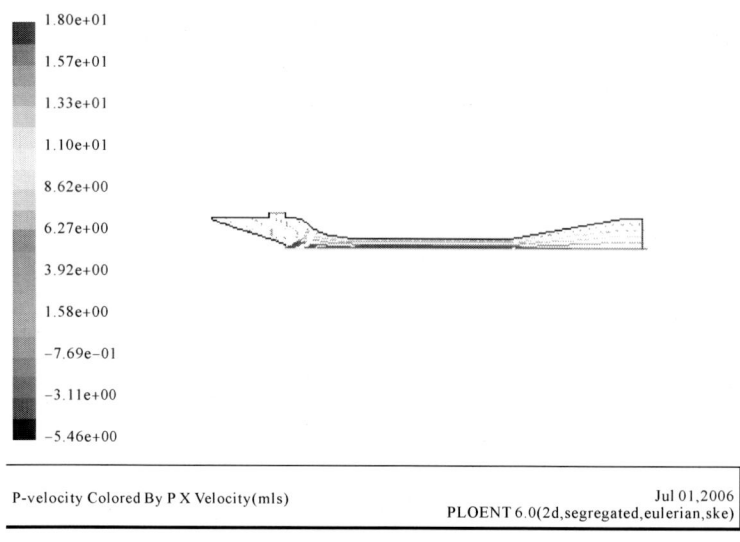

圖 4-22　固相（磷礦粒）沿 X 軸（軸向）速度分佈矢量圖

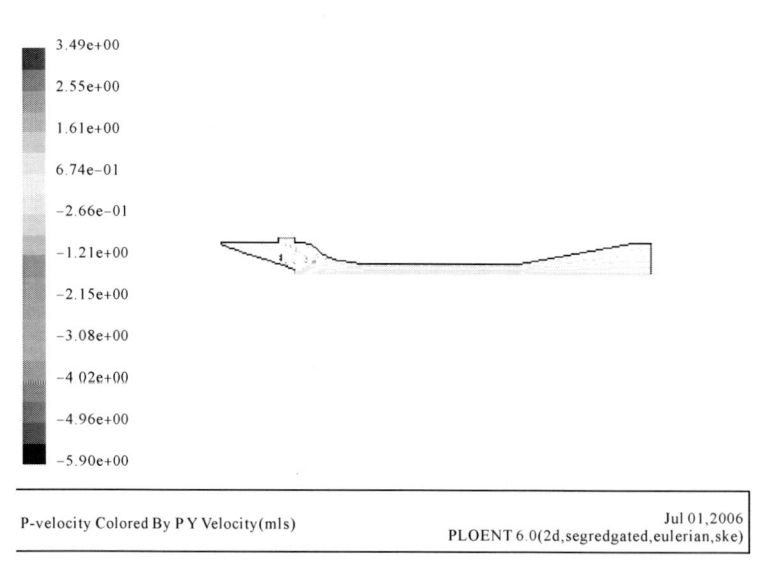

圖 4-23　固相（磷礦粒）沿 Y 軸（徑向）速度分佈矢量圖

　　從氣、固、液時間平均流場的速度矢量圖中微泡發生器內部流場速度分佈：在噴嘴出口，處流動速度最高，速度梯度非常大；在吸氣室內，因噴嘴射流的影響形成較大回流區，氣相被大量包裹而捲入，這有利於提高氣泡生成率；在混合室及喉管部位，三相進行充分混合，速度剖面呈現典型的管內流動特點；當三相流進入擴散管時，過流斷面不斷擴大，流速逐步降低。

對比固相（磷礦顆粒）、液相（水）及氣相在軸向、徑向上的速度分佈特徵以及流速的計算結果，不難看出三相流動以軸向（X軸）為主，在流動過程中因湍動的作用，逐步形成徑向（Y軸）不均勻分佈，從而強化了三相間的相互作用。

4.3.5.3 壓力分佈

由射流微泡發生器內靜壓分佈雲圖（圖4-24）可見，在喉管入口處靜壓力出現峰值，這是由於此處截面積突然變小，引起壓力增大。從壓力的變化可知，三相流在此處的相互作用非常強烈，氣泡的生成也基本上在此處完成，在其后的喉管段，壓力分佈漸趨平均，說明氣、固、液三相在喉管中得到較為充分的混合。

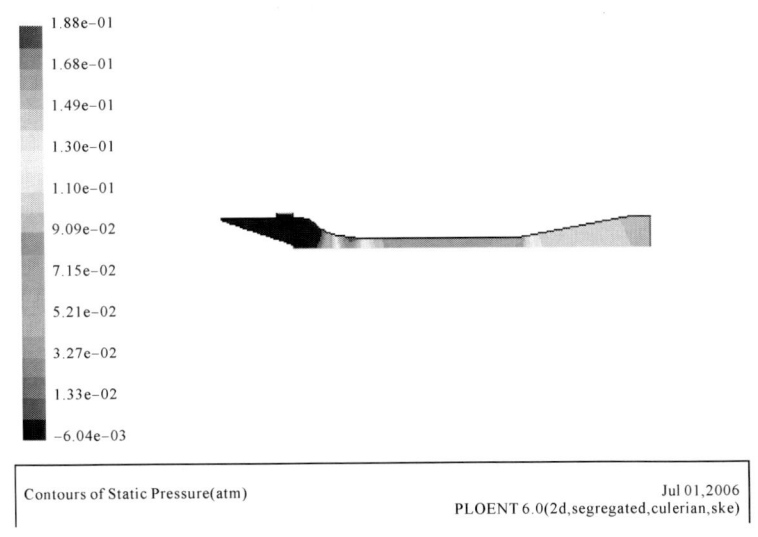

圖4-24 微泡發生器內三相流動時流體靜壓分佈雲圖

由數值模擬計算的結果（見圖4-25）得知，最小靜壓力為-0.009,095,3atm，亦即最大負壓（真空度）為-0.009,095,3個大氣壓，在前面4.2節的兩相數值模擬計算中得到的最大負壓（真空度）為-0.012,785,38個大氣壓（見圖4-6），這說明由於固相（磷礦粒）的加入，使得流體粘度加大，在噴嘴附近形成的真空負壓減小，從而引起所吸入的氣流從數量上減少，影響了微泡發生器的充氣性能。為加大引氣量，可以通過加大礦漿噴射速度來增加真空度。但是，具體要增加到多大的噴射速度、噴射速度與礦漿濃度存在怎樣的關係、如何優化噴射速度與礦漿濃度這兩個參數才能達到大的充氣量等問題，成為了更深層次研究的方向。

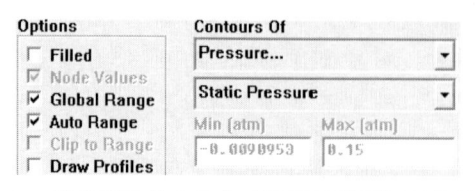

圖 4-25　微泡發生器內三相流動時流體靜壓計算結果圖

從微泡發生器內三相流靜壓分佈矢量圖（圖 4-26）和等值線圖（圖 4-27）可以看出：

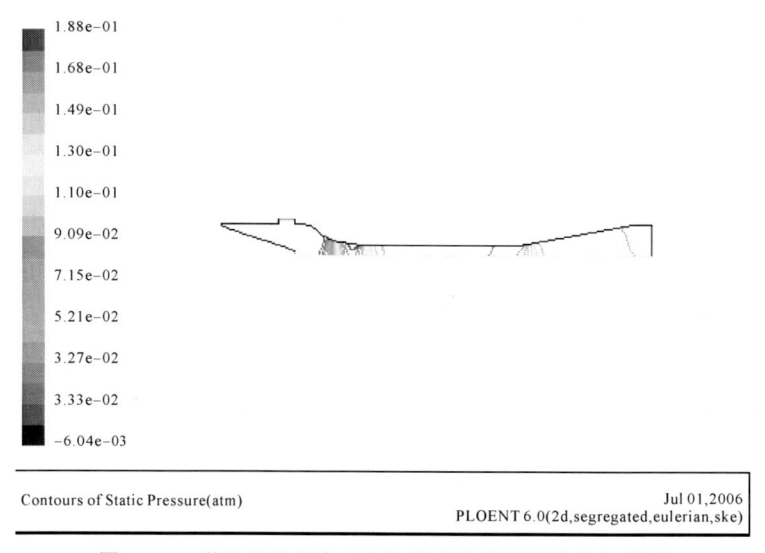

圖 4-26　微泡發生器內三相流動時流體靜壓分佈矢量圖

（1）三相射流時最大真空負壓出現的位置與兩相射流時的位置基本一致，最小靜壓力（也就是最大負壓）發生在沿 X 軸向大約 48mm 處，即發生在離開噴嘴約為噴嘴直徑 4 倍左右的距離處。

（2）在噴嘴附近 X 軸的周圍，對氣體的卷吸流量最大。

（3）比較圖 4-27 與圖 4-7 可知，三相射流流動時在喉管入口處的壓力變化比兩相射流流動的要尖銳得多，說明固相磷礦粒的加入對流體在有截面變化處的流動形態有較大影響。

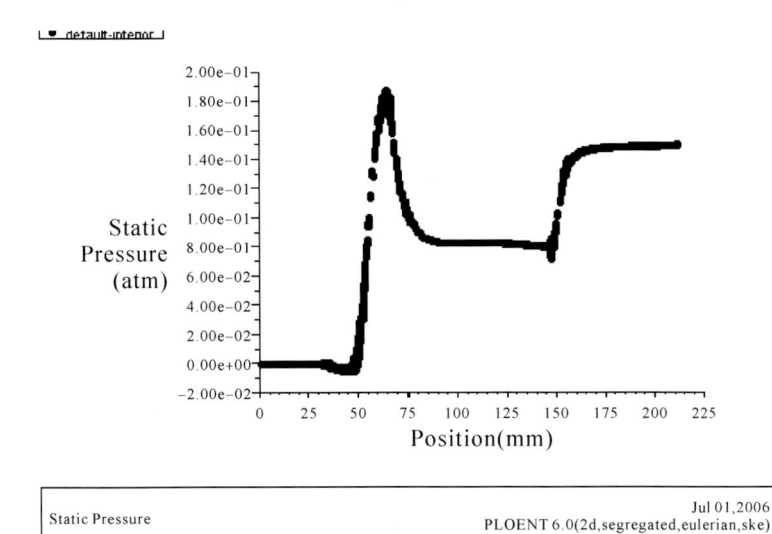

图 4-27　微泡發生器內三相流動時流體靜壓分佈等值線圖

（4）三相流動在喉管內的壓力變化比兩相流動時平緩。

借助 FLUENT 軟件，可以模擬計算出流場內的動壓分佈情況。從圖 4-28 所示的動壓雲圖可以看出噴射的礦漿在微泡發生器中不同位置上的動壓，由第二章的分析可知，在噴嘴附近中心軸的周圍具有較大的卷吸氣相流量，卷吸進來的氣相在較高的動壓下不斷向前輸送，使得氣相的捲入能持續進行，同時也使得中心軸周圍的氣含率較大。

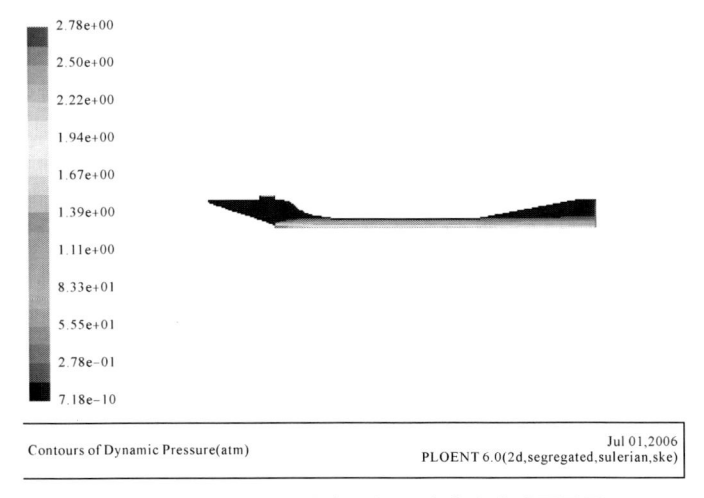

图 4-28　微泡發生器內三相流動時流體動壓雲圖

4.3.5.4 湍動能分佈

由圖4-29可知，三相流分別在混合室與喉管入口和擴散管入口處產生湍動能峰值，這與兩相流數值模擬情況基本一致。湍動能第一峰值的產生是因為喉管使流動截面積縮小和高速射流礦漿與低速卷吸氣流碰撞、剪切作用的結果。第二峰值的產生是因為擴散管斷面面積的擴大及三相流的擾動。從圖4-30中可明顯看到，第一峰值產生於氣相與礦漿的接觸面，第二峰值則產生於擴散管的管壁。另外，與前面兩相流模擬的紊動能等值線圖（圖4-9）相比較，可看出三相流在喉管中的紊動能分佈要平直，其衰減要慢，這說明在提高流體的濃度（固相的加入）時，射流在不同區域的湍動能變化不大，固相的加入對流體的紊動能起穩定作用，這將有利於各相的混合。

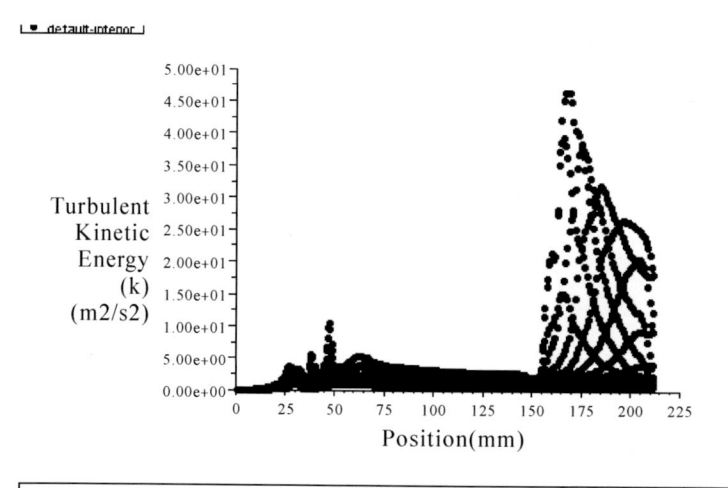

圖 4-29　紊動能分佈等值線圖

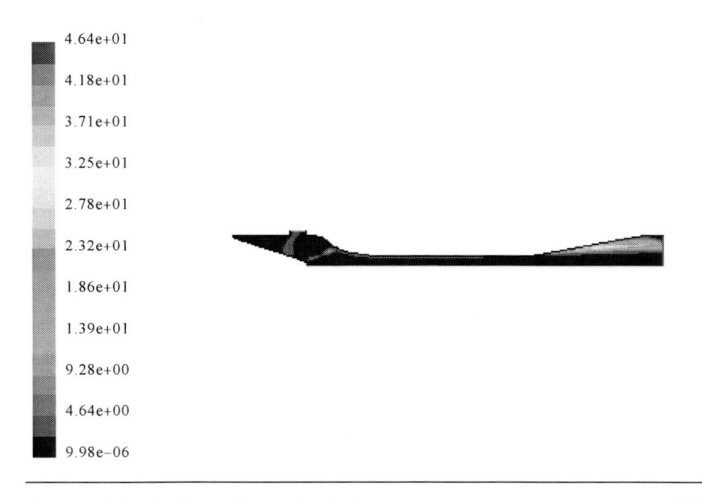

图 4-30　紊動能分佈雲圖

4.3.5.5　各相份額及分佈

從各相份額軸向等值線分佈圖（見圖4-31至圖4-33）可知，各相在噴嘴位置處的份額與起始份額相比較，均有較大的減小，說明各相在此處開始發生強烈混合，其中以氣相的份額等值線變化最為劇烈，也就是說氣相被大量吸入。從噴嘴處到喉管入口是三相作用強烈的位置段，進入喉管段后，三相在流體中所占份額基本穩定，從圖中可看出，固相磷礦粒所占份額由當初的35%下降到32%，液相（水）則從65%下降為58%，而氣相在進氣位置處為100%（此處全為氣相而不含液固相），到喉管位置時下降到80%，就是說氣相本身的20%已被卷吸到礦漿中去變成了氣泡，而生成的氣泡相在三相混合流中的含有率為10%，即含氣率為10%，這種工況下含氣率偏小。要增大引氣量則要改變工況條件，如加大礦漿噴射流速。進入擴散管后，因各相重力及浮力作用各不相同，三相有發生分離的趨勢，氣泡相向流場上層運動，固、液相向流場下層運動。

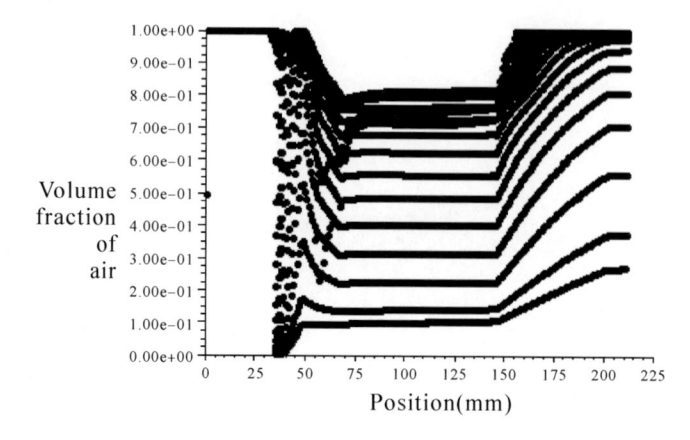

圖 4-31　氣相份額軸向等值線分佈圖

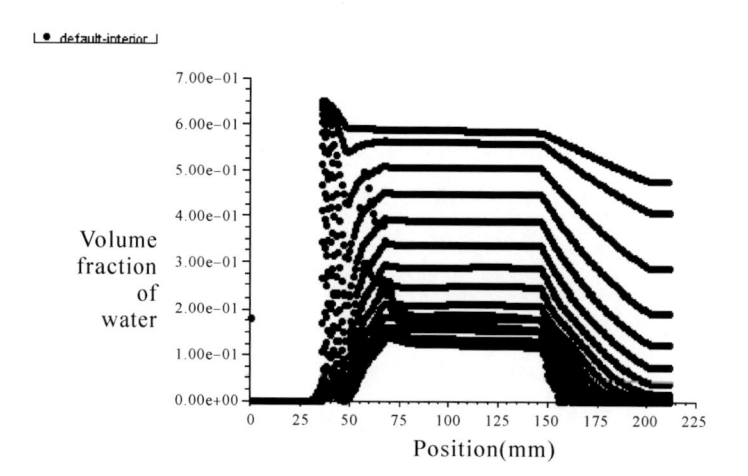

圖 4-32　液相（水）份額軸向等值線分佈圖

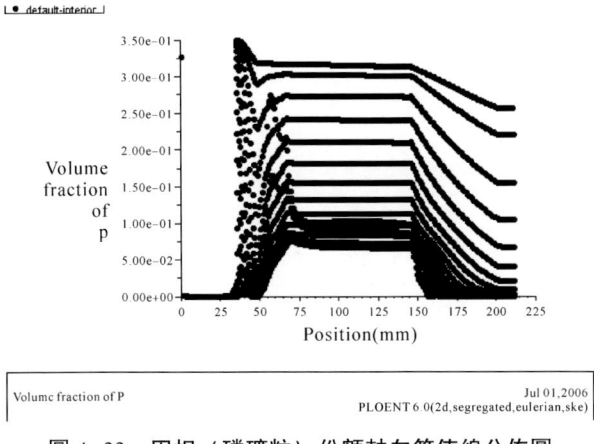

圖 4-33　固相（磷礦粒）份額軸向等值線分佈圖

4.4　本章總結

　　研究分析了 CFD 的發展概況、CFD 數值模擬方法及主要流程，簡要介紹了 FLUENT 軟件及其主要功能。

　　對微泡發生器進行了模擬仿真，結果表明：吸氣室與喉管的聯結部位的光滑過渡處理有利於流體流動，有利於氣相捲入；而在有較大背壓的情形下，減小喉管的長徑比后對於氣泡的生成及流動是有利的。

　　結合三相流混合模型，對微泡發生器射流卷吸中的氣、固、液三相流力學特性進行了模擬計算，模擬結果驗證了第三章所建立的三相流混合模型的合理性，說明該模型對於分析微泡發生器內的三相流動與混合有重要的參考價值。

　　運用 CFD 的思想和計算機仿真技術，從兩相流、三相流兩個方面進行了對比模擬仿真研究，定性、定量地分析了射流微泡發生器內流場各處的速度、壓力和各相耦合強度等重要參數。認為固相的加入對流體的湍動能起穩定保持作用，有利於各相的混合；一定的礦粒濃度能很好地促進微泡的生成與分佈，使微泡的尺寸減小、微泡與礦漿的混合充分、微泡分佈均勻。但是，固相的增加同時會使流體粘度增加，使得在噴嘴附近形成的真空度減小，引起卷吸氣流減少，影響微泡發生器的充氣性能。

　　通過探索對射流微泡發生器的模擬計算與分析，為射流工具的設計和改進提供了有效的仿真模擬分析手段和方法。

第五章　浮選柱數學模型及微泡礦化機理研究

氣固液三相混合體的流體動力學性能直接決定了浮選的效率和速率。許多學者對浮選柱在流體力學方面做了一定的研究，如浮選速率方程的建立、下導管浮選礦化速率數學模型的建立、微泡與礦粒碰撞概率、粘附概率和脫附概率的研究等，但目前還很少見到關於微泡礦化機理研究文獻。本章將基於現有的關於微泡浮選的相關研究成果，結合自行設計的微泡浮選柱對礦化氣泡的等速方程、密度和直徑進行研究，並對微泡礦化機理和微泡礦化的影響因素做相關研究。

5.1　浮選速率方程

浮選柱中顆粒浮選速率 = 每個氣泡運載顆粒速率 × 氣泡數目[130]。

$$L^3 \frac{dC_p}{dt} = \left(\frac{\pi}{4} d_b^2 V_{g-sl} C_p E_e \right) \left(\frac{J_g L^2}{\frac{\pi}{6} d_b^3} \cdot \frac{L}{V_{g-sl}} \right), \quad 即： \tag{5-1}$$

$$\frac{dC_p}{dt} = \frac{1.5}{d_b} J_g E_e C_p$$

式中：L 為浮選柱高度；V_{g-sl} 為氣泡相對於礦漿的運動速度；d_b 為微泡直徑；J_g 為充氣速率；E_e 為捕集概率；C_p 為顆粒濃度；t 為時間。

令 K 為浮選常數，即：

$$K = 1.5 J_g \cdot E_e / d_b \tag{5-2}$$

又：

$$E_e = P_c P_a (1 - P_d) \tag{5-3}$$

其中，P_c、P_a、P_d 分別為微泡與礦漿的碰撞、粘附和脫離的概率。

則式（5-1）可化為：

$$\frac{dC_p}{dt} = KC_p \tag{5-4}$$

從浮選速率方程可以看出，增大充氣速率、減小微泡直徑、提高捕集概率對於提高浮選速率是十分有利的。但不能單純採用增大充氣速率來實現提高浮選速率的目的，因為增大充氣速度不僅會增大微泡直徑，導致微泡上升速度隨之增加，停留時間縮短，降低碰撞和粘附概率，還會由於紊流增大，影響浮選的選擇性。

5.2 浮選柱內礦粒的滯留時間

氣固液三相混合流在浮選柱內的滯留時間對於提高浮選速率和浮選性能是十分重要的。合適的滯留時間取決於微泡與礦粒的碰撞、粘附及浮升距離之間的統一[131]。對於柱體截面為圓型的浮選柱，其滯留時間可由下式計算：[132]

$$\tau_l = \frac{15\pi d_{fxz}^2 (H_{fxz} - H_{qpfs} - H_{pm})(1 - \rho_{col}/\rho_{sl})}{V_{wt}} \tag{5-5}$$

式中，d_{fxz} 為浮選柱的直徑；H_{fxz} 為浮選柱高度；H_{qpfs} 為微泡發生器的安裝高度；H_{pm} 為泡沫層高度；ρ_{col} 為捕集區密度；ρ_{sl} 為礦漿密度；V_{wt} 為尾礦的體積流量。

由式（5-5）知，為了延長氣固液三相混合物的滯留時間，可以通過增大浮選柱的高度、合理安放微泡發生器的位置、調節尾礦的排放來實現。

5.3 微泡礦化力學機理研究

微泡礦化是微泡浮選中的關鍵，對微泡浮選起決定性作用。微泡的礦化主要涉及微泡與礦粒之間的碰撞和吸附。因此，研究微泡礦化過程中的力學機理對於瞭解微泡礦化過程有著十分重要的意義。

微泡與顆粒的吸附主要有以下四種情形（如圖 5-1 所示）：

a 為單礦粒與單微泡的吸附；

b 為單層礦粒與單微泡的吸附；

c 為多層礦粒與單微泡的吸附；

d 為礦粒群與單微泡的吸附。

以下將基於礦粒的受力分析探討礦粒與微泡的吸附行為。

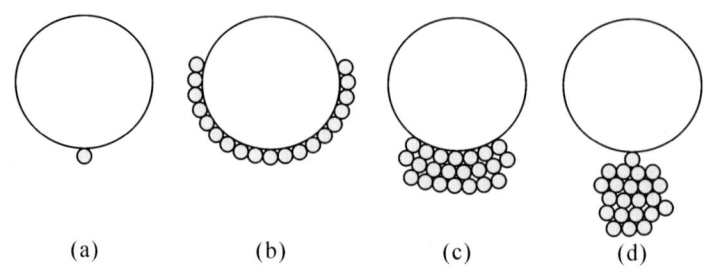

圖 5-1　顆粒與微泡吸附的四種情況

5.3.1　單個礦粒與單微泡的附著

（1）礦粒的受力分析

礦粒的受力分析圖如圖 5-2 所示。

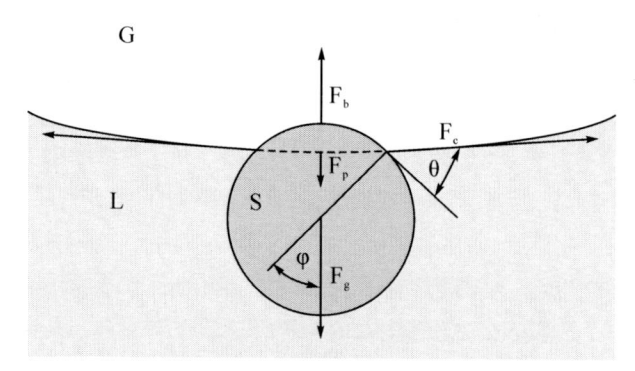

圖 5-2　單個礦粒與微泡吸附過程受力示意圖

礦粒與微泡吸附過程主要受重力、浮力、微泡內壓力對礦粒的力和氣固液三相周邊上的表面張力影響。

重力 F_g 為：

$$F_g = \frac{4\pi R_p^3 \rho_s g}{3} \tag{5-6}$$

浮力 F_b 為：

$$F_b = \frac{\pi R_p^3}{3}(1+\cos\phi)^2(2-\cos\phi)\rho_{SL}g \tag{5-7}$$

微泡內壓力對礦粒的力 F_p 為：

$$F_p = \frac{2\gamma_{LG}}{R_b}\pi R_p^2 \sin^2\phi \tag{5-8}$$

氣固液三相周邊上的表面張力垂直分力 F_c 為：

$$F_c = 2\pi R_p \gamma_{LG} \sin\phi \sin(\theta - \phi) \tag{5-9}$$

上式中，R_p 為礦粒的半徑；R_b 為微泡的半徑；ρ_s 為礦粒的密度；ρ_{SL} 為礦漿的密度；g 為重力加速度；γ_{LG} 為氣液表面張力；θ 為氣固液三相接觸角；φ 為礦粒的穿透角。

當礦粒穩定附著在微泡上時，根據圖5-2列平衡方程：

$$F_g + F_p - F_b - F_c = 0 \tag{5-10}$$

由於 φ 是可變化的，令：

$$F_d = F_g + F_p - F_b - F_c \tag{5-11}$$

F_d 定義為礦粒與微泡的分離力，當 $F_d > 0$ 時，礦粒從微泡上脫離，當 $F_d \leq 0$ 時礦粒吸附在微泡上。定義吸附力 $F_{adh} = -F_d$。

對豎直方向列方程並將式（5-6）到式（5-9）代入有：

$$F_{adh} = -F_d = -\frac{4\pi R_p^3 \rho_s g}{3} - \frac{2\gamma_{LG}}{R_b}\pi R_p^2 \sin^2\varphi + \frac{\pi R_p^3}{3}(1+\cos\varphi)^2(2-\cos\varphi)\rho_{SL}g + 2\pi R_p \gamma_{LG}\sin\varphi\sin(\theta-\varphi) \tag{5-12}$$

從上式可以看出，穿透角與接觸角對吸附力有重要影響，以下將推導最大吸附力的表達式。

(2) 最大吸附力

定義最大吸附力為 $F_{adh,\max}$，由於礦粒的接觸角 θ 主要由礦粒的疏水性強弱決定，因此我們可以認為最大吸附力 $F_{adh,\max}$ 為穿透角 φ 的函數，對式（5-12）取導數，並令 $F'_{adh} = 0$，整理後可得：

$$\sin(\theta - 2\varphi_{opt}) = \frac{R_p}{R_b}\sin(2\varphi_{opt}) + \frac{\rho_{SL}gR_p^2}{2\gamma_{LG}}\sin^3\varphi_{opt} \tag{5-13}$$

根據Fielden的實驗[133]，最大吸附力在 $\theta/2$ 附近，因此有 $\theta - 2\varphi_{opt} \to 0$，所以 $\sin(\theta - 2\varphi_{opt}) \approx \theta - 2\varphi_{opt}$，代入整理後有：

$$\varphi^*_{opt} = \frac{\theta}{2} - \frac{R_p}{2R_b}\sin\theta - \frac{\rho_{SL}gR_p^2}{4\gamma_{LG}}\sin^3\frac{\theta}{2} \tag{5-14}$$

通過式（5-14）可以求出最大吸附力時的穿透角。

當礦粒的直徑非常小時，其他力與氣固液三相周邊上的表面張力相比非常小，可以忽略，因此最大吸附力為：

$$F^*_{adh,\max} = 2\pi R_p \gamma_{LG}\sin^2\frac{\theta}{2}$$

5.3.2 礦粒群與單微泡的附著

當吸附力非常大時，將會出現礦粒群附著在單個微泡的情況，以下將分析此種情況下單微泡可以附著的最大礦粒數。

當發生礦粒群與單微泡附著時，只有一個微泡與礦粒接觸，因此，其他的所有礦粒均浸入在礦漿中，這些礦粒所受的合力為：

$$F_a = F_g - F_b^s \tag{5-15}$$

其中 F_b^s 為這些礦粒所受的浮力，大小為 $\dfrac{4\pi R_p^3}{3}\rho_{SL}g$。

因此礦粒與微泡的分離力 F_d^N 可表示為：

$$F_d^N = (F_g + F_p - F_b - F_c) + (N-1)F_a \tag{5-16}$$

由式（5-16）使用最大吸附力，礦粒的最大數目 N_T 可表示為：

$$N_T = 1 + \frac{F_{adh,\max}}{F_a}$$

5.3.3 單層附著

微泡與礦粒的單層附著也是微泡礦化中最常見的現象，下面我們將考慮相同半徑的球形礦粒吸附在同一微泡上的情形。分析時我們考慮在同一高度的礦粒屬於一極，即在同一水平面上，連續兩極同一平面內礦粒中心的距離為 d_i。單層礦粒附著的受力示意圖如圖 5-3 所示。

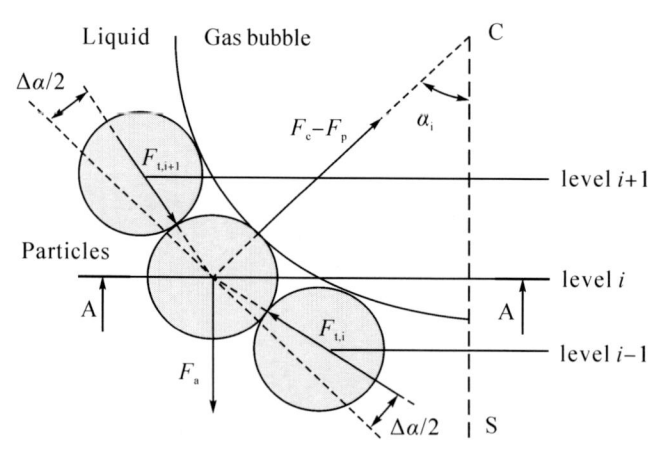

圖 5-3 礦粒單層附著受力示意圖

圖中顯示了 $i-1$、i、$i+1$ 三極垂直平面內的三個礦粒的受力，同一極中礦粒中心與微泡中心連線與對稱軸所夾的角為 α_i，C 是微泡的中心，S 是對稱軸，礦粒沿軸線對稱分佈，A-A 是第 i 極礦粒上的水平剖面，$F_{t,j}$ 是切向力，同一垂直平面內相鄰兩極礦粒之間的夾角為 $\Delta\alpha$，可由下式計算：

$$\sin\frac{\Delta\alpha}{2} = \frac{d_i}{2(R_p + R_b)} \tag{5-17}$$

由於礦粒屬於同一類型，所以第 i 極上的礦粒中心與微泡中心連線與對稱軸的夾角 $\alpha_i = i\Delta\alpha$，$i > 0$。

容易看出，在 $i = 0$ 極和 i_{max} 極上只有一個礦粒，在其他極上分別存在著最大吸附礦粒數 $N_{i, max}$。由於同一極礦粒分佈在一個圓上，所以 $N_{i, max}$ 為：

$$N_{i, max} = \begin{cases} \dfrac{\pi(R_b + R_p)\sin\alpha_i}{R_p}, & i > 0 \\ 1, & i = 0 \end{cases} \tag{5-18}$$

由於礦粒附著在微泡上的不規則性和每一極具有一定的礦粒空位，因此，引入參數 ε_1、ε_2。根據 Vinke 等的研究[134]，$\varepsilon_1 = \pi R_p/(3d_i)$，$\varepsilon_2 = N_i/N_{i, max}$，因此礦粒體積分數 ε_s：$\varepsilon_s = \varepsilon_1\varepsilon_2$。

以下將分析單個礦粒的受力情況。單層附著的第 i 極礦粒除了受 F_g、F_b、F_p、F_c 力外，還受到第 $i + 1$ 極礦粒的切向力 $F_{t, i+1}$ 和第 $i - 1$ 極礦粒的反作用力 $F_{t, i}$。礦粒從微泡上脫離的力主要由徑向力決定，即垂直於氣液界面。依據圖 5-3，對第 i 極的礦粒列徑向和切向的受力平衡式為：

徑向力：

$$F_{d, i} = F_a\cos\alpha_i - F_c + F_p + \frac{N_{i+1}F_{t, i+1} + N_iF_{t, i}}{N_i}\sin\frac{\Delta\alpha}{2} \tag{5-19}$$

切向力：

$$F_a\sin\alpha_i + \frac{N_{i+1}F_{t, i+1} - N_iF_{t, i}}{N_i}\cos\frac{\Delta\alpha}{2} = 0 \tag{5-20}$$

聯立式（5-18）、ε_2 及式（5-20），並將 $i = 1, \cdots i_{max}$ 代入后的方程依次相加，可得：

$$N_iF_{t, i} = \frac{\pi\varepsilon_2 F_a(R_b + R_p)}{R_p\cos\Delta\alpha/2}\sum_{k=i}^{i_{max}}\sin\alpha_k^2 \tag{5-21}$$

由於切向力的疊加，第 $i = 0$ 極的分離力是最大的，且在 $i = 0$ 極只有一個礦粒，即 $N_0 = 0$，由於礦粒的直徑非常小，所以 $\Delta\alpha$ 非常小，因此 $\tan\Delta\alpha/2 \approx R_p/(R_b + R_p)$，另外，當 $i = 0$ 時，$\alpha_i = 0$，即 $\cos\alpha_i = 1$。

聯立式（5-17）、式（5-19）和式（5-21），並將 $i = 0$ 代入，得到分

離力：

$$F_{d,0} = (F_a - F_c + F_p) + \pi\varepsilon_2 F_a \sum_{k=0}^{i_{max}} \sin^2\alpha_k \tag{5-22}$$

礦粒在微泡表面覆蓋角越大，其覆蓋的礦粒數越多，即當表面覆蓋角取 α_{max} 時，吸附力最大，因此，最大吸附力 $F_{adh,max}$ 可由式（5-22）得出：

$$\begin{aligned} F_{adh,max} &= -\min(F_a - F_c + F_p) = \max(\pi\varepsilon_2 F_a \sum_{k=0}^{i_{max}} \sin^2\alpha_k) \\ &= \pi\varepsilon_2 F_a \frac{1}{\Delta\alpha} \int_0^{\alpha_{max}} \sin^2\alpha d\alpha \\ &= \frac{3\varepsilon_s F_a(R_p + R_b)}{2R_p}(\alpha_{max} - \sin\alpha_{max}\cos\alpha_{max}) \end{aligned} \tag{5-23}$$

從式（5-23）可以看出，最大粘附力與礦粒的半徑、微泡的半徑和最大表面覆蓋角 α_{max} 有關。

聯立式（5-6）、單個礦粒的最大粘附力、單個礦粒的浮力以及式（5-23），可以根據下式求出微泡最大表面覆蓋角 α_{max}：

$$\sin^2\frac{\theta}{2} = \varepsilon_s \cdot \frac{(\rho_s - \rho_{SL})gR_p(R_p + R_b)}{\gamma_{LG}} \cdot (\alpha_{max}^* - \sin\alpha_{max}^*\cos\alpha_{max}^*) \tag{5-24}$$

由上式可知，接觸角 θ、微泡的大小、被浮選礦物的粒度大小和性質以及礦漿的密度對微泡最大表面覆蓋角有重要影響，即影響單層礦粒吸附在微泡上的數量。

根據體積近似相等原則，來近似計算單層附著在微泡在礦粒的數量 N_T：

$$N_T = \frac{\varepsilon_s \int_0^{2\pi} \int_{R_b}^{R_b+R_p} \int_0^{\alpha_{max}} r^2 \sin\alpha d\alpha dr d\beta}{4\pi R_p^3/3} \approx 3\varepsilon_s \left[\left(\frac{R_b}{R_p}\right)^2 + \frac{3}{2}\left(\frac{R_b}{R_p}\right) + 1\right](1 - \cos\alpha_{max}) \tag{5-25}$$

5.3.4 多層附著

礦粒的多層附著能提高微泡的運載能力，有利於提高浮選的速率。多層附著是單層附著的疊加，第一層礦粒直接與微泡接觸，第二層礦粒則依靠礦粒之間的附著力附著在第一層礦粒上，這樣一層層疊加就形成了礦粒的多層附著。以下將討論礦粒多層附著情況下的受力，受力分析如圖 5-4 所示。

圖中，C 為微泡的中心；S 為對稱軸；i 的定義如單層附著情形；j 為礦粒附著的層數；$A-A$ 為第 i 極 j 層上礦粒的水平剖面；$F_{r,i,j+1}$ 和 $F_{r,i,j}$ 分別為第 i 極 $j+1$ 層礦粒對第 j 層礦粒的徑向力和第 i 極 $j-1$ 層礦粒對第 j 層礦粒的徑向力，

$F_{t,\,i+1,\,j}$ 和 $F_{t,\,i,\,j}$ 為第 $i+1$ 極 j 層礦粒對第 i 極礦粒的切向力和第 $i-1$ 極 j 層礦粒對第 i 極礦粒的切向力。

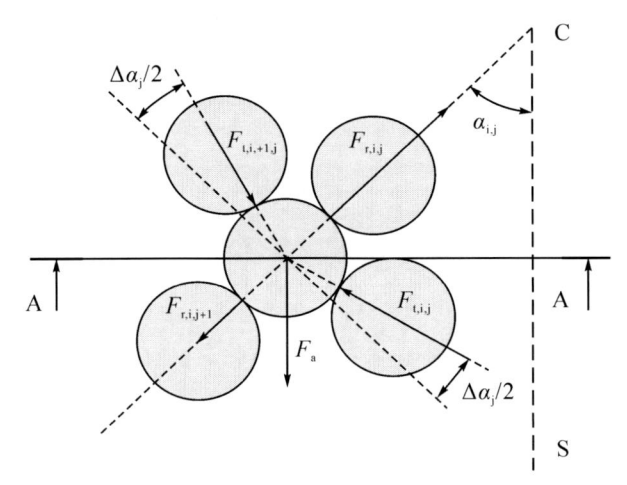

圖 5-4　礦粒多層附著受力示意圖

在推導過程中，假設同一極不同層上相鄰兩礦粒的中心距 d_j 不變，因此第 j 層礦粒到微泡中心的距離 R_j 為：

$$R_j = R_b + R_p + (j-1)d_j \qquad (5\text{-}26)$$

$\Delta\alpha_j$ 與 $\Delta\alpha$ 相似，其表達式為：

$$\sin\frac{\Delta\alpha_j}{2} = \frac{d_j}{2R_j} \text{。} \qquad (5\text{-}27)$$

$\alpha_{i,\,j}$ 為第 i 極 j 層礦粒與微泡中心和對稱軸之間的夾角，$\alpha_{i,\,j} = i\Delta\alpha_j$。

與單層礦粒相似，第 i 極 j 層最多能附著的礦粒數 $N_{i,\,j,\,\max}$ 為：

$$N_{i,\,j,\,\max} = \begin{cases} \dfrac{\pi R_j \sin\alpha_{i,\,j}}{R_p}, & i > 0 \\ 1, & i = 0 \end{cases} \qquad (5\text{-}28)$$

另外，由於層之間礦粒分佈不均，需引入另外一個參數 ε_3，$\varepsilon_3 = 2R_p/d_j$，因此在礦粒與微泡的多層附著情況下，整個礦粒的體積分數 $\varepsilon_s = \varepsilon_1 \varepsilon_2 \varepsilon_3$。

依據相關文獻[135]，單個礦粒在徑向和切向的受力可表示為：

徑向力：

$$F_a \cos\alpha_{i,\,j} + \left(\frac{R_{j+1}}{R_j}\right)^2 F_{r,\,i,\,j+1} - F_{r,\,i,\,j}$$

$$+ \frac{N_{i+1,\,j} F_{t,\,i+1,\,j} + N_{i,\,j} F_{t,\,i,\,j}}{N_i} \sin\frac{\Delta\alpha_j}{2} = 0 \qquad (5\text{-}29)$$

切向力：

$$F_a\sin\alpha_{i,j} + \frac{N_{i+1,j}F_{t,i+1,j} - N_{i,j}F_{t,i,j}}{N_i}\cos\frac{\Delta\alpha_j}{2} = 0 \quad (5-30)$$

由式（5-30）通過迭代可求得礦粒受的切向力：

$$F_{t,i,j} = \frac{F_a}{N_{i,j}\cos\Delta\alpha_j/2}\sum_{k=i}^{i_{j,\max}}(N_{k,j}\sin\alpha_{k,j}) \quad (5-31)$$

聯立式（5-29）和式（5-31），將 ε_2、$N_{i,j,\max}$ 代入並經過迭代有：

$$F_{r,o,j} = \frac{\pi\varepsilon_2 F_a}{R_j^2}\sum_{k=j}^{j_{\max}}\left[R_k^2\sum_{i=1}^{i_{m,k}}\sin^2(\alpha_i,k)\right] + \frac{F_a}{R_j^2}\sum_{k=j}^{j_{\max}}R_k^2 \quad (5-32)$$

多層附著的穩定性主要依靠直接與微泡相接觸的第一層礦粒的徑向力。與單層附著相似，多層附著最大吸附力發生在第一層最下端的礦粒。最大吸附力可表示為：$F_{adh,\max} = F_{r,0,1} - F_a$。由於以下各層均依靠粘著力吸附在上一層的礦粒上，因此，最大粘著力應在第二層最低端的礦粒，最大粘著力可表示為：$F_{coh,\max} = F_{r,0,2}$。

假定每一層礦粒最大覆蓋角均為 $\alpha_{\max}$，由式（5-31）、$F_{adh,\max}$、$F_{coh,\max}$ 及第一層最下端礦粒的受力平衡可得：

$$F_{coh,\max} = F_{adh,\max} - \frac{3\varepsilon_1\varepsilon_2 F_a(R_p + R_b)}{2R_p}(\alpha_{\max} - \sin\alpha_{\max}\cos\alpha_{\max}) \quad (5-33)$$

當多層礦粒附著的表面覆蓋角和礦粒層的厚度為已知時，我們可以計算出多層礦粒附著的礦粒數量：

$$N_T = \frac{\varepsilon_s\int_0^{2\pi}\int_{R_b}^{R_b+h_T}r^2\int_0^{\alpha_{\max}}\sin\alpha\,d\alpha\,dr\,d\beta}{4\pi R_p^3/3} \approx 3\varepsilon_s\frac{R_b(R_b+h_T)h_T}{2R_p^3}(1-\cos\alpha_{\max}) \quad (5-34)$$

以上建立了四種情況下的力學模型，求出了礦粒與微泡之間的最大吸附力和礦粒之間的附著力。但是礦粒的單層附著是在礦粒之間的附著力相對礦粒的其他力可以忽略下進行分析的。大的附著力將引起礦粒的結群或者是多層附著。如果礦粒的附著力大於吸附力，將會導致礦粒的大結群而不能附著在微泡上，使微泡不能礦化。

5.4 礦化微泡的特性

5.4.1 礦化微泡等速方程

J. 賴亞指出,在水中,單個氣泡直徑小於 0.2mm 的小氣泡在水中的行為和堅實的固體一樣。假設礦化氣泡為球形,其結構是空氣、水、礦粒三相包裹體:氣體在核心,水層在中間,礦粒附在外表[136]。以礦化氣泡平均直徑為礦泡直徑,考察單個礦化氣泡的運動和受力。礦化氣泡可視為具有一定密度的空心球。礦化氣泡在礦漿中作等速運動時,其有效重力與流體的阻力相等(見圖 5-5),由阿基米德定律和斯托克斯定律有:

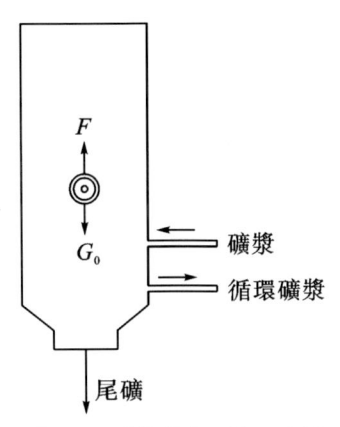

圖 5-5 礦化微泡受力示意圖

$$d_k \pi (\rho_{gsl} - \rho_k) g / 6 = d_k^3 (U_{gsl} + U_k)^2 \rho_{gsl} \psi$$

即:

$$U_k = \sqrt{\frac{g(\rho_{gsl} - \rho_k) d_k \pi}{6 \rho_{gsl} \psi}} - U_{gsl} \tag{5-35}$$

式中,U_{gsl} 為礦漿下降運動速度;U_k 礦化氣泡上升速度;ρ_{gsl} 為氣固液三相礦漿密度;ρ_k 為礦化氣泡密度;d_k 為礦化氣泡直徑;ψ 為與雷諾數有關的阻力係數。

5.4.2 空氣與礦漿的流速比

對於穩定運行的浮選柱,在柱內,氣體和礦漿各占一定的比例,因此,氣體和礦漿都不是在全部截面上流動的，而是在當量面積上流動的。根據相關文獻[136]，當量面積可表示為：

$$S_{ge} = MS = a^2 S = \varepsilon_g^{\frac{2}{3}} S \qquad (5-36)$$

$$S_{gsle} = NS = b^2 S = (1 - \varepsilon_g)^{\frac{2}{3}} S \qquad (5-37)$$

式中，M、N 分別為氣體和礦漿的流通面積當量；a、b 分別為氣體與漿體的一維空間係數，分別由三維空間係數 a^3 及 b^3 決定，$a^3 = \varepsilon_g$，$b^3 = 1 - \varepsilon_g$；ε_g 為氣含率。

由流量公式 $Q_g = U_g S_{ge}$ 和 $Q_{gsl} = U_{gsl} S_{gsle}$ 以及式（3-30）和式（5-37）可得：

$$\frac{Q_g}{Q_{gsl}} = \left(\frac{\varepsilon_g}{1 - \varepsilon_g}\right)^{\frac{2}{3}} \cdot \frac{U_g}{U_{gsl}} \qquad (5-38)$$

由氣漿流量比有：

$$\frac{Q_g}{Q_{gsl}} = \frac{V_g}{V_{gsl}} = \frac{\varepsilon_g}{1 - \varepsilon_g} \qquad (5-39)$$

式中 V_g、V_{gsl} 為空氣體積和礦漿體積。

由式（5-38）和式（5-39）得：

$$\frac{U_g}{U_{gsl}} = \left(\frac{\varepsilon_g}{1 - \varepsilon_g}\right)^{\frac{1}{3}} \qquad (5-40)$$

5.4.3　礦化微泡密度

由密度定義可得礦化氣泡的密度：

$$\rho_k = \frac{m_g + m_s + m_l}{V_g + V_s + V_l} \qquad (5-41)$$

式中，m、V 分別為質量和體積；下標 g、s、l 分別代表氣體、浮選礦物和水。

m_g 與 m_s、m_l 相比非常小，可以忽略，即 $m_g = 0$。

在體積為 V_{gsl} 的礦漿內，浮選礦物所占的體積為：

$$m_s = V_s \rho_s = V_{gsl} c \alpha \qquad (5-42)$$

由式（5-42）和式（5-39）得：

$$m_s = V_s \rho_s = \frac{1 - \varepsilon_g}{\varepsilon_g} \cdot c \alpha V_g \qquad (5-43)$$

式中，c 為礦漿的濃度；α 為原礦品位；ρ_s 為浮選礦物的密度。

礦化氣泡中浮選礦物的重量與水的質量比為：

$$\frac{m_s}{m_l} = \frac{\rho_s V_s}{\rho_l V_l} = \frac{k}{1-k} \tag{5-44}$$

式中 k 為溢流泡沫中固體含量。

由式（5-44）和式（5-43）得：

$$m_l = \rho_l V_l = \frac{1-k}{k} \cdot \frac{1-\varepsilon_g}{\varepsilon_g} \cdot c\alpha V_g \tag{5-45}$$

將 $m_g = 0$ 及式（5-43）和式（5-45）代入式（5-41）得：

$$\rho_k = \frac{(1-\varepsilon_g) \cdot c\alpha \rho_s \rho_l}{k\rho_l \cdot [\rho_s \varepsilon_g + c\alpha \cdot (1-\varepsilon_g)] + c\alpha \rho_s \cdot (1-k) \cdot (1-\varepsilon_g)} \tag{5-46}$$

5.4.4 礦化微泡直徑

由圖 5-5 的礦化氣泡球形模型可知：

$$V_l = \frac{\pi \cdot (d_l^3 - d_g^3)}{6} \tag{5-47}$$

式中，d_l 為虛線水層直徑；d_g 為中心氣體層直徑；其他符號定義同前。

由式（5-47）和式（5-45）得：

$$d_g^3 = d_l^3 - \frac{6 \cdot (1-k) \cdot (1-\varepsilon_g) \cdot c\alpha V_g}{\pi k \varepsilon_g \rho_l} \tag{5-48}$$

又：

$$V_g = \frac{\pi d_g^3}{6} \tag{5-49}$$

聯立式（5-48）和式（5-49）得：

$$V_g = \frac{\pi d_l^3 k \varepsilon_g \rho_g}{6[k\varepsilon_g \rho_g + (1-k) \cdot (1-\varepsilon_g) \cdot c\alpha]} \tag{5-50}$$

因為：

$$V_s = \frac{\pi \cdot (d_s^3 - d_l^3)}{6} \tag{5-51}$$

聯立式（5-43）、式（5-50）和式（5-51）解得：

$$d_s = d_l \sqrt{1 + \frac{(1-\varepsilon_g) \cdot c\alpha \varepsilon_g \rho_l}{k\varepsilon_g \rho_g \rho_l + (1-k) \cdot (1-\varepsilon_g) \cdot c\alpha \rho_s}} \tag{5-52}$$

從圖 5-5 的礦化氣泡球形模型可以得知，氣泡的平均直徑 d_c 相當於中間水層直徑 d_l，而礦化氣泡直徑 d_k 相當於外層直徑 d_s，因此有 $d_k = d_s$，$d_c = d_l$。從式（5-52）可以看出，含氣率、溢流泡沫中的固體含量、浮選礦物的密度、礦漿的濃度、礦石的品位和微泡尺寸對礦化氣泡的直徑都有重要影響。

5.5 微泡礦化的影響因素

5.5.1 礦粒疏水性對微泡礦化的影響

微泡與礦粒的粘附過程是向著體系界面能減小的方向進行的[137][138]，存在於礦漿中的礦粒與微泡，在附著前的體系界面能為：

$$E_{前} = \gamma_{氣液} \cdot S_{氣液} + \gamma_{液固} \cdot S_{液固} \tag{5-53}$$

而附著后的體系界面能為：

$$E_{后} = \gamma_{氣液} \cdot (S_{氣-液} - 1) + \gamma_{液固} \cdot (S_{液固} - 1) + \gamma_{氣固} \times 1 \tag{5-54}$$

式中，$\gamma_{氣液}$ 為氣液界面張力；$\gamma_{液固}$ 為固液界面張力；$\gamma_{氣固}$ 為氣固界面張力；$S_{氣液}$ 為氣液界面面積；$S_{液固}$ 為固液界面面積。

由式（5-53）和式（5-54）得該體系的界面能變化值為：

$$\Delta E = E_{前} - E_{后} = \gamma_{氣液} + \gamma_{液固} + \gamma_{氣固} \tag{5-55}$$

ΔE 必須大於零，即附著后的總界面能必須小於附著前，否則微泡就不能從顆粒表面取代水化膜。

將接觸角楊氏方程 $\cos\theta = \dfrac{\gamma_{氣固} - \gamma_{液固}}{\gamma_{氣液}}$ 帶入式（5-55）得：

$$\Delta E = \gamma_{氣液} \cdot (1 - \cos\theta) \tag{5-56}$$

從式（5-56）可以看出，當接觸角 $\theta \to 0$ 時，$(1 - \cos\theta) \to 0$，即 $\Delta E \to 0$，微泡與顆粒不會附著；當 $\theta \to 180°$ 時，$(1 - \cos\theta) \to 2$，ΔE 達到最大，最容易附著微泡而上浮。當礦物疏水性增加時，接觸角 θ 增大，其潤濕性 $\cos\theta$ 減小，ΔE 增大。因此，越是疏水性強的礦物顆粒越容易被選別，相反，越是親水性的礦物顆粒，其接觸角 θ 越小，越不容易被選別。

5.5.2 微泡直徑對微泡礦化的影響

微泡的直徑直接影響到礦化微泡攜帶礦粒的能力。微泡攜帶礦粒的數量受到表面積與體積之比、礦粒的密度、礦粒的大小、疏水性以及礦粒的形狀等因素的影響。較小的微泡單位體積的表面積較大，每單位空氣能攜帶的礦粒也較多。另外，從礦粒與微泡的作用理論可知，小的微泡直徑有利於提高微泡與顆粒的碰撞概率和粘附概率，即有利於微泡的礦化。

5.5.3 礦粒粒度對微泡礦化的影響

從前面對微泡礦化的力學機理分析可知，礦粒在微泡上吸附的牢固程度，除了與礦粒本身的疏水性大小有關之外，還與礦粒的大小有關。一般而言，礦粒小（小於 5~10 微米除外），礦粒向微泡附著較快，比較牢固；反之，粒度較粗，向微泡附著較慢，且不牢固。另外，礦粒的形狀也對微泡的礦化有重要影響，棱角多、形狀不規則的礦粒有利於微泡的礦化。

5.6　本章小結

建立了浮選柱的浮選速率方程，從浮選速率方程得知，增大充氣速率、減小微泡直徑、提高捕集概率對於提高浮選速率是十分有利的。

進行微泡礦化力學機理研究，推導了最大吸附力和多層附著時礦粒間的最大附著力公式，並基於最大吸附力探討了礦粒群與單微泡吸附的最大礦粒數 N_T、單層吸附的最大覆蓋角 α_{max}。對微泡礦化力學機理的研究，對於瞭解微泡的礦化過程和選擇實際浮選參數具有一定的指導意義。

建立了礦化微泡的等速方程，推導了空氣與礦漿的流速比和礦化微泡密度和直徑的數學表達式。

從能量的角度探討了礦粒疏水性對微泡礦化的影響，同時闡述了微泡直徑和礦粒粒度對微泡礦化的影響。

第二部分
應用實例

第六章　射流式微泡發生器性能實驗研究

經過數值模擬分析可知，射流微泡發生器的充氣性能與其工作壓力、長徑比等參數有很大的關係，為進一步考察射流微泡發生器的發泡性能，驗證本專著提出的理論和數值模擬分析的結果，在理論及數值分析的基礎上，筆者自行設計、製造、安裝、調試了射流微泡發生器實驗裝置，並進行了實驗研究。實驗研究的結果驗證了理論分析的正確性，驗證了數值模擬仿真結果與實際實驗結果的一致性，為微泡發生器的實驗提供了平臺，為微泡發生器的進一步改進提供了有價值的參考。

6.1　實驗裝置

實驗裝置簡圖如圖6-1所示，整個實驗裝置系統由浮選柱、射流微泡發生器、工作泵、真空表、壓力表及流量計等測量元件通過管件聯接而成。本實驗系統是雙側循環的微泡浮選實驗裝置，雙側循環使出流對稱，這樣可以使循環平穩，對柱體內的影響較小。由於其結構是對稱的，為簡化圖形描述，在此僅給出了單側循環的簡圖。

浮選柱體是一個圓筒形容器，整個柱體高度為 2m，根據實驗室條件及市場上鋼管的規格，選取的柱體內徑為 148mm（約為擴散管外徑的 3 倍），外徑為 159mm 短鋼管。直接使用一根 2m 左右的鋼管並不合適，那樣不適宜觀察，為此特地從外地訂購了一根外徑為 150mm、內徑為 130mm、長為 1.6m 的有機玻璃管與上述的短鋼管（0.5m）連接。這樣既減輕了安裝的重量，也有助於直接地觀測流體的流動和微泡生成的結果。動力元件採用單相潛水泵，為滿足揚程及流量的要求，在此準備了兩種規格型號的潛水泵以供選取，一種型號為 QD3-15J，揚程為 15m，流量為 3m³/h，功率為 0.4kw；另一種型號為 QD×1.5

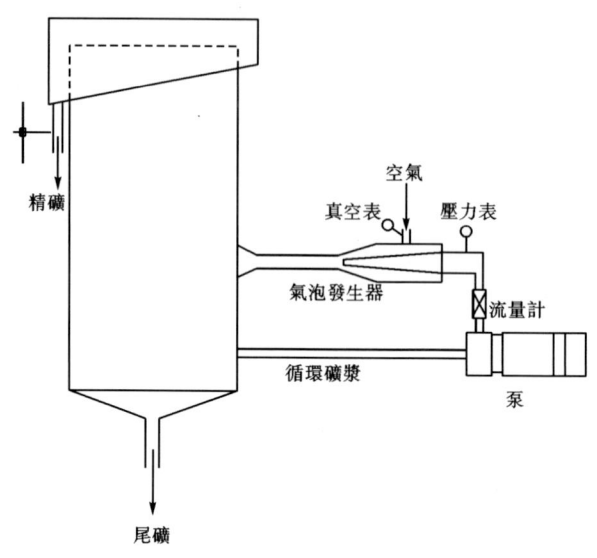

图 6-1 微泡發生器實驗裝置結構示意圖

-32-0.75，揚程 32 m，流量 1.5 m³/h，功率為 0.75kw。採用隔膜式壓力表來測量流體工作壓力，其測量範圍為 0~0.60MPa，測量精度為 0.01MPa。以精密真空壓力表來測量真空度，其測量範圍為-0.100~0.300，測量精度為 0.001MPa。以常溫液體（水）流量計來測量流量，測量範圍為 100~3,000L/h，精度為 10L/h。以 PP-R 專用球閥來調節工作介質流量及壓力。在整個實驗裝置中，微泡發生器是關鍵部件，其結構示意圖如圖 6-2 所示，為控製進氣量，特在吸氣的敞開的管道上安裝了一個閥。在各個聯結部位通過密封防止漏氣、漏水。

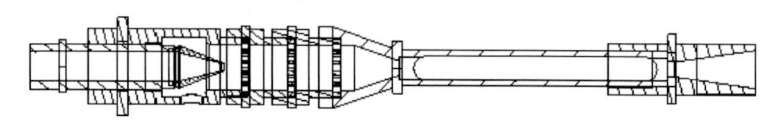

圖 6-2 微泡發生器結構示意圖

整個實驗是在大約 2.5bar 標準壓力下操作的。循環工作介質經過工作泵加壓到 0.16~0.3MPa 左右，並以 14~20m/s 的速度從噴嘴噴出，根據射流理論可知，管道內的雷諾數為 10^5 ~ 10^6，流體為高速湍流。而壓力為 0.16~0.3MPa 的水進入射流微泡發生器，形成抽吸作用，使發生器內吸氣室形成負壓，空氣即被吸入，經受高速射流的衝擊、剪切和裹卷而被分散，形成氣泡，這樣工作介質流體就挾帶著氣泡進入喉管，在喉管內進一步混合，經擴散管而流入浮選柱筒體內。

6.2　設計特點

本微泡發生器的主要設計特點有：
（1）充氣量大，無需加壓空氣。
（2）氣液的強烈混合以及溶解氣體的析出，產生大量的活性微泡，氣泡質量好，氣泡礦化的工作原理滿足微細粒物料浮選所需的浮選礦漿流體動力學條件。
（3）結構簡單，本身無運動部件。
（4）操作及調節方便，維護、維修、更換方便。
（5）不堵塞，工作穩定，可從根本上解決微泡發生器容易結垢堵塞的問題。
（6）在獲得中礦的位置進行循環，確保浮選礦漿的濃度。
（7）附帶有孔板。
（8）附帶有不同尺寸的喉管。

6.3　實驗結果分析

為了便於觀察實驗結果，本研究對兩相流體進行了實驗研究。水經過潛水泵加壓，泵入射流微泡發生器的導管中，射流微泡發生器工作正常後，測定工作流體流量，在常溫液體（水）流量計的讀數相對穩定時記錄流經射流微泡發生器的水流量，同時記錄各壓力表上的壓力讀數和真空壓力表讀數。

6.3.1　工藝參數的實驗研究

在射流微泡發生器中，操作工藝參數對微泡發生器的充氣性能有著較大的影響，也會較大地影響微泡浮選的效果。不同的工況下微泡發生器有不同的充氣性能，為探討具有一定結構特徵參數條件下的射流微泡發生器在不同工況下的工作性能，盡可能地優化其操作參數，本節基於自行設計研製的射流微泡發生器，針對液體流量、充氣壓力、流體工作壓力、背壓、進氣閥開啓程度、濃度等不同參數對微泡發生器的充氣性能的影響進行了一系列的實驗研究，得到了一些相應的、有參考價值的結果。

6.3.1.1 介質流量及其壓力的影響

在微泡發生器的各項操作參數中，工作介質的流量對其充氣性能有較大影響，常用流量比（也指混合系數，以引射氣體量與工作介質流量之比為特徵量）來表徵微泡發生器的引射氣體能力。射流微泡發生器的工作壓力是重要的工作參數，其大小直接影響著流量比。可以用以下的理論分析來進行解釋：當微泡發生器的噴嘴結構確定后，噴嘴大端與小端的直徑（分別表示為 D_1、D_2）也就隨之確定，在這兩端的工作介質的流速分別為 v_1、v_2，工作介質的流量為 Q，則根據流量公式 $Q = \frac{1}{4}\pi D_1^2 \times v_1 = \frac{1}{4}\pi D_2^2 \times v_2$，在噴嘴處的工作介質流速就完全取決於工作介質的流量。另外，設噴嘴兩端工作介質的壓力分別為 P_0 和 P_1，根據柏努利方程有 $P_0 + \rho \frac{v_0^2}{2} = P_1 + \rho \frac{v_1^2}{2} + K\rho \frac{v_1^2}{2}$，由此可知噴嘴處的壓力由工作介質的工作壓力和噴嘴處工作介質流速決定，也就是說，在工作介質噴出噴嘴後形成的真空度取決於工作介質流量及其工作壓力的變化，即噴嘴處的工作介質流速及工作壓力直接決定了吸氣量。

在實驗中，為了更好地表達微泡發生器的充氣性能，擬用充氣均勻系數來說明氣泡的彌散性。這裡採用拍照取樣的方式，分析獲得充氣均勻系數。在微泡發生器運行穩定時，以連續拍攝的 6 張照片為一組，記錄不同操作參數下直徑為 0.2~0.6mm 之間的微泡占氣泡總數的百分比，以此百分數來表達充氣均勻系數。對於工作壓力、充氣真空度的大小，可以直接讀壓力表和真空表獲得。引氣量可以用流量公式和伯努利方程來計算得到，也就是說，由於引氣量的大小主要取決於吸氣室內的真空度的大小，因此，只要描繪出工作壓力與充氣真空度之間的關係，也就能定性地分析出工作壓力與引氣量的關係。射流微泡發生器的工作壓力與吸氣真空度、混合系數等的關係如表 6-1 所示。當微泡發生器的工作壓力從 0.1MPa 提高到 0.28MPa 時，微泡發生器吸氣室內的真空負壓量從 0.008 MPa 增加到 0.019,5MPa，增幅達 244%，充分證明了工作壓力對微泡發生器工作效果的重要影響。

表 6-1　　　　　不同工作壓力時微泡發生器的工作性能

工作壓力/MPa	<0.1	0.10	0.12	0.15	0.18	0.22	0.26	0.28
自吸氣真空度/ MPa		0.008	0.011	0.015,5	0.017	0.018	0.019	0.019,5
充氣均勻系數/%		83.4	82.3	81.5	82.8	84.2	85.3	86.1

應用 ORIGIN 軟件來進行數值分析及數據處理。根據數據表，可以描出含氣率與工作流體壓力之間的關係圖（見圖 6-3 與圖 6-4），可以直觀地觀察到含氣率在開始時為 0，直到工作流體壓力達到 0.08MPa 左右時氣相才開始捲入，在 0.10MPa 到 0.15MPa 之間，含氣率增長很快，而當壓力達到 0.26MPa 后，含氣率的增長迅速變緩。由於實驗中可供選取的工作泵的限制，且工作流體壓力的調節主要是靠球閥的開啟程度來控製，因此不能觀測到工作壓力大於 0.28MPa 之后的情形。根據氣泡尺寸及其分佈均勻度，在柱高為 2 米的時，考慮工作條件及經濟性，可取 0.18～0.22MPa 為設計研製的微泡發生器在確定的實驗條件下的最佳工作壓力。

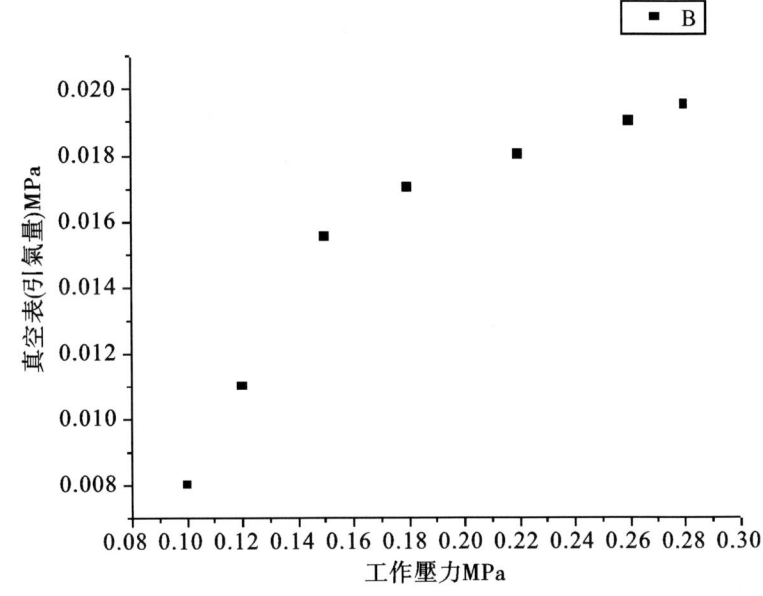

圖 6-3　引氣量與工作壓力關係點位圖

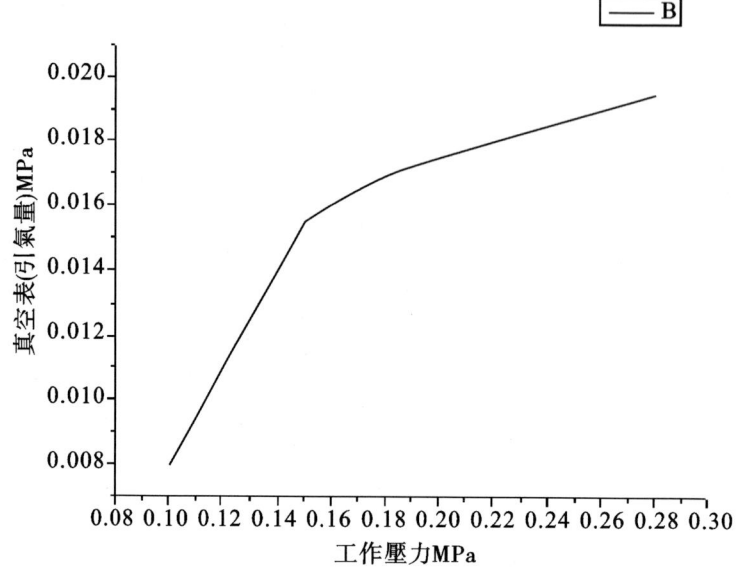

圖 6-4 引氣量與工作壓力線性關係圖

  實際上還可以對工作介質流量與引氣量的關係進行定性與定量的分析，只要從流量表直接讀取介質流量，根據前述的流量公式 $Q = \frac{1}{4}\pi D_2^2 \times v_2$，噴嘴直徑為 4mm，可以計算得到噴射流速，從而進一步得到噴射速度與引氣量的實驗關係式。從實驗中可以看到，微泡發生器的引氣量亦隨工作介質流量的增大而增大，但其增幅沒有隨工作壓力的增加而增大那樣明顯。

6.3.1.2 背壓的影響

  在實驗中，浮選柱筒體高為 2 米，工作時背壓較大，微泡發生器必須在較高的壓力下才能運行。在實驗中發現，工作流量與工作壓力一定時，當柱體液面上升時，含氣率隨之下降，更有甚者，在以 QD3-15J 的潛水泵為動力元件時，因揚程不夠，在柱內液面上升到大約 1.8 米的高度時，自吸氣已不能產生，需要加大工作介質的動量。而在第四章第二節中的數值模擬計算中也發現，當存在一定的背壓（0.15 個大氣壓）時，需將喉管的長徑比改小來降低壓力損失，才能使氣泡的發生成為可能。這說明背壓是影響微泡發生器發泡性能及充氣量的一個重要參數。在實驗中，為了使微泡發生器在較高的背壓下工作，採用了型號為 QD×1.5-32-0.75 的水泵作為動力元件。由於揚程得到了較為合理的配置，微泡發生器在柱內液面上升到任一位置均能正常工作。為研究更換工作水泵對微泡發生器的充氣性能的影響，攝取了使用兩種不同型號工作水泵在背壓為工作液面在1.3米時微泡生成的情況的圖像，如圖6-5及圖6-6所示。對比兩幅圖像，可清晰地發現，在其他條件相同的情況下，採用揚程為32米的工作水泵的發泡性能要比採用揚程為15米的工作水泵時好很多，其充氣量增加，產生的氣泡直徑小而且分佈均勻，這也進一步說明了工作壓力是影響微泡發生器充氣性能的重要的參數。

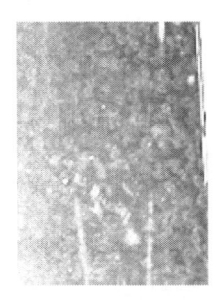

圖6-5　選用QD3-15J型潛水泵微泡生成的情況

圖6-6　選用QD×1.5-32-0.75型潛水泵微泡生成的情況

6.3.1.3　進氣量的影響

在實驗中發現，進氣管開啟面積對吸氣量、氣泡直徑以及流場的穩定性有較大的影響。當其他條件不變時，控製進氣量，可得到微泡（即可定性地控製氣泡大小），但微泡數量不是很理想，這說明存在如下問題：體現微泡發生器充氣性能的充氣量與氣泡直徑這兩個重要參數是一對矛盾體，增加充氣量（也即增大供氣壓力），氣泡直徑會隨著增大，兩者之間存在一個最優值。為研究此最優值，在實驗中採用攝像處理分析，發現在充氣速率超過一定值後（當吸氣量大約為30%左右時），所產生的氣泡含率越大，氣泡直徑也越大，且流場也越不穩定，具體情形如圖6-7和圖6-8所示。當吸氣量在20%~28%時（見圖6-8），氣泡生成處於一個質量較好的狀態，氣泡尺寸、數量、分佈、分散度都較好。當控製進氣口，減少吸氣量時，可以獲得尺寸較小的微泡，但數量少。在微泡浮選的實際應用中，根據選別對象、生產效率、所要達到的品位、浮選空間的大小等因素來確定最佳的充氣量。當充氣量不足時，可以採用使用多個微泡發生器的解決方案。

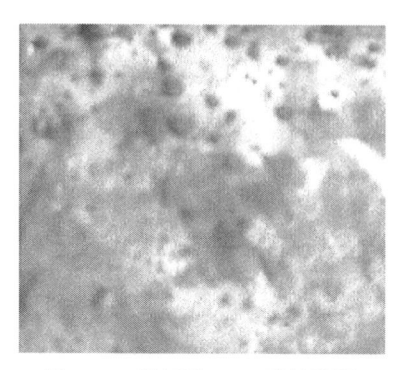

圖 6-7　吸氣量>30%時流場圖

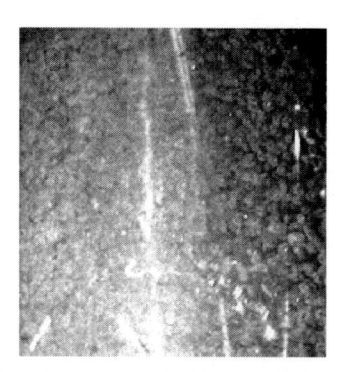

圖 6-8　20%< 吸氣量<28%時流場圖

6.3.1.4　充氣壓力的影響

在實驗中，為考察採用主動供氣時的氣泡生成狀況以及微泡發生器內的流場狀態，在空氣入口處增加了空壓機，並將空壓機接入進氣管。通過控製空壓機的供氣壓力，研究充氣壓力對微泡發生器充氣性能的影響。通過實驗發現，在氣泡數量增加的同時，氣泡的大小隨充氣壓力的增加而很快增大，充氣壓力對氣泡直徑的影響較大，對氣泡數量的影響次之。通過攝像對比分析（如圖6-9 及圖 6-10 所示）可看到，在實驗條件不變的情況下，當充氣壓力為 0.02 個大氣壓時，氣泡直徑、數量及其分佈較為合理；在低於 0.017 個大氣壓時，氣泡直徑雖然較為理想，大都在 0.2mm 左右，但是氣泡數量較少，遠遠達不到浮選要求；當充氣壓力大於 0.024 個大氣壓時，氣泡直徑迅速擴大，形成大氣泡，且分佈也極不穩定。這個結果與上一節的結果是有聯繫的，充氣壓力越大，相應的進氣量就大，為獲得質量（氣泡尺寸、數量、分佈、分散度）較好的氣泡，必須控製充氣壓力。

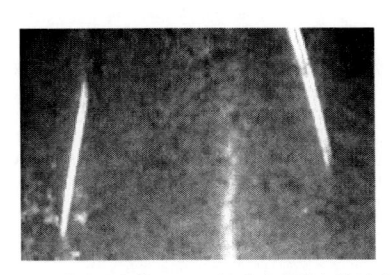

圖 6-9　充氣壓力為 0.02 個大氣壓時的流場情形

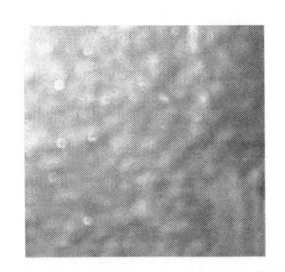

圖 6-10　充氣壓力為 0.024 個大氣壓的流場情形

6.3.2　結構參數的實驗研究

在微泡浮選中，微泡發生器是極為的關鍵的部件，其發泡性能的好壞直接影響浮選效果，而微泡發生器結構參數又影響著微泡的生成和充氣性能等。筆者在對本微泡發生器進行結構設計之前，就已經在前人研究的基礎上，進行了大量的理論研究與數值模擬計算，在本章進行的微泡發生器試驗中，已經證明本微泡發生器設計的合理性。根據數值模擬結果可知，射流微泡發生器的充氣性能與其內部流場的動量、紊流強度及其微泡產生的位置密切相關，這些參數取決於噴嘴結構形式、長徑比、面積比、混合室結構形式、喉管及擴散管的結構形式等眾多的因素，本專著從噴嘴口到喉管入口的間距變化、喉管結構形式及長徑比的變化、添加孔板（或篩網）、擴散管接入柱體的不同結構形式等幾個方面進行了實驗研究。

6.3.2.1　噴嘴到喉管入口間距的影響

喉嘴距是微泡發生器中的一個重要結構參數，其設置是否恰當直接影響發生器的發泡性能，而最優的喉嘴距又受到眾多的操作參數的影響，為確定本實驗所用的微泡發生器的噴嘴到喉管的最佳距離，特進行了清水實驗。因為在對微泡發生器進行結構設計時就考慮到了實驗的要求，噴嘴與喉管間的距離是可調的，喉管、混合室與吸氣室之間的距離也是可調的。喉嘴距的大小可以用卡尺直接測量兩者間隔的變化獲得。氣泡尺寸及其分佈狀態通過數碼相機攝像來進行對比分析，當氣泡穩定后，以高清晰度數碼相機進行攝像，在一定充氣速率下連續拍攝6張照片，從中選取最清晰的一張進行統計，統計氣泡時只統計那些對焦較好、成像相對清晰的氣泡（見圖6-11至圖6-13）。充氣量通過浮選柱有機玻璃筒體內液面高度的變化（開、關吸氣口前後待液面穩定後的液位差）來確定，通過這種液位上升法測得的是整體含氣率，可用以下公式來表示：$\varepsilon_g = \dfrac{\pi R^2 \Delta h}{L} \times 100\%$。式中，$\Delta h$為充氣前後柱中液面高度差；R為浮選柱筒體半徑；L為流量計測得的液體流量。這種檢測方法較為粗糙，但對於定性地考察射流微泡發生器的性能及充氣效果是可以的。本實驗的具體工況為：工作背壓為0.15atm（大氣壓）；工作泵為：QD×1.5-32-0.75。所獲得的主要數據及流場狀況如表6-2所示。

表6-2　　　　喉嘴距的變化及其主要數據、流場狀況表

喉嘴距（mm）	類別	數據或流場分佈	喉嘴距（mm）	類別	數據或流場分佈
0	氣相含率（ε_g）	8%左右	8	氣相含率（ε_g）	28%左右
0	氣泡尺寸分佈	氣泡直徑>2 mm的占80%以上	8	氣泡尺寸分佈	氣泡直徑<0.5 mm的占70%左右
0	流場狀況	流場很紊亂，氣泡分散極不均勻	8	流場狀況	流場平穩，氣泡分散均勻
2	氣相含率（ε_g）	35%左右	10	氣相含率（ε_g）	25%左右
2	氣泡尺寸分佈	氣泡直徑>1 mm的占80%以上	10	氣泡尺寸分佈	氣泡直徑<0.5 mm的占70%左右
2	流場狀況	流場紊亂，氣泡分散不均勻	10	流場狀況	流場平穩，氣泡分散均勻

表6-2(續)

喉嘴距 （mm）	類別	數據或流場分佈	喉嘴距 （mm）	類別	數據或流場分佈
4	氣相含率（ε_g）	31%左右	12	氣相含率（ε_g）	18%左右
	氣泡尺寸分佈	氣泡直徑>0.5mm的占70%以上		氣泡尺寸分佈	氣泡直徑<0.5 mm的占70%左右
	流場狀況	流場趨於平穩，氣泡分散較為均勻		流場狀況	流場平穩，氣泡分散均勻
5	氣相含率（ε_g）	30%左右	14	氣相含率（ε_g）	10%左右
	氣泡尺寸分佈	氣泡直徑在<0.5 mm的占70%左右		氣泡尺寸分佈	氣泡直徑為0.2 mm的占80%左右
	流場狀況	流場平穩，氣泡分散均勻		流場狀況	流場平穩，氣泡分散均勻

由此可知，在本實驗條件下，最大含氣率發生在間隔為2mm處，隨后含氣率隨間距（喉嘴距）的增大而逐步減小。在間距為0處，吸氣量最小，間距過短，吸氣量降低，形成真空的最佳位置移動到擴散管處而不是吸氣室處，使喉管的功能發生了變異，不再是以混合為主，而是變相地成了噴槍嘴的延伸部分。綜觀氣泡直徑分佈，吸氣量大則氣泡直徑也大，流場穩定性隨之降低，氣泡分散均勻度也隨之下降。綜上所述，喉嘴距、充氣量的大小、生成氣泡的質量三者之間存在一個最優值，從上述表格可知，本實驗所用的微泡發生器的最佳喉嘴距應在5～10mm之間。

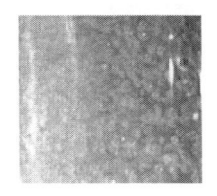

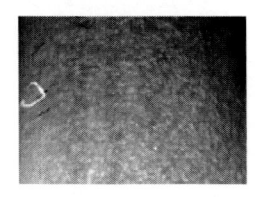

圖 6-11　喉嘴距<4mm時的流場情形　　圖 6-12　喉嘴距在5～10mm時的流場情形

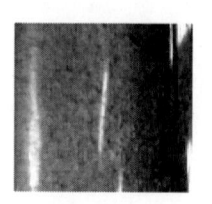

圖 6-13　喉嘴距>12mm 的流場情形

6.3.2.2　喉管結構形式及長徑比的影響

不同的喉管結構形式及長徑比對微泡發生器的充氣性能的影響是不同的。對現有的裝置進行改造，將喉管分為外包橡皮套式（見圖 6-14）及內嵌玻璃管式（見圖 6-15）兩種結構形式來進行對比實驗研究。后者是根據第二章提到的理論進行設計製造的，其長徑比為 18：1，內壁為光滑的玻璃管，將喉管設計成玻璃管是為了便於觀察流體在喉管中的流動情況。前者長徑比為 12：1，且喉管的周邊有兩個對稱的槽，從而改變了喉管內流體的流動狀態，增大了紊動強度。

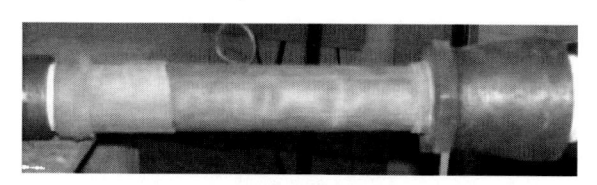

圖 6-14　外包橡膠套式喉管微泡發生器

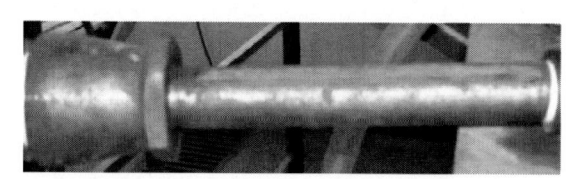

圖 6-15　內嵌玻璃管式喉管微泡發生器

對兩種形式的喉管的發泡性能仍舊採用攝像法來進行分析。實驗中發現，對內嵌玻璃管式喉管的微泡發生器進行單側循環試驗時，氣泡直徑大都在 0.3~0.5mm，基本上滿足要求，可是氣泡數量不足，且氣泡分散度不是很好（如圖 6-16 所示）。而當以外包橡膠套式喉管的微泡發生器進行單側循環實驗時，大大增加了充氣量，同時使氣泡的分散更趨於均勻，可生成的氣泡尺寸也相對較大，基本上都在 2mm 以上，而且流場不太穩定（如圖 6-17 所示）。

隨后，又綜合運用了上述兩種微泡發生器進行了雙側循環實驗，結果表明：不僅吸氣量和氣泡直徑都能達到較好的狀態，流場也很穩定，獲得了較好的充氣性能（如圖6-18所示）。實驗結果說明，適當縮小長徑比，加大喉管內流場的紊動強度，可以提高微泡發生器充氣性能及微泡生成的質量。

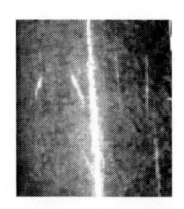

圖6-16　內嵌玻璃管式喉管微泡發生器單側循環實驗時的流場情形

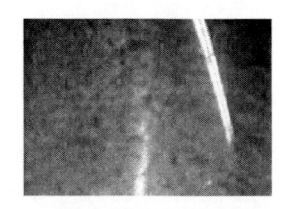

圖6-17　外包橡膠套式喉管微泡發生器單側循環實驗時的流場情形

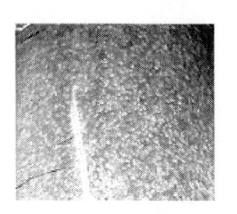

圖6-18　綜合運用內嵌玻璃管式及外包橡膠套式喉管微泡發生器雙側循環實驗時的流場情形

6.3.2.3　孔板（或篩網）的影響

由已經完成的實驗結果和數值模擬計算可知，改變流體流場結構、增加流體紊動程度，可以促進微泡的生成與均勻分佈，而增加孔板（或網篩）是增加射流紊動強度的方法之一。實驗中發現，由於添加了孔板，使得流動阻力大為增加，相同壓力下通過的流量大為減小，使得吸氣室內不能形成足夠的負壓，從而吸氣功能不能形成，此時，為使微泡發生器正常工作，需要採用主動供氣的方式進行供氣。在實驗中特增加了一臺小空壓機。本實驗所用的孔板開孔率為70%，厚度為1mm，實驗中所用的篩網為30目。實驗結果表明：

(1) 在加一塊孔板的情況下，當主動供氣為0.018個大氣壓時，兩相流呈現的氣泡直徑大多在 0.2~0.5 左右，但數量略嫌不夠（見圖 6-19）。再增加供氣量（即壓力增大）時，則氣泡直徑明顯增加，達不到生成微泡之效果。在此工況下，0.018 個大氣壓為最佳供氣壓力。而在混合室的兩端不同位置處添加兩塊孔板時，供氣壓力為 0.023 個大氣壓為生成微泡的最佳狀態。這說明增加孔板后阻力增大，要達到較好的微泡生成效果，需要適當增加供氣壓力。

（2）在不加孔板而改為加篩網時的情況下，當添加 1 塊篩網時氣泡直徑大多在 1 mm 以上，難以達到微泡浮選的要求。加 2 塊篩網時，當供氣壓力為 0.029 個大氣壓時，可以達到較好的微泡生成效果（見圖 6-20），此時工作壓力為 0.155 個大氣壓，說明篩網的阻力較大。

（3）加一塊篩網和一塊孔板時，在 0.03 個大氣壓的供氣壓力下，可以達到最佳效果（見圖 6-21），整個的微泡發生器的充氣性能比上述兩種情形要好。

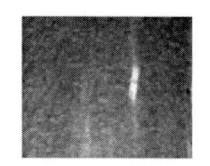

圖 6-19　加孔板時的流場情形 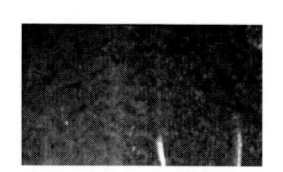　　　圖 6-20　加篩網時的流場情形

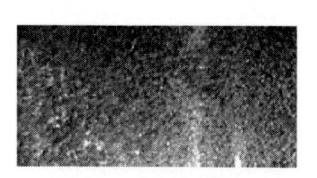

圖 6-21　搭配添加孔板及篩網時的流場情形

通過上述實驗可知，適當添加孔板（或篩網）能提高微泡發生器的充氣性能及微泡生成的質量。而以添加一塊孔板和一張篩網的組合搭配時，實驗效果為最好，這說明添加孔板對微泡發生器的發泡性能的影響與孔板的開孔率、開孔大小以及孔板厚度等均有關係。

6.3.2.4　擴散管接入方式的影響

在與柱體連接處設計了兩種連接方法：一種是擴散管從垂直於柱體中心線的徑向方向接入，另一種是擴散管從垂直於中心線方向的切向方向接入。連接方式的示意圖如圖 6-22 所示。

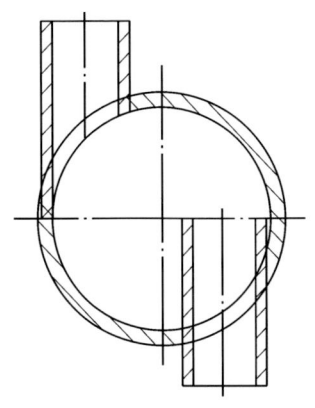

圖 6-22　擴散管與柱體連接示意圖

切向接入的目的是為了使氣泡以螺旋方式上升，以便氣泡能與微細粒精礦充分接觸。徑向接入的目的是為了礦化的過程盡量沿截面均勻分佈。對於這兩種接入方法，採用某一種或是兩者同時使用要由實驗結果來決定。

切向接入會形成旋流力場，氣泡在離心力和浮力共同作用下迅速以旋轉方式向旋流段中心匯集，當單獨開啓切向接入結構的單側循環時，整個流場的情形如圖 6-23 所示。從圖中可以看到，氣泡主要在中心形成一個核心，在此情形下，流場不穩定，氣泡的直徑偏大，並且氣泡分佈不均勻。而同時慢慢打開徑向接入側循環時，氣泡直徑變小，但數量也減少，具體情形如圖 6-24 所示。當將切向接入側循環整個關閉，而僅單獨開啓徑向接入側循環，當工作壓力調節到 0.265MPa，真空度為 0.001,8MPa 時，微泡發生器的充氣性能最優（見圖 6-25），此時不論氣泡數量、氣泡直徑，還是氣泡的分散度都較好。

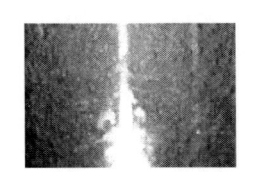

圖 6-23　切向接入時流場情形 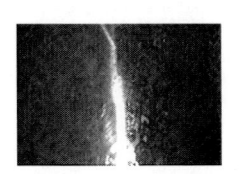　　圖 6-24　綜合切、徑向接入時流場情形

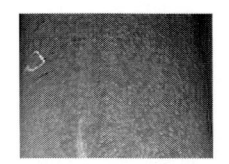

圖 6-25　徑向接入時流場情形

6.4 本章總結

　　基於三相流理論和射流微泡發生器的設計理論,設計、製造、安裝、調試了微泡發生器的實驗裝置。進行了一系列不同操作參數及結構參數對微泡生成的影響的實驗研究。在與 CFD 數值模擬計算相同的邊界條件下,不加起泡劑就已經可以獲得量大、分佈均勻的 0.1~0.5mm 的微泡,說明所研發的射流微泡發生器是成功的。實驗結果論證了三相流理論和射流微泡發生器的設計理論的正確性,驗證了數值模擬計算的正確性,為射流裝置的設計與實驗提供了有效的方法,為微泡浮選的研究提供了有價值的參考。

　　研究了工作壓力對微泡發生器的工作效果的影響。在柱高為 2m 的實驗條件下,射流微泡發生器在 0.18~0.22MPa 的工作壓力下具有最佳的充氣性能。

　　研究了充氣量與充氣速率(即充氣壓力)對微泡生成的影響。在射流微泡發生器中,氣泡的直徑隨充氣量與充氣速率(充氣壓力)的增大而增大。

　　研究了喉嘴距對微泡發生器的發泡性能的影響。喉嘴距對引氣量有較大的影響,基於本實驗條件下,微泡發生器的最佳喉嘴距應在 5~10mm 之間。

　　研究了背壓對微泡發生器的影響。在高背壓的情況下,適當縮小喉管長徑比,加大喉管內流場的紊動強度,可以提高微泡發生器的充氣性能。

　　研究了孔板(或篩網)對微泡發生器充氣性能的影響。微泡發生器充氣性能與孔板的開孔率、開孔大小及孔板厚度均有關係,以一塊孔板和一張篩網的組合搭配時微泡生成的效果最好。

　　研究了擴散管接入柱體形式對微泡發生器性能的影響。擴散管以徑向接入時,微泡生成的效果最佳。

第七章　旋流式微泡發生器

旋流式微泡發生器依靠內部產生的強烈的旋流，將空氣從空氣進口處吸入，並在流體質點的湍動能作用下，將吸入的空氣打散攪碎成所需的微小氣泡后從多相流出口處噴出。由於旋流式微泡發生器的入口及噴口等結構參數對微泡發生器的性能具有重要影響，而依靠傳統的通過實驗獲得其最佳參數的方法無疑需要耗費大量的勞動力和成本。這裡主要通過流體動力學仿真軟件FLUENT建立對旋流式微泡發生器內部流場的仿真，以期能對微泡發生器的結構參數進行一定程度的優化選取，避免實驗分析高成本、實效低、受加工精度影響等缺點。

7.1　旋流式微泡發生器的設計與仿真

7.1.1　旋流式微泡發生器的工作原理

微泡的尺寸、數量、分佈形式對微泡浮選的效果具有極其重要的影響，作為產生微泡的具體裝置，微泡發生器的性能好壞也顯得十分重要。

圖7-1是旋流自吸式微泡發生器的結構簡圖。流體以一定初速度從進水口沿切線方向進入到微泡發生器內部，在內部產生旋流。根據旋轉動量矩守恒和伯努利方程分別有：

$$u_\partial r = C \tag{7-1}$$

式中，u_∂為流體在切向上的速度，m/s；r為流體質點的回轉半徑，m；C為動量矩常數值，無量綱。

$$p + \frac{1}{2}\rho v^2 + \rho g h = c \tag{7-2}$$

式中，p為流體壓強，MPa；ρ為流體密度，kg/m^3；v為線速度，m/s；h為垂直高度，m；g為重力加速度，m/s^2；C為常數，無量綱。

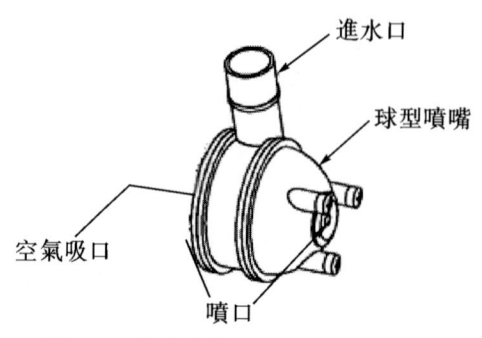

图 7-1 旋流式微泡發生器結構示意圖

在理想狀況下，即不考慮流體運動過程中流體的能量損耗時，流體從切向將進入旋流微泡發生器內部以後，由於動量矩值在任意點均保持守恆，因此越靠近旋轉中心的位置，r 變小，流體質點的線速度值越大。隨著切向速度的不斷變大，又由伯努利方程可知，此時壓力能向動能轉換，在離旋轉中心越近的地方壓力將越來越小，直至在微泡發生器的中軸線附近，壓力低於大氣壓，產生一個較大的負壓，在該負壓的作用下，氣體在氣體吸口處被吸入旋流器內部，同時空氣吸口和混合物噴口處由於直徑不同造成產生的負壓值也不同，因此會在中軸線上產生朝著混合物出口的壓力梯度，吸入的空氣由於密度較小會朝著中軸線處聚集，並在流體的湍動能作用下被打散攪碎成微小氣泡後，在流體的帶動下一起朝出口處運動，最終由出口噴出。

7.1.2　旋流式微泡發生器的主要參數

旋流式微泡發生器在工作時，同時受到周圍環境、加工精度、實時工況和結構參數等因素的影響。周圍環境包括實時溫度、外界大氣壓，加工精度指微泡發生器在加工過程中是否具有較小的誤差，實時工況主要指實際實驗時進口處的水流速度、進水流量、進口壓力、液體的密度值和黏度係數等。對於以上的物性和操作參數，影響旋流式微泡發生器性能最大的是其結構參數，旋流式微泡發生器的入水口直徑、內腔直徑、空氣入口直徑、混合物噴出口直徑等參數的微小改變都可能對發生器的性能造成重大影響。這裡將對這些參數進行離散化仿真分析，以確定適合於該發泡裝置的較優參數值。

7.1.2.1　入水口直徑

旋流式微泡發生器的入水口承擔著水流進入旋流器內部的功能，過大的入水口直徑不利於內部旋流的生成，過小的入水口直徑則不利於礦物（污物）進入旋流器內部，且過小的直徑在進口流量（處理量）一定的情況下需要更大的入口流速，這對實驗器材的要求就會變高，且大的進口流速會對內腔形成衝擊，造成腔壁的磨損，降低微泡發生器的使用壽命。綜合以上因素，這裡設計的微泡發生器使用內管徑為 12mm 的進水入口。

7.1.2.2 內腔直徑

旋流式微泡發生器內腔的主要作用是讓切向進入的流體在內壁上充分流動，形成旋流。因此對內腔的加工精度有一定要求，太過粗糙的內腔壁面會損耗流體的動能，改變流體的運動方向，不利於旋流的產生。參考龐學詩[139]的相關研究結果可知，$d_e = (0.15 \sim 0.25)D$ 是較為理想的取值範圍，換言之即進水口直徑為 0.15 至 0.25 倍內腔直徑時能取得較好的旋流效果。因為已經確定的進水直徑為 12mm，所以內腔直徑範圍為 40~80mm 之間。考慮到在進水速度一定情況下過大的內腔直徑不利於旋流的產生，因此這裡選取離散化數據 40mm、50mm、60cm、70mm、80mm 五組數據分別進行計算機模擬計算仿真分析。

7.1.2.3 空氣吸口直徑

要使得微泡發生器具有較好的工作性能，則空氣吸口的直徑不能太小，太小的空氣通流面積會影響空氣吸入的效果；同時空氣吸口的直徑也不能選取過大，較大的空氣吸口直徑意味著微泡發生器需要很高的進口流速，這樣才能確保空氣吸口區域整體處於負壓狀態，且較大的空氣吸口可能會導致部分流體從空氣吸口處流出。綜合以上因素考慮，選取空氣吸口的直徑為 $0.05D \sim 0.15D$，即約為內腔直徑的二十分之一至七分之一之間。

7.1.2.4 混合物出口直徑

混合物出口的主要功能是使水體和氣泡混合從腔內噴出。由於混合物出口與空氣吸入口的孔徑不一，空氣吸入口孔徑較小，而混合物噴出口孔徑較大，流體在內腔壁經充分旋流後在兩孔處形成的負壓值不同。由於這種壓力差的存在，吸入的氣體會朝著噴出阻力較小的一端即混合物的出口噴出。考慮到混合物出口處直徑較空氣吸口直徑應略大，但同時過大的出口直徑會減小出口流速，因此，考慮控製入出口直徑比為 0.4~0.8 左右。

7.1.3 旋流式微泡發生器的三維仿真分析

針對旋流式微泡發生器的仿真分析是一大要點。首先從旋流式微泡發生器的外部結構來看，其並不具備對稱性，因此一些用在具有結構對稱特徵物體上的簡化仿真方法不適用。如某些對稱結構的物體可以通過模型簡化，將三維模型投射到平面上轉化為二維模型之后再進行仿真，這樣的方法可以在保證結果精度的前提下大大縮短仿真需要的時間，提高效率。而旋流式微泡發生器不具備結構對稱這一先提條件。綜合考慮以上因素，為了使仿真能最大程度接近現實情況，我們必須對微泡發生器進行三維建模。

7.1.3.1 旋流式微泡發生器的三維建模

本旋流式微泡發生器整個模型的三維建模可在 FLUENT 適配的 GAMBIT 軟件中完成。建模的過程可以簡單概述為點線面的遞進操作，即先確定出模型的外廓點坐標，再由這些坐標生成外廓曲線，接著將曲線掃描成面，再經掃描得到實體部件，最后將這些實體部件經由布爾運算得到完整的模型。在對模型的網格劃分方式，選擇的是 Tet/Hybrid（四面體/混合）模式，即模型主體網格單元為四面體網格單元，但是在一些具有不規則特徵和模型邊界的位置採用六面體和楔形網格網格填補。這種劃分方式能產生細緻緊密且規律的網格，從而提高仿真計算效率並使仿真結果具有良好的可靠性。網格數量保持在 20 萬個左右，較多數量的網格能充分保證仿真所需精度。

7.1.3.2 旋流式微泡發生器的仿真參數設定

這裡採用 FLUNET6.3.26 版本進行仿真，這樣可以極大地減少軟件安裝的時間，降低對計算機處理性能的要求。下面就仿真計算中的各個主要參數進行進一步詳細說明。

（1）FLUENT 求解類型設置。由於微泡發生器的外型結構不對稱性，故必須設置為三維求解器（3D），其中三維求解器又分為單精度及雙精度兩種：單精度具有 7 位精確小數位，而雙精度具有 15 位精確小數位。另外雙精度需要占用兩倍的內存空間，需要更長的時間完成計算。對於本專著例而言，選取三維單精度求解器即可滿足要求。

（2）求解器性質設置。在 FLUENT 中，求解器按性質可劃分為壓力基（Pressure Based）求解和密度基（Density Based）求解。其針對的仿真對象不同，壓力基主要針對低速不可壓流動的求解，而密度基則針對高速可壓流的求解。可見這裡的微泡發生器選用壓力基求解器更為合適。

（3）多相流模型設置。由於這裡主要研究氣相和液相的流動，而且在水處理中，污物通常為不易產生相對運動的膠態形式，為簡化模型，可將污物雜質忽略不計。因此選取混合多相流模型（Mixture）。混合模型通過離散相和連續相之間的速度差或者說彼此間的相對作用來描述離散相，但針對均勻混合多相流時，也可不考慮相對速度。

（4）湍流模型設置。由於微泡發生器內強烈的旋流特徵，使用適合模擬旋流流場的雷諾應力模型（RSM）更為精確。

（5）相數設置。由設置（3）可知此處相數設置為兩相，分別為水和空氣相，兩相的屬性見表 7-1。

表 7-1　　　　　　　　　　　材料屬性

相	密度（kg/m³）	粘度（Pa·s）
水	998	0.001,003
空氣	1.225	1.789,4×10⁻⁵

（6）邊界條件設置。從微泡發生器的結構來看，水流進水口應設置為速度入口（VELOCITY-INLET），表示水流進入微泡發生器內部時的初始速度。這裡的 FLUENT 仿真分為兩步：第一步將空氣吸口和混合物出口同時設置為壓力出口（PRESSURE-OUTLET）邊界條件，以判斷出在清水流場下結構參數對微泡發生器內部性能的影響；第二步加載 MIXTURE 模型，設定空氣回流體積分數為 1，即在空氣入口處空氣被負壓吸入，在第一步仿真確定的結構參數下觀察氣相在內部流場中的分佈情況。

（7）計算設置。對於氣相與水相的含相率、速度分量和湍流分量均採用一階離散格式，單元節點選用一階迎風差值模式，壓力速度耦合採用 SIMPLEC 算法求解。

（8）其他設置。由於是三維模擬，因此重力的影響不可忽略，設置重力加速度為 $9.8m/s^2$，方向沿 Y 軸負向。時間屬性設置為定常，速度模式採取絕對速度。

（9）收斂判斷設置。根據一般的收斂判斷原則，這裡認為各個解算參數的殘差值均小於 0.001 時即可視作計算收斂。但是只觀察殘差值也有可能會導致錯誤的結論，同時還要檢查流入和流出該系統的整個質量和動量以及能量是否守恒，平衡時則相應的不平衡誤差值應在 0.1% 以下。如果上述要求都能達到，則可以判斷計算收斂。

7.1.3.3　反應流場特性的幾個主要參數

本設計的主要目的在於對旋流自吸式微泡發生器相關結構參數進行優化設計，以獲得在該結構參數下的更加符合要求的流場特性。而反應流場特性的幾個主要參數包括以下幾點：

（1）流場靜壓強 P。流場內部的靜壓分佈對微泡發生器的性能有著至關重要的影響。對於自吸式微泡發生器而言，在空氣吸入口出應有較大的負壓值，這樣可以有利於空氣的吸入。同時在發生器內部近壁面的地方，正壓力應選擇盡可能的小，小的靜壓對材料的抗壓性能要求就低，能降低加工成本，同時能降低對光滑壁面的磨損，減少設備的損耗。最后靜壓的分佈應具有較好的壓降梯度。

（2）流場湍動能 T。流體的湍動能也是關鍵的參數之一。在空氣入口處，進入微泡發生器內部的空氣在湍動能的作用下被攪碎、打散成所需要的微小氣泡，因此微泡發生器內部的湍動能應越大越好。湍動能越大則能將空氣打碎得更加充分，產生的氣泡質量也就越理想。

（3）出口流速 V。氣泡與流體混合后從混合物出口處噴出，則出口處的速度越大意味著氣泡具有的能量也越大。氣泡具有較大的能量則更易與水體中的污物發生碰撞粘附，對氣浮的最終效果會產生有利的影響。

7.1.3.4　旋流自吸式微泡發生器內腔直徑的參數設計

參考旋流分離器的相關文獻可知，為了更好地在微泡發生器內部產生旋流場，微泡發生器的內腔直徑是重要的結構參數之一。本設計事先已經設定微泡發生器的入口當量直徑為 12mm，換算再經離散化后得出內腔直徑的取值範圍分別為 40mm、50mm、60mm、70mm、80mm 等。在確定內腔直徑時，主要觀察內腔直徑變化對內部流場的影響，因此秉持單一變量的原則，其他的參數均事先假定且不作變化，其他主要參數分別為：水流入口當量直徑 d_e = 12mm，空氣入口直徑 $d_空$ = 4mm，氣液混合物出口直徑 $d_出$ = 6mm，入口水流速度 $V_{進水}$ = 2m/s。

由於模型的不對稱性，在 GAMBIT 軟件中分別對 5 組完成建模，網格劃分設置均按照前文布置，5 組數據的網格數量均維持在 20 萬個左右，以確保仿真精度。圖 7-2 為內腔直徑為 50mm 時的網格劃分示意圖（網格數量為 176,080 個）。

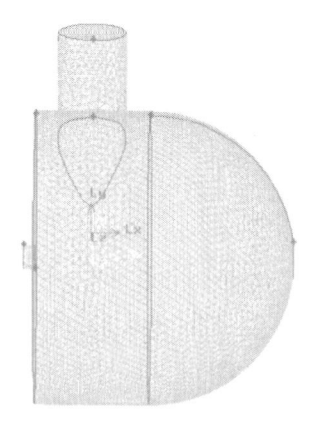

圖 7-2　網格劃分

在 FLUENT 中分別對以上 5 組數據進行仿真，仿真結束後獲分別截取 XY、YZ、XZ 三個界面的靜壓分佈雲圖。

圖 7-3 分別是直徑分別為 40mm、50mm、60mm、70mm、80mm 時 YZ 截面的靜壓分佈雲圖。

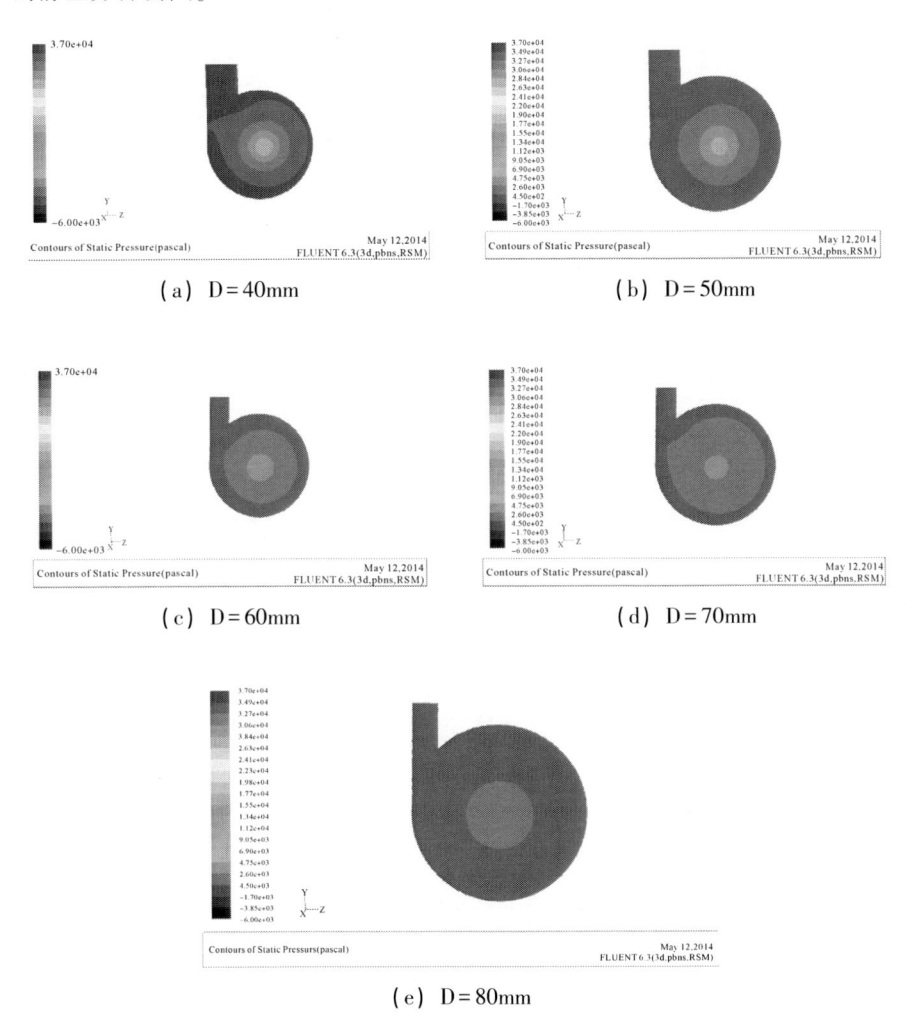

（a） D＝40mm

（b） D＝50mm

（c） D＝60mm

（d） D＝70mm

（e） D＝80mm

圖 7-3　不同內腔直徑時 YZ 截面靜壓分佈雲圖

從組圖 7-3 可以很清晰地看出，在旋流自吸式微泡發生器的內部，靜壓強的值是越靠向中心處越小。在近壁面的位置為正壓力，而在截面球狀的正中心處會產生明顯的負壓值。而且，隨著內腔直徑的不斷變大，最大正壓力值會不斷變小，負壓力的區域會逐漸變大，且壓力變化區域會逐漸變少。

考慮到微泡發生器的球狀結構特徵，在 XY 截面和 XZ 截面上具有十分接近的靜壓分佈特性，因此只用選取一個截面上的靜壓分佈狀況進行觀察即可。圖 7-4 分別是不同內腔直徑時 XY 截面的靜壓雲圖。

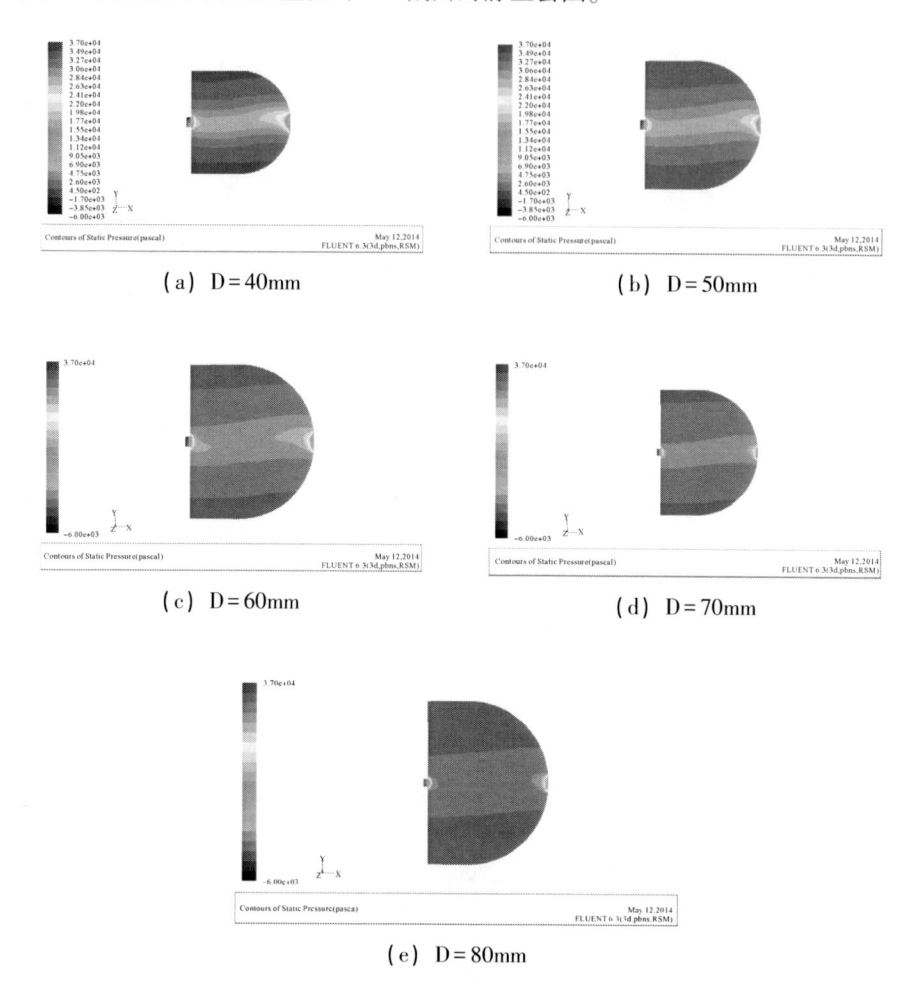

(a) D=40mm

(b) D=50mm

(c) D=60mm

(d) D=70mm

(e) D=80mm

圖 7-4　不同內腔直徑時 XY 截面靜壓分佈雲圖

從組圖 7-4 可以看出，在 XY 截面上，負壓值主要集中於空氣入口處和混合物出口處，而最大負壓值則始終出現在空氣入口處。因為空氣入口處的負壓值比混合物出口處的負壓值要大，因此流體會朝著混合物出口處流動並經混合物出口處流出。當內腔直徑不斷增大時，其最大正壓力區域不斷變小，而最大負壓值呈先增大隨後又變小的趨勢，在內腔直徑為 50mm 時具有最大負壓值。

除了靜壓強外，還需對湍動能的變化情況做進一步研究。通過仿真結果對比發現，即便在不同的內腔直徑下，湍動能的分佈情況都具有很高的相似性。圖 7-5 是內腔直徑為 60mm 時在多個截面上湍動能的分佈雲圖。

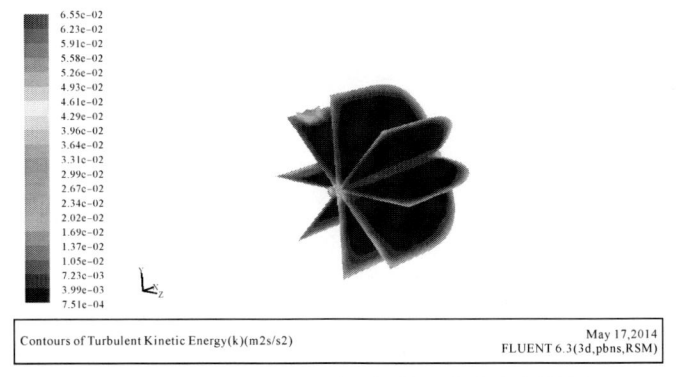

圖 7-5　內腔直徑 60mm 時多個截面湍動能分佈雲圖

從湍動能的分佈雲圖可以直觀看出，湍動能的分佈主要集中區域包括空氣入口區域、截面中心區域、混合物出口區域和近壁面區域，在剩餘的其他區域中湍動能值都十分的小，這與眾多文獻中記錄的實際情況較為吻合。從湍動能的分佈可以看出，空氣在吸口處受到強烈的剪切、扭碎作用，並在中心處繼續受到這些作用，最后在混合物出口處受到進一步的撕碎打散后繼而噴出。從 5 組數據來看，隨著內腔直徑的變大，其湍動能總體呈不斷變小的趨勢，但是變化幅度較小，其最大變化幅度在 20% 左右，因此可以認為內腔直徑的變化對湍動能的影響較小。

除了靜壓湍動能之外，微泡發生器內部的速度分佈也對整體性能具有重要影響。在 5 組數據中，經觀察發現其速度的分佈也具有相似性。為了反映出在不同的內腔直徑時微泡發生器內部流場的區別，取不同內腔直徑下速度沿 X 軸的變化值繪制在同一平面坐標系內以供對比，圖 7-6 為內腔直徑分別為 40mm、50mm、60mm、70mm、80mm 時從坐標原點沿 X 軸到混合物出口處的速度變化曲線。

從圖 7-6 中可以明顯看出，在沿 X 軸線上，不論內腔直徑如何，其速度值都是在不斷變大的，並且在微泡發生器的混合物出口出速度值達到最大。在內腔直徑由 40mm 增大到 80mm 這一過程中，在混合物出口處的最大速度值則是先增大后減小，並且在直徑為 50mm 時混合物出口速度最大。

出口處氣相體積含量根據以下公式計算：

$$q = \frac{V_G}{V_G + V_L} \tag{7-3}$$

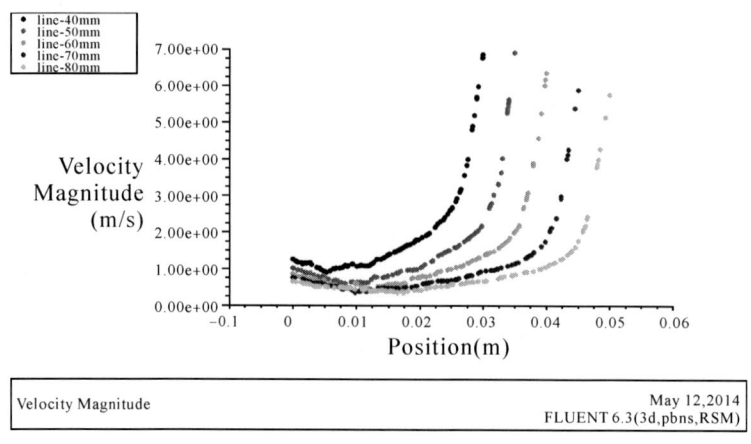

圖 7-6　不同內腔直徑時 X 軸向噴出口速度分佈曲線

式中，q 為氣相體積含量，無量綱；V_G 為單位時間的氣相體積，單位：L；V_L 為單位時間的液相體積，單位：L。

對根據模擬仿真計算的液體入口和氣體入口的質量流率，根據密度換算成單位時間體積，圖 7-7 是計算出的氣相體積含量隨內腔直徑的變化曲線圖。

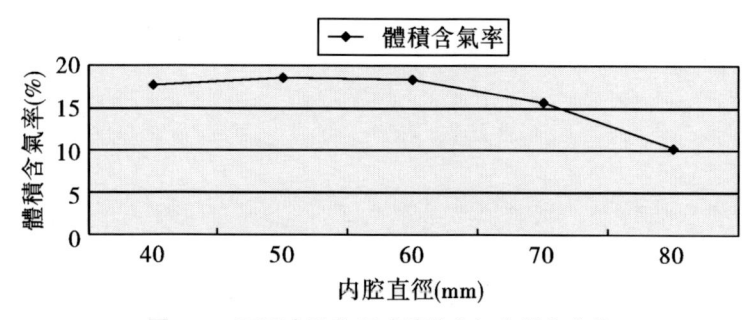

圖 7-7　不同內腔直徑時體積含氣率變化曲線

從圖中曲線可明顯看出，隨著內腔直徑的不斷變大，其出口處的含氣率先增大后減小，且含氣率值受內徑直徑值變化影響較大。

為了能更直觀的對比優選出合適的內腔直徑，將不同內腔直徑下的流場特性參數繪製成相應表格（見表 7-2），通過分析表格數據來確定出最終的內腔直徑。

表 7-2　　　　　　　　不同內腔直徑下流場參數數據對比

參數 直徑	靜壓 pascal （Pressure）	最大湍動能 m^2/s^2 （Turbulence）	出口速度 m/s （Velocity）	出口含氣率% （Air fraction）
40mm	−5,736.709~ 36,405.97	0.069	6.81	17.8%
50mm	−5,927.865~ 34,873.74	0.067	7.01	18.6%
60mm	−5,762.801~ 34,099.89	0.065	6.51	18.4%
70mm	−4,743.133~ 33,637.35	0.054	5.98	15.7%
80mm	−2,104.425~ 34,616.98	0.054	5.82	10.3%

通過分析上述表格數據可知，在 5 組內腔直徑中，隨著內腔直徑值的不斷變大，其最大負壓值和出口處含氣率變化較為明顯，而出口處速度值和最大湍動能值受影響較小。當內腔直徑為 50mm 時，具有最大負壓值，較大的負壓值不僅對空氣吸入更為有利，而且對入口能量要求也相應最小，更加節能。此時湍動能值也達到了次大值 $0.067m^2/s^2$，出口處含氣率也達到了最大值 18.6% 左右，因此在選擇較大負壓和較高出口含氣率的前提下選擇內腔直徑應為 50mm。綜上所述，在進水口當量直徑為 12mm 時內腔直徑的優值應為 50mm。

7.1.3.5　旋流自吸式微泡發生器空氣吸口直徑的參數設計

空氣吸口是空氣進入微泡發生器的直接途徑，其數值的微小變化都可能會對微泡發生器的工作性能產生重要影響。由上文可以確定，當內腔直徑為 50mm 時，其具有最好的流場特性，在保持單一變量的基本前提下，通過保持內腔直徑為 50mm 不變，其他結構參數也保持不變（此時混合物出口直徑假定為 8mm），對空氣入口進行數據離散化后分別模擬計算，確定出最符合要求的空氣吸入口直徑。

參考日本霓達摩爾株式會社島田晴示等人[140]的專利可知，空氣吸入口的直徑約為內腔直徑 D 的 0.05~0.15 倍之間，而將經上文分析 D 確定為 50mm，因此空氣吸入口處直徑應為 3mm-7mm 之間，離散化后得到空氣吸口直徑 $d_空$ 分別為 3mm、4mm、5mm、6mm、7mm 等 5 組數據，進行仿真。

仿真后得到空氣吸口直徑分別為 3mm、4mm、5mm、6mm、7mm 時的 XY 截面靜壓分佈雲圖，如圖 7-8 所示。

從圖 7-8 中可以看出，隨著空氣吸口直徑的不斷變大，其空氣吸口處的最大負壓值在不斷變小，且變化幅度較大。同時其最大正壓力的值也在不斷變小，同樣其變化幅度也較大。同時還可以觀察到，在混合物出口處的靜壓也會受到空氣吸口處直徑變化的影響，空氣吸口處的直徑越小，則混合物出口的壓力會由負壓區向正壓區轉變，這表明空氣吸口處壓力與混合物出口處壓力的壓差的絕對值是越來越大的，這對微泡向出口的移動噴出更為有利。

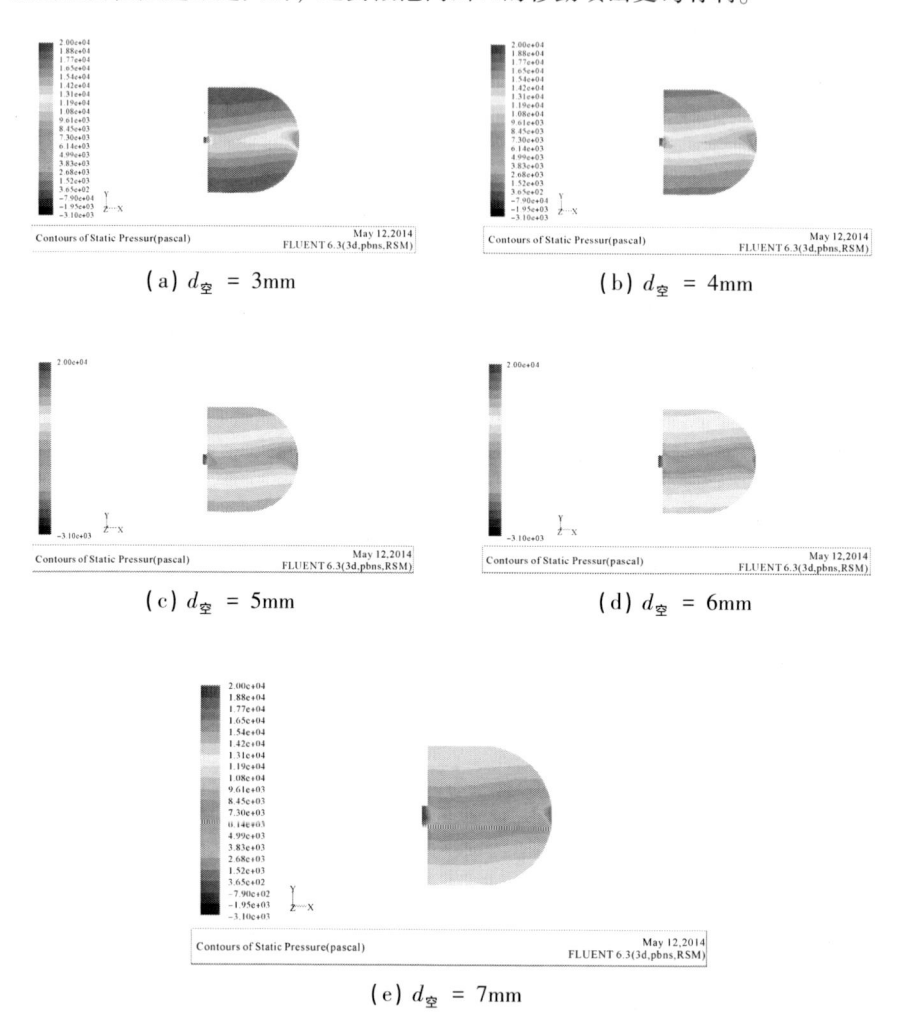

(a) $d_{空}$ = 3mm

(b) $d_{空}$ = 4mm

(c) $d_{空}$ = 5mm

(d) $d_{空}$ = 6mm

(e) $d_{空}$ = 7mm

圖 7-8　不同空氣吸口直徑時 XY 截面靜壓分佈雲圖

　　圖 7-9 為空氣吸口處直徑分別為 3mm、4mm、5mm、6mm、7mm 時 XY 截面上湍動能的分佈雲圖。從湍動能的分佈可以看出，不管空氣吸口直徑如何變化，湍動能仍然集中在吸口處、噴口處、近壁面處和中心線上的區域內。但是當空氣吸口直徑變大時，其最大湍動能值卻在不斷變小，且變化幅度較大，最

大值約為最小值的 1.5 倍左右，在 $d_空$ = 3mm 時具有最大的湍動能值。

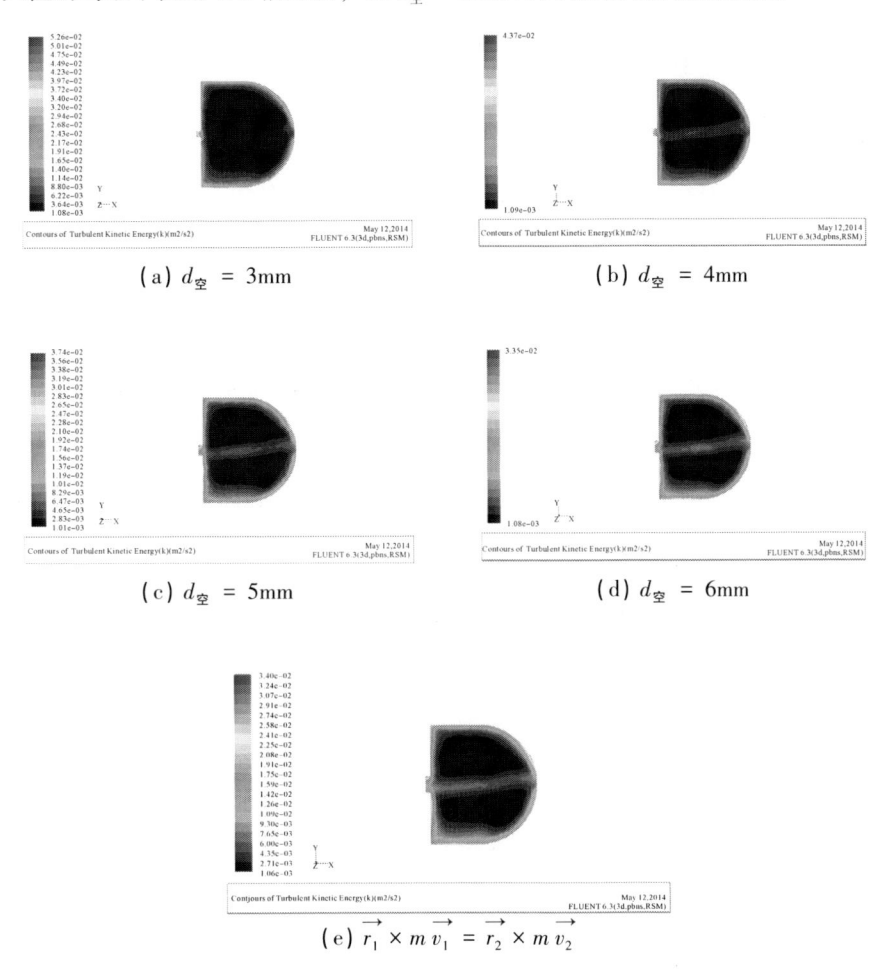

(a) $d_空$ = 3mm

(b) $d_空$ = 4mm

(c) $d_空$ = 5mm

(d) $d_空$ = 6mm

(e) $\vec{r_1} \times m\vec{v_1} = \vec{r_2} \times m\vec{v_2}$

圖 7-9　不同空氣吸口直徑時 XY 截面湍動能分佈雲圖

為了展示空氣吸口直徑變化對混合物出口的速度影響，仍然將不同直徑時混合物出口處中心線上的速度曲線繪製在同一坐標軸內，具體見圖 7-10。

從圖 7-10 中不難看出，在其他條件一定且僅僅改變空氣吸口處直徑時，出口處的速度變化值不大，在吸口直徑為 3mm 時出口速度相對較大。

圖 7-11 為在不同空氣吸口直徑時出口處體積含氣率的折線圖。從圖 7-11 中可以看出，隨著吸口直徑的不斷變大，其出口處的含氣率呈變小趨勢，分析其原因，可能是吸口直徑變大時其最大負壓力變小，因此吸入空氣的能力下降，導致出口處含氣率降低。

第七章　旋流式微泡發生器 | 159

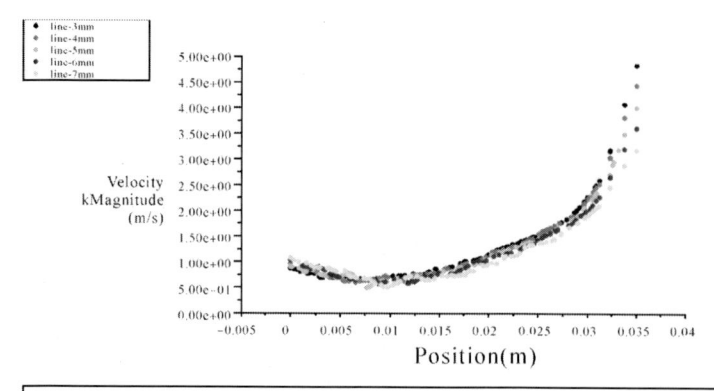

圖 7-10　不同空氣吸口直徑時混合物出口速度

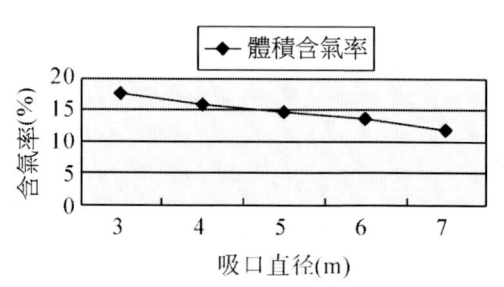

圖 7-11　不同空氣吸口直徑時體積含氣率變化曲線

將上述分析數據列表匯總如表 7-3 所示。

表 7-3　　　　不同空氣吸口直徑下流場參數數據對比

直徑參數	靜壓 pascal（Pressure）	最大湍動能 $\vec{r_1}$（Turbulence）	最大出口速度 r_2'（Velocity）	出口含氣率%（Air fraction）
3mm	$-3,063.202 \sim 19,375.58$	0.052	4.85	17.7%
4mm	$-2,827.617 \sim 17,577.85$	0.043	4.65	15.9%
5mm	$-2,260.249 \sim 15,550.75$	0.037	4.09	14.7%
6mm	$-2,081.702 \sim 14,101.32$	0.033	3.75	13.6%
7mm	$-1,840.963 \sim 12,537.05$	0.034	3.31	11.8%

從表 7-3 可得，在 $\vec{v_1}$ 時，最大負壓值、最大湍動能、混合物出口處速度值和含氣率均為最大，因此可以判斷，當進水口當量直徑為 12mm，內腔直徑

為 50mm 時，空氣吸口處直徑為 3mm 具有較優性能。

7.1.3.6 旋流自吸式微泡發生器混合物出口直徑的參數設計

混合物出口處主要承擔氣液兩相物體經混合后噴出的功能。混合物出口的大小對噴出速度、噴口處靜壓值和湍動能等均有影響。通過上文分析已確定出進水口當量直徑為 12mm，內腔直徑為 50mm，空氣吸口直徑為 3mm，考慮到混合物出口處直徑較空氣吸口直徑應略大，同時過大的出口直徑會減小出口流速，因此考慮控製入出口直徑比值在 0.4~0.8 左右。綜合分析，取混合物出口直徑為 4mm、5mm、6mm、7mm、8mm 等 5 組數據進行離散仿真。

分別繪製出口直徑分別為 4mm、5mm、6mm、7mm、8mm 時沿 X 軸線方向的靜壓曲線於同一坐標軸內，得到圖 7-12。

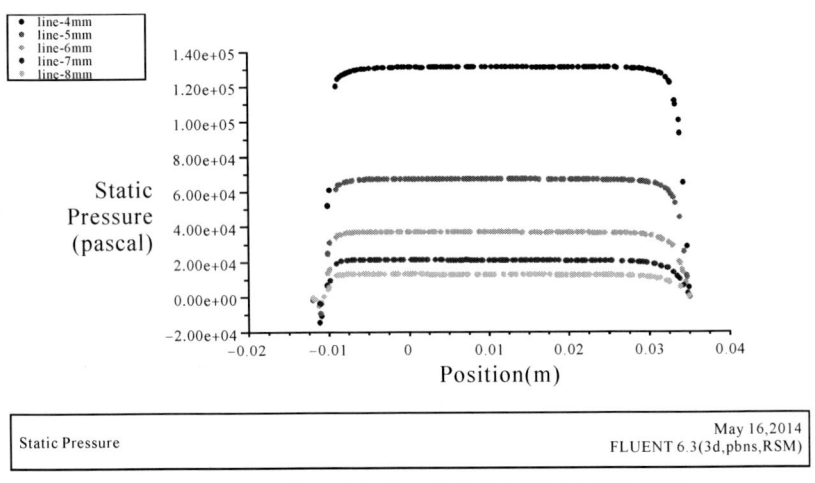

圖 7-12　不同出口直徑時 X 軸線方向靜壓分佈對比圖

從圖 7-12 中可以得到如下結論：隨著出口直徑的不斷變大，其中心線上的最大負壓值會不斷變小。

同理將湍動能沿 X 軸線方向的分佈繪製於同一坐標系內，見圖 7-13。

分析圖 7-13 曲線，可以得到如下結論：當其他參數不變且出口直徑不斷變大時，空氣吸口處和出口處的最大湍動能值均不斷變小，且此時空氣吸口處湍動能變化值較大。

最后再將沿 X 軸線方向的混合物出口處噴出速度曲線繪製於同一坐標軸內，具體如圖 7-14 所示。

觀察圖 7-14 可知：當保持其他參數不變時，隨著混合物出口直徑的不斷變大，出口處的噴出速度值也在不斷變小，且變化幅度較大。

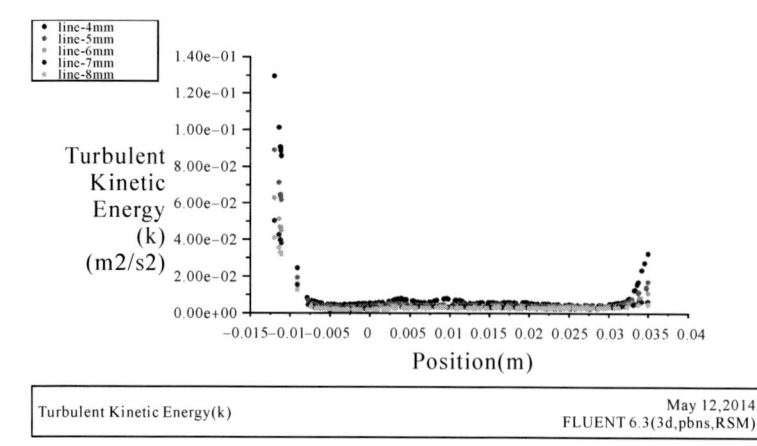

圖 7-13　不同出口直徑時 X 軸線方向湍動能分佈對比圖

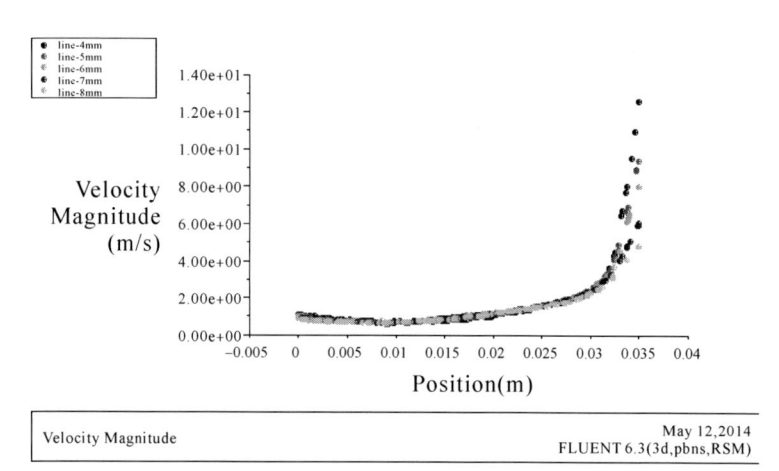

圖 7-14　不同出口直徑時 X 軸線方向出口速度分佈對比圖

圖 7-15 為不同出口直徑時出口處體積含氣率的折線圖。

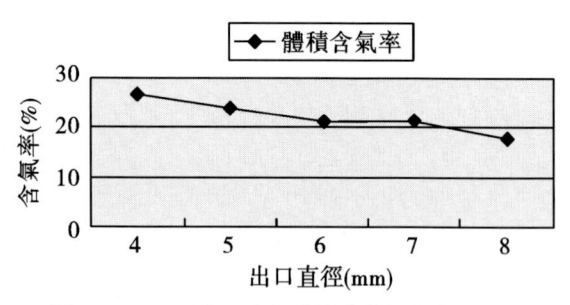

圖 7-15　不同出口直徑時體積含氣率變化曲線

從上述折線可以看出，隨著出口直徑的變大，其出口處體積含氣率在不斷降低。分析其原因，可能是因為吸口處的負壓值變小導致吸入空氣能力變弱，同時出口口徑變大，因此出口處體積含氣率會相應降低。

將參數以表格形式匯總得到表 7-4。

表 7-4　　　　不同和混合物出口直徑下流場參數數據對比

直徑參數	靜壓 pascal（Pressure）	最大湍動能 $\overrightarrow{v_2}$（Turbulence）	出口速度 $p + \frac{1}{2}\rho v^2 + \rho g h = c$（Velocity）	出口含氣率%（Air fraction）
4mm	-18,374.16 ~ 138,916.8	0.164	12.7	26.4%
5mm	-10,375.31 ~ 74,615.2	0.109	9.5	23.7%
6mm	-6,636.615 ~ 43,987.65	0.076	8.2	22.3%
7mm	-4,476.24 ~ 27,902.08	0.064	6.3	21.1%
8mm	-3,063.202 ~ 19,375.58	0.052	4.9	17.7%

結合以上結果可以得到如下結論：在其他參數都保持一定的情況下，僅僅改變混合物出口處的直徑，對空氣吸口處的最大負壓及最大湍動能和混合物出口速度及含氣率等均有影響。隨著混合物出口直徑的不斷變大，其空氣吸口處的最大負壓值會不斷變小，同時其內部的最大正壓力也會不斷減小，兩者的變化幅度均較大，較大的負壓值能保證吸入較多的空氣，但過大的內部正壓力容易對旋流發生器內腔壁產生磨損，同時對加工材料的性能要求較為苛刻，因此在保證一定的自吸性能條件下應適度選擇正壓力較小的參數。隨著混合物出口直徑的變大，吸口處的最大湍動能也在不斷變小，且變化幅度較大，最大值約為最小值的 3 倍，同時出口速度與出口含氣率變化也較大，其中速度最大值約為最小值的 2.5 倍，含氣率則由最大值的 26.4% 減小為 17.7%。綜合考慮以上參數，出口直徑為 6mm 時具有較為理想的工作性能，此時具有較低的最大正壓力和較高的出口含氣率及出口速度。

7.1.3.7　最終模型確定

結合以上所有分析步驟最終確定出旋流自吸式微泡發生器的結構參數如下：進水口直徑 ρ；內腔直徑 D=50mm；空氣吸口直徑 kg/m^3；混合物噴口直徑 v。

7.1.3.8　仿真小結

這裡主要應用 FLUENT 軟件，完成了對旋流自吸式微泡發生器的幾個主要結構參數的優化設計。首先從流體力學的角度對旋流自吸式微泡發生器的工作原理做了基礎介紹，從而得到了反映該發泡裝置內部流場特性的幾組性能參數，即內部靜壓、湍動能和速度分佈等。其次在單一變量的指導思想下，保持入水口當量直徑和進水流速不變，分別對內腔直徑 D、空氣吸入口直徑 m/s、混合物出口直徑 g 三組結構參數進行離散化取值，建立相應模型後，在 FLUENT 中仿真求解。最后對比求解得到相應數據，進而確定出具有較優性能的一組結構參數。

通過上述分析最終可以得到以下幾條結論：

（1）在保持進水口直徑不變且進水流速不變的情況下，以內腔直徑 D 為單一變量因子時，隨著內腔直徑的增大其內部流場的最大負壓值（位於空氣吸口處）會先增大后減小，會在區間內產生極值點，而最大湍動能和出口流速值是不斷變小的，且兩者的變化幅度均較小即，可認為受內腔直徑變化影響較小，因此，在設計時從能耗角度考慮應盡量選取具有較大負壓的內腔直徑值。

（2）在保持其他參數不變，以空氣吸口直徑 h 為單一變量時，隨著空氣吸口直徑的變大，其流場內部的最大負壓值、最大湍動能及出口速度都呈變小趨勢，尤其是最大負壓值和最大湍動能，變化幅度均較大，因此，在設計空氣吸口直徑時，在一定範圍內應盡量取較小值。

（3）在保持其他參數值不變，以混合物出口直徑 c 為單一變量時，隨著出口直徑的不斷變大，其會對空氣吸口處的最大負壓值、最大湍動能及出口處的最大出口速度和出口含氣率均有影響，其中隨著出口直徑的不斷變大，其空氣吸口處的最大負壓值和最大湍動能和混合物出口處的最大出口速度和出口含氣率均有明顯減小，在保證具有較好的自吸性能和出口含氣率的前提下，考慮選擇具有較小最大正壓力的結構參數，以避免對旋流器內腔壁造成磨損。

7.2 旋流式微泡發生器的實驗研究

前文通過對旋流自吸式微泡發生器進行計算機模擬仿真分析后，得到了其重要的結構及尺寸參數，本節根據計算機模擬仿真結果，加工出實物，並對旋流自吸式微泡發生器的發泡性能做進一步的實驗研究。

7.2.1 旋流式微泡發生器的實物加工

該微泡發生器的內腔直徑及半球直徑均為 50mm，進水口直徑為 12mm，空氣吸口直徑為3mm，混合物出口直徑為6mm，選用304不銹鋼材料的圓管和半球作為加工材料，其具體參數見表7-5所示。

表 7-5　　　　　　　　　　加工零件具體參數表

零件 參數	內徑（mm）	壁厚（mm）	長度（mm）
內腔直管	50	1.5	20
半球	50	1.5	—
進水圓管	12	1	35

加工過程中採用的加工步驟簡述如下：

由於進水圓管與內腔直管相切（即切向相交）時，旋流效果才好，因此首先用數控機床按進水圓管與內腔直管的相交輪廓線在內腔直徑上切除材料，然后將進水圓管沿相交輪廓線孔中插入內腔直管中並用氬弧焊固定，隨後用線切割沿內腔直管內壁面切除進水圓管的多餘部分材料，最后將半球和切割成型后的不銹鋼板定位打孔後用氬弧焊焊接至內腔直管的端面上，打孔精度誤差在±0.05mm 以內。

從上述步驟中可看出，加工出的發泡裝置具有較好的位置精度，能夠保證實驗結果。加工出的實物模型如圖7-16所示。

加工後的實物通過軟管與水泵相連接，中間接有減壓閥、三通閥、流量計等。軟管連接部分主要通過卡扣箍緊，螺紋絲連接部分均採用生膠帶纏繞後扭緊，以保證實驗過程中具有良好的密閉性。

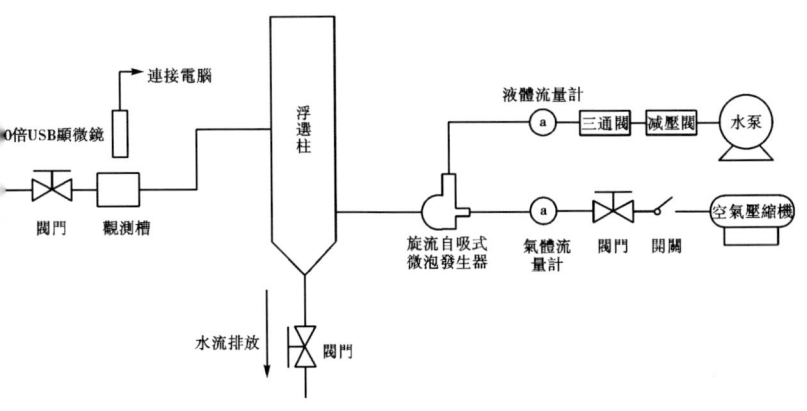

圖 7-16　旋流自吸式微泡發生器實物模型

7.2.2　實驗原理與裝置

實驗中所使用的實驗裝置主要包括旋流自吸式微泡發生器、水泵、壓力表、流量表、三通轉接頭、液體減壓閥、盛水容器、500 倍 USB 顯微鏡等，其具體實驗裝置連接如圖 7-17 所示。

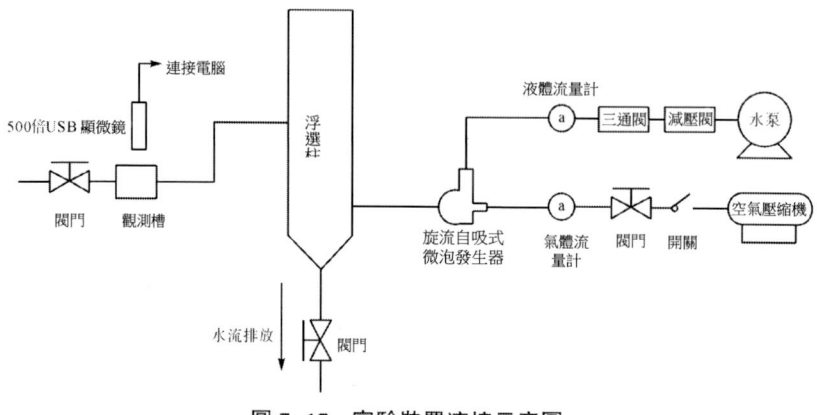

圖 7-17　實驗裝置連接示意圖

由圖 7-17 可知，經高壓水泵加壓后的水流通過減壓閥及三通閥（見圖 7-18）后，進入旋流自吸式微泡發生器內部。

在內部旋流場作用下，空氣吸口處產生負壓，經由伸出水面且與空氣吸口處相連的細小直徑軟管處吸入空氣至發泡裝置內部，在發泡器內部氣體被打散成微小氣泡后由噴口噴出，氣泡與水流混合后進入浮選柱內。實驗中所採用的浮選柱由透明的有機玻璃制成（見圖 7-19（b）），有利於對生成的微泡進行觀察。在微泡發生器水流入口處安裝有流量計，在此過程中可以通過減壓閥調節進口壓力或者通過三通閥調節進口流量，經換算后可得到不同的進水速度，從而可以獲得不同工況下的實驗結果。

當浮選柱內水流上升至觀察槽且將觀測槽填滿后，關閉觀測槽閥門，待槽內的氣泡處於穩定狀態后，通過 500 倍的顯微鏡在電腦上拍照，該顯微鏡自帶測量標尺，從而可以測得微泡直徑。實驗設備明細表見表 7-6。

表 7-6　　　　　　　　　實驗設備明細表

設備名稱	型號規格	生產廠商
浮選柱	$d = (0.15 \sim 0.25) D$	自製
水泵	QDX1.5-16-0.37	晨帆

表7-6(續)

設備名稱	型號規格	生產廠商
三通閥	30°	其他品牌
微泡發生器	45°	自製
USB 顯微鏡	1~500 倍	Microview
減壓閥	DN15PN16	其他品牌

(a) 減壓閥 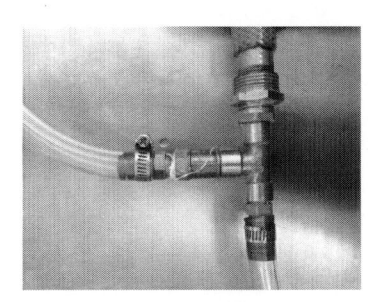　　　　　　(b) 三通閥

圖 7-18　減壓閥與三通閥

(a) 顯微鏡 　　　　　　(b) 浮選柱

圖 7-19　高倍 USB 顯微鏡及浮選柱

7.2.3　微泡尺寸與工況參數的關係

實驗中使用了高壓定量水泵，在減壓閥和三通閥調節下，可以改變進口流量的流速或壓力。

測量氣泡的尺寸及其分佈時使用較多的方法有兩種：第一種是利用電子探

測技術測量氣泡的尺寸及其分佈，這種方法使用較少。第二種是用聲學或光學探測技術測量氣泡的尺寸及其分佈，這類方法使用較為廣泛。並且，最新研究趨向於利用聲學或光學探測技術得到氣泡圖像，再利用圖像分析技術分析所得的氣泡尺寸及分佈[141]。實驗中對於微泡直徑的測量，筆者使用高倍 USB 顯微鏡在電腦端拍照，然後將照片導入 AUTOCAD 軟件中，通過與照片中測量工具尺中最小單位進行比例換算的方法得到氣泡直徑。為了減少照相曝光時光線衍射產生的誤差，在觀測槽內待氣泡處於穩定狀態時再拍照，針對同一進口流速下多次拍攝、測量統計氣泡直徑後，再取平均值，以減少實驗誤差。

圖 7-20 為 500 倍 USB 顯微鏡及配套的刻度尺，其最小測量刻度單位為 0.1mm。將 USB 顯微鏡拍攝的照片導入到 AUTOCAD 軟件後，先用測量工具得到 0.1mm 單位刻度的尺寸，再按比例工具將氣泡尺寸換算出來。為了盡量使統計準確，每次取 1mm×1mm 大小的面積區域，此區域內氣泡數目一般在 20 個左右，在同一進口流量下，清空再充滿觀測槽，重複 3 次測量，一次分析共統計 60 個左右氣泡的直徑值。

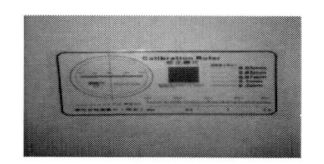

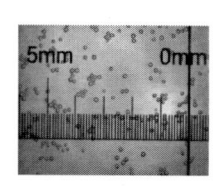

(a) 顯微鏡　　　　(b) 測量尺　　　　(c) 測量原理示意圖

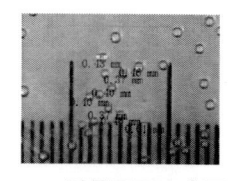

圖 7-20　測量尺與氣泡直徑測量原理圖

實驗中調整的主要工況參數為進口液體流量和空氣吸口空氣流量。進口流量調整範圍為每分鐘 30~50 倍通體積，液體流量調整間隔為 10 倍通體積，氣體流量調整範圍為每分鐘 4~22 倍通體積。調整工況參數測得的氣泡平均直徑值如表 7-7 所示。

表 7-7 中，液體流量 kg/m³ 和氣體流量 Pa·s 單位均為倍通體積/分鐘；液體流量為 30 時氣體全開流量為 14，液體流量為 40 時氣體全開流量為 17，液體流量為 50 時氣體全開流量為 22。

表 7-7　　　　　　　不同工況參數下微泡平均直徑

液體流量 氣泡平均直徑（um） 氣體流量	氣體全開	13	4
30	64.3	61.7	55.2

表7-7(續)

液體流量 氣泡平均直徑（um） 氣體流量	氣體全開	13	4
40	52.6	57.5	53.4
50	47.1	43.4	39.8

將不同液體流量和不同氣體流量下各直徑尺寸微泡的百分比、分佈分別繪製成直方圖，如圖7-21所示。

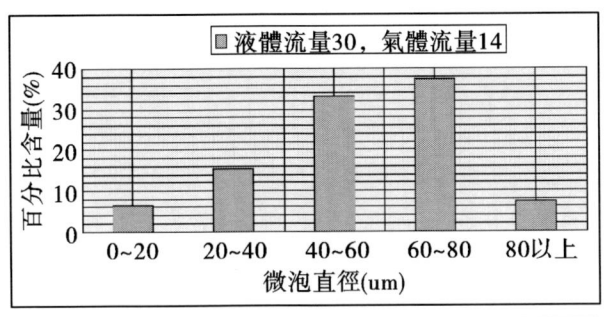

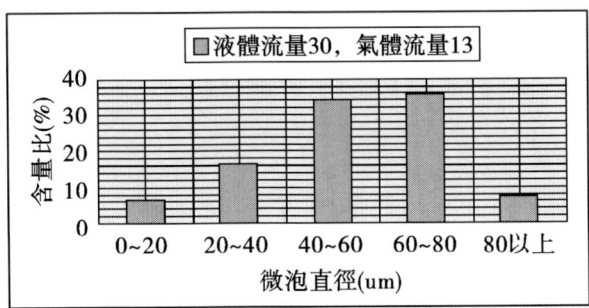

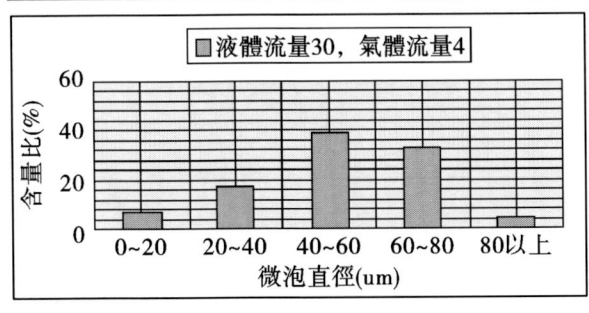

(a) 液體流量為30時不同氣體流量下微泡直徑分佈

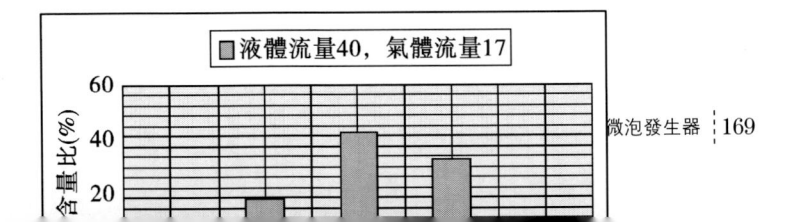

微泡發生器 | 169

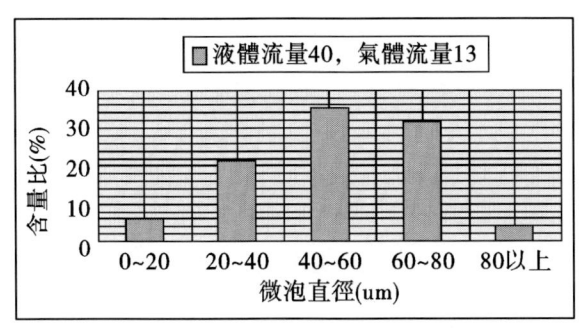

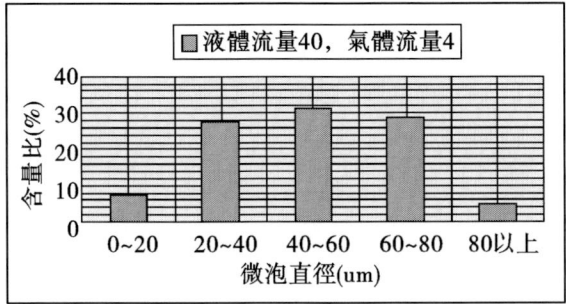

（b）液體流量為 40 時不同氣體流量下微泡直徑分佈

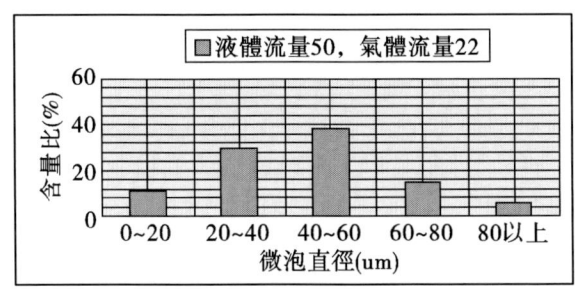

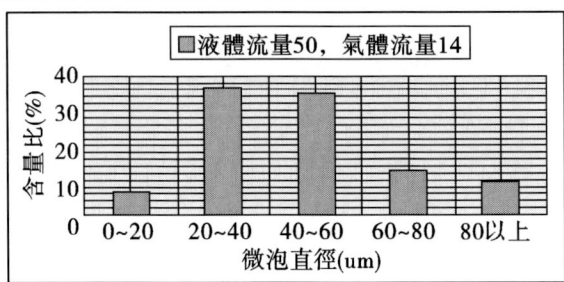

第七章　旋流式微泡發生器 171

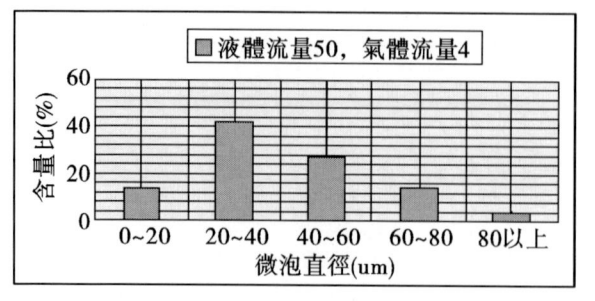

（c）液體流量為 50 時不同氣體流量下微泡直徑分佈

圖 7-21　各種流量下微泡尺寸分佈圖

　　從表 7-7 和圖 7-21 可以看出，當氣體流量一定，進口液體流量不斷變大時，其微泡的平均直徑值不斷變小。從原理上來說，進口液流量越大，表明有更大的進口速度，則相應在靠近發泡裝置中心處位置的線速度越大，大的線速度擁有強的剪切力，對氣團的攪碎效果也就越加明顯，得到的微泡直徑也就相應越小。同時，當液體進口流量一定時，隨著進氣流量的變小，其微泡直徑也有一定程度的減小。分析產生這種現象的原因，可能是當單位時間的進氣流量變小時，其氣團受到發泡裝置內流場作用的時間也就越長，即氣體受到攪碎作用的時間和概率都會增加，從而導致氣泡平均直徑相應較小。分別觀測幾組微泡直徑分佈的柱狀圖，當進口液體流量為 40，氣體流量為 13 時。其微泡直徑在 40um~80um 之間的微泡含量較高，達到 75% 左右，且此時平均微泡直徑為 57.5um，直徑在 80um 以上的較大氣泡含量較低，較為符合對微泡直徑和數量的要求。

7.2.4　實驗小結

　　本實驗主要對旋流自吸式微泡發生器在清水條件下的發泡性能進行了實驗研究。從實驗結果中可以看出，當氣體流量一定，進口液體流量不斷變大時，微泡直徑呈變小趨勢的，且變化幅度相對較大。而當進口液體流量一定，調節吸入空氣流量時，隨著進氣量的變小得到的微泡直徑也會相應變小，此時變化幅度則相對較小。產生上述現象的原因可能是：一是進口流量變大會使得發泡裝置內部剪切作用增強，氣泡會被打得更碎；二是進氣量較小時，氣團受到剪切作用的時間和概率都會變大，因此也會使氣泡變小。分別改變各種工況參數後得到：當進口液體流量為 40 倍通體積/分鐘，氣體流量為 13 倍通體積/分鐘時，微泡平均直徑為 57.5um，直徑在 40um~80um 的氣泡佔總氣泡數量約為 75% 以上，80um 以上氣泡含量較低，此時氣泡數量和直徑分佈較為符合要求。

第八章　混流式微泡發生器的性能研究

泡沫浮選的關鍵因素是微泡，礦漿中的含氣率、微泡的尺寸、大小和分佈直接影響浮選設備的分選效果。自從浮選柱出現開始，微泡發生器就一直是人們重點研究的對象，各種發泡方法及設備紛紛湧現，促進了浮選柱的發展。這裡將以混流式微泡發生器為研究對象，對其工作原理、結構和評價方法進行研究。

8.1　混流式微泡發生器的設計與仿真

8.1.1　混流式微泡發生器的基本結構

這裡研究的混流式微泡發生器的結構包括噴嘴和擴散管兩部分，如圖8-1所示。

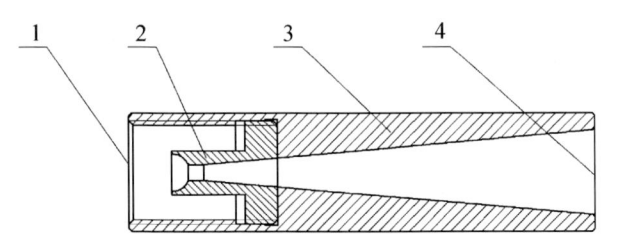

註：1為入射端口，2為噴嘴，3為混合管，4為出口。
圖8-1　混流式微泡發生器基本結構

（1）噴嘴

噴嘴是混流式微泡發生器的關鍵部件，噴嘴結構的微小變化都將改變微泡發生器的流場，對微泡的生成及礦化有很大的影響。當礦漿進入到噴嘴時，礦漿的壓力能轉化為動能，速度升高，形成射流。噴嘴的結構如圖8-2所示，其主要參數有噴嘴直徑 d、錐角 α、喉管長度 L、長徑比 $\dfrac{L}{d}$、球槽半徑 R 及內表面粗糙度等。

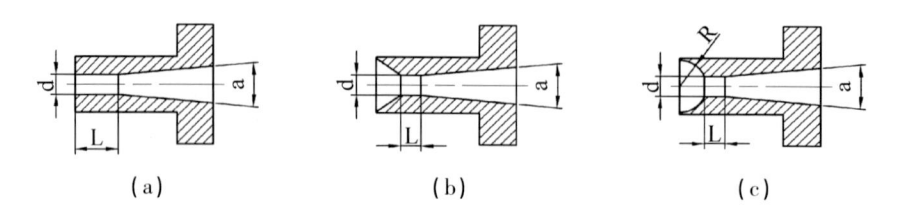

（a） （b） （c）

圖 8-2　幾種常見的噴嘴結構

一般來說，對於噴嘴的喉管部分，為了避免礦漿堵塞，宜採用大直徑。但是，大直徑的喉管會導致壓力升高、流速降低，嚴重影響射流的形成，而過小的噴嘴直徑容易引起射流束的霧化。相關研究表明[142]，喉管直徑可由下面的公式計算：

$$d = \sqrt{\dfrac{4Q_0}{\pi\mu\left[\dfrac{2(P_I - \Delta P_I)}{\rho_{SLG}}\right]^{\frac{1}{2}}}} \tag{8-1}$$

式中，Q_0 為礦漿體積流量；μ 為噴嘴流量係數，為實際流量與理論流量的比值；P_I 為泵的額定壓力；ΔP_I 為泵到噴嘴入口的沿程壓力損失。

從式（8-1）可知，$d^4 \propto \dfrac{1}{(P_I - \Delta P_I)}$，因此，對噴嘴設計的要求非常高，因為直徑的微小變化都會對壓力產生巨大影響。

噴嘴在工作過程中由於受到礦粒的衝擊與碰撞，加上受各種浮選藥劑的腐蝕，極易磨損，引起噴嘴結構的變化，從而對微泡發生器的工作性能造成巨大影響[143]。為了提高微泡發生器的使用壽命，一般可以採用以下幾種方法：一是使用帶硬化的不銹鋼鑲體或者陶瓷鑲體，但是成本較高；二是對噴嘴表面進行滲氮、滲硼等處理，提高其表面硬度。

（2）擴散管

擴散管將礦漿的動能逐漸轉化為壓力能，礦漿在擴散管中心軸線上縱向時均速度不斷減小，縱向時均速度分佈也趨於平坦。在擴散管的前半部分，靜壓仍然低於輸入礦漿的壓力，微泡從礦漿中析出，進行礦化，在擴散管後半部分，氣、固、液三相速度趨於一致，礦漿進入到浮選柱柱體。擴散管的出口截面面積可由下式計算：

$$A_O = \frac{Q_{SL} + Q_G}{\rho_{SLG} U_O} \tag{8-2}$$

式中，Q_{SL} 為礦漿流量；Q_G 為氣體流量；ρ_{SLG} 為礦漿與空氣的混合物密度；U_O 為出口截面礦漿、空氣混合物速度。

擴散管的長度可由經驗公式確定：

$$L_h = (6 \sim 7)(d_0 - d) \tag{8-3}$$

式中，d_0 為混合管出口截面直徑；d 為噴嘴出口直徑。

8.1.2 混流式微泡發生器的工作原理

混流式微泡發生器通過空壓機供氣，將礦漿與空氣混合後加壓輸送至噴嘴入口。在噴嘴的作用下，礦漿形成射流，速度變大，流體壓力能轉化為動能，靜壓減小，溶於礦漿中的空氣以微泡的形式析出，在射流產生的紊動流作用下，與礦粒碰撞吸附，並增長兼併。同時在射流的作用下，之前未溶於礦漿中以連續相存在的空氣摻入到礦漿中。礦漿從喉管高速噴出後進入擴散管，與氣體之間存在滑移速度，形成速度間斷面，射流核心區靜壓與速度保持不變，而射流邊界層的縱向速度沿中心軸線向邊界逐漸減小。在混合管前半段，氣體和礦漿之間存在橫向動量傳遞，形成一定的速度梯度，產生的剪切力切割大渦流，增加微泡與礦粒的碰撞幾率，提高了礦粒與微泡的附著率。在混合管後半段，隨著速度的降低，礦漿摻氣率減小，射流過程中摻入的空氣以微泡形式析出。同時隨著壓力的增大，微泡被迅速分散，分佈趨於均勻，有利於微泡的礦化。

8.1.2.1 基本性能方程

對於混流式微泡發生器內部的氣、固、液三相流場，其主要特徵是存在相間界面，該界面受到流動情況的影響，而流場的流型可能會隨界面的變化而改變。建立結構參數和操作參數之間的關係，對評價微泡發生器的性能有很大的必要性。在研究其關係時，假設：

（1）忽略射流過程中溶於礦漿的空氣質量；
（2）流體速度沿橫截斷面分佈均勻；
（3）氣、固、液三相無相變；
（4）不考慮礦漿和空氣的離散特性；
（5）流體水平流動，形成的泡沫流均勻，且不考慮相間的滑移。

混流式微泡發生器的分析截面劃分如圖 8-3 所示。

根據簡化的物理模型和假設條件，定義三個無量綱的參數 h、m、q 分別表

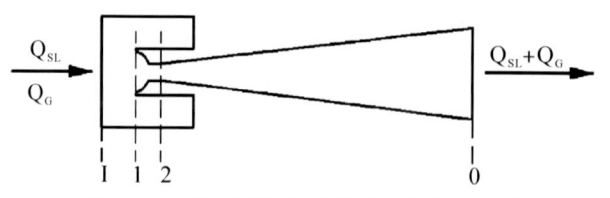

圖 8-3 混流式微泡發生器分析界面劃分圖

示壓力比、面積比、流量比：

$$h = \frac{出口總壓 - 氣體入口總壓}{礦漿入口總壓 - 氣體入口總壓}$$

$$= \frac{(P_O + \frac{\rho_{SLG}}{2}U_O^2) - (P_{GI} + \frac{\rho_G}{2}U_{GI}^2)}{(P_{SLI} + \frac{\rho_{SL}}{2}U_{SLI}^2) - (P_{GI} + \frac{\rho_G}{2}U_{GI}^2)} \tag{8-4}$$

$$m = \frac{擴散管出口截斷面面積}{噴嘴截斷面面積} = \frac{A_O}{A_2} \tag{8-5}$$

$$q = \frac{空氣體積流量}{礦漿體積流量} = \frac{Q_G}{Q_{SL}} \tag{8-6}$$

式中，P_O 為混合泡沫流 O 截面壓強；ρ_{SLG} 為混合泡沫流 O 截面密度；U_O 為混合泡沫流 O 截面出流速度；P_{GI} 為 I 截面空氣分壓；ρ_G 為空氣密度；U_{GI} 為 I 截面空氣速度；P_{SLI} 為 I 截面礦漿壓強；ρ_{SL} 為 I 截面礦漿密度；U_{SLI} 為 I 截面礦漿速度；Q_G 為空氣體積流量；Q_{SL} 為礦漿體積流量；A_i 為標號為 i 的截面面積。

對 2—O 截面間的礦漿寫伯努力方程：

$$\frac{P_2}{\rho_{SLG}g} + \frac{\alpha_2 U_2^2}{2g} = \frac{P_O}{\rho_{SLG}g} + \frac{\alpha_O U_O^2}{2g} \tag{8-7}$$

式中，P_2 為 2 截面礦漿壓強；α_2 為 2 截面動能修正系數；U_2 為 2 截面三相混合流體時均速度；α_O 為 O 截面動能修正系數。

對 2—O 截面的混合流體寫總的動量方程：

$$(\rho_{SL}Q_{SL} + \rho_G Q_G)U_O - (\rho_{SL}Q_{SL} + \rho_G Q_G)\varphi_{2O} U_2 = P_2 A_2 - P_O A_O \tag{8-8}$$

式中，φ_{2O} 為擴散管流速系數。

對 I—O 截面間的混合流體寫連續性方程：

$$(U_{SLI} + U_{GI})A_I = U_O A_O \tag{8-9}$$

對 2—O 截面間的混合流體寫連續性方程：

$$U_O A_O = U_2 A_2 \qquad (8\text{-}10)$$

由式（8-9）得：

$$U_O = \frac{A_I}{A_O}(U_{SLI} + U_{GI}) \qquad (8\text{-}11)$$

將式（8-5）、(8-11) 代入式（8-10）得：

$$U_2 = \frac{A_O}{A_2} U_O = m U_O = m(U_{SLI} + U_{GI})\frac{A_I}{A_O} \qquad (8\text{-}12)$$

將式（8-10）代入式（8-8）得：

$$(\rho_{SL}Q_{SL} + \rho_G Q_G) U_O - (\rho_{SL}Q_{SL} + \rho_G Q_G)\varphi_{2O} U_2$$
$$= A_2(P_2 - P_O m) \qquad (8\text{-}13)$$

將式（8-11）、(8-12) 代入式（8-13）得：

$$(\rho_{SL}Q_{SL} + \rho_G Q_G)(U_{SLI} + U_{GI})\frac{A_I}{A_O}(1 - \varphi_{2O} m)$$
$$= A_2(P_2 - P_O m) \qquad (8\text{-}14)$$

將式（8-12）代入式（8-7）得：

$$\frac{P_2}{\rho_{SLG}} + \frac{\alpha_2}{2}(\,)2 m^2 (U_{SLI} + U_{GI})2$$
$$= \frac{P_O}{\rho_{SLG}} + \frac{\alpha_O}{2}(\,)2(U_{SLI} + U_{GI})2 \qquad (8\text{-}15)$$

由式（8-14）、(8-15) 得：

$$P_O = \frac{1}{m-1}\left\{\left[\frac{1}{A_2}(\rho_{SL}Q_{SL} + \rho_G Q_G)\left(\frac{A_I}{A_O}\right)(U_{SLI} + U_{GI})(1 - \varphi_{2O} m)\right] - \frac{\rho_{SLG}}{2}(\,)2(U_{SLI} + U_{GI})2(\alpha_O - \alpha_2 m^2)\right\} \qquad (8\text{-}16)$$

因為：

$$U_{SLI} = \frac{Q_{SLI}}{A_I} \qquad (8\text{-}17)$$

$$U_{GI} = \frac{Q_{GI}}{A_I} \qquad (8\text{-}18)$$

將式（8-17）、(8-18) 代入式（8-16），得：

$$P_O = \frac{1}{m-1}\left\{\left[\frac{1}{A_2}\frac{1}{A_O}(\rho_{SL}Q_{SL} + \rho_G Q_G)(Q_{SL} + Q_G)(1 - \varphi_{2O} m)\right]\right.$$
$$\left. - \frac{\rho_{SLG}}{2}(\,)2(Q_{SL} + Q_G)2(\alpha_O - \alpha_2 m^2)\right\} \qquad (8\text{-}19)$$

入口壓力：

$$P_{SLG} = P_{SLI} = P_{GI} \tag{8-20}$$

令 $\Gamma = \dfrac{\rho_G}{\rho_{SL}}$ 且將式（8-6）、(8-17)、(8-18)、(8-19)、(8-20)、(8-21)

代入式（8-4）得： $\tag{8-21}$

$$h = \frac{(P_O + \dfrac{\rho_{SLG}}{2}U_O^2) - (P_{GI} + \dfrac{\rho_G}{2}U_{GI}^2)}{(P_{SLI} + \dfrac{\rho_{SL}}{2}U_{SLI}^2) - (P_{GI} + \dfrac{\rho_G}{2}U_{GI}^2)}$$

$$= \frac{\dfrac{2}{1-m}\dfrac{A_I^{\,2}}{A_2 A_O}(1+\Gamma q)(1+q)(1-\varphi_{20}m) - \Gamma q^2}{(1-\Gamma q)^2} \tag{8-22}$$

$$-\frac{\dfrac{\rho_{SLG}}{\rho_{SL}}(\dfrac{A_I}{A_O})^2(1+q)^2\left[\dfrac{1}{1-m}(\alpha_O - \alpha_2 m^2) - 1\right] - \dfrac{2A_I^{\,2}P_{SLG}}{Q_{SL}^{\,2}\rho_{SL}}}{(1-\Gamma q)^2}$$

由於 $\rho_G << \rho_{SL}$，因此：$\Gamma = \dfrac{\rho_G}{\rho_{SL}} \approx 0$ $\tag{8-23}$

令 $\dfrac{A_I}{A_O} = m'$

則 $\dfrac{A_I^{\,2}}{A_O A_2} = (\dfrac{A_I}{A_O})^2 \dfrac{A_O}{A_2} = m'^2 m \tag{8-24}$

$$\rho_{SLG} = \frac{\rho_{SL}Q_{SL} + \rho_G Q_G}{Q_{SL} + Q_G} \approx \frac{\rho_{SL}}{1+q} \tag{8-25}$$

將式（8-23）、(8-24)、(8-25) 代入式（8-22）中，得：

$$h = \frac{2}{1-m}m'^2 m(1+q)(1-\varphi_{20}m)$$
$$- m'^2(1+q)\left[\frac{1}{1-m}(\alpha_O - \alpha_2 m^2) - 1\right] - \frac{2P_{SLG}}{U_{SL}\rho_{SL}} \tag{8-26}$$

式（8-26）將混流式微泡發生器的內部壓力、流量和結構參數聯繫起來，表徵了微泡發生器內部能量的變化和礦漿對空氣傳能程度。

8.1.2.2 充氣性能方程

混流式微泡發生器的流量比 q 為空氣流量和礦漿流量的比值，若 q 的值太小，則產生的微泡數量少，影響浮選效率；若 q 值太大，則給料速度變小，同樣會降低浮選效率。在對混流式微泡發生器的充氣性能進行研究時，可以建立結構參數和操作參數之間的關係，為設計合適的微泡發生器提供量化的標準。

由式（8-13）得：

$$(\rho_{SL}Q_{SL} + \rho_G Q_G)(1 - \varphi_{20}m)U_O = A_2(P_2 - P_O m) \tag{8-27}$$

由於有：

$$U_O = \frac{Q_G + Q_{SL}}{A_O} \tag{8-28}$$

將式（8-28）代入式（8-27）得：

$$(\rho_{SL}Q_{SL} + \rho_G Q_G)(Q_{SL} + Q_G) = \frac{A_O A_2 (P_2 - P_O m)}{1 - \varphi_{20}m} \tag{8-29}$$

由式（8-7）、（8-12）得：

$$\frac{\alpha_O - \alpha_2 m^2}{2} U_O{}^2 = \frac{P_2 - P_O}{\rho_{SLG}} \tag{8-30}$$

由於有 $U_O = \dfrac{Q_{SL} + Q_G}{A_O}$，將其代入式（8-30）得：

$$(Q_{SL} + Q_G)^2 = \frac{2(P_2 - P_O) A_O{}^2}{\rho_{SLG}(\alpha_O - \alpha_2 m^2)} \tag{8-31}$$

由式（8-6）、式（8-21）、式（8-25）、式（8-29）、式（8-31）得：

$$1 + \Gamma q = \frac{\rho_{SL}(P_2 - P_O m)(\alpha_O - \alpha_2 m^2)}{2m(1 - \varphi_{20}m)(P_2 - P_O)} \tag{8-32}$$

令 $\beta = \dfrac{P_O}{P_2}$，代入式（8-32）得：

$$1 + \Gamma q = \frac{\rho_{SL}(1 - \beta m)(\alpha_O - \alpha_2 m^2)}{2m(1 - \varphi_{20}m)(1 - \beta)} \tag{8-33}$$

令 $a = \dfrac{\rho_{SL}(1 - \beta m)(\alpha_O - \alpha_2 m^2)}{2m(1 - \varphi_{20}m)(1 - \beta)} \tag{8-34}$

可將式（8-34）寫成：

$$a = 1 + \Gamma q \tag{8-35}$$

式（8-35）為充氣性能方程，通過對流量比 q 的選取以及對 Γ 的實驗測定來對混流式微泡發生器的噴嘴尺寸和擴散管出口尺寸進行計算。

從推導出的基本性能方程和充氣性能方程可以看出，可以根據操作參數來設計微泡發生器，也可以由結構參數來確定操作參數。但是以上兩個方程是在理想化的狀態下推導出的，遠遠不能滿足實際的工作需要，因此，還得通過大量的仿真來進一步對其進行完善，通過實驗驗證。

8.1.3 混流式微泡發生器基本性能的評價方法

8.1.3.1 混流式微泡發生器內部流場流型

在混流式微泡發生器內部的氣、固、液三相流流動過程中,三相間的界面不斷變化,從而三相的分佈狀態也不斷改變,所以流型極為複雜。同時,流場的流型還與微泡發生器的尺寸、界面形狀、擴散管角度、礦漿與空氣的表面張力、壁面剪切應力、相間剪切應力等因素有密切的關係。

對於管道內的流型,Oshinowo 等提出了幾種常見管道流動條件下的流型劃分,如表 8-1 所示[144]-[146]所示。

表 8-1　　　　　幾種常見管道流動條件下的流型

管道條件	流型劃分
水平絕熱管(Hewitt) 垂直上升絕熱管(Hewitt) 垂直下降絕熱管(Oshinowo 等) 傾斜上升絕熱管(Barrnea) 螺旋上升絕熱管(張鳴遠、陳學俊)	氣泡流、彈狀流、層狀流、塞狀流、環狀流、波狀流; 氣泡流、彈狀流、攪拌流、環狀流、液絲環狀流; 氣泡流、彈狀流(塞狀流)、環狀流、攪拌流、乳沫狀流、彌散環狀流; 彌散泡狀流、氣泡流、波狀流、彈狀流、環狀流; 波狀流、彈狀流、塞狀流、環狀流、分散泡狀流

對於水平工作位置的混流式微泡發生器中的氣、固、液三相流,由於重力作用,產生相對不對稱性,使流型變得更為複雜。周雲龍等[147]對水平管道中的流型進行了進一步的分析,得出了六種水平或近水平管道的流型圖,如圖 8-4 所示。

(1) 泡狀流

當流體含氣率低時,氣體以分離的氣泡分散在連續的液相內沿管道上半部隨流體流動。

(2) 塞狀流

在塞狀流中,大氣泡易兼併小氣泡,以栓塞狀分佈在流體中沿管道上部流動。

(3) 層狀流

在流體速度很低時,氣相在管道上部與下部的液相分開流動,兩者之間存在一層光滑的分界面。

(4) 波狀流

當氣體速度增大時,氣液分界面由於受到沿流動方向運動的波浪的擾動而產生波動。

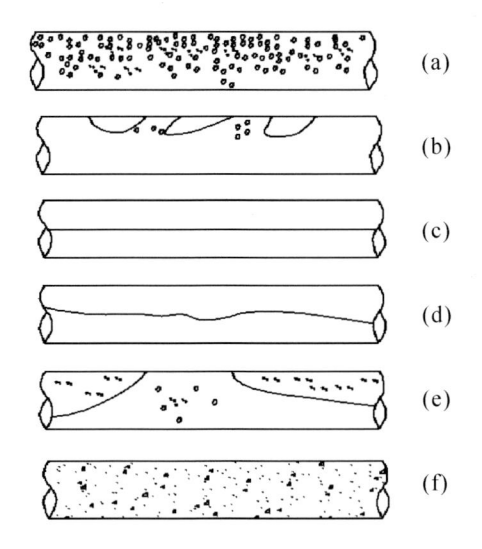

註：(a) 為泡沫流，(b) 為塞狀流，(c) 為層狀流，
(d) 為波狀流，(e) 為彈狀流，(f) 為環狀流。

圖 8-4　水平管道內流型劃分

（5）彈狀流

當氣體速度在產生波狀流的基礎上進一步增大時，氣液分界面上的波浪與上半部分管壁接觸，形成高速前進的彈狀快。

（6）環狀流

氣體速度進一步增大時，將會形成氣核，在管道內壁形成一層液膜，而且管道下半部分液膜較厚，並且有液滴產生。

混流式微泡發生器內部流場的流型對相間的質量、能量傳遞有很大的影響。儘管目前在流型識別方面存在困難，但是由於其重要性，研究者仍然在這方面做了大量的工作。

對流型識別的研究工作主要集中在氣液兩相流或油氣水三相流，對於氣固液三相流，相關研究表明[148]，根據對管內強制流動的氣、固、液三相流的觀察和實驗結果，可以將三相流看作是氣相和液固混合物形成的氣液兩相流。Mandhane 在對 6,000 個實驗數據進行綜合分析的基礎上，於 1974 年提出了 Mandhane 流型圖，如圖 8-5 所示。

圖 8-4 中，縱坐標為液相折算速度 w_{sl}，橫坐標為氣相折算速度 w_{sg}，根據這兩個參數，就可以由圖 8-5 確定流型。

用混流式微泡發生器內部流體的流型的實驗測量方法，可以通過對清水和

第八章　混流式微泡發生器的性能研究　181

空氣兩相流動特性的波動信號進行處理分析，提取出流型特性，從而識別流型。對氣液兩相流流型實驗系統[147]進行改進，用於測試清水、空氣相流，如圖 8-6 所示。

圖 8-5　Mandhane 流型圖

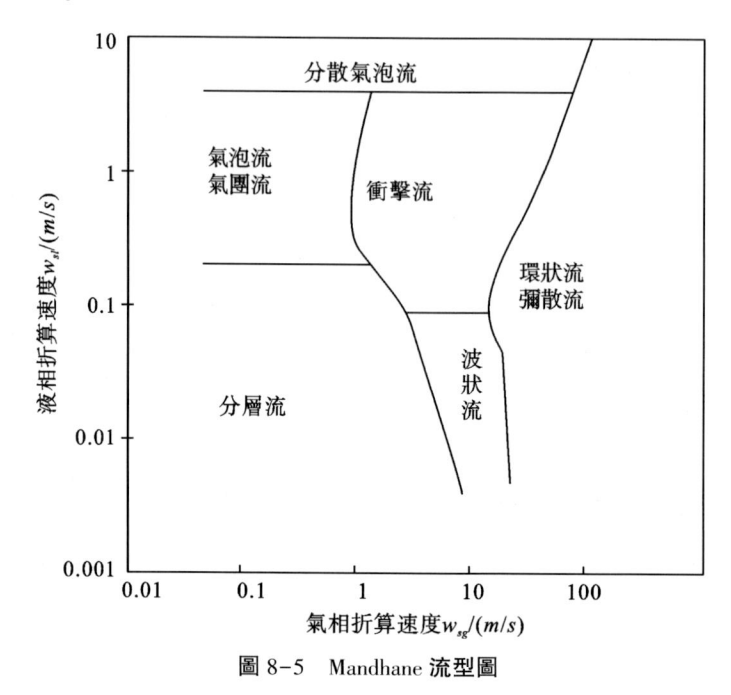

圖 8-6　混流式微泡發生器流型實驗系統

清水和空氣分別通過循環泵與空壓機被送入到混合器中,流經微泡發生器時,通過壓差變送器進行數據採樣,最后進入浮選柱。壓差變送器測得的壓差波動信號通過數據採集器送入計算機。

測量的參數主要有空氣流量 Q_g、水流量 Q_w、實驗段壓差 Δp、空氣溫度 T_g 和水溫度 T_w。分析壓差信號的時域特徵,可以對混流式微泡發生器的流型進行判別。

對微泡發生器的流行進行識別,能夠評定微泡發生器操作參數的範圍,是微泡發生器的性能評價的一個重要指標。

8.1.3.2 微泡尺寸計算與測試

在浮選工藝中,生成的氣泡可以分為大、中、小三種氣泡:直徑在 300~1,500μm 為中等氣泡和大氣泡,主要用於粗粒礦物浮選;直徑在 300~150μm 為小氣泡,主要用於細粒礦物浮選;直徑在 150μm 以下的氣泡為微泡,主要用為微細粒浮選及液固分離[149]。根據浮選原理,當給氣量一定時,所生成的氣泡尺寸越小,則數量越多,比表面積也就越大,單位體積的空氣能夠攜帶的顆粒也就越多。同時,密集的氣泡有助於氣泡與顆粒的碰撞和粘附。對微泡尺寸進行預測,是微泡發生性能評價的一個重要方面。

1. 微泡尺寸的計算

微泡的自由上升速度與微泡所受的浮力成正比,而微泡的尺寸決定了微泡在礦漿中所受的浮力。根據浮選柱中的含氣率和微泡尺寸,能夠計算出有效的浮選微泡表面積。

Wallis[150]利用漂移流密度的方法根據氣相速度和氣含率,研究了微泡的自由上升速度。根據 Wallis 的研究,提出以下兩個假設:

(1) 已知微泡與微泡群的上升速度關係;

(2) 在相同的條件下,微泡在微泡群中的上升速度等於單個微泡的上升速度。

根據漂移流密度,對於這裡所研究的浮選模型,在流體為清水和空氣時,可以將微泡的滑移速度定義為:

$$U_s = \frac{U_g}{\epsilon_g} - \frac{U_l}{1 - \epsilon_g} \tag{8-36}$$

式中,ϵ_g 為氣含率,U_g 為氣相速度,U_l 為液相速度。

一般來說,微泡的滑移速度與單個微泡的自由上升速度和氣含率有關,則有:

$$U_s = U_b F(\epsilon_g) \tag{8-37}$$

式中，U_b 為氣泡的自由上升速度。

對於微泡，$F(\epsilon_g) = 1 - \epsilon_g$，則式（8-37）可寫成：

$$U_s = U_b(1 - \epsilon_g) \tag{8-38}$$

Ityokumbul[151]等人通過研究，得出了微泡弗洛德數為雷諾數和韋伯數的函數，可以表示為：

$$F_r = f(\mathrm{Re}, We) \tag{8-39}$$

其中，$Fr = \dfrac{U_b^2}{gD_b}$，$\mathrm{Re} = \dfrac{D_b U_b \rho_l}{\mu_l}$，$We = \dfrac{D_b U_b^2 \rho_l}{\sigma}$。

則式（8-39）可寫為：

$$\frac{U_b^2}{gD_b} = f\left(\frac{D_b U_b \rho_l}{\mu_l}, \frac{D_b \rho_l U_b^2}{\sigma}\right) \tag{8-40}$$

式中 g 為重力加速度；ρ_l 為液相密度，kg/m^3；μ_l 為液相粘度，$P_a \cdot s$；σ 為表面張力，N/m；D_b 為微泡直徑，m。

Peebles 和 Garber[152] 指出，對於穩定流態下的氣泡，其關鍵韋伯數為：

$$We_{critical} = \frac{D_b \rho_l U_b^2}{\sigma} = 3.65 \tag{8-41}$$

對於直徑小於 $3mm$ 的氣泡，韋伯數小於 0.5，其對氣泡上升速度的影響可以忽略[144]，則式（8-39）可寫為：

$$F_r = f(\mathrm{Re}) \tag{8-42}$$

微泡上升過程中的阻力系數為：

$$C_D = \frac{4D_b g}{3U_b^2} \frac{(\rho_l - \rho_g)}{\rho_l} \tag{8-43}$$

即：

$$\frac{U_b^2}{gD_b} = \frac{4}{3C_D} \frac{(\rho_l - \rho_g)}{\rho_l} \tag{8-44}$$

式中，ρ_g 為空氣密度。

對於浮選系統，由於：

$$\frac{(\rho_l - \rho_g)}{\rho_l} \approx 1 \tag{8-45}$$

因此，式（8-44）可寫為：

$$\frac{U_b^2}{gD_b} = \frac{4}{3C_D} \tag{8-46}$$

可以看出，式（8-46）左邊即為弗洛德數。對於浮選系統，阻力系數 C_D

只與流型，即雷諾數有關，可以通過實驗測定。

那麼，可以得到微泡的直徑為：

$$D_b = \frac{3}{4g} C_D U_b^2 \qquad (8-47)$$

由於混流式微泡發生器內部的微泡尺寸分佈並不均勻，因此，通過該公式只能計算出微泡的均值。

2. 微泡尺寸的分佈

檢測微泡尺寸分佈的方法根據傳感器與氣泡接觸的類型可以分為浸入型和非浸入型[153]。相對於浸入型的檢測方法，非浸入型的檢測方法排除了工具干擾，具有較好的觀察性，而且容易捕獲微泡。表 8-2 列出了迄今為止選礦領域和水處理領域所使用的各種檢測微泡尺寸分佈的方法[153]。

使用比較廣泛的是圖像分析法，但是這種方法對實驗裝置的要求比較高，而且對於高速運動的氣泡圖像不易捕獲。

代敬龍[154]等人的研究表明，在清水發泡實驗中，當氣泡尺寸為 0.1~2.8mm 時，氣泡直徑呈對數正態分佈。

在浮選工藝中，影響微泡尺寸分佈的因素主要有發泡方式、礦漿性質、起泡劑濃度和性質以及各種操作參數等。

表 8-2　　　　　微泡尺寸分佈檢測的方法實例

檢測方法	取樣方法	產生氣泡的方法	氣泡尺寸範圍（μm）
圖像分析法	透明槽、氣泡觀察器、平面槽	溶氣析出、吸入空氣法、多孔板	10~300 350~1,750 75~655
電阻率法	粒子計數器	溶氣析出	13~69
光學傳感器	粒子計數器、光學纖維	溶氣析出、電解	15~86 15~65
光學法	捕獲氣泡到毛細管	人造過濾布	300-200
多孔板法	UCT 法	吸入空氣法、吸入空氣法	390~2,230 530~1,450

8.2 混流式微泡發生器內流場數值模擬

由於混流式微泡發生器三相流場的複雜性，通過常規方法無法計算，而通過實驗的方法進行測定則需要複雜的實驗過程及實驗裝置，費時費力。大型商用 CFD 軟件的成熟應用，使微泡發生器內部流場的計算和圖形化成為可能。

8.2.1 微泡發生器內部三相流場仿真研究

對微泡發生器建立模型，可以在使用 GAMBIT 劃分網格時採用非結構網格中的三角形網格。使用非結構網格可以消除結構網格中節點的結構性限制，節點和單元分佈的可控性好，因而能較好地處理邊界[155]，劃分的網格模型如圖 8-7 所示。

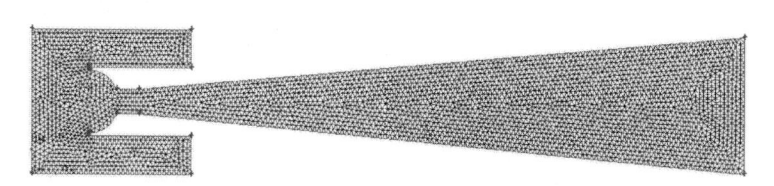

圖 8-7　混流式微泡發生器網格模型

根據上述對混流式微泡發生器流場特徵的分析，計算條件設置如下：
（1）模型選擇。多相流模型選擇歐拉模型。
（2）湍流模型選擇。湍流模型選擇 2 方程 k-epsilon 模型，湍流參數選擇湍流強度 I 和水力直徑 D_H。

對於湍流強度，I 的計算公式為：[147]

$$I = u'/\bar{u} = 0.16\,(\mathrm{Re}_{D_H})^{-\frac{1}{8}} \tag{8-48}$$

其中，u' 為湍流脈動速度，$\bar{u}$ 為湍流平均速度，Re_{D_H} 為按水力直徑 D_H 計算得到的雷諾數，由於圓管的水力直徑 D_H 等於圓管直徑，因此，Re_{D_H} 的計算公式為：

$$\mathrm{Re}_{D_H} = \frac{\bar{u}d}{\nu} \tag{8-49}$$

式中，d 為圓管內徑，ν 為動力粘度。
（3）邊界條件設置。左端為速度入口，為礦漿進入時的速度；右端為壓力出口，為微泡發生器出口所受的背壓。
（4）材料屬性計算中用到的氣、固、液三相分別為空氣、水、磷礦，其

中空氣的密度為 $1.225 kg/m^3$，粘度為 $1.789, 4 \times 10^{-5} kg/m^3 \cdot s$；水的密度為 $998 kg/m^3$，粘度為 $8 \times 10^{-4} kg/m^3 \cdot s$；磷礦粒密度為 $3,110 kg/m^3$，粘度為 $0.014, 12 kg/m^3 \cdot s$，顆粒直徑為 200 目（0.074mm）。

（5）求解控製參數。設置對於控製方程中的擴散相，一般採用中心差分格式進行離散。為了得到較高的計算精度，使用耦合求解器來進行求解，流動方程選擇二階精度格式，離散格式選擇二階迎風格式。

8.2.2 仿真結果分析

8.2.2.1 噴嘴性能分析與評價

微泡發生器喉管半徑為 2.5mm，擴散管角度為 10 度，分別對 6mm、7mm、8mm 球槽半徑的結構進行仿真。

圖 8-8 分別是噴嘴球槽半徑為 6mm、7mm、8mm 的空氣相在不同入口速度下的曲線圖。從圖中可以看出，不同半徑噴嘴的最大速度均出現在喉管處，並且最大速度隨著入口速度的增大而增大。由圖 8-8（a）可知，對於 6mm 球槽半徑的噴嘴，當入口速度為 12m/s 時，其最大速度為 131.1m/s；當入口速度為 9m/s、11m/s、12m/s 時，在離入口 48mm 處出現速度低谷；當入口速度為 8m/s 時，在離入口 49mm 處出現速度低谷；當入口速度為 10m/s 時，在離入口 53mm 處出現速度低谷；速度入口為 10m/s 時，速度下降最為平緩，而且出口速度最大。由圖 8-8（b）可知，對於 7mm 球槽半徑的噴嘴，當入口速度為 12m/s 時，其最大速度為 135.5m/s；當入口速度為 8m/s、9m/s、10m/s、11m/s 時，在離入口 47mm 處出現速度低谷；當入口速度為 12m/s 時，在離入口 49.8mm 處出現速度低谷。由圖 8-8（c）可知，8mm 球槽的噴嘴在出現速度峰值之後，下降趨勢大致相同，未出現速度低谷。

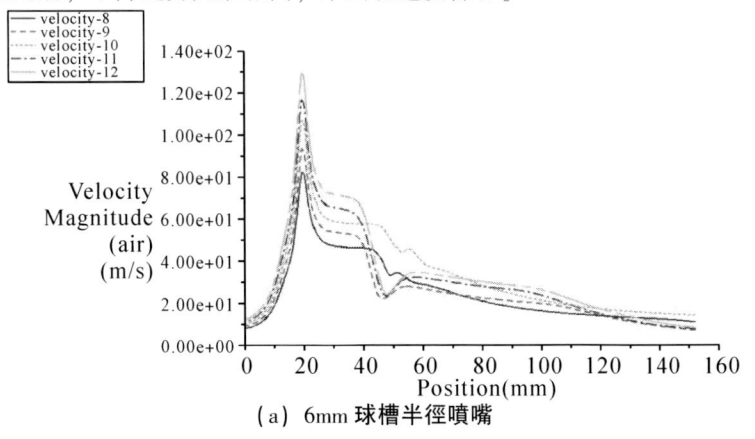

（a）6mm 球槽半徑噴嘴

(b) 7mm 球槽半徑噴嘴

(c) 8mm 球槽半徑噴嘴

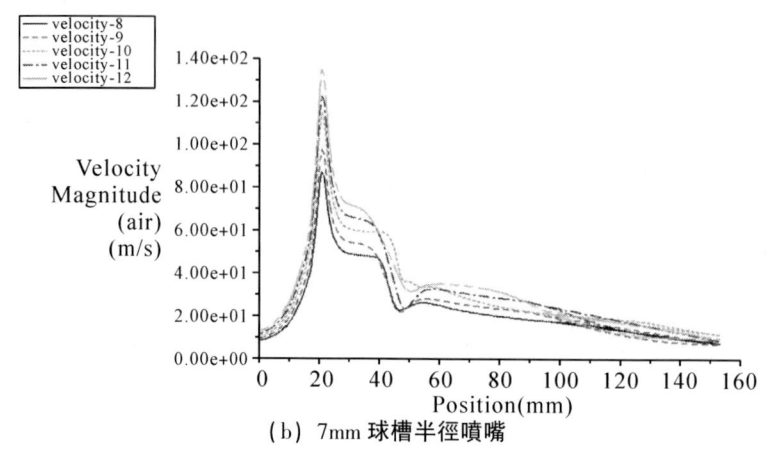

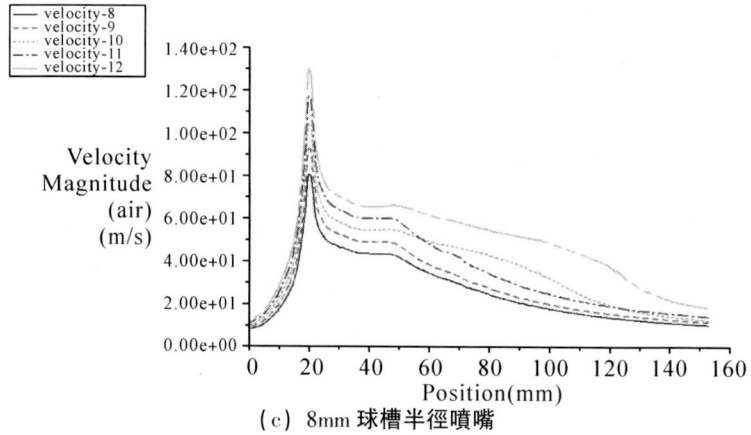

圖 8-8　不同噴嘴直徑下微泡發生器內氣相速度曲線

圖 8-9 為不同入口速度下 6mm 球槽半徑噴嘴紊動能雲圖，從圖中可以看出有兩處紊動能峰值，在喉管處，紊動能如表 8-3 所示：

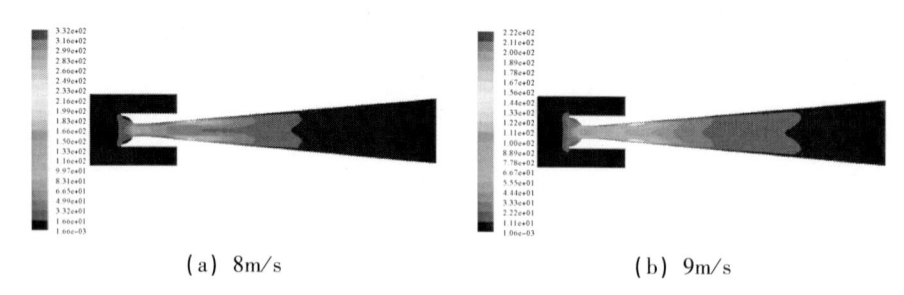

(a) 8m/s

(b) 9m/s

(c) 10m/s　　　　　　　　　　　(d) 11m/s

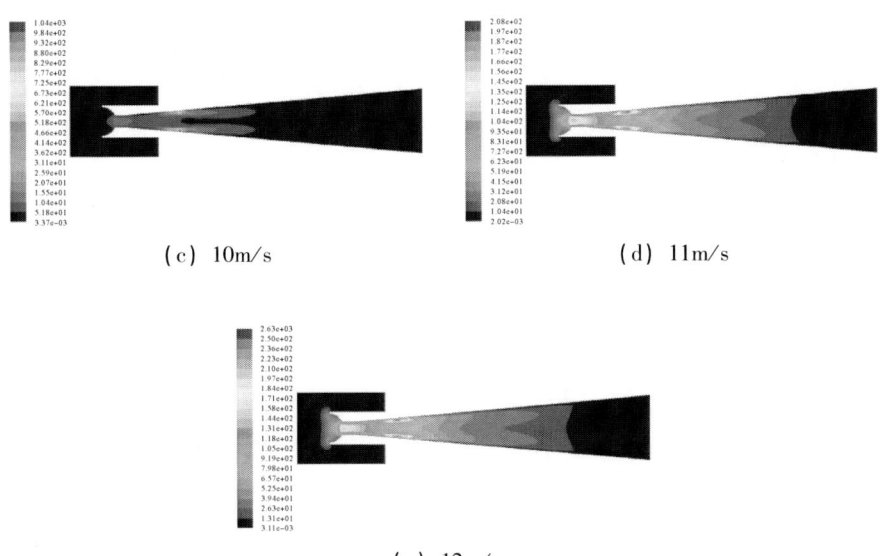

(e) 12m/s

圖 8-9　不同入口速度下 6mm 球槽半徑噴嘴微泡發生器紊動能雲圖

　　結合速度曲線圖來看，入口速度為 8m/s 和 10m/s 時，礦漿速度在喉管處達到峰值，從喉管射出后，衝擊擴散管內速度較低的流體，在射流過渡區產生渦旋，產生較大的紊動能，但是由於渦旋較小，造成紊動能值大大高於喉管處，整體紊動能發展不均勻，這種紊動能不利於微泡形成和礦粒吸附[156]。

表 8-3　不同入口速度 6mm 球槽半徑噴嘴微泡發生器紊動能（單位：m^2/s^2）

	8m/s	9m/s	10m/s	11m/s	12m/s
喉管	99.7	122.2	155.3	166.1	197.0
第二處峰值	315.3	199.9	103.5	207.6	236.3

　　圖 8-10 為不同入口速度下 7mm 球槽噴嘴紊動能雲圖，從圖中可以看出，在喉管處，紊動能如表 8-4 所示。

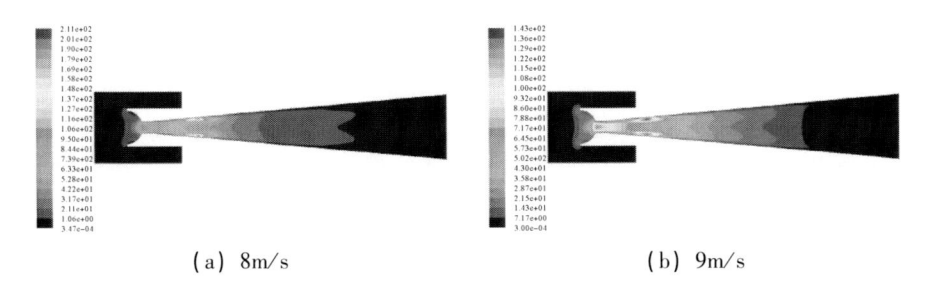

(a) 8m/s　　　　　　　　　　　(b) 9m/s

第八章　混流式微泡發生器的性能研究　189

(c) 10m/s　　　　　　　　　　　　(d) 11m/s

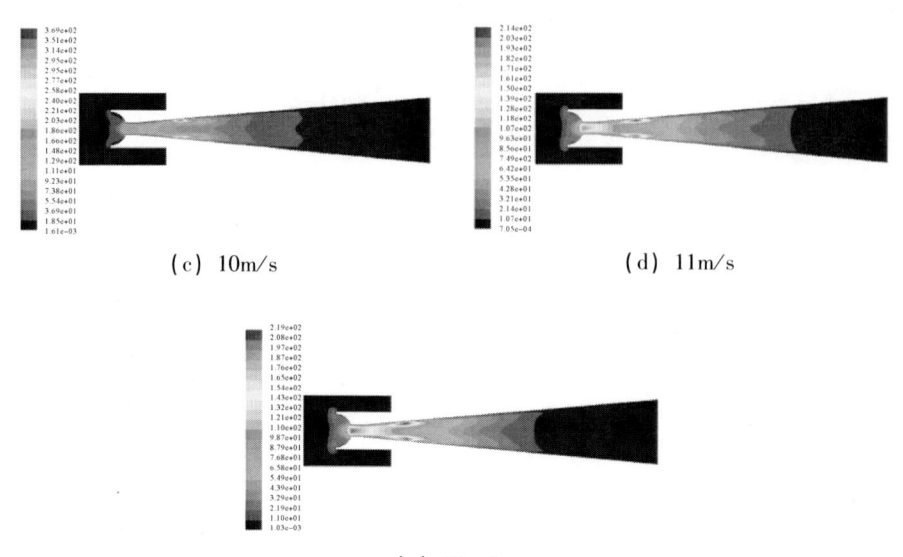

(e) 12m/s

圖 8-10　不同入口速度下 7mm 球槽半徑噴嘴微泡發生器紊動能雲圖

表 8-4　不同入口速度 7mm 球槽噴嘴微泡發生器紊動能（單位：m^2/s^2）

	8m/s	9m/s	10m/s	11m/s	12m/s
喉管	105.5	129.0	166.1	192.6	219.4
第二處峰值	200.5	143.4	350.6	203.3	219.4

在不同入口速度的情況下，7mm 球槽半徑的噴嘴表現出較好的性能，8m/s 和 10m/s 的入口速度紊動能分佈表現優於 6mm 球槽半徑的噴嘴。根據速度曲線分析，表明在擴散管部位的速度低谷有利於紊動能的均勻發展與分佈。由於紊動能能夠促使表面張力減小，有利於微泡的析出，因此，紊動能是微泡發生器性能的一個重要指標。

圖 8-11 為不同入口速度下 9mm 噴嘴紊動能雲圖，從圖中可以看出，在喉管處，紊動能如表 8-5 所示。

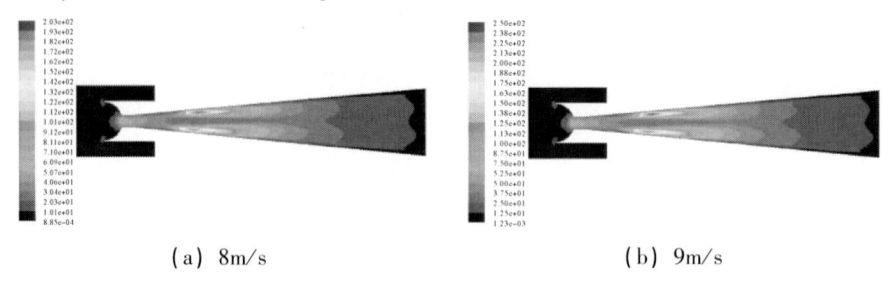

(a) 8m/s　　　　　　　　　　　　(b) 9m/s

(c) 10m/s　　　　　　　　　　　　(d) 11m/s

(e) 12m/s

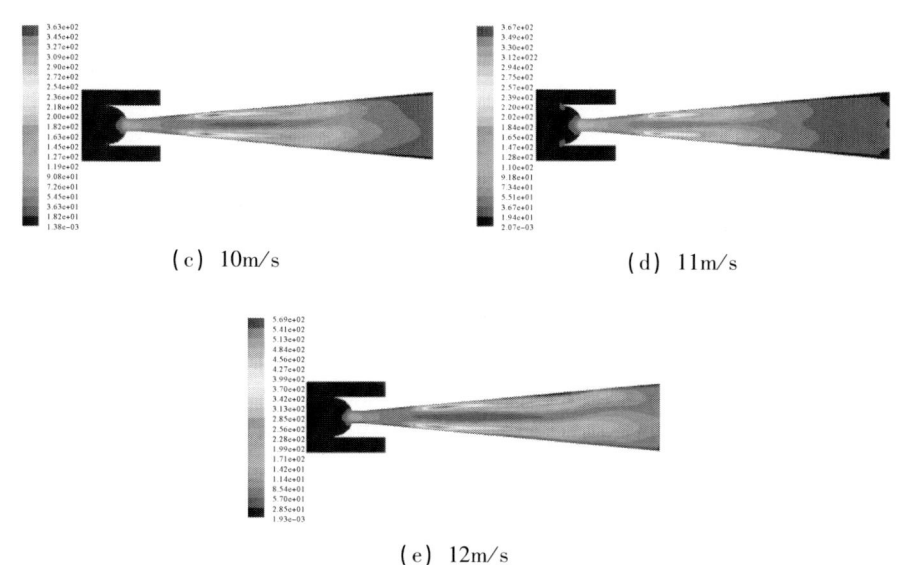

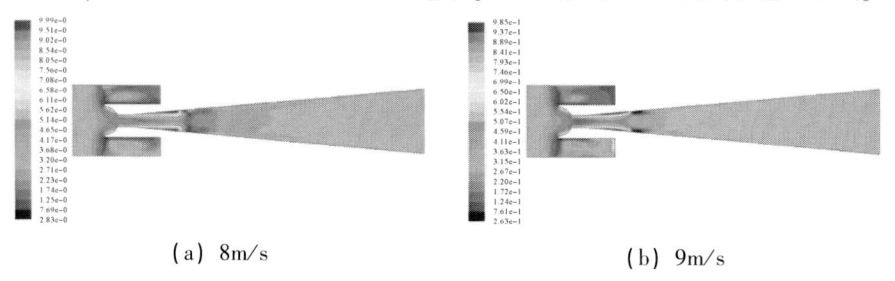

圖 8-11　不同入口速度下 8mm 球槽半徑噴嘴微泡發生器紊動能雲圖

表 8-5　不同入口速度 8mm 噴嘴微泡發生器紊動能（單位：m^2/s^2）

	8m/s	9m/s	10m/s	11m/s	12m/s
喉管	70.9	87.5	108.9	110.1	142.4
第二處峰值	172.3	237.5	363.0	348.7	512.5

在不同入口速度的情況下，8mm 球槽半徑的噴嘴使微泡發生器中心軸線上的紊動能很低，而且紊動能分佈後移了，由此可以看出，其射流流場的核心區較大，對擴散管後部的流體產生了卷吸。這種情況同樣不利於微泡的形成。

(a) 8m/s　　　　　　　　　　　　(b) 9m/s

第八章　混流式微泡發生器的性能研究 | 191

(c) 10m/s (d) 11m/s

(e) 12m/s

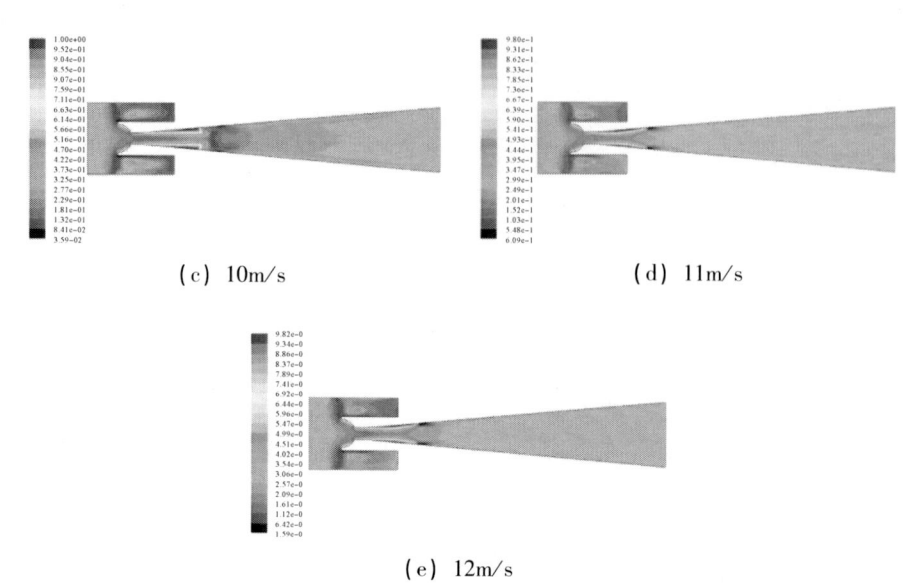

图 8-12　不同入口速度下 6mm 球槽半径喷嘴微泡发生器气相分布云图

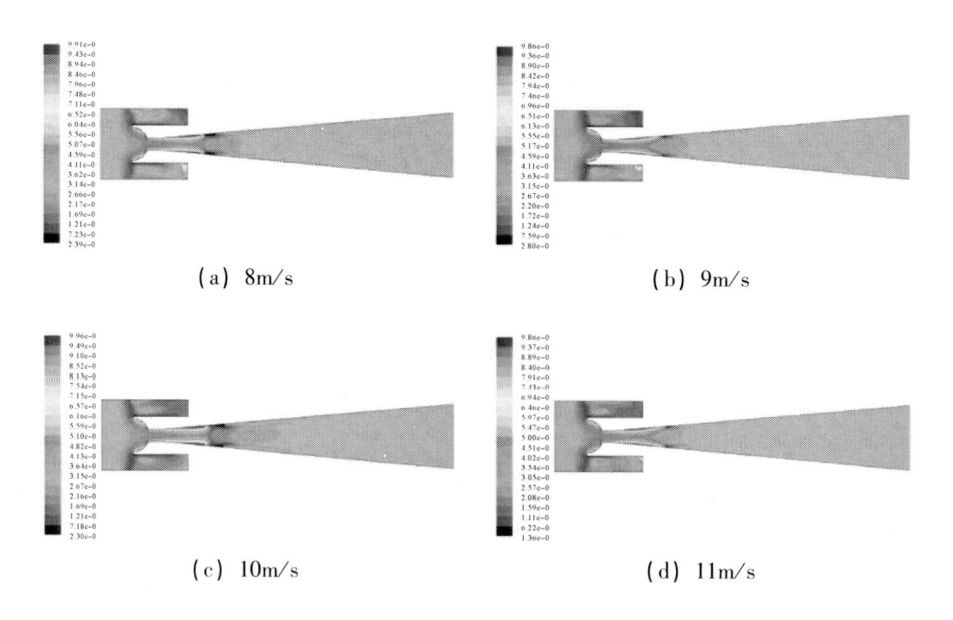

(a) 8m/s (b) 9m/s

(c) 10m/s (d) 11m/s

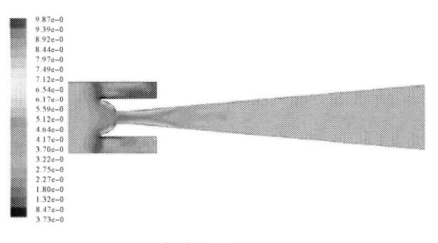

(e) 12m/s

圖 8-13　不同入口速度下 7mm 球槽半徑噴嘴微泡發生器氣相分佈雲圖

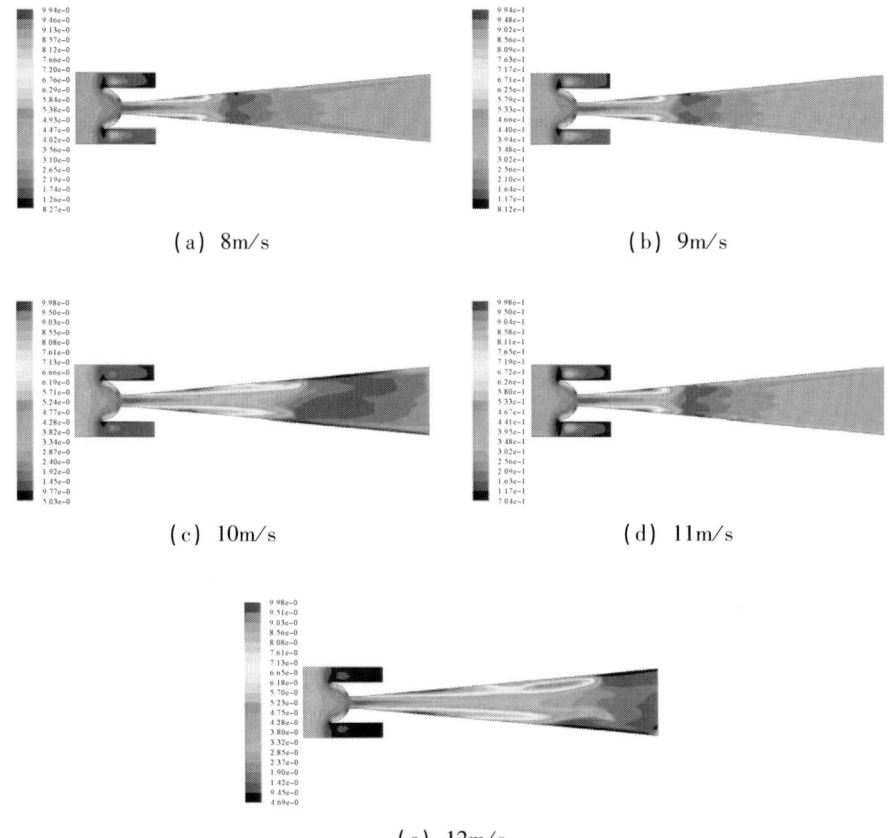

(a) 8m/s　　　　　　　　　　(b) 9m/s

(c) 10m/s　　　　　　　　　　(d) 11m/s

(e) 12m/s

圖 8-14　不同入口速度下 8mm 球槽半徑噴嘴微泡發生器氣相分佈雲圖

　　圖 8-12 至圖 8-14 為不同尺寸球槽半徑噴嘴微泡發生器內部氣相分佈雲圖，與紊動能雲圖進行對比可知，對於喉管處產生的紊動能峰值，其對氣相的分佈影響不大，但是第二處紊動能峰值產生的渦流對空氣進行卷吸，導致空氣相聚集，8mm 半徑球槽噴嘴形成的流型甚至類似於彈狀流，阻礙微泡在微泡

發生器內充分擴散，而 6mm 和 7mm 球槽半徑噴嘴產生的流型明顯優於 8mm 噴嘴。

根據對速度曲線、紊動能分佈以及空氣相分佈對三種不同球槽半徑的噴嘴的分析評價，不同球槽半徑的噴嘴，有不同的最優工作範圍。對於 6mm 球槽半徑的噴嘴，在入口速度為 8m/s 和 10m/s 時，其速度變化曲線引起的紊動能和氣相分佈不利於浮選；而 7mm 球槽半徑的噴嘴操作性能優於 6mm 噴嘴，工作範圍總體來說要優於其他兩種直徑的噴嘴；8mm 球槽的操作性能較差，在不同的入口速度下，其流場都不理想。

8.2.2.2　喉管性能分析與評價

選取 2.6mm、2.8mm、3mm 喉管直徑，礦漿和空氣入口速度為 12m/s，進行仿真。

圖 8-15 至圖 8-17 分別顯示了在不同喉管半徑下，微泡發生器內速度曲線。在喉管處的速度峰值隨喉管半徑的增加而降低。由圖 8-15 可知，對於 6mm 球槽半徑噴嘴，當喉管半徑在小範圍內變化時，速度曲線的趨勢變化不大；而圖 8-16 中表明，對於 7mm 球槽半徑噴嘴，在喉管半徑變大至 2.8mm 和 3mm 時，速度低谷消失；圖 8-17 顯示出 8mm 球槽半徑噴嘴，在喉管半徑變大時，出現了速度低谷，並且隨半徑變大而趨於明顯。

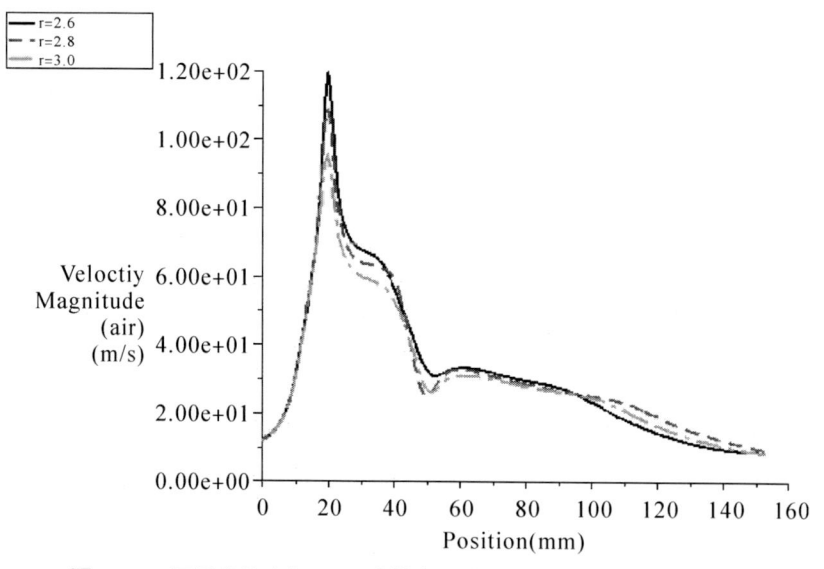

圖 8-15　不同喉管半徑 6mm 球槽半徑噴嘴微泡發生器內速度曲線

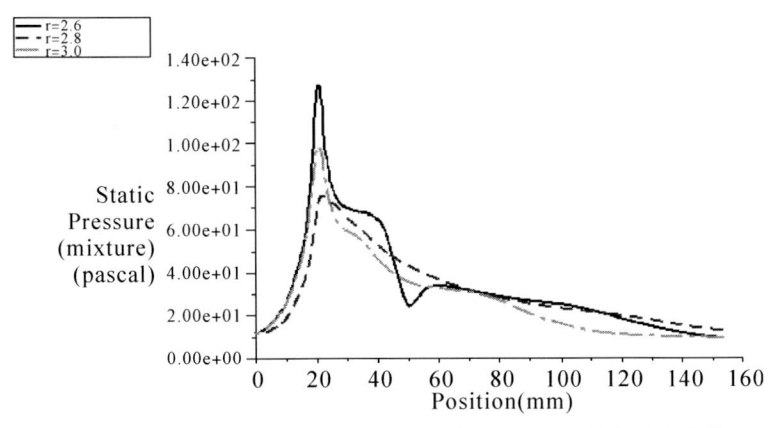

圖 8-16　不同喉管半徑 7mm 球槽半徑噴嘴微泡發生器內速度曲線

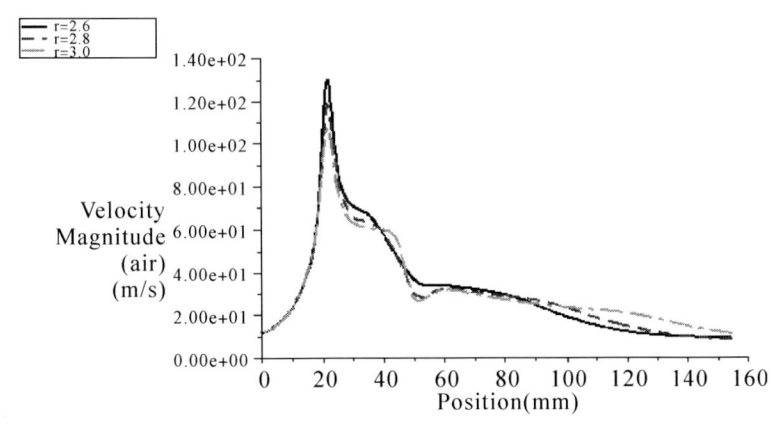

圖 8-17　不同喉管半徑 8mm 球槽半徑噴嘴微泡發生器內速度曲線

　　速度的低谷的出現是由於流體間存在速度梯度，使動能向壓力能轉化。對於 7mm 球槽半徑的微泡發生器，速度低谷的消失，將使喉管處的渦流發展到擴散管。而 8mm 球槽半徑的微泡發生器在喉管半徑變大后，將出現由於衝擊射流而產生的渦流，改善微泡發生器的性能。

　　圖 8-18 至圖 8-20 為 3 種球槽半徑下不同喉管半徑噴嘴的微泡發生器內紊動能雲圖。從圖中可以發現，球槽半徑噴嘴喉管處的紊動能隨著喉管半徑的增大而降低，這是因為喉管處射流速度降低的緣故。

(a) r=2.6mm (b) r=2.8mm

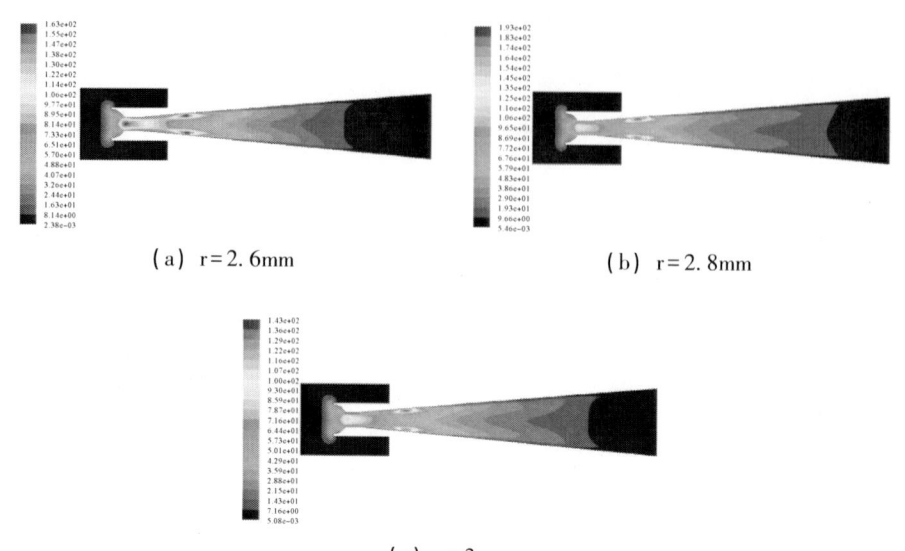

(c) r=3mm

圖 8-18　不同喉管半徑 6mm 球槽半徑噴嘴微泡發生器內紊動能雲圖

(a) r=2.6mm (b) r=2.8mm

(c) r=3mm

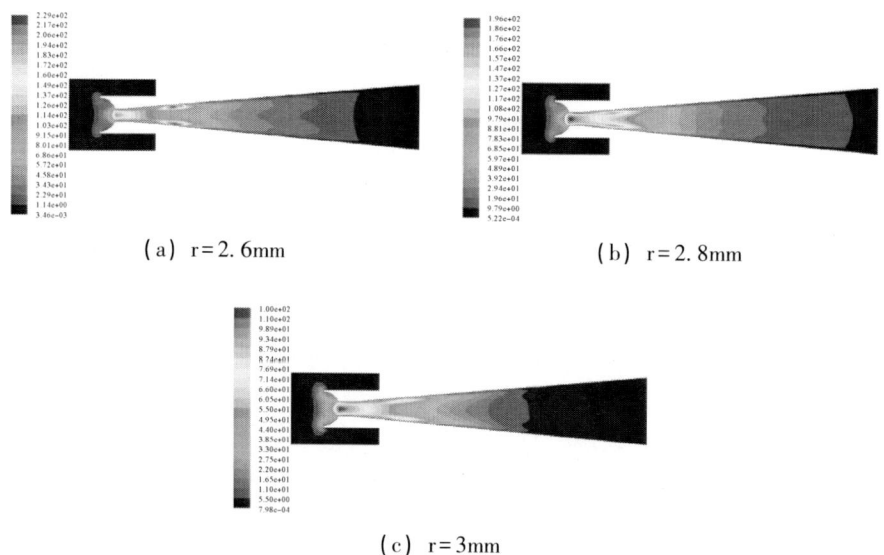

圖 8-19　不同喉管半徑 7mm 球槽半徑噴嘴微泡發生器內紊動能雲圖

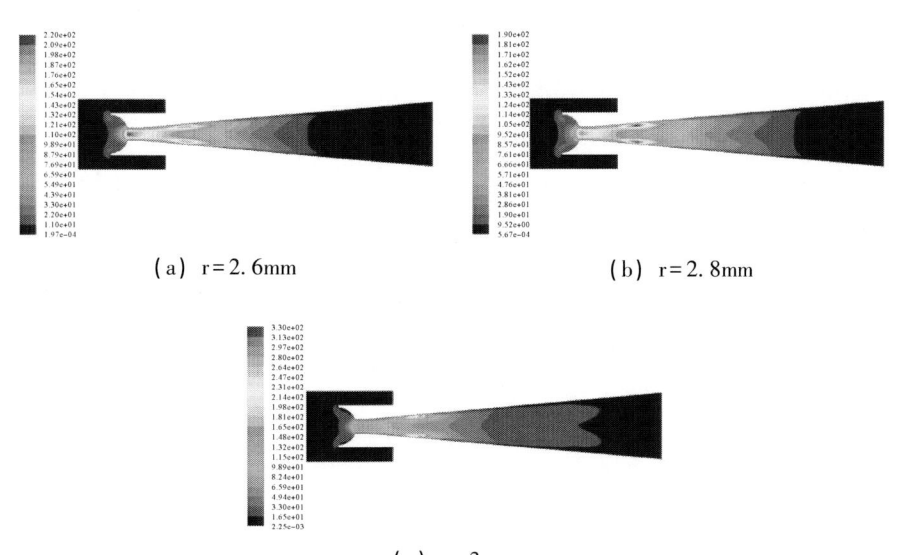

（a） r=2.6mm　　　　　　（b） r=2.8mm

（c） r=3mm

圖 8-20　不同喉管半徑 8mm 球槽半徑噴嘴微泡發生器內紊動能雲圖

球槽半徑為 6mm 時，喉管處的紊動能以及紊動能峰值如表 8-6 所示。

表 8-6　　　　　　不同喉管半徑下 6mm 半徑球槽
微泡發生器的紊動能（單位：m^2/s^2）

	2.5mm	2.6mm	2.8mm	3mm
喉管	197	160.6	133.3	107.7
第二處峰值	236.3	166.4	195.0	144.9

球槽半徑為 7mm 時，喉管處的紊動能以及紊動能峰值如表 8-7 所示。

表 8-7　　　　　　不同喉管半徑下 7mm 半徑球槽
微泡發生器的紊動能（單位：m^2/s^2）

	2.5mm	2.6mm	2.8mm	3mm
喉管	219.4	201.8	196.3	110.1
第二處峰值	219.4	196.2	180.0	85.0

球槽半徑為 8mm 時，喉管處的紊動能以及紊動能峰值如表 8-8 所示。

第八章　混流式微泡發生器的性能研究

表 8-8　　　　　　　不同喉管半徑下 8mm 半徑球槽
微泡發生器的紊動能（單位：m^2/s^2）

	2.5mm	2.6mm	2.8mm	3mm
喉管	142.4	221.1	166.0	137.5
第二處峰值	512.5	190.3	190.0	330.2

　　喉管處的紊動能峰值的產生是由於截面的突然收縮，而第二處紊動能峰值的產生是由衝擊射流而形成。礦漿從喉管高速射出後，衝擊低速的流動區域，同時該區域的礦漿流動受到壁面的作用，礦漿動能向壓力能轉化，使該區域的壓力升高，形成壓力梯度，導致其流動跡線向兩側彎曲，產生渦旋，形成紊動能峰值，並產生橫向流動，如圖 8-21 所示。

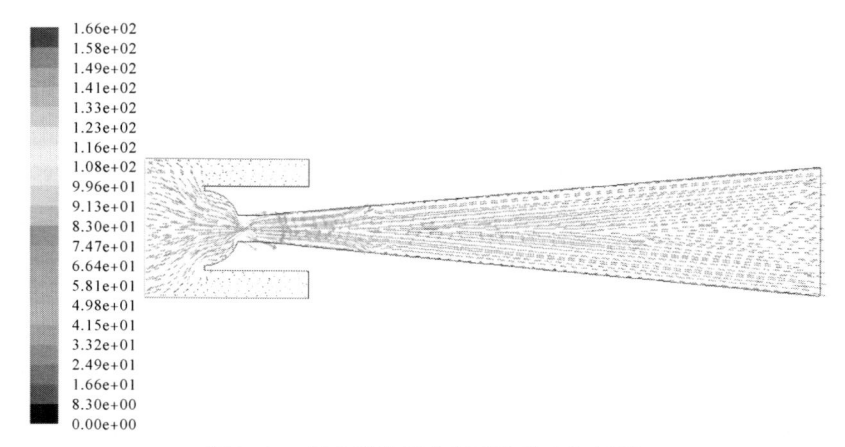

圖 8-21　微泡發生器內部礦漿速度矢量圖

　　由於第二處紊動能峰值產生的橫向流動對微泡捕獲礦粒有很重要的作用，筆者希望該處的湍流有比較充分的發展，但是，由於過高的湍流會導致礦粒的脫落，因此該處紊動能不宜過大，一般認為，該處的紊動能峰值與喉管處的紊動能峰值在數值上接近比較合適。

　　圖 8-22 至圖 8-24 為不同喉管半徑時微泡發生器內氣相分佈雲圖。由圖中可以得知，空氣在微泡發生器內產生聚集的現象未能得到消除，雖然在 7mm 球槽半徑、2.8mm 喉管結構的微泡發生器中得到了一定的改善，但是卻以第二處渦流的消失為代價，渦流的消失，也將導致礦漿橫向運動的消失，嚴重降低微泡發生器的性能。

(a) r=2.6mm　　　　　　　　　(b) r=2.8mm

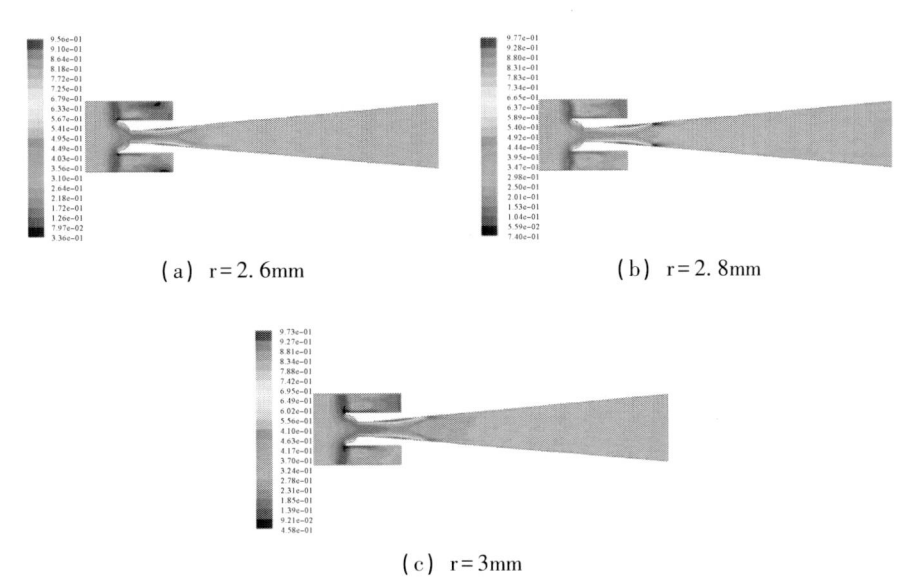

(c) r=3mm

圖 8-22　不同喉管半徑 6mm 球槽半徑噴嘴微泡發生器氣相分佈雲圖

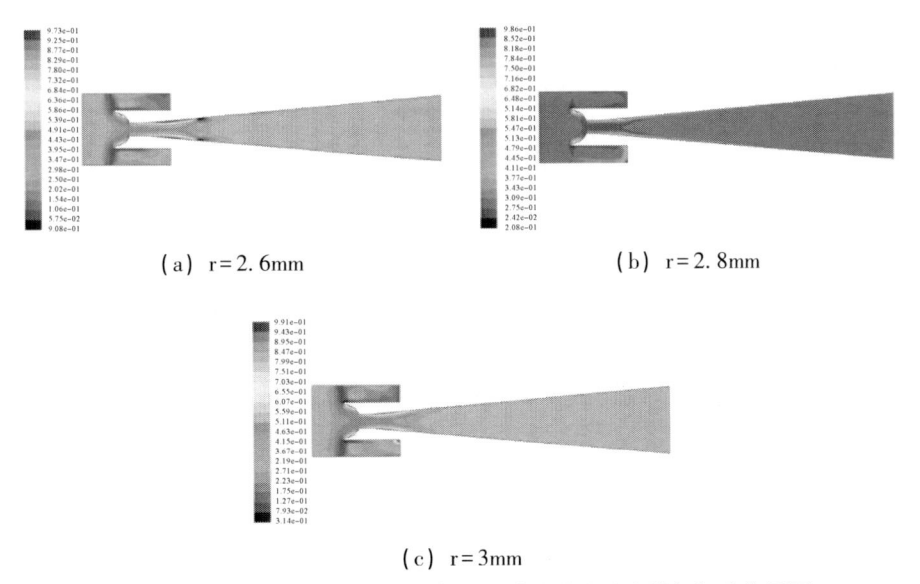

(a) r=2.6mm　　　　　　　　　(b) r=2.8mm

(c) r=3mm

圖 8-23　不同喉管半徑 7mm 球槽半徑噴嘴微泡發生器氣相分佈雲圖

（a）r=2.6mm

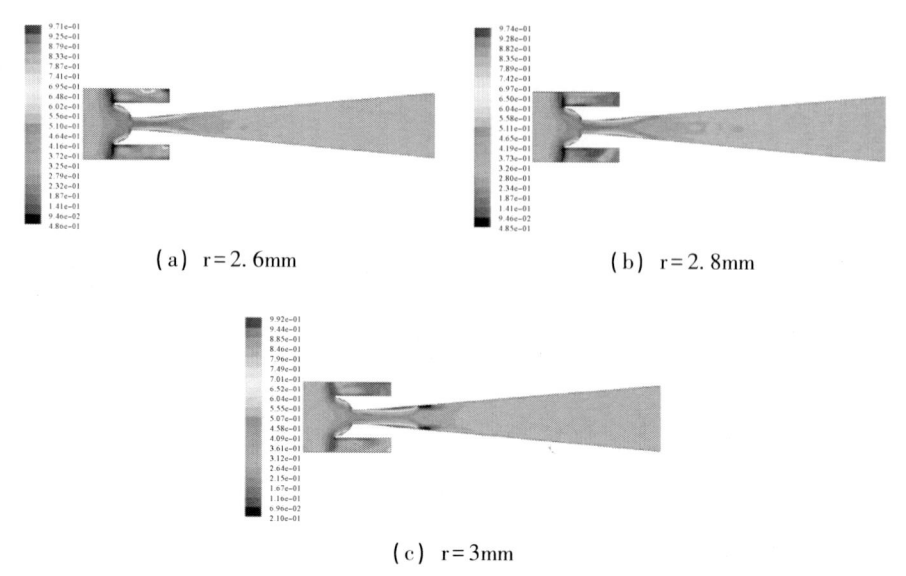

（b）r=2.8mm

（c）r=3mm

圖 8-24　不同喉管半徑 8mm 球槽半徑噴嘴微泡發生器氣相分佈雲圖

通過分析，我們可以得知：對於 6mm 球槽半徑的微泡發生器，在礦漿入口速度為 12m/s 時，採用 2.6mm 半徑的喉管能獲得較好的流型；對於 7mm 球槽半徑的微泡發生器，採用 2.5mm、2.6mm 均能獲得較好的流型；對於 8mm 球槽半徑的微泡發生器，採用 2.6mm、2.8mm 后，流型獲得很大的改善，表現出了良好的性能。

8.2.2.3　擴散管性能分析與評價

對於擴散管的參數，主要考慮其錐角的影響，選取 7mm 球槽半徑、2.6mm 喉管半徑，對 8 度、9 度、10 度、11 度、12 度、13 度的錐角進行分析，其中礦漿入口速度為 12m/s（見圖 8-25）。

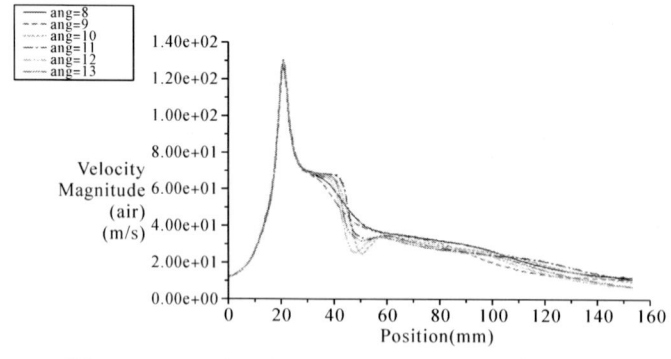

圖 8-25　不同擴散管錐角的微泡發生器內部速度曲線

從速度曲線來看，擴散管錐角對射流的主體段速度的下降曲線有較大的影響，當錐角為 8 度和 9 度時，其下降過程較為平緩，速度低谷消失。由前面的分析可知，速度低谷會產生渦旋和礦漿的橫向速度，若速度低谷消失，則將影響微泡與礦粒的碰撞和吸附。

從圖 8-26 可以看出，擴散管錐角對微泡發生器內的紊動能有較大的影響。在擴散管較小時，射流的核心區變大，由於受到壁面的作用，其半擴展厚度減小。不同錐角微泡發生器喉管處的紊動能和穩定能峰值如表 8-9 所示。

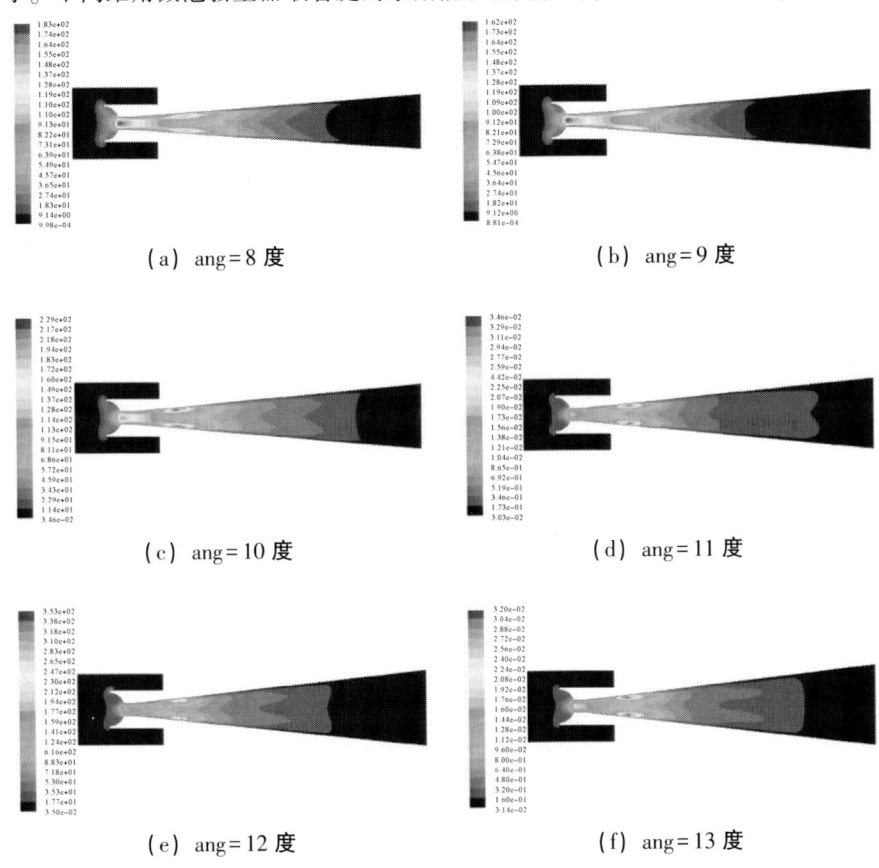

(a) ang=8 度

(b) ang=9 度

(c) ang=10 度

(d) ang=11 度

(e) ang=12 度

(f) ang=13 度

圖 8-26　不同擴散管錐角微泡發生器紊動能雲圖

表 8-9　　　　　不同錐角微泡發生器紊動能（單位：m^2/s^2）

	8 度	9 度	10 度	11 度	12 度	13 度
喉管	184.4	182.7	201.8	164.5	189.1	199.8
第二處峰值	152.5	138.3	196.2	347.9	354.0	323.6

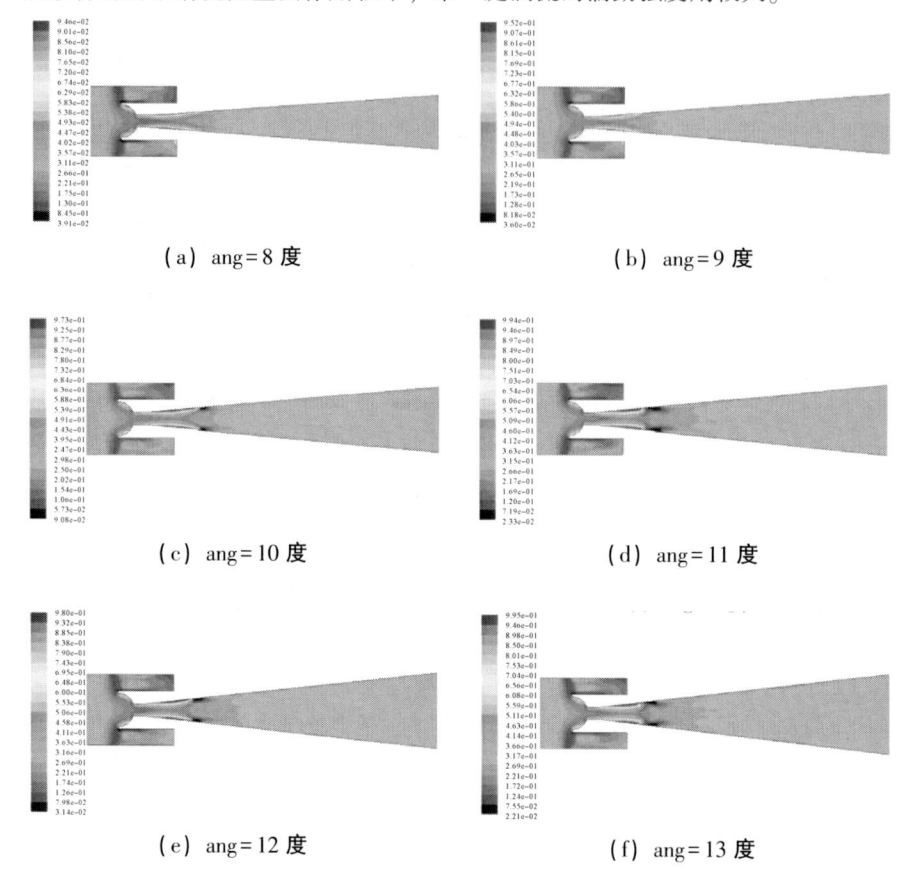

结合图 8-26 和表 8-9 来看，较小锥角的扩散管将影响第二处涡流的湍动强度，同时冲击射流区的壁面作用加大，影响压力梯度的形成。而较大锥角的扩散管的冲击射流区壁面作用较小，第二处涡流的湍动强度则较大。

(a) ang=8 度

(b) ang=9 度

(c) ang=10 度

(d) ang=11 度

(e) ang=12 度

(f) ang=13 度

图 8-27　不同扩散管锥角下微泡发生器气相分佈云图

图 8-27 显示，扩散管锥角的改变对空气相的聚集改善作用并不明显。从图 8-27 可以看出，在锥角为 8 度和 9 度时，由于涡流的湍动强度降低，其对气相的卷吸和掺混作用也减小。在锥角为 10 度时，其气相的分佈状况较其他角度好。

综合分析上述几种仿真结果，对于不同的扩散管锥角，在角度为 10 度时，能够产生合适的流型和湍流强度，并且气相的分佈状态相对较好，因此，在球槽半径为 7mm、喉管半径为 2.6mm 时，选用 10 度的锥角，能够使微泡发生器获得更好的性能。

8.2.2.4　浮選柱高度對微泡發生器性能的影響

在上述對噴嘴性能分析與評價的內容中，已經得出了不同結構的球槽半徑有不同的工作範圍這一結論。除了入口速度外，混流式微泡發生器的工作參數還包括背壓以及礦漿的濃度。選取球槽半徑為 7mm、喉管半徑為 2.6mm、擴散管錐角為 10 度結構的微泡發生器來分析工作參數對微泡發生器表現性能的影響。

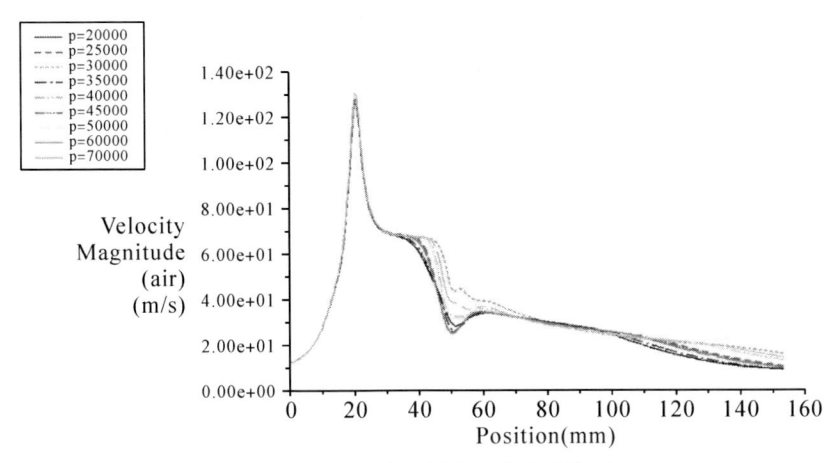

圖 8-28　不同出口壓力下速度曲線圖

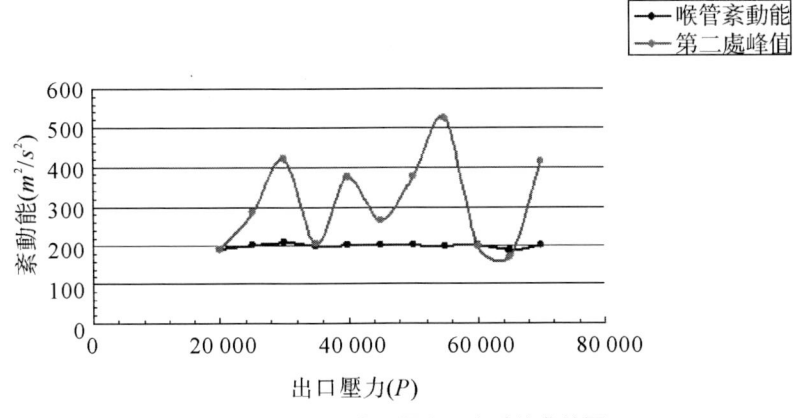

圖 8-29　不同出口壓力下紊動能曲線圖

圖 8-28 顯示，在出口壓力為 30,000Pa 和 70,000Pa 時，速度曲線有部分改變，總的來說，出口壓力對速度的影響不大。由圖 8-29 可知，出口壓力主要影響第二處的紊動能峰值，並且曲線並不規則。第二處紊動能峰值過大將會

引起空氣的卷吸與聚集，同時容易使已吸附在微泡上的礦粒脫落。由於出口壓力的大小由浮選柱的高度決定，故不同的浮選柱尺寸會有不同的浮選綜合特性以及偏流沖洗水和充氣容積流量[157]，增加浮選柱的高度，能夠提高精礦回收率，但浮選柱的高度有一個上限值。根據 Espinosa[158] 等人的研究，浮選柱的高度主要由單位氣體的攜帶能力決定，礦粒粒度減小、給料密度和礦漿中礦物含量的增加時，浮選柱的高度上限將降低。但是矮型浮選柱含氣率高，微泡礦化能力強，滯留時間短，浮選效率高，因此，對於浮選柱的高度，必須考慮到實際情況，比如微泡發生器產生微泡的大小、礦粒粒度等方面的因素，從而選擇合適的高度。從仿真結果來看，在出口壓力為 20,000Pa、35,000Pa、60,000Pa 時，微泡發生器能夠表現出更好的性能。

8.2.3 仿真小結

這裡對 CFD 軟件中 FLUENT 進行了簡介，對 FLUENT 中的多相流模型和湍流模型進行了闡述，對不同結構參數的混流式微泡發生器內部流場進行了仿真，建立了微泡發生器的評價方法，得出如下結論：

（1）對於不同球槽半徑的微泡發生器，應選擇不同的操作參數，但是在不改變其他參數的情況下，8mm 球槽半徑的微泡發生器在改變操作參數后仍然無法獲得合適的速度曲線。

（2）礦漿在微泡發生器中的速度會有一個低谷，該處低谷是由衝擊射流引起的湍流造成。

（3）不同的入口速度將在喉管處產生大小不同的紊動能，喉管處的紊動能是由高速射流的脈動引起。

（4）衝擊射流產生渦流，並形成第二處紊動能峰值，使礦漿產生橫向速度，有利於微泡的發散和與礦粒的碰撞吸附。

（5）8mm 的球槽半徑噴嘴需要使用較大半徑的喉管，才能產生合理的第二處紊動能峰值；而 7mm 球槽半徑在使用 2.8mm 和 3mm 半徑的喉管時，速度低谷消失，性能下降。

（6）擴散管錐角對射流的主體段速度的下降曲線有較大的影響，當錐角為 8 度和 9 度時，其下降過程較為平緩，速度低谷消失，將影響礦漿橫向速度的形成，並且對空氣相的卷吸和摻混作用減弱。

（7）出口壓力與浮選柱高度成正比，對速度的影響較小，主要影響第二處紊動能峰值。由於目前矮型浮選柱在很多方面體現出性能上的優越性，因此，要和微泡發生器的性能進行綜合考慮，進行選擇。

第九章 自吸式剪切流微孔微泡發生器的研究

9.1 影響微孔成泡的因素

在使用微孔布氣法生成氣泡時，影響氣泡尺寸的因素有很多，這些因素分為設備變量、系統變量和操作變量。

設備變量是由生成氣泡的設備決定的，主要部件有氣室、孔口和液柱，主要的影響因素如下：

孔口直徑、孔口幾何形狀、孔口結構的屬性和材料、氣室的體積等。

儘管孔口直徑和氣室在很多文獻中已經報導，但對大部分的影響因素還沒有進行深入的研究。

將系統變量這些因素與所選的氣液組合作為整體一起研究，最重要的系統變量有：表面張力 γ、液體密度 ρ_l、液體粘度 μ_l、氣體密度 ρ_g、氣體粘度 μ_g、接觸角、聲音在氣體中的速度 c。

操作變量是研究者可以改變的量，它們包括：氣體的體積流速、連續相的速度、浸沒深度、通過噴嘴的壓力和系統的操作溫度。

9.1.1 孔口特性的影響

對於潤濕性的孔口，在低氣流速的情況下，氣泡體積與孔口直徑呈正比，在高速氣流的情況下，孔口直徑對氣泡的體積也有重要的影響。

除孔口尺寸外，孔的屬性對氣泡體積起著相當重要的作用，因此在相同條件下，使用相同孔徑的孔和管產生的氣泡尺寸不同，研究發現孔板生成的氣泡尺寸要大於相應的管生成的氣泡。

孔板的厚度也可能影響氣泡尺寸，如果孔板厚度大於等於孔徑 100 倍，則影響會非常明顯。

孔的幾何形狀也是一個重要變量之一。儘管大部分的實驗使用的是圓形孔，但在工業上也使用各種形狀的孔。一些設備中，開口不僅有方形的，而且還有垂直放置的。氣液接觸設備中使用的多孔陶瓷管的小孔基本上都不是圓形的。Krishnamurthi、Kumar 和 Datta 進行了系統的研究，他們按照周長和面積將各種形狀的孔（三角形及方形等）分組，將其產生的氣泡和對應的標準圓孔產生的氣泡進行比較，在低氣體流量（<0.05cm^3/sec）的情況下，從圓孔獲得的氣泡體積與非圓孔獲得的氣泡體積相比，不管是在相同周長的孔產生的氣泡還是相同孔口面積的開孔產生的氣泡，都是不完全相同的，但最接近的是相同面積的孔產生的氣泡。在高氣體流量（200cm^3/sec）情況下，非圓形孔產生的氣泡與相同面積的圓孔產生的氣泡體積相等，因此，任何圓孔氣泡形成的理論也可以擴展到非圓形孔。

9.1.2　氣室體積的影響

Spells 和 Bakowski 最先認識到氣室體積是影響氣泡的重要參數之一，但沒有給出明確的結論。Hughes 等人發現，在氣室體積很小和氣流量很小的情況下，氣泡體積完全與氣室體積無關。在非常低的氣流量和大氣室體積的情況下，氣泡通常成對或三個同時形成，氣泡尺寸也不能確定。

氣室體積可通過改變氣室直徑和高度來改變。對於氣室的幾何比例是否影響氣泡的體積的問題，Hayes 等人進行了研究，結果發現如果氣室直徑與孔口直徑比大於等於 4.5，氣室直徑對氣泡形成的影響是微不足道的。當氣室直徑等於孔口直徑時，氣泡的生成就和 0 氣室體積是一樣的。如果氣室體積超過 800cm^3，則氣泡的形成與氣室體積也沒有聯繫。

當氣室體積在 0~800cm^3 時，因為聲速的作用產生的共振效應對氣泡的生成會產生非常重要的影響，但關於共振效應對氣泡影響的研究還很少見到。

氣室體積的影響與通過氣孔的壓力差 ΔP 密切相關。氣室體積應當被定義為從氣孔到氣流中壓力降非常大的點，通常這個點出現在控制閥處。Krishnamurthi、Kumar 和 Kuloor 通過在氣室填充玻璃粉末得到大的壓力降。當通過氣孔的壓力降比較大時，氣泡形成過程中壓力變化與總的壓力降相比來說是很小的。在氣泡形成過程中，氣體流量不變，那麼可以認為氣泡形成是在固定流量下進行的。因此，在固定流量的情況下，0 氣室體積相當於是通過氣孔有一個大的壓力降。

如果在氣孔的供氣處，在氣泡形成過程中氣壓保持一定的值，則氣泡尺寸增加，氣泡內壓力減小，導致氣泡的氣體流量在固定壓力情況下比固定流量的情況下大。因此，不能保持一定的氣體流量，且氣泡的生長率也是變化的。這些條件在大氣室（>800cm³）中較為常見。

Davidson 和 Schuler 觀察了在壓力降基礎上的定流量和定壓力兩種情況。工業中通常使用的是定壓力的情況。

9.1.3 浸沒深度的影響

大部分研究者都是研究水平放置氣孔的氣泡的形成，將氣孔的浸沒深度設為變量。大家通常認為這個變量不影響氣泡在頂點的體積。Datta 等人對毛細管頂端的氣泡形成（在固定流量的情況下）的研究證實了這一點。當浸沒深度小於大約 2 倍氣泡直徑時，氣泡的體積將受到深度的影響。

但 Padmavathy、Kumar 和 Kuloor 在浸沒深度從 163cm 到 66cm、氣孔直徑為 0.29cm 的情況下，發現氣泡體積改變了約 2.5 倍，其結果是，隨著浸沒深度的增加，氣泡體積隨之減少。這個矛盾主要是因為以前的研究者使用的要麼是固定氣流量的方式，要麼是固定氣壓的方式。而 Padmavathy、Kumar 和 Kuloor 的研究使用了 60cm³ 的氣室。儘管 Hughes 等人也使用了 60.63 cm³ 的氣室，但研究中最大的浸沒深度大約為 20cm，這個深度太淺而檢測不到氣泡體積的明顯變化。

9.1.4 液體的表面張力和氣孔的潤濕性的影響

Tate 定律利用氣泡的形成來測量水的表面張力，因此表面張力影響氣泡體積是不容置疑的事實。如果氣泡生成時氣流率接近 0，則氣泡體積產生的向上的浮力與向下的表面張力達到平衡，所以表面張力的增加會導致氣泡體積的增加。這一點被 Datta、Napier 和 Newitt 的實驗所證實。這些實驗都是在低固定氣流率的情況下進行研究的。

但 Davidson 和 Schuler 發現，在固定氣流率的情況下，表面張力對氣泡體積沒有影響，相同的結果在其他的文獻中也出現過。Kumar 和 Kuloor 預言，表面張力的在低氣流率情況下對氣泡的體積影響大，隨著氣流率的增加影響逐漸消失。

Ramakrishnan、Kumar 和 Kuloor 證實了這一點。他們通過對兩種液體表面張力分別是 72dynes/cm 和 41dynes/cm 的實驗獲得這一結論。氣泡的體積在低氣流率的情況下是不同的，在氣流率達到一定值後便不受表面張力的影響，因此，在高氣流率的情況下，表面張力對氣泡體積的影響可以忽略不計。

Quigley、Johnson 和 Harris 發現，在固定壓力和高速氣流率的情況下，表面張力對氣泡體積的影響是微乎其微的。他們得出此結論可能是因為沒有充分考慮到使用的兩種液體（水和四氯化碳）的密度的巨大差異。Davidson 和 Schuler 發現，在固定壓力的條件下，則表面張力對氣泡體積有著明顯的影響。Satyanarayan、Kumar、Kuloor 的研究發現，如果氣孔非常小或氣流率非常大，則表面張力的變化基本上不會影響氣泡體積。在更大的氣孔孔徑和小的氣流率的情況下，表面張力對氣泡直徑的影響會更加明顯。

因此，對於固定氣流率和固定氣壓力兩種情況，表面張力在低氣流率的情況下影響氣泡體積，而在高氣流率下不影響。這種表述有點過度簡化，因為表面張力對高粘度的液體的影響要小於對低粘度液體的影響。

9.1.5 液體黏度的影響

Schurmann 進行了在幾種液體中利用陶瓷微孔生成氣泡的實驗，得出了粘度是決定氣泡體積的主要因素的結論。Davidson 和 Schuler 也得出了類似的結論：粘度的增加能引起氣泡尺寸的顯著增加。

Datta 等人發現了與上觀點迥然不同的結論。他們使用了一系列具有大範圍粘度變化的甘油水溶液，使用的氣孔直徑為 0.036 到 0.63cm，結果發現粘度增加百倍時，氣泡體積只減少約 10%。以上的實驗結果都是在固定氣流量的條件下進行的，而且也適合於固定壓力條件。

Quigley 等人和 Coppock 等人報告的結果介於以上兩者之間。Quigley 等人報導氣泡體積隨粘度的變化而緩慢變化，而 Coppock 等人報導稱粘度無影響。

以上結果看似矛盾，但事實並非如此，這是因為粘度的影響伴隨著氣流率、表面張力和氣孔直徑的影響。當氣體流率接近 0 時，粘度影響可忽略不計，即使在粘度相差很大的情況下也是如此。在氣流率稍微增加時，就可看到粘度的影響。可能大家認為是粘度影響了氣泡的體積，實際上是由於表面張力的影響，因為粘度增加了百倍，但表面張力也隨之減少了 5dynes/cm。在非常小的氣流率（<0.1cm^3/s）時，粘度的影響就顯得微不足道。

Schurmann、Davidson 和 Schuler 使用了極小的氣孔，所以向下的表面張力很小，粘度就成了控制氣泡形成的主要因素。由此研究者得出了粘度對氣泡的形成具有很大的影響的結論。

以上的所有實驗結果都是正確的，只是有一定的適用範圍。

9.1.6 液體密度的影響

當液體密度增加時對於一定尺寸的氣泡來說浮力也增加，而表面張力可能會保持不變，這樣就可以獲得更小體積的氣泡。

　　Benzing、Coppock 和 Davidson 都認為，隨著密度增加氣泡體積會減小。Quigley 等人卻不同意以上觀點，認為液體密度對氣泡最終體積沒有影響。對於以上觀點的矛盾可以依如下解釋：

　　液體密度增加時，氣泡形成過程中受到的浮力也會增加，但是它對高粘度的液體在低氣流率下的影響最顯著。除了表明張力，還有一個向下的力，這個力是由氣泡運動和膨脹時帶動一定量液體的反作用力。儘管被帶動的液體的體積與液體密度無關，但隨著液體密度的增加，向下的力也增加。這個向下的力的增加的淨影響就與在 0 氣流率的情況完全相反。上面提到的第一組調查者要麼使用低氣流率的實驗條件，要麼使用高粘度的實驗條件，在這些實驗條件下，向下力的增加導致觀察到的結果是增加液體密度會使氣泡體積減小。另一方面，Quigley 等人使用高的氣流率和低粘度液體，實驗觀察到氣泡的體積與液體的密度無關。

9.1.7　氣體流率的影響

　　在氣泡形成研究的最初階段，氣泡形成的頻率被認為是一個重要參數。后來觀察到氣泡的頻率是由氣流率和氣泡體積決定的。雖然可以單獨控製氣流率，但卻不能控製頻率。更重要的，是對於某一系統，當氣流率連續增加時，會達到一個氣泡形成頻率不變但氣泡體積增加的階段。因此，可以假定對於某一特定頻率，氣泡體積是一個無限值。同時，如果所有其他條件保持不變，氣泡體積就是氣流率的一個單值函數。因此，為了進行深入研究，使用氣流率這個獨立變量比使用頻率這個非獨立變量要好，常常將氣流率作為操作變量。

　　大家普遍認同當氣流率增加時氣泡體積改變這個模式。當氣流率從 0 逐漸增加，氣泡體積與氣流率無關，基本保持不變，但氣泡生成頻率增加。Maier、Datta 和 Krishnamurthi 分別報導了與上述實驗觀察結果不同的結果。他們發現，隨著氣流率的增加，氣泡體積先減小，到達一個最小值後開始增加。這是在使用像水一樣的非粘性液體，並限制使用毛細管做實驗的現象。他們同時還發現，隨著粘度的增加，氣泡體積減小程度逐漸變小，直到粘度增加到非常高的程度時，氣泡就完全不會減小了。

　　很多研究者都認為低氣流率下氣泡體積的不變性是正確的，但僅就具有大的表面張力影響下的非粘性液體而言。如果使用高粘度的液體（$\mu>500cp$），則氣泡體積隨氣流率增加而非常快地增加。當增加氣流率時，一開始氣泡體積和氣泡生成頻率都增加，隨后會到達一個頻率基本保持不變而氣泡體積連續增加的階段。雖然在系統的研究中都觀察到了這些區域，但在哪一個區域的條件下開始，那個區域條件下結束還需要研究。

9.1.8　連續相速度的影響

Maier 已經給出了連續相的速度會減小氣泡尺寸的數據資料。在垂直孔口的氣泡形成的研究中，Krishnamurthy 等人觀察到浮力的增加引起氣泡體積的減小，而浮力的增加又是由連續相速度引起的。他們在方程中引入了拖曳力，方程可以預測到當連續相存在速度時氣泡體積的大小。但在他們的研究中，連續相的速度僅作為氣泡體積減小的參數，因此結果不能普遍化。

但如果速度是趨於減小浮力的（如液體向下流動），此時氣泡體積就可能比連續相靜止時獲得的氣泡體積要大。

連續相的速度可以增加或減少氣泡所受浮力，氣泡的體積也因此而減小或增大。一般情況下，連續相速度可以使氣泡在未完全長大的情況下脫離孔口。

Krishnamurthy 等人已經確認了上述的結論，如果在靜態條件下氣泡體積已知，他們得出了在流動條件下估算氣泡體積的表達式。他們使用了不同直徑的毛細管，將頂端作為孔口。這些毛細管被水平放置，流體垂直流過，這樣相當於增加了氣泡所受浮力，液體粘度在 1~30cp 內變化，表面張力在 62~70dyn/cm 內變化。

其結果表明，所有直徑的氣泡體積的變化隨著連續相速度的增加是非線性的。而且對於任何特定的速度，當流體粘度增加時，氣泡體積的減小更加明顯。

氣泡體積的減小是因為連續相速度提供了額外的向上的拽力，這個拽力相當於使浮力增加，因此：

$$F_B = F_B' + F_D \tag{9-1}$$

其中：$F_B = V_F(\rho_l - \rho_g)g$

$F_B' = V_F'(\rho_l - \rho_g)g$

F_D 使用拽力系數估算，拽力系數又與氣泡的雷諾數和氣泡的投影面積有關。當雷諾數在 2~700 之間時，拽力系數 C_D 由 Schiller 和 Naumann 方程估算：

$$C_D = (24/Re')(1 + 1.5Re'^{0.687}) \tag{9-2}$$

將式（9-1）中各項用體積來表達，然后化簡，我們得到：

$$V_F' + \frac{11.7}{g\rho_l}\mu u V_F'^{1/3} + 2.035(\mu/\rho_l)^{0.313}\frac{\mu^{1.687}}{g}V_F'^{0.562} = V_F \tag{9-3}$$

式（9-3）允許從 V_F 和其他相關參數中估算 V_F'，當不能得到方程（9-3）

解析解時，就需要使用數值方法來求解。然而，如果方程右側第三項 V_F 的冪在 0.562 到 0.667 之間，則方程就能用解析方法求解，因此，產生的誤差微不足道（大概 1%），方程變為：

$$V_F' + \frac{11.7\mu u}{g\rho_l} V_F'^{1/3} + 2.035 \, (\mu/\rho_l)^{0.313} + \frac{u^{1.687}}{g} V_F'^{2/3} = V_F \qquad (9-4)$$

方程（9-4）使用 Cardon 法求解得到的預測數據平均偏差為 ±6%。

以上的分析假設了唯一阻力是表面張力時固定的朝下的力，這就限制了方程（9-4）僅在氣流率極小的情況下使用。

9.2 在剪切流下的小孔成泡

靜水中的小孔在通入氣體的情況下形成氣泡的方式已經在很多工程應用上發揮了作用，氣泡形成的物理過程在許多文獻中被介紹得比較清楚。目前也有很多可靠地預測各種參數（如氣、液的物理性質，氣流率和小孔直徑）對氣泡生長行為影響的模型。然而在很多情況下，氣泡是在液體與氣體噴口具有相對速度的情況下產生的，比如，氣體誘導葉輪葉片上的小孔和剪切流下篩板等靜態的小孔在產生氣泡時都是這種情況。這種具有相對運動的成泡方式主要具有兩個優點：

（1）由流體流動產生的拖曳力能夠讓氣泡提前脫離小孔，因此氣泡直徑減小，水氣界面面積增加。

（2）脫離小孔的小氣泡被大量的液體流帶走，能夠減少氣泡的聚並，使得氣泡大小的受控性能改善。

總的說來，液相相對於氣源的相對運動對曝氣和氣浮等工藝是有好處的，因此，在這種情況下量化氣泡的形成特性具有現實意義。

基於 S. E. Forrester 等人的研究結果，將氣泡形成的模式分為四類：單個成泡、脈動成泡、噴射成泡、氣穴成泡（見圖 9-1 所示）。對每一類模式的性能特點總結如下：

9.2.1 單個成泡

單個成泡模式只有在通過小孔的氣流率很小的情況下才能被觀察到，通常產生的氣泡近乎圓球形，且在小孔附近脫離。在與流過噴口上方的大量液體混合之前，氣泡順著小孔刃口外形輪廓進入尾跡區。對於單個置於水平面的小孔，Johnson 等人認為，液體流動產生的拖曳力和表面張力的平衡決定了等效的球形氣泡直徑，在液體中位於小孔之上，則氣泡直徑由下式表示：

$$d_{eq} = \left(\frac{8d_o\gamma}{C_D U_o^2 \rho_L}\right)^{0.5} \tag{9-5}$$

其中，U_o 是小孔上方的流體速度；d_o 是小孔直徑；γ 是表面張力，C_D 是流體剪切流動產生的拖曳系數，其值在 0.5 左右（由剪切流動的雷諾數和氣泡在脫離時的形狀決定，其中雷諾數為 $\rho_L U_o d_{eq}/\mu_L$）。方程（9-5）表明，產生的氣泡大小不受通過小孔的氣流率的影響，這種方法忽略了氣體的動量和浮力。因此，僅限在低氣流率的情況下，其液體剪切的拖曳力提供了使氣泡脫離的力。在靜態的液體中就不會有這種現象，也就是液體的速度趨於 0 時，浮力的作用更加明顯。方程（9-5）已經成功地應用於 Johnson 等人的實驗，在多孔材料表面產生了非常小的氣泡（直徑為 0.03~0.2mm）。

9.2.2 脈動成泡

當液體流速一定，氣流率增加時，則氣泡的形成模式轉換到脈動成泡模式。生長中的氣泡明顯地變成非球形，脫離也不再發生在小孔附近，而是切斷逐漸增長的與氣泡和小孔連接的脖頸。對小孔成泡的詳細觀察表明，氣泡是連續的 2 個或 3 個氣泡，原因在於連續的氣泡衝出小孔相互碰撞，形成 2 個或 3 個氣泡的氣泡團。氣泡繼續單獨地在小孔處形成，但脫離是靠與小孔連接的起皺的脖頸處破裂後才發生的。在更大的氣流率下，形成氣泡的脈動數量增加，導致氣泡尺寸、形狀和脫離率都逐漸變得無規則和無秩序。

在很多文獻中都出現過在這種模式下氣泡形成的過程的模型，然而這些都被限制在很低的流體剪切速度下，也就是說剪切流速度低於 0.5m/s，而且要麼就憑藉經驗主義，要麼就假設氣泡是球形生長的。用經驗主義方法來預測氣泡體積的有效性是有限的，它們沒有物理基礎，因此應用起來完全沒有在試驗情況下得出的範圍值那麼有效。球形氣泡模型需要制定一個氣泡隨機脫離標準，但目前在已提出的標準中還沒有任何物理判斷依據。

9.2.3 噴射成泡

當氣體流率進一步增加，就形成了噴射成泡模式。在文獻中，這種噴射態定量的定義有些模糊。從定性的角度來說，形成的氣流呈現出連續噴射的特徵，隨後在離小孔很短距離的下游破碎。氣泡形成的過程完全是無秩序的，「氣囊」在波動的噴射氣體尾部被撕碎，「氣囊」另一端一直附著在小孔上，不會斷開。氣泡的尺寸、形狀和頻率也都高度的不規則，最典型的是脫離的氣泡最大直徑和最小直徑相差5倍之多。

這種方式產生的氣泡的平均直徑也許可以用最初由雷諾（1892年）開發的噴射破裂模型來預測。這個模型基於以下幾點假設：

（1）液體剪切速度足夠高，以至忽略重力。

（2）氣體噴射速度在破裂前和液體剪切速度相同。

（3）由於表面張力作用，氣體噴射的橫截面是圓形的（不依賴於小孔的形狀）。

（4）氣體密度忽略不計。

在滿足以上四點假設后，脫離后的氣泡的等價球形氣泡直徑 d_{eq} 由下式決定：

$$d_{eq} = 2.4 \left(\frac{Q_o}{U_o}\right)^{0.5} \tag{9-6}$$

其中，Q_o 是氣體通過小孔的體積流率。

Silberman（1957年）和 Wace 等人（1987年）對式（9-6）的報導具有很好的一致性，而且實驗是在噴射態下進行的。

實際上，在氣水系統中，噴射成泡已經在液體流動速度大於0.5m/s時被觀察到了，在這種情況下，氣體速度至少高於液體速度一個數量級（Wace 等，1987）。

9.2.4 氣穴成泡

在氣流率更高的情況下，從小孔形成的噴射順著小孔刃口的輪廓進入尾跡區，為粘附在小孔刃口輪廓后面的氣穴提供氣體。氣穴跨越整個實驗水道的寬度，氣泡在氣穴的尾部無規則地中斷形成，與觀察到的噴射成泡模式類似。這些粘附在小孔刃口輪廓上的氣穴與粘附在氣液攪動的葉輪片後部的氣穴很相似。在這個狀態下，氣體作為氣泡從氣穴中脫離，氣泡的尺寸由此處的湍動能耗散率決定。

9.3 文丘里管

文丘里管是指局部處管徑有突變的管道。圖9-2是文丘里管的示意圖，其管徑在截面2-2處有一個局部範圍收縮。截面1-1、2-2處對應的直徑分別為

(a) 單個成泡　液體流向

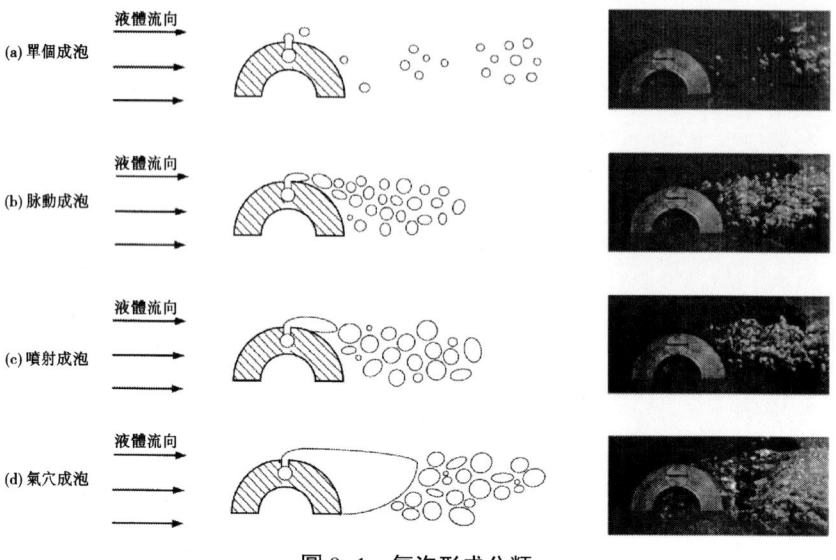

(b) 脈動成泡　液體流向

(c) 噴射成泡　液體流向

(d) 氣穴成泡　液體流向

圖 9-1　氣泡形成分類

d_1、d_2，對應的流體平均速度為 V_1、V_2，根據伯努利方程，在不計能量損失的情況下，在截面 1-1 和 2-2 處有：

$$\frac{p_1}{\gamma} + \frac{V_1^2}{2g} = \frac{p_2}{\gamma} + \frac{V_2^2}{2g} \tag{9-7}$$

其中，p_1、p_2 分別為截面 1-1 和 2-2 處的壓力，單位 Pa；V_1 和 V_2 分別為截面 1-1 和 2-2 的平均速度，單位 m/s；γ 為流體的重度，此處設重度不隨壓力變化，單位 N/m³。

因為假設了重度不隨壓力變化，所以根據連續性方程有：

$$V_1 \frac{\pi}{4} d_1^2 = V_2 \frac{\pi}{4} d_2^2 \tag{9-8}$$

將式（9-7）和（9-8）聯立解出 p_2，得：

$$p_2 = p_1 - \frac{\gamma V_1^2}{2g} \left[\left(\frac{d_1}{d_2} \right)^4 - 1 \right] \tag{9-9}$$

在入口壓力 p_1 和入口速度 V_1 不變的情況下，因為 $d_1 > d_2$，所以式（9-9）右邊第二項是大於 0 的，所以 $p_2 < p_1$，且 d_1 與 d_2 相差越大，p_2 值越小。因此文丘里管的收縮段產生負壓，空氣將被從外部吸入，形成自吸。

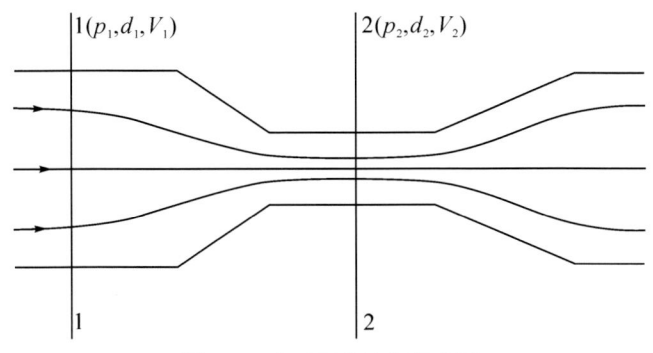

圖 9-2　文丘里管流場示意圖

9.4　多孔材料

多孔材料是指具有大量的一定尺寸孔隙結構和較高比表面積的材料。多孔陶瓷材料的製造工藝有很多種，常用的有以下幾種：

9.4.1　有機泡沫浸漬法

有機泡沫（聚合物）浸漬法是指將陶瓷料漿浸漬到機泡沫中，經過干燥后再高溫燒掉有機泡沫載體，從而得到多孔陶瓷材料的一種方法。它借助有機泡沫體的三維網狀基架結構，將制備好的料漿浸漬入有機泡沫網狀體中，燒掉有機泡沫后獲得網眼形的孔隙。這種方法的最重要的步驟：有機泡沫浸漬陶瓷漿料；料漿浸漬有機泡沫后，將多餘漿料去除，同時，還要保證漿料在網路孔壁上均勻分佈，防止孔堵塞。這個關鍵環節決定了最終製品結構的均勻性、氣孔率以及力學性能。其最終製品的孔的尺寸主要由有機泡沫體的孔的尺寸決定，同時還與漿料在有機泡沫體上的涂覆厚度有一定的關係。多孔材料的結構與有機泡沫母體的結構幾乎相同，即呈現開孔立體網狀基架結構。

此工藝方法適用於生產氣孔率高、開孔率高的多孔陶瓷材料。陶瓷多孔材料的孔徑大小由有機泡沫決定，所以有機泡沫的選擇很重要。此外，有機泡沫的恢復力和燒結溫度也非常重要，恢復力要能滿足要求，且有機泡沫的氣化溫度要比陶瓷燒結溫度低。滿足這些條件的材料有纖維素、聚氨基甲酸乙酯、聚苯乙烯和聚氯乙烯等。由於具有低的軟化溫度，當熱分解泡沫時，聚氨基甲酸乙酯已經軟化，燒掉它時不會產生應力，從而保證了燒結陶瓷不會破裂。

9.4.2 發泡法

發泡法是由 Sundermann 等於 1973 年發明的。該方法是向陶瓷組分中添加發泡劑，這些發泡劑一般都是有機或無機化學物質，充分攪拌後，利用物理方法和化學方法，使添加物產生揮發性氣體，形成泡沫，經干燥和燒制得到多孔陶瓷。在制備過程中，需要嚴格控製燒制溫度，如果發泡反應太快，短時間內出現大量氣體，則會出現坯體凹陷和孔徑不一致等現象，甚至造成坯體出現開裂和粉化。用作發泡劑的化學物質有很多種類，主要分為無機發泡劑和有機發泡劑兩種，無機發泡劑有碳酸銨、碳酸氫銨等加熱後可分解的鹽類，有機發泡劑主要是纖維、高分子聚合物等。

傳統的發泡工藝一般都包含所需要的化學混合物，可以釋放氣體，從而產生氣泡並引起材料發泡。該工藝易產生小孔徑的閉孔泡沫劑，也可獲得孔率達 60%～90%的開孔陶瓷材料，孔隙尺寸一般在 0.01～1mm 之間。目前，一種經過改進的發泡工藝將制備聚氨酯泡沫和陶瓷漿料按一定的工藝混合，這樣在陶瓷漿料中就會出現聚氨酯泡沫，且陶瓷粉末均勻分佈於有機泡沫中，燒結後可以得到多孔陶瓷。該工藝利用有機物單體的原位聚合反應，被用來生產氧化鋁、氧化鋯等多孔陶瓷，孔隙率可在 20%～80%之間變化，通過控製可得到從開孔到幾乎閉孔的一系列結構，而且大孔隙更多趨於閉孔結構，而小孔隙呈開口狀態。

9.4.3 添加造孔劑法

該方法在多孔陶瓷材料制備中應用廣泛，是指通過向陶瓷配料中添加造孔劑，將陶瓷顆粒與造孔劑充分混合均勻，壓制成型，這些造孔劑在坯體中佔有一定的空間，然後通過加熱燒蝕、造孔劑熔解、汽化蒸發等工藝去除造孔劑，在陶瓷預制體中留下空隙，成為多孔網路陶瓷預制體的一種方法。

造孔劑是為了增加氣孔率，其基本要求是：在加熱過程中易於排除；排除後基體中沒有殘存物；與基體不反應；對環境無害。造孔劑一般分為無機和有機兩類，無機造孔劑有碳酸鈣、碳酸銨、碳酸氫銨、氯化銨等加熱後可分解的鹽類和各種碳粉，有機造孔劑主要包括一些天然纖維、高分子聚合物和有機酸等，如糊精、澱粉、尿素、鋸末、萘、氨基酸衍生物、聚乙烯醇、聚苯乙烯、聚甲基丙烯酸甲酯。使用此工藝可制得形狀複雜、氣孔結構各異的多孔陶瓷材料。

以上造孔劑在相對於基體陶瓷燒結溫度很低的情況下分解或揮發。由於是在溫度較低的情況下形成的孔，因此可能有一部分很小的孔會在燒結時封閉，造成透氣性降低。如果採用另一種造孔劑，則可以彌補這個缺陷。這種造孔劑在基體陶瓷燒結溫度下不消失，基體製成后，用水、酸或鹼溶液浸泡，排出造孔劑而形成多孔陶瓷。這種類型的造孔劑主要是一些可溶於水、酸或鹼溶液的無機鹽和熔點較高的化合物，如 Na_2SO_4、$CaSO_4$、$NaCl$、$CaCl_2$ 等。但此類造孔劑會在基體中帶入鹼金屬，會降低多孔材料的機械強度。這類造孔劑非常適合於玻璃質含量高的多孔陶瓷的製造。

近年出現了以澱粉為造孔劑的制備工藝。首先製備出陶瓷粉末和澱粉的分散性懸濁液，然后將其放入模具中，加熱至50℃~70℃。在此溫度下，水與澱粉顆粒發生反應，澱粉顆粒膨脹並吸收漿料中的水分。這兩種反應都會使液態懸浮液轉變成為與模具型腔相同的硬質模型。脫模、干燥后，經燒結，澱粉燒去后留下的孔隙保留了最初澱粉顆粒的尺寸和它的分佈，因此控製初始懸浮液的澱粉顆粒尺寸和數量就可以控製產品最后的孔隙率。此工藝有操作簡單、孔隙率可控、成本低的優點，因此成為製造多孔陶瓷材料的一種誘人的方法。有文獻報導了用稻米澱粉（粒度 1~5μm）、玉米澱粉（粒度 5~25μm）和土豆澱粉（粒度 15~100 微米）來制備陶瓷多孔體。圖 9-3 為其燒結製品的典型顯微圖像。從圖中可知，孔隙尺寸與澱粉顆粒尺寸的關係十分明顯。

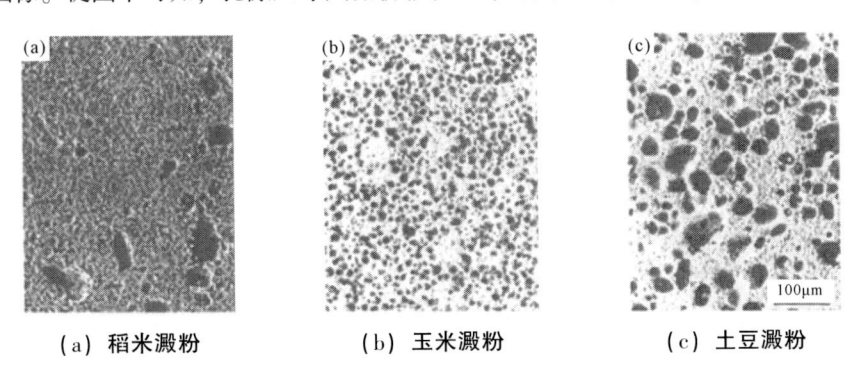

(a) 稻米澱粉　　(b) 玉米澱粉　　(c) 土豆澱粉

圖 9-3　利用澱粉製得的燒結體的 SEM 圖像

9.5　自吸式剪切流微孔微泡發生器的仿真分析

自吸式剪切流微孔微泡發生器的內部流場形態較為複雜，且決定著微泡發生器的工作性能。通過計算機數值計算仿真，在空間上對流場進行定量描述，得出數值解，從而對微泡發生器的結構進行選優，能節省大量的人力、財力和物力。

9.5.1 文丘里式-多孔介質微泡發生器的結構研究

微泡發生器是微泡浮選、微泡氣浮水處理的核心部件，其結構直接影響微泡的數量、尺寸。

圖9-4是文丘里式-多孔介質微泡發生器的結構示意圖。水流以一定速度從I_L-I_L進入文丘里管，進入I段的錐形通道，根據流體力學的連續性原理和伯努利方程，隨著截面積的縮小，水流速度增大，而壓力將逐漸減小。水流進入II段時的速度比入口速度大很多，此時壓力比入口小很多，在多孔陶瓷材料管內可能形成比大氣壓還小的負壓。管外有一個環形氣室，氣室開有氣體入口I_G-I_G，II段中的水形成負壓後，氣室中也形成負壓，空氣將被從I_G-I_G空氣入口吸入進入氣室，再經過多孔材料進入水流形成極小的氣泡。在小氣泡長大過程中，因為水流速度較高，水流剪切力就將成長過程中的氣泡帶入到水中。因為水的剪切力作用，此時形成的氣泡比使用相同的多孔陶瓷材料管在靜態水中產生的氣泡要小。經過II段後，水流和小氣泡的混合物就進入III段，此時隨著截面積的增大，水流流速逐漸減小，壓力逐漸趨於微泡發生器外部壓力，最後通過氣液混合出口O_{L+G}-O_{L+G}流出。

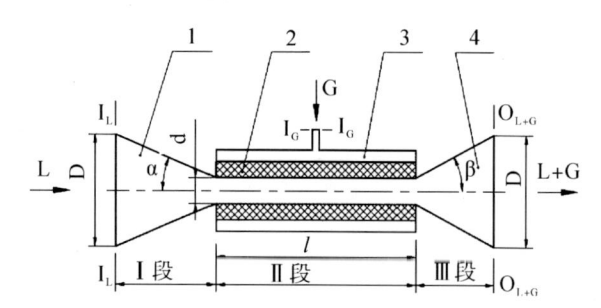

註：1為錐形入口；2為多孔陶瓷材料管；3為氣室；4為錐形出口；
I_L-I_L為液體入口；I_G-I_G為氣體入口；O_{L+G}-O_{L+G}為氣液混合出口。

圖9-4 自吸式剪切流微孔微泡發生器機構示意圖

9.5.2 使用FLUENT對自吸式剪切流微孔微泡發生器的選優設計

9.5.2.1 已知數據

根據吳勝軍、方為茂、趙紅衛等人的研究，在一定速度下使用$0.3\sim4\mu m$膜孔孔徑的膜，在剪切流作用下產生的氣泡直徑可在$100\mu m$以下，因此，我們選擇了合肥長城新元膜科技有限責任公司的平均膜孔直徑為3μm、膜管外徑為12mm、內徑為8mm的陶瓷微孔膜管，在0.1Mpa壓差下，其透氣率為50m³/m²h。

對於給定的液體流率，根據流體力學連續性原理可知，為保證在陶瓷微孔膜管中水流速度足夠高，筆者粗略選取I_L-I_L截面的直徑為30mm，液體入口截面積與陶瓷微孔膜管管內截面積之比約為14。根據S. E. Forrester和C. D. Rielly研究的結論：對於給定的氣流率，在水流速度從1m/s到3m/s的過程中，氣泡直徑減小接近50%；當水流速度超過3m/s后，氣泡的直徑隨著速度的增加而減小的現象很不明顯。

9.5.2.2 模型簡化

因為此模型中涉及到液相、氣相、多孔材料，如果按照圖9-4所示的結構用FLUENT計算，則涉及到如圖9-4中所有的區域。如果將氣室省去，直接將陶瓷微孔管外表面作為氣相入口，如圖9-5所示，則可省略氣室這個計算區域，使得建模和網格劃分更簡單，節約計算時間，且計算更容易收斂。

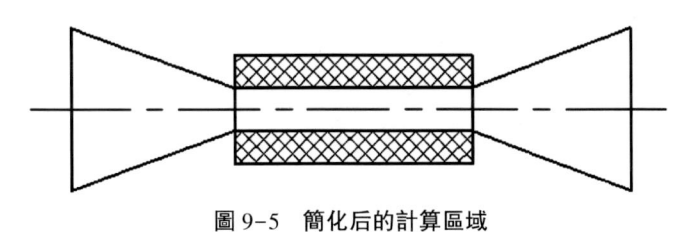

圖9-5 簡化后的計算區域

9.5.2.3 數值模擬參數設置

本模型使用ANSYS Workbench13.0中Fluent模塊進行模擬，使用三維單精度的求解器，解算器性質為壓力基，時間屬性設置為定常，速度採用絕對速度模式，重力加速度採用9.8m/s²，其他的設置如下：

(1) 多項流模型選擇

因為有液相和氣相同時存在，選擇混合多項流模型（Mixture）。Mixture混合模型是一種簡化的多相流模型，它用於模擬各相有不同速度的多相流，也用於模擬有強耦合的各向同性多相流和各相以相同速度運動的多相流。

(2) 湍流模型選擇

選擇了重整化的$k-\varepsilon$湍流模型。標準$k-\varepsilon$模型是雙方程模型，應用非常廣泛，但只適用於完全湍流的流體模型中。

(3) 相數設置

一般被處理的水都成膠體狀態，雜質不易上浮和下沉，為了簡化模型，將雜質忽略不計，因此將相數設置為兩相，分別為水和空氣，兩相屬性如表 9-1 所示。

表 9-1　　　　　　　　　　　材料屬性

相	密度（kg/m³）	粘度（kg/m·s）
水	998	0.001,003
空氣	1.225	1.789,4×10⁻⁵

（4）邊界條件設置

水流入口設置為速度入口，速度為 0.8m/s；空氣入口設置為壓力入口，空氣壓力設置為 0Pa，即大氣壓力；氣液混合出口邊界設置為壓力出口，設置為 0Pa，即出口浸沒在淺層水中，出口壓力為大氣壓。

（5）多孔材料的設置

陶瓷微孔膜管是一種多孔材料，選擇圓錐形（Conical），半錐角為 0，即一根等截面的管。根據其生產廠家提供的數據，在三個方向上分別設置為 1×10^{17}（1/m²）、1×10^{14}（1/m²）、1×10^{14}（1/m²）。

（6）計算設置

對於氣相與水相的含相率、速度分量和湍流分量，均採用一階離散格式，單元節點選用一階迎風差值模式，壓力速度耦合採用了 Multiphase SIMPLE 算法求解。

（7）收斂判斷依據

對於計算過程是否收斂，這裡採用各個解算參數（除湍動能之外）的殘差值都小於 0.001，湍動能小於 10⁻⁶，湍動能精確度高能帶來更精確的模擬仿真效果，同時以各個解算參數的波動曲線小於設定值並且保持相對的穩定，作為收斂與否的判斷條件。

9.5.2.4　入口半錐角 α 的優化

根據流體力學及工程應用的相關結論，逐漸收縮管中壓力損失最小的圓錐角為 20°~40°（半錐角 10°~20°），所以為了研究入口半錐角 α 對微泡發生器性能的影響，這裡選取入口半錐角分佈為 8°、10°、15°、20°、25°、30°。為了說明入口半錐角 α 的影響，取膜管（喉管）長度 l 為 100mm，出口半錐角為 8°，入口水流速度為 0.8m/s。

考慮模型的對稱性，在 Gambit 中建立一半的模型，以減少網格數量，提高計算精度和縮短計算時間，使用六面體網格以利於收斂。圖 9-6 是其中一個參數的網格劃分。

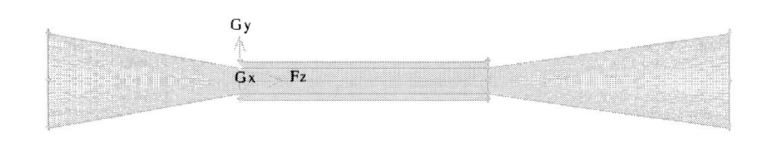

圖 9-6　網格劃分

在 Fluent 中對以上 6 種入口半錐角分別進行模擬仿真，其壓力雲圖如圖 9-7所示。

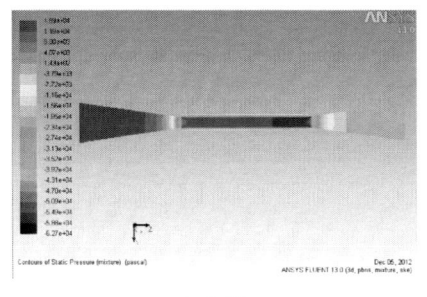

(a) 8°

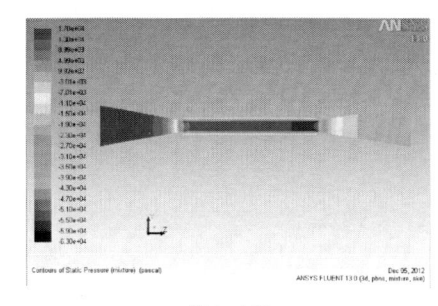

(b) 10°

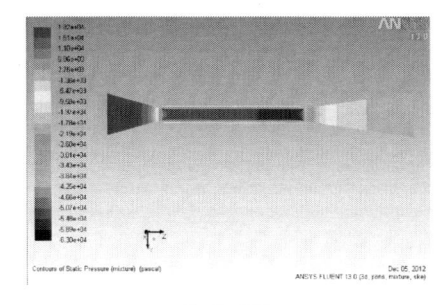

(c) 15°

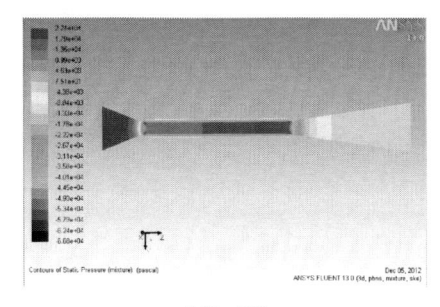

(d) 20°

(e) 25°   (f) 30°

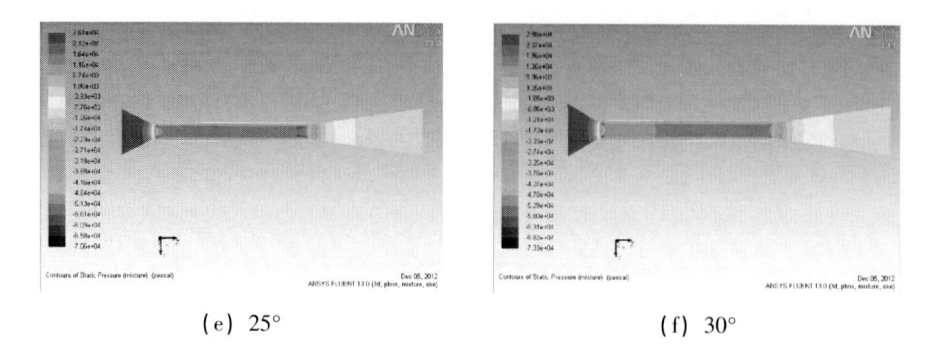

圖 9-7　α 角對微泡發生器內部靜壓影響雲圖

從壓力雲圖發現，最大負壓值都出現在截面變化率最大的地方，為了更好地說明壓力沿著軸向分佈，筆者畫出了軸線上的壓力分佈曲線圖，如圖 9-8 所示。

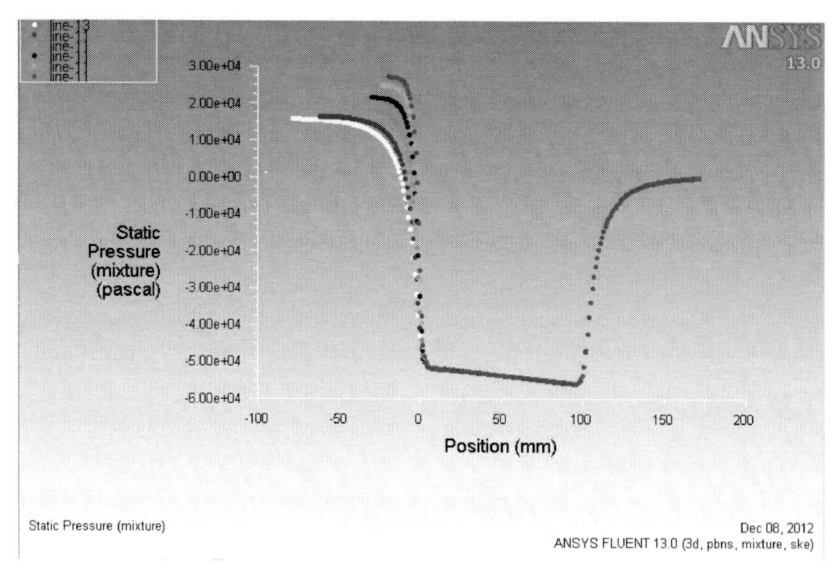

圖 9-8　軸線上的壓力曲線

從軸線上的壓力曲線可以看出，隨著入口半錐角的增大，入口壓力也逐漸增大，對應著入口端的能量需求也增大，而在喉管中的負壓值幾乎相同。

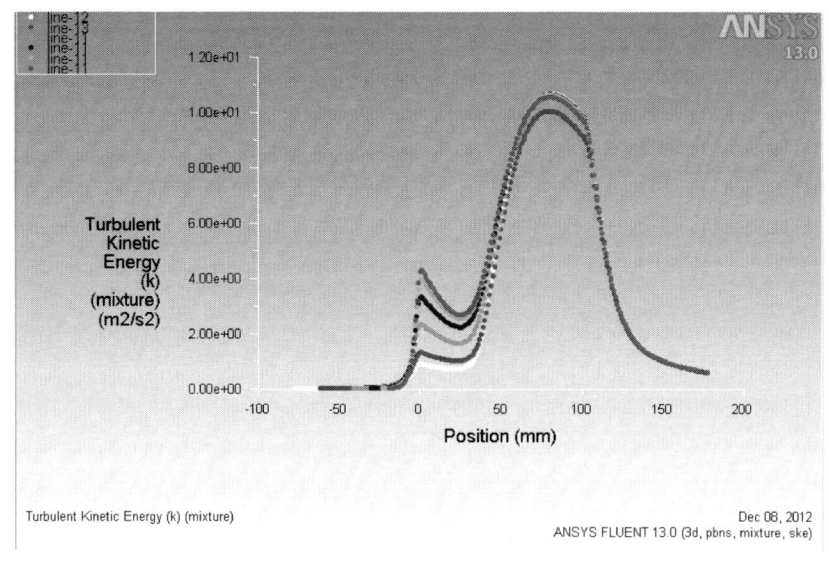

圖 9-9　軸線上的湍動能曲線

軸線上的湍動能曲線如圖 9-9 所示。

從軸線上的湍動能曲線可以看出，從入口噴嘴過渡到喉管時，湍動能有一個尖點，且入口半錐角越大，此處湍動能越大。上述幾個模型的最大湍動能出現在喉管的同一個地方，且幾乎相等。

出口處氣相體積含量根據以下公式計算：

$$q = \frac{V_G}{V_G + V_L} \tag{9-10}$$

其中，q 為氣相體積含量，無量綱；V_G 為單位時間的氣相體積，單位：升；V_L 為單位時間的液相體積，單位：升。

根據模擬仿真計算的液體入口和氣體入口的質量流率根據密度換算成單位時間體積，圖 9-10 是計算出的氣相體積含量隨入口半錐角的變化曲線圖。

從圖 9-10 中可知，入口半錐角對含氣率的影響不大，綜合以上所有數據，可知半錐角對含氣率的影響不大，但對入口壓力影響很大，入口壓力增大時，對應的輸入功率增大，所以選擇半錐角為 10°較為合適。

9.5.2.5　出口半錐角對 β 的優化

出口半錐角和入口半錐角一樣影響著微泡發生器的入口壓力（能量）、陶瓷微孔膜管內的最大負壓值、氣含量和湍動能，因此筆者固定入口半錐角為 10°和喉管長度 l 為 100mm，取出口半錐角為 6°、8°、10°、15°、20°、25°、

图 9-10　α 对体积含气率的影响

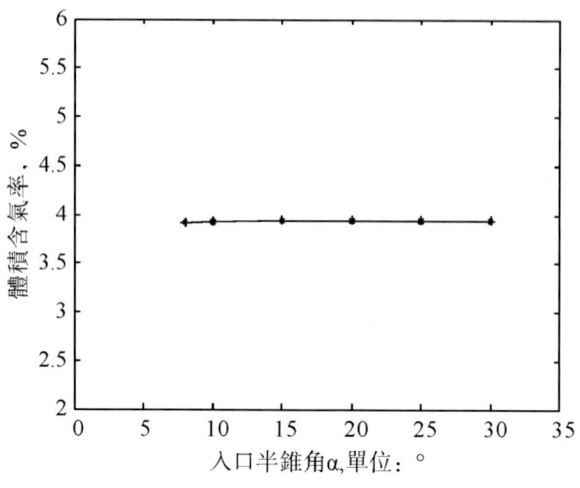

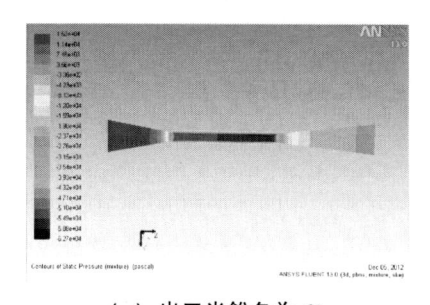

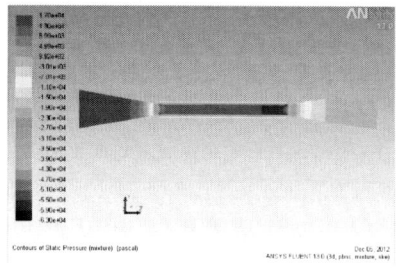

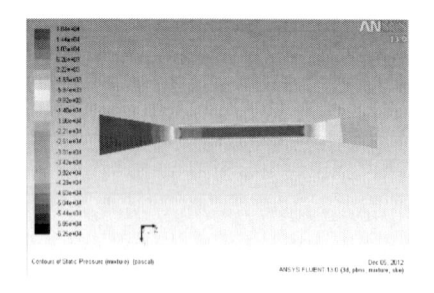

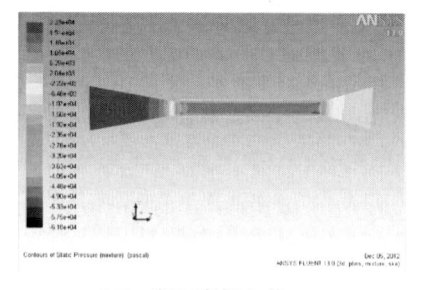

30°，分别对其进行模拟仿真。

使用 Fluent 对上面的 7 种模型进行计算，其压力云图如图 9-11 所示。

(a) 出口半锥角为 6°

(b) 出口半锥角为 8°

(c) 出口半锥角为 10°

(d) 出口半锥角为 15°

（e）出口半錐角為 20°　　　　　　　（f）出口半錐角為 25°

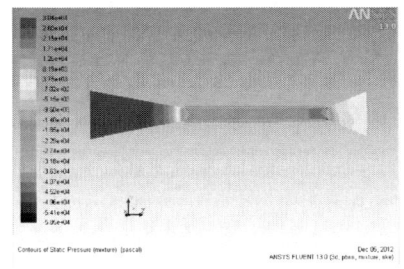

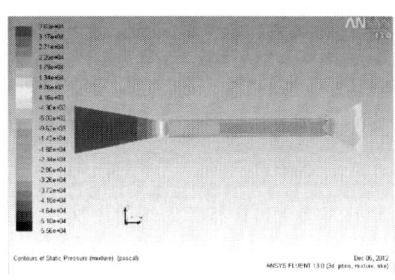

（g）出口半錐角為 30°

圖 9-11　β 角對微泡發生器內部靜壓影響雲圖

從壓力雲圖可以看出，最大負壓值隨著出口半錐角的增大而減小，為了更清楚地觀察其變化關係，畫出沿軸線上的壓力曲線，如圖 9-12 所示。

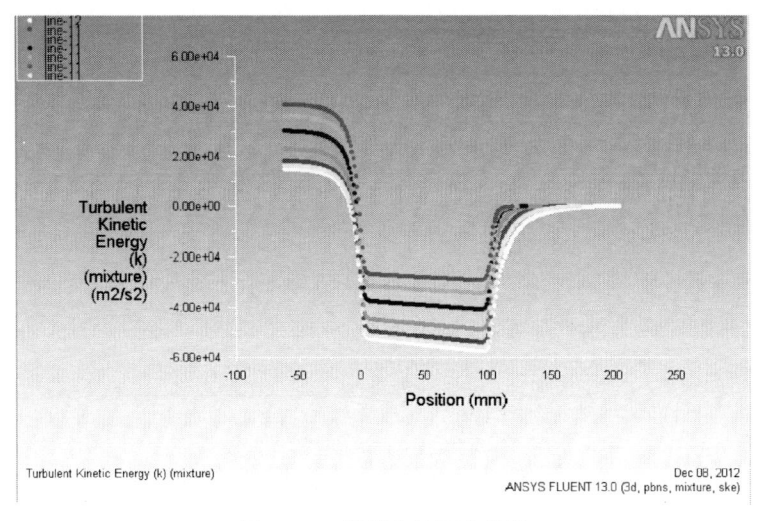

圖 9-12　軸線上的壓力曲線

第九章　自吸式剪切流微孔微泡發生器的研究 | 225

由壓力曲線圖可知，出口半錐角越小，產生的負壓值越大，而且對應的入口壓力越小，即輸入能量越小，更節能。軸線上的湍動能曲線如圖 9-13 所示。

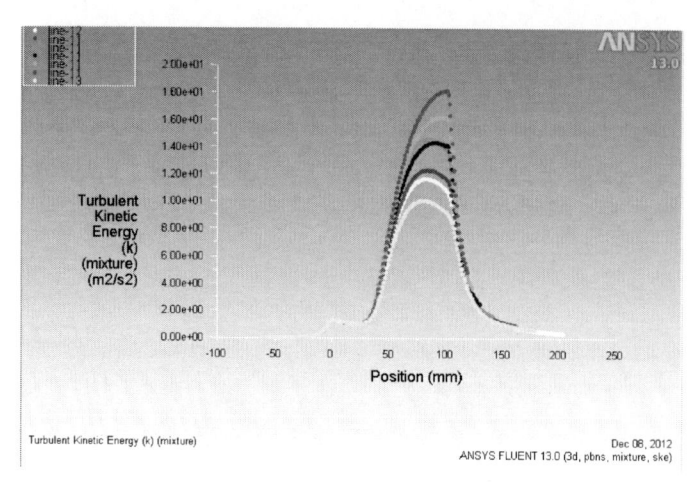

圖 9-13　軸線上的湍動能曲線

由湍動能曲線可看出，在喉管出口與出口錐管相接的地方，湍動能有一個尖點，達到最大值。

出口半錐角對最大負壓值有很大的影響，對氣相體積含量的影響同樣可以通過圖 9-14 顯示其變化規律。

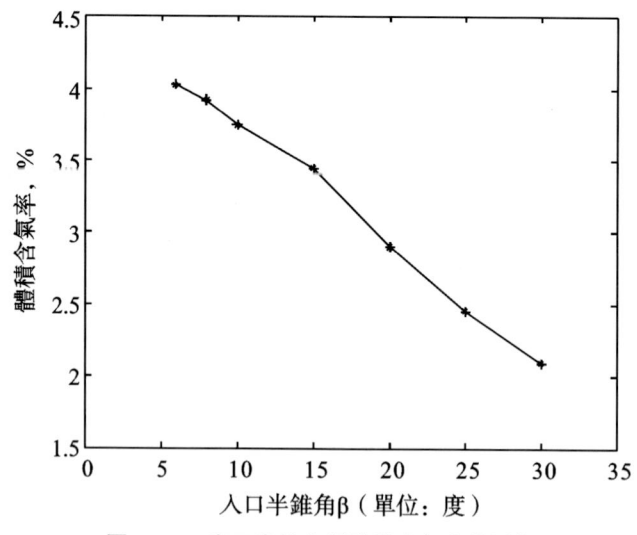

圖 9-14　出口半錐角對體積含氣率的影響

從圖 9-14 可以看出，氣相體積含氣量隨出口半錐角的增大而減小。

根據以上對出口半錐角的模擬分析，在固定水流速度的情況下，較小的出口半錐角能夠使入口壓力更小、最大負壓更大、氣相含氣率更高。但過小的半錐角使得出口錐管的長度更長，在使用普通加工工藝的情況下，加工更困難，所以在適度犧牲氣相含氣率的情況下，選擇出口半錐角為 8°。

9.5.2.6　喉管長度 l 的確定

喉管長度 l 對應著釋氣表面積的大小，對微泡發生器的入口壓力、最大負壓值、氣含量和湍動能一樣有著重要的影響。因此，筆者固定入口半錐角為 10° 和出口半錐角為 8°，分別取喉管長度 l 為 60mm、80mm、120mm、150mm、200mm、280mm 進行模擬仿真分析。

使用 Fluent 對上面 6 種模型進行分析，其壓力分佈雲圖如圖 9-15 所示。

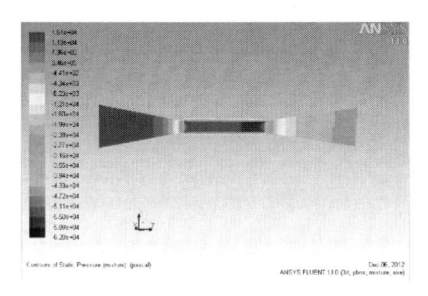

（a）喉管長度 l 為 60mm 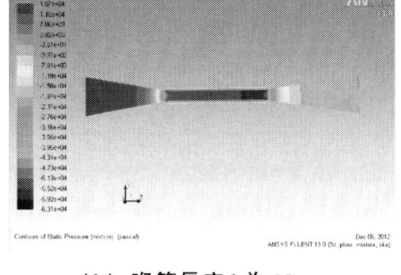　　　　（b）喉管長度 l 為 80mm

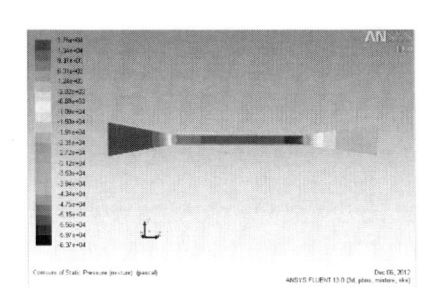

（c）喉管長度 l 為 120mm 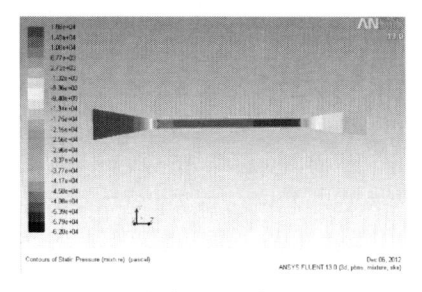　　　　（d）喉管長度 l 為 150mm

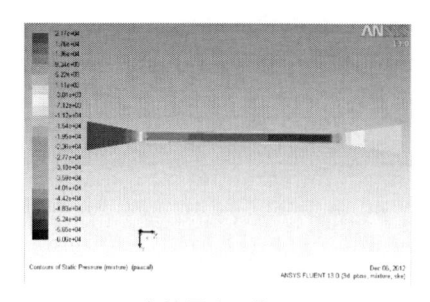

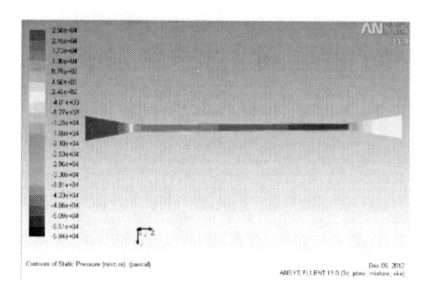

（e）喉管長度l為200mm　　　　　　（f）喉管長度l為280mm

圖9-15　對微泡發生器內部靜壓影響雲圖

　　從雲圖的入口壓力值和最大負壓來看，隨著喉管長度的增加，入口壓力隨之增加，最大負壓值隨之減小。

　　為了能定量地查看壓力與喉管長度l的關係，將中軸線上的壓力曲線畫出來並進行對比，如圖9-16所示。

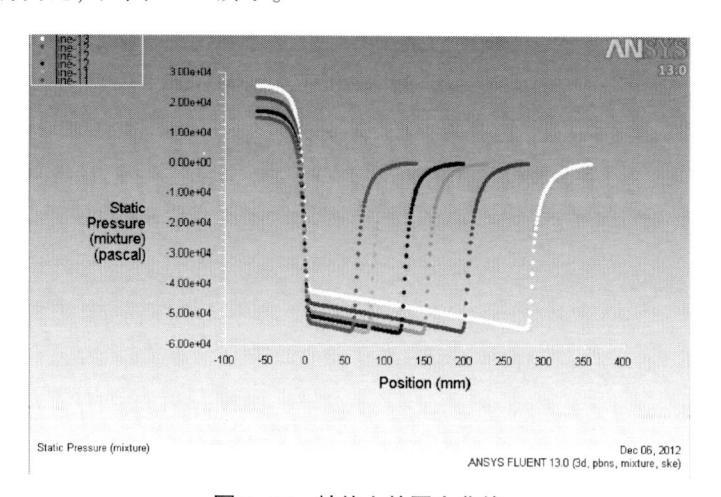

圖9-16　軸線上的壓力曲線

　　從壓力曲線可以看出，隨著喉管長度l的增加，喉管軸線上的最大負壓逐漸減小，入口壓力逐漸增大，說明要保證一定的流速，喉管越長消耗的能量越多。

　　喉管長度對湍動能的影響如圖9-17所示。

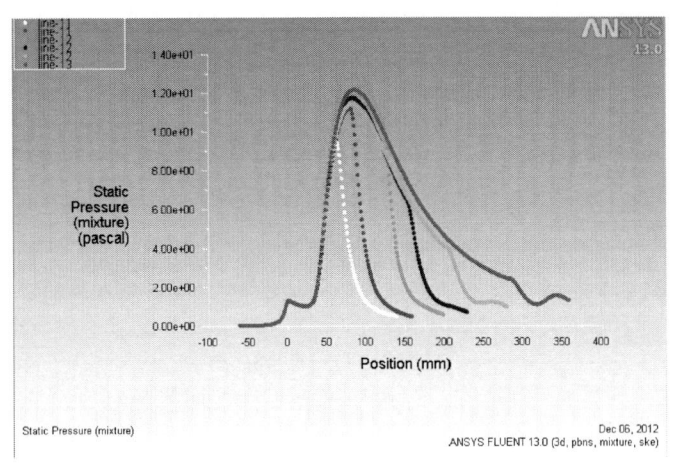

圖 9-17　軸線上的湍動能曲線

從湍動能曲線可以看出，除了喉管長度為 60mm 和 120mm 的湍動能曲線稍微與其他湍動能曲線相差較大外，其他湍動能的最大值基本相等，說明喉管長度對最大湍動能的影響不明顯。

在相同的入口速度下，喉管長度增加，喉管中的負壓值將減小。對於最大負壓值的減小和喉管長度的增加二者誰對氣相體積含量的影響更為明顯，從圖 9-18 的走勢圖可看出。

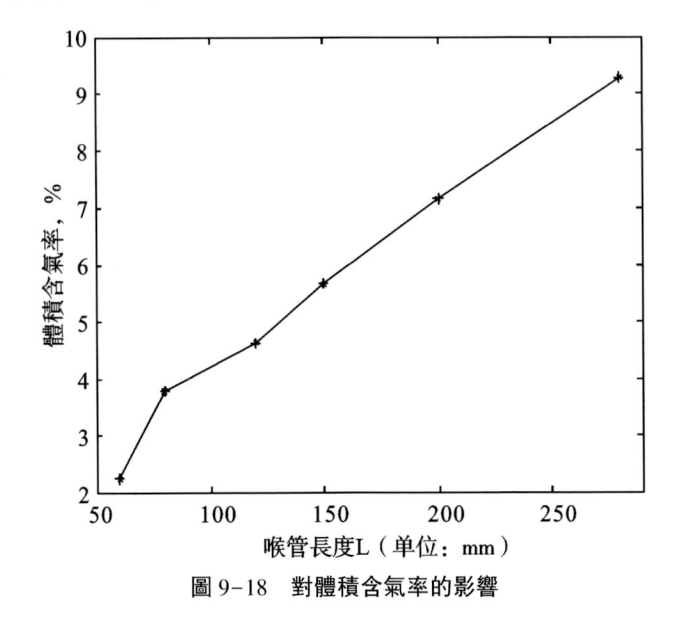

圖 9-18　對體積含氣率的影響

第九章　自吸式剪切流微孔微泡發生器的研究 ┊229

從圖9-18可以看出，在計算的範圍內，喉管長度l的增加對氣相體積含量的影響比增加喉管長度l產生的壓力減小對氣相體積含量的影響要大。

從上面對喉管長度增加的模擬分析可以看出，喉管長度l增加，入口壓力增大，湍動能基本不變，含氣率增加。使用280mm長的喉管時，氣相體積含量理論上能達到9.28%，與溶氣氣浮法的氣相體積含量基本相當，所以理論上應使用280mm長的喉管。

9.5.2.7 陶瓷微孔膜管內徑d對微泡發生器性能的影響

為了研究陶瓷微孔膜管內徑d對微泡發生器性能的影響，首先將α、β、l分別定為10°、8°和280mm，分別將d設為6mm、8mm、10mm和12mm進行建模、劃分網格，並導入FLUENT軟件，邊界條件按照討論α時的邊界條件設置。對4種模型分別進行計算，其管內壓力雲圖如圖9-19所示。

從圖9-19可以看出，在相同的水流入口速度下，陶瓷微孔膜管內徑越小，其內部產生的負壓值也越大。

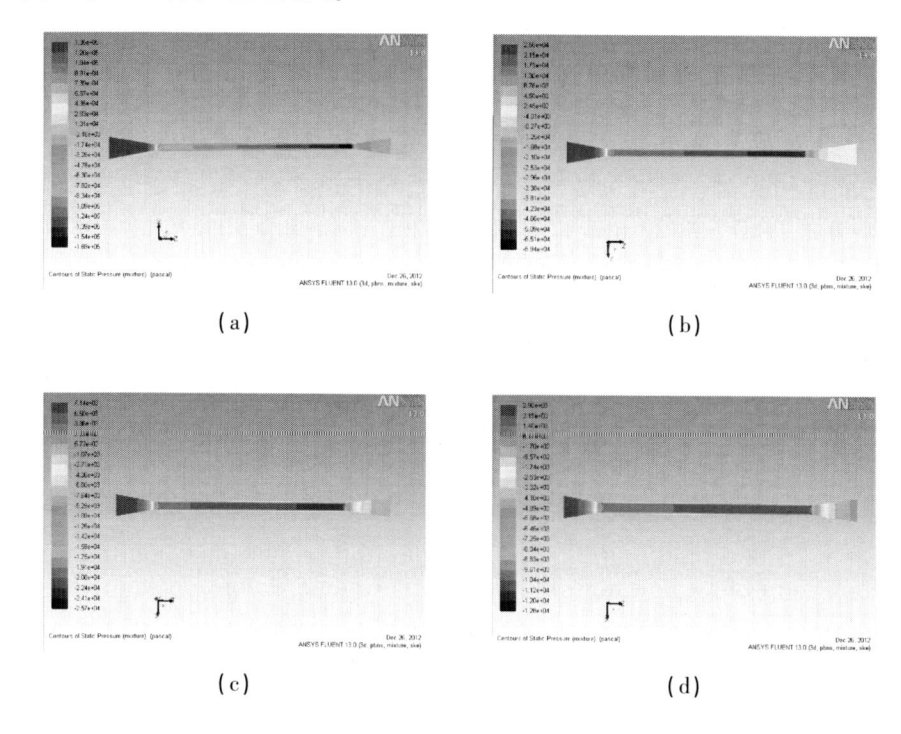

(a) (b)

(c) (d)

圖9-19 d對微泡發生器內部靜壓影響雲圖

為了定量地說明喉管內部壓力隨陶瓷微孔膜管內徑變化的關係，將微泡發生器軸線上的壓力曲線畫出來進行對比，如圖9-20所示。

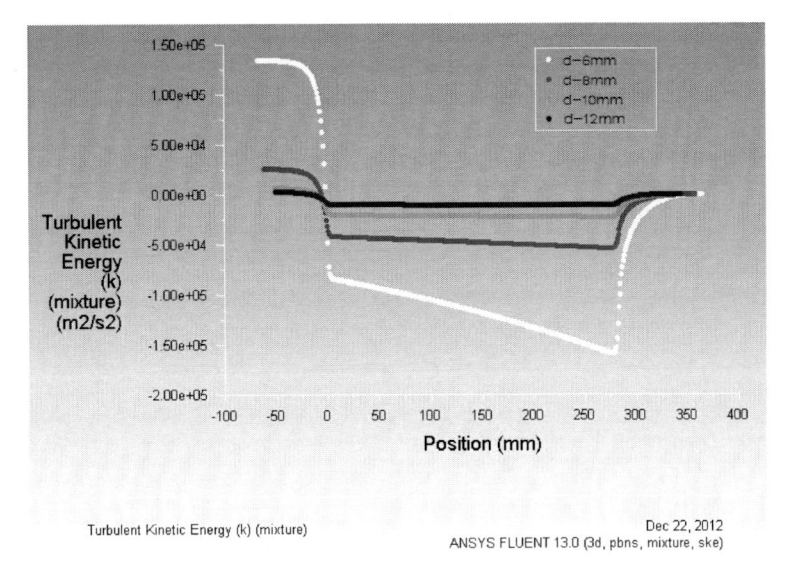

图 9-20　轴线上的压力曲线

从图 9-20 可以看出，在相同的水流入口速度下，陶瓷微孔膜管内径越小，其内部产生的负压值越大，入口处压力越大。

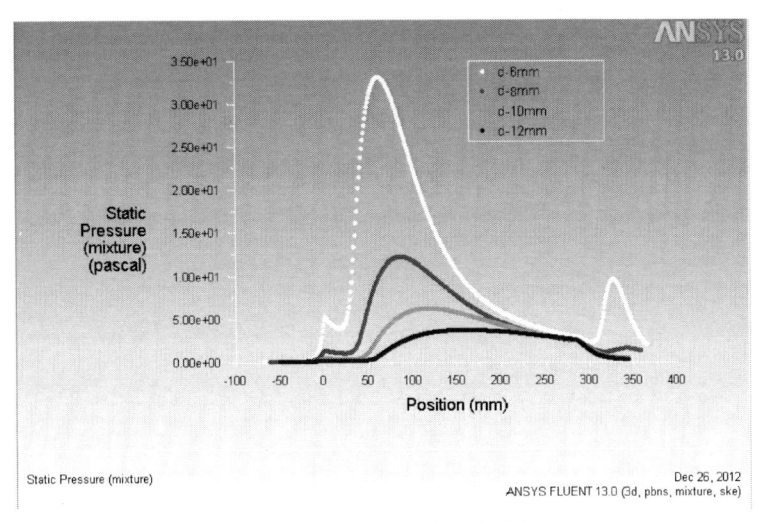

图 9-21 是微泡发生器内轴线上的湍动能曲线。

图 9-21　轴线上的湍动能曲线

由轴线上的湍动能曲线可以看出，d 值越小，内部的最大湍动能值越大。

第九章　自吸式剪切流微孔微泡发生器的研究 | 231

在微泡發生器中，湍動能大能夠使一些並聚后的大氣泡重新被撕裂成為小氣泡。

在相同的入口、出口邊界條件下，體積含氣率隨多孔材料內徑 d 的變化趨勢如圖 9-22 所示。

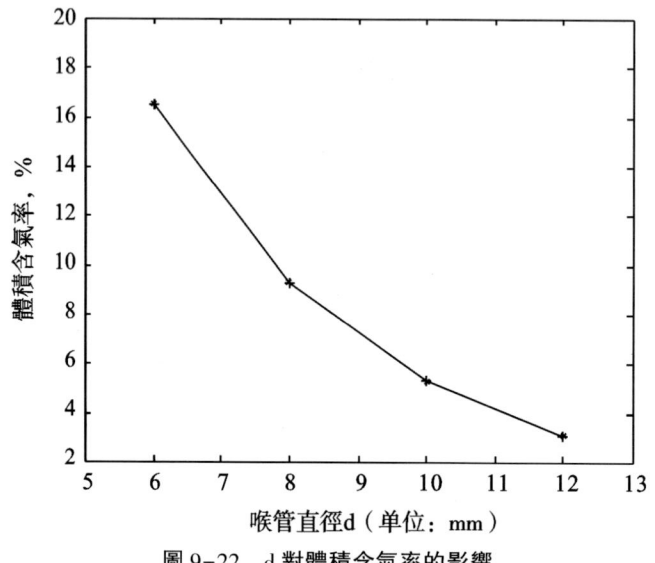

圖 9-22　d 對體積含氣率的影響

從圖 9-22 可以看出，儘管多孔材料的透氣面積隨著喉管直徑的減小而減小，但內部負壓的增加使得體積含氣率隨喉管直徑的減小而增加。

儘管從理論上講，使用 6mm 的喉管直徑時，其吸氣能力能夠達到很好的效果，且其內部有很大的湍動能能夠將並聚的大氣泡撕碎成小氣泡，但由於市場上很難找到 6mm 內徑的陶瓷微孔膜管，所以選擇市場上可以買到的內徑為 8mm 的陶瓷微孔膜管。

9.5.2.8　氣室空氣入口數量的確定

如圖 9-4 所示，圖中標示的 I_G-I_G 為空氣入口，因為空氣進入后會從陶瓷多孔膜管中滲出，所以，為了保證氣室內氣壓分佈的均勻性，筆者同樣使用 Fluent 軟件進行分析。首先建立氣室和陶瓷多孔膜管的 3D 模型，氣室外徑為 24mm，內徑為 12mm，陶瓷多孔材料外徑為 12mm，內徑為 8mm，氣室和陶瓷多孔材料長 280mm，空氣入口直徑為 5mm，因為存在對稱面，所以只建立一半的模型，如圖 9-23 所示。在模型中進行網格劃分和在 Fluent 中進行模擬參數設置，其中設置氣體入口為壓力入口，壓力值為 0.1MPa，陶瓷多孔膜管內表面為氣體出口，設置為壓力出口，壓力為 0MPa（大氣壓）。陶瓷多孔膜管的設置與前面的設置相同。

圖 9-23　氣室和陶瓷多孔膜管的 3D 模型

根據上面的參數設置計算，計算結果壓力雲圖，如圖 9-24 所示。

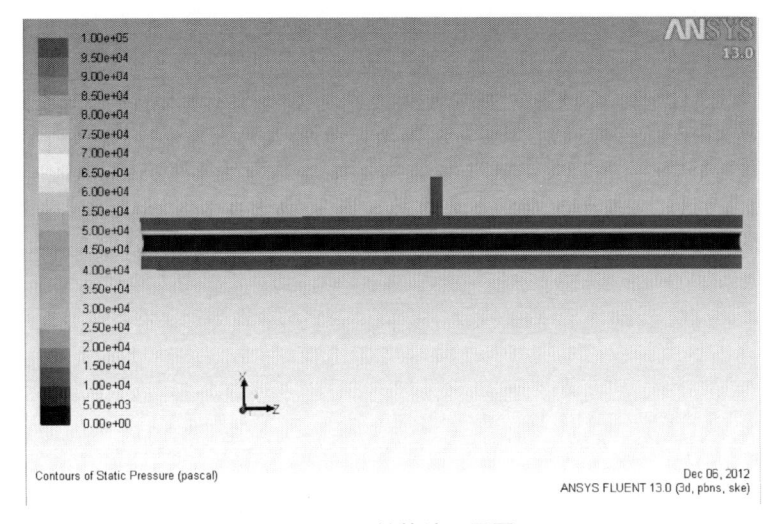

圖 9-24　計算結果雲圖

由雲圖可見，當氣室長度為 280mm 時，在氣室中央設置一個 φ5 的空氣入口，在 0.1MPa 的進、出口壓差的情況下，氣室壓力分佈均勻，所以不需要增加氣室的空氣入口。

9.5.2.9　最終使用模型的確定

在入口半錐角為 10°、出口半錐角為 8°、喉管內徑為 8mm、喉管長度為 280mm 時，在理論上可以達到較好的發泡效果，但入口水流速度為 0.8m/s。如果使用喉管長度為 150mm 的模型，保持喉管內的平均流速為 3m/s，根據連續性原理，則入口水流速度僅為 0.21m/s，在氣體入口壓力分別為 $1×10^4$Pa 和 $2×10^4$Pa 的情況下的氣含量進行分析。對此建立模型，在 Fluent 中進行模擬，結果如下：在氣體入口壓力為 1×10^4 Pa 時，氣相體積含量能達到 5.55%左右；在氣體入口壓力為 2×10^4 Pa 時，氣相體積含量達 9.17%。因此將喉管長度最終調整為 150mm。

結合模擬分析結果最終確定微泡發生器結構尺寸如下：錐形噴嘴大端直徑為 30mm，入口半錐角為 10°，錐形出口大端直徑為 30mm，出口半錐角為 8°，膜管長度為 150mm，氣室直徑為 24mm。

因此，最終確定其結構如圖 9-25 所示。

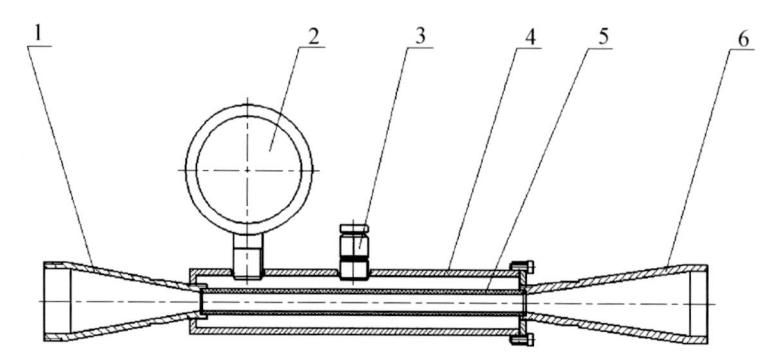

註：1 為入口噴嘴；2 為氣壓表；3 為氣源接頭；
4 為氣室管；5 為陶瓷多孔膜管；6 為出口錐管。

圖 9-25 微泡發生器結構

9.5.3 仿真小結

本部分分析了自吸式剪切流微孔微泡發生器的工作原理，並分別改變 α、β、L、d 幾個參數進行模擬分析，通過分析得出以下結論：

（1）當固定入口水流速度時，其他值不變，隨著 α 值的增大，喉管內負壓值不變，出口體積含氣率入口壓力增大，說明隨著 α 值的增加，輸入能量增大而吸氣量不變，設計時 α 值應盡量取小值。

（2）當固定入口水流速度時，其他值不變，隨著 β 值的增加，喉管內負壓值減小，出口體積含氣率降低，入口壓力增大，說明隨著 β 值的增大，輸入能量增大而吸氣量減小，設計 β 值時應盡量取小值。

（3）當固定入口速度時，其他值不變，隨著 L 值的增加，喉管內負壓減小，含氣率增加，入口壓力增加。說明隨著 L 值的增加，儘管負壓值減小，但吸氣面積增大，使得吸氣量增加；入口壓力增加，能耗增加。設計時在允許範圍內取較大值。

（4）當固定入口速度時，其他值不變，隨著 d 值的增加，喉管內負壓值減小，含氣率減小，入口壓力減小，說明 d 值減小有利於吸氣量的增加，湍動能增加很多，設計時，如果氣含量不夠可適當減小 d 值。

9.6　自吸式剪切流微孔微泡發生器的實驗研究

通過 FLUENT 的模擬分析，確定了微泡發生器的結構尺寸，為了驗證微泡發生器的發泡性能，筆者進行了一系列的試驗。

9.6.1　實驗裝置

試驗裝置的結構示意圖如圖 9-26 所示，主要由浮選柱、微泡發生器、空壓機、水泵、壓力表、氣體流量計和液體流量計、觀測槽、500 倍 USB 顯微鏡等組成。

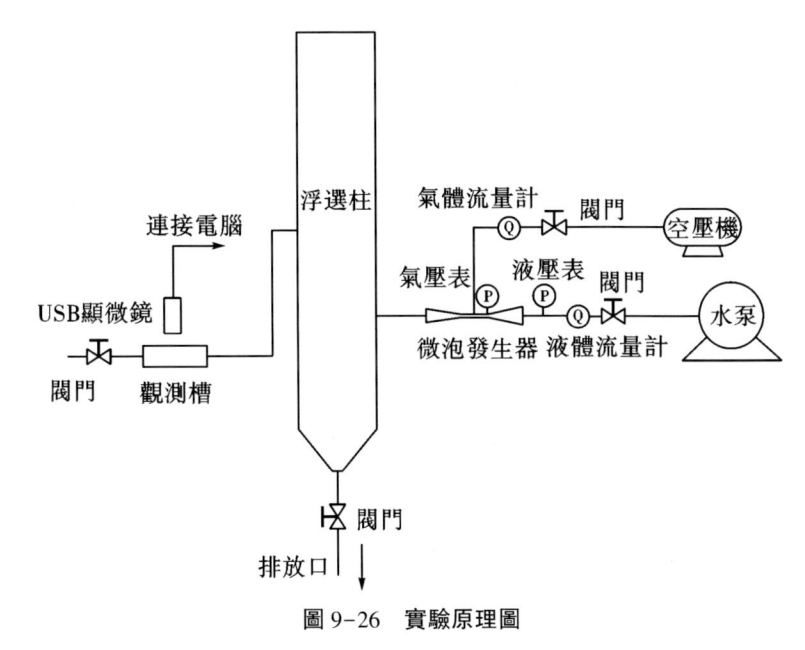

圖 9-26　實驗原理圖

水經過水泵加壓后，通過閥門、液體流量計后到達微泡發生器入口，當入口水流達到一定速度后，微泡發生器內產生負壓。此時分為兩種情況：

（1）空氣支路不連接空壓機，閥門與大氣壓接通，此時空氣因為微泡發生器內的負壓被吸入氣室，再通過陶瓷微孔材料進入喉管形成氣泡，在氣泡沒有完全長大之前經水流剪切作用形成微小氣泡，最終隨水流進入浮選柱。

（2）當水流速度很小時，雖然微泡發生器內產生了負壓，但由於陶瓷微孔膜管管壁對空氣的阻力作用，產生的負壓不足以使空氣被吸入，或者即使產生了較大的負壓，但氣流不足以產生的足夠的氣泡，從而引入空壓機作為空氣進入微泡發生器的動力源，此時大量的空氣被壓入吸氣室再穿過陶瓷多孔管達到陶瓷多孔管內壁，形成氣泡，氣泡在完全長大之前被流過的水流剪切形成很小的氣泡，隨水流進入浮選柱。

為了觀察氣泡的大小，可以將部分氣泡和水的混合物引入觀測槽，關閉觀測槽的閥門，觀測槽內的氣泡速度接近於 0，通過 500 倍 USB 顯微鏡在電腦上拍照後，可觀察測量小氣泡的直徑及其分佈。根據水流流量、氣流流量和壓力數值計算氣含量和氣泡密度，通過理論與實驗的結合，找到最佳的氣泡形成參數。

9.6.2 自吸狀態下水流速度與微泡大小和含氣率之間的關係

自吸狀態是指不使用空壓機外部加壓，直接由水流在截面收縮處產生負壓將空氣吸入，在微泡發生器中產生小氣泡。這個實驗需要記錄水流率、氣流率以及使用 USB 顯微鏡對觀測槽中的小氣泡所拍攝的影像，以統計小氣泡的平均直徑（見表 9-2）。

表 9-2　在自吸狀態下各種水流率對應的氣流率、氣泡直徑和含氣率

水流入口速度（m/s）	喉管水流速度（m/s）	水流率（L/min）	氣流率（L/min）	微泡平均直徑（μm）	含氣率（％）
0.1	1.4	4.2	/	/	/
0.15	2.1	6.3	0.06	32.1	0.9
0.2	2.8	8.5	0.11	34.5	1.3
0.25	3.5	10.5	0.18	35.1	1.7
0.3	4.2	12.6	0.26	35.7	2
0.35	4.9	14.8	0.35	36.2	2.3
0.4	5.6	16.9	0.46	36.4	2.6
0.45	6.3	19	0.59	37.6	3

由於是微泡發生器自吸產生的氣泡，當水流入口速度調整到 0.1m/s 時，在出口處幾乎沒有發現有微泡。這是因為此時喉管中產生的負壓極低，還不能

克服陶瓷微孔材料對空氣的阻力。當入口水流速度調整到 0.15m/s 時，在浮選柱中能觀察到少量的微泡。隨著入口水流速度的增加，浮選柱中的微泡也逐漸增加。通過對 USB 顯微鏡拍攝的照片對氣泡尺寸進行分析，從表中數據可以看出，隨著入口水流速度的增加，氣流率也增加，但氣泡直徑因為氣流率的增加也相應地增加，但總的來說氣泡直徑增加不太明顯。

9.6.3 氣流率和剪切流速度對微泡粒徑的影響

為了研究氣流率和剪切流速對微泡粒徑的影響，實驗分為固定氣流率和固定剪切流速度兩個方面來進行。實驗中取氣流率分別為 0.1L/min、0.21L/min、0.34L/min、0.47L/min。在這幾個氣流率下，剪切流速度分別取 1m/s、1.5m/s、2m/s、2.5 m/s、3m/s、3.5m/s、4m/s、4.5m/s、5m/s。實驗結果如圖 9-27 所示。圖 9-27 是四種氣流率下水流速度對微泡平均直徑的影響。

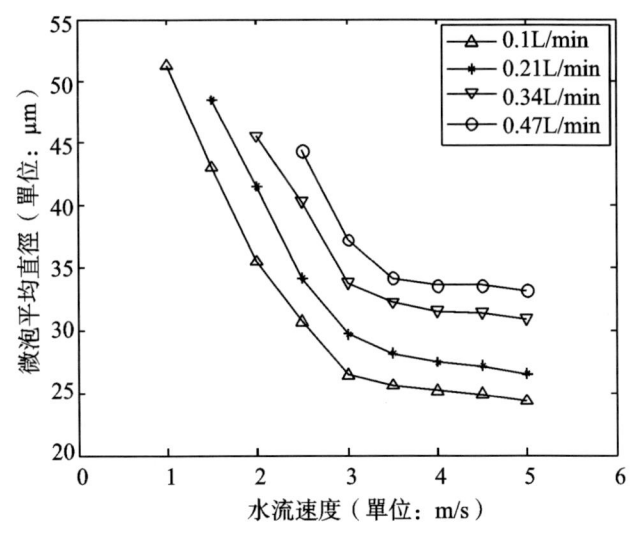

圖 9-27　固定氣流率下水流速度對微泡平均直徑的影響

由圖 9-27 可知，隨著喉管處的剪切流速度的增加，微泡平均直徑逐漸減小，在水流速度超過 3.5m/s 後，微泡粒徑的減小變得很不明顯。

對於同一剪切流速，隨著氣流率增大，微泡直徑也隨之增大，當氣流率增加到某一值後，就不能形成微泡，而是形成直徑在 1mm 以上的氣泡，如圖 9-27所示，在剪切流速 2m/s、氣流率超過 0.34L/min 時，就不能形成微泡。而當氣流率增加到 0.6L/min 時、喉管水流速度在 5m/s 以下時還會出現很多直徑超過 3mm 的大氣泡，並夾雜少量的微泡，這是因為此時的氣流率太大而形成了「噴射成泡」或「氣穴成泡」。

9.6.4　實驗小結

通過實驗可以看出，對於微泡發生器的自吸狀態，喉管處水流速度達到 6.3m/s 時，含氣率達到實驗數據中最高值 3%，微泡平均直徑在 40μm 以下。

對於固定氣流率，剪切流速度對微泡粒徑的影響為：在剪切流速度小於 3.5m/s 的情況下，剪切流速度越大，微泡粒徑越小；在剪切流速度超過 3.5m/s 后，剪切流對微泡粒徑的影響就不明顯了。

在固定剪切流速度的情況下，隨著氣流率的增加，微泡粒徑也隨著增加。在剪切流速度過低的情況下，氣流率達到某個值后就不能形成微泡，如剪切流在 2m/s 的情況下，氣流率超過 0.34L/min 后，形成的氣泡能達到 3mm 以上。所以，低的剪切流速度對應的能夠形成微泡的氣流率也較低。

第十章　微泡發生器性能分析評價系統研發

通過研究發現，利用數值模擬方法對微泡發生器的性能進行分析和評價是種很好的途徑，但是在對每個算例進行分析的過程中，都需要經過模型建立、網格劃分、參數分析、計算條件輸入以及計算收斂判定等步驟，重複操作步驟較多，這不利於高效地分析。面對微泡發生器結構的多樣性、結構參數和操作參數組合的複雜性，僅靠人工依次對每個算例進行分析，來獲得性能較優的結構和操作參數是很困難的。因此，這裡利用編程語言對分析工具進行二次開發的方法，探索建立微泡發生器性能的分析評價系統，完成對微泡發生器性能的多參數、批量化、自動化和集成化分析，提高性能尋優的工作效率，以指導和促進流體設備的設計開發和實際應用。

10.1　系統概述

本系統可以提高微泡發生器性能分析評價效率，主要的功能包括：對不同結構形式的微泡發生器進行參數化建模，即通過多尺寸參數的離散和組合實現結構的多樣化；分析求解模塊可以對模型進行批量化、自動化的數值模擬，不需要重複設置計算條件，提高分析評價效率；操作參數離散部分可以對較理想的結構進行操作參數的優化；數據分析部分實現對模擬結果的相關分析；數據管理部分對分析過程產生的相關結果和歷史數據進行保存，便於查詢和評價。

10.1.1　系統開發相關工具

本系統中使用的數值分析工具是 Fluent 和 Gambit 的組合形式，兩者分別在流體動力學仿真分析和模型網格劃分等相關領域有著出色的表現，並得到了廣泛的應用。但是面對大批量的分析工作時又顯得非常的不便。首先是 Gambit

模型建立能力較弱，往往一個尺寸的小改動就要重新進行模型建立，效率很難提高。其次，Fluent 中解算參數設置繁瑣，設置步驟較多，對於批量分析支持不理想，需要進行大量的重複工作。最後，兩者的交互界面設計簡單，不便於用戶直觀地進行問題的研究。基於以上的不足，這裡考慮使用程序語言進行二次開發，實現友好的交互界面，並對兩個軟件進行協調調用來有效地實現分析系統的相關功能，同時發揮分析軟件的優勢，實現批量化分析過程。

圖 10-1 為系統的基本實現方法示意圖，以程序語言為核心，對相關軟件和功能模塊進行組織調用，並統一數據的傳遞，將各部分連接為一個整體。

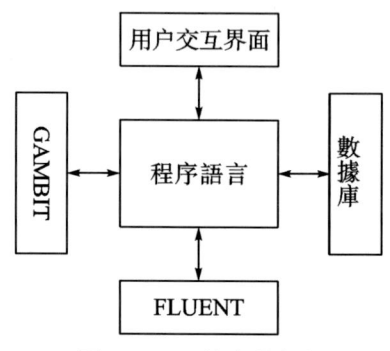

圖 10-1　系統實現方法

在程序語言方面，本系統選用了 C#語言。C#是微軟公司在 2000 年提出的一種面向對象的編程語言，它是從 C 和 C++發展而來的，並且繼承了包括 C、C++和 Java 在內的多種高級語言的精華，是一種完備、類型安全和完全面向對象的程序設計語言，並且它還是.NET 的核心編程語言，能夠很方便地同其他應用程序相集成和交互，同時 C#具有強大的 Winform 程序設計平臺，為開發者設計友好的用戶交互界面提供了很好的技術支持。本系統選用 C#語言來進行編制，能夠提高編程效率和縮短開發時間，同時增強系統的安全和可靠性，為系統的升級和網路化提供了很大的便利，而且能夠方便和高效地進行數據庫的相關操作。

C#語言的開發環境較多，這裡的開發選用了微軟的 Visual Studio 2010 作為集成開發環境。Visual Studio 2010 是微軟在 2010 年發布的軟件集成開發環境，是流行的 Windows 程序開發平臺，它對多種編程語言都著較好的支持，並且是基於.NET 的開發平臺。對於本系統的開發來說，集成開發環境能夠對應用程序的生命週期提供較好的管理，便於實時瞭解項目的開發狀態。同時提供高效的調試和診斷工具，能夠幫助開發者及時地發現程序中的錯誤，並可以隨時重現錯誤，幫助分析代碼健康程度。能提供高級的測試工具，可以隨時高效地完成用戶界面的相關測試工作，保證每一步都能獲得高質量的代碼。能提供體系結構瀏覽，能夠清晰地展示程序體系結構，方便對相關功能進行組織規劃及驗證結構合理性和代碼真偽。能提供較好的數據庫開發支持，可以方便地實現數據設計和鏈接操作，確保數據庫與應用程序的同步。支持多監視器操作和自定義功能，方便實現對程序的全局監控。此外，還有強大的幫助系統，為初級程序開發者提供便捷的學習平臺，有利於提高開發速度和質量。

此外，本系統為實現對 Fluent 和 Gambit 的協調調用和批量化操作，還使用了兩者特有的二次開發命令操作語言。

10.1.2 系統總體結構

圖 10-2 為系統總體結構示意圖。

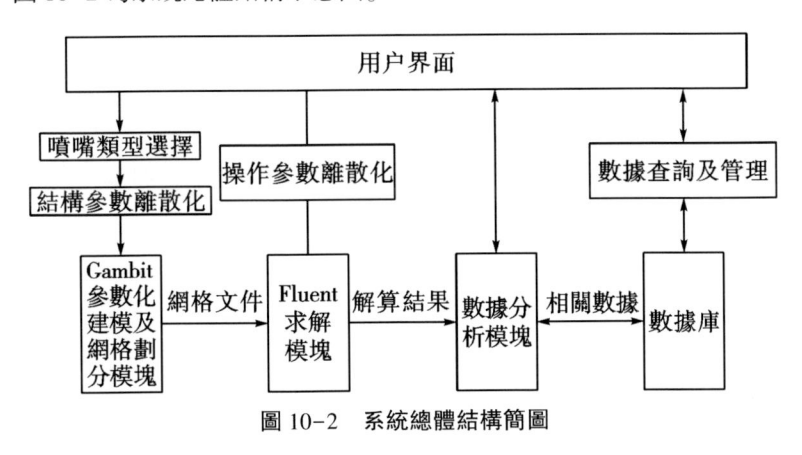

圖 10-2 系統總體結構簡圖

系統主要由四大核心模塊組成：Gambit 參數化建模及網格劃分模塊、Fluent 求解模塊、數據分析模塊和數據庫。所有各個模塊都由用戶界面來統一調用和管理，並對各模塊輸入相應的參數、執行相應的操作和查看結果。從圖 10-2 中可以看出，四個模塊間的相互關係為承接式，即一次分析過程就是各模塊完成一次順序執行的過程。

10.2 參數化建模及網格劃分模塊

要完成對微泡發生器多結構、多尺寸組合的批量化分析，分析模型的自動生成是必不可少的，而要實現自動建模就需要對結構進行相關的參數化。

10.2.1 微泡發生器結構的參數化

對於任何幾何模型，控制其形狀的尺寸參數都有獨立尺寸和關聯尺寸之分。對於獨立尺寸，其不與其他尺寸相互影響。而對於關聯尺寸，它的大小由獨立尺寸和它的關係式來決定。因此，對於幾何模型的尺寸參數化，首先應該明確獨立尺寸都有哪些，這裡研究的微泡發生器各結構的獨立尺寸，如圖 10-3 所示。

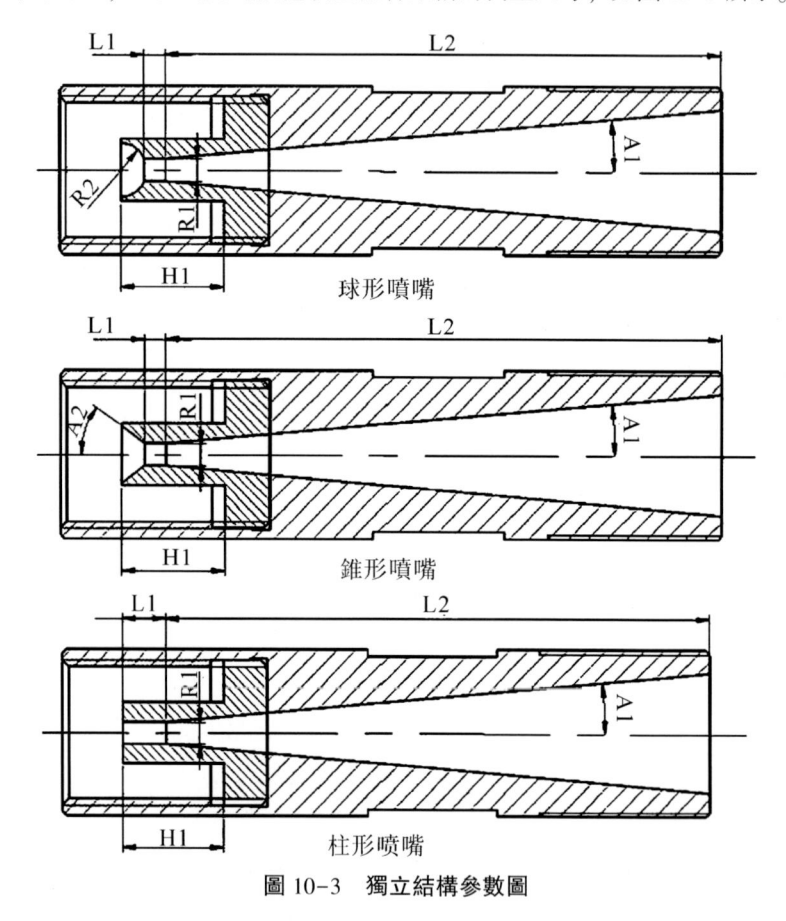

球形噴嘴

錐形噴嘴

柱形噴嘴

圖 10-3　獨立結構參數圖

在 Gambit 中，幾何模型的建立是按照點、線、面的順序進行的。首先通過確定圖形中各個點的位置坐標來畫出各點，然后連接各點確定輪廓線，最后將封閉的線生成面。因此要在 Gambit 中實現微泡發生器結構的參數化建模，關鍵就是要將各關鍵點的坐標進行參數化處理。下面研究發生器結構坐標的參數化設置。

圖 10-4 分別為球形、柱形和錐形三種噴嘴結構的微泡發生器在 Gambit 中生成的幾何模型的結構圖，圖中標註出了各模型中所有點的名稱。

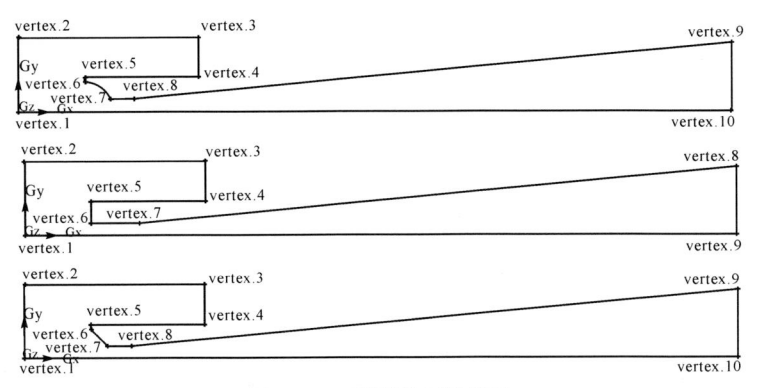

图 10-4　模型幾何結構圖

要將模型參數化，只需將圖形中點的坐標進行參數化即可（見表 10-1 至表 10-3）。

表 10-1　　　　　　　　　球形結構點的坐標

點名稱	坐標	點名稱	坐標
vertex. 1	(0, 0)	vertex. 6	(38−H1, R2)
vertex. 2	(0, 15)	vertex. 7	(38−H1+X, R1)
vertex. 3	(38, 15)	vertex. 8	(38−H1+X+L1, R1)
vertex. 4	(38, R2+1)	vertex. 9	(38−H1+X+L1+L2, tan（A1）L2+R1)
vertex. 5	(38−H1, R2+1)	vertex. 10	(38−H1+X+L1+L2, 0)

表中，$X = \sqrt{R1^2 + R2^2}$。

表 10-2　　　　　　　　　柱形結構點的坐標

點名稱	坐標	點名稱	坐標
vertex. 1	(0, 0)	vertex. 6	(38−H1, R1)
vertex. 2	(0, 15)	vertex. 7	(38−H1+L1, R1)
vertex. 3	(38, 15)	vertex. 8	(38−H1+L1+L2, tan（A1）L2+R1)
vertex. 4	(38, R2+1)	vertex. 9	(38−H1+L1+L2, 0)
vertex. 5	(38−H1, R2+1)		

表 10-3　　　　　　　　　　錐形結構點的坐標

點名稱	坐標	點名稱	坐標
vertex. 1	(0, 0)	vertex. 6	(38-H1, 7)
vertex. 2	(0, 15)	vertex. 7	(38-H1+（8-R1）/tan（A2），R1)
vertex. 3	(38, 15)	vertex. 8	(38-H1+L1+（8-R1）/tan（A2），R1)
vertex. 4	(38, 8)	vertex. 9	(38-H1+L1+（8-R1）/tan（A2），tan（A1）L2+R1)
vertex. 5	(38-H1, 8)	vertex. 10	(38-H1+L1+（8-R1）/tan（A2），0)

10.2.2　模塊實現方法

本模塊的實現主要是通過程序語言根據用戶在輸入界面中輸入的尺寸離散參數，自動生成能夠被 Gambit 識別的批處理命令流文件，將文件導入 Gambit 中，以批量建立符合用戶要求的模型和用於分析的網格文件。

模塊的關鍵在於生成能夠被 Gambit 識別的批處理文件，目前能夠實現批處理的方法主要有兩種：一種是利用 Gambit 專用的二次開發語言來實現，這種語言類似於 Fortran 語言的形式；另一種是利用 Gambit 可以執行命令流的特性，通過命令流的方法驅動建模，這種命令流文件是以 Jounal 語言描述的，並且以 JOU 文件的形式存在。

根據本系統的特徵，在這裡選用第二種方法來實現建模批處理，根據本系統中使用的部分語句對 Jounal 語言的重點描述如下：

（1）坐標系。Gambit 系統中是笛卡爾坐標系。

（2）創建點。正如前面所提到的，在 Gambit 中，點是創建線、平面和體的基礎。一般情況下生成點有兩種方法：

①輸入點的直角坐標值創建點：

vertex create "vertex. 9" coordinates 34, 15, 8。

即在坐標空間中生成名稱為 vertex. 9，坐標為（34, 15, 8）的點。

②在已有的線上直接取點而生成：

vertex create "vertex. 9" onedge "edge. 2" uparameter 0.8。

即在線 edge. 2 的長度比例為 0.8 的位置處生成名稱為 vertex. 9 的點。

（3）創建線。線主要是通過連接已經生成的點來實現的。根據所生成線的種類不同，主要有以下方法：

①連接兩點生成一段直線：

edge create " edge. 2" straight "vertex. 8" "vertex. 9"。

即連接點 vertex. 8 和點 vertex. 9 生成直線 edge. 2。

②確定圓心和弧上的兩個端點生成弧線：

edge create " edge. 2" center2points " vertex. 2" " vertex. 3" " vertex. 4" minarc arc。

句中三個點依次為圓心和兩個端點。

③擬合樣條曲線：

edge create "edge. 2" nurbs "vertex. 5" "vertex. 6" " vertex. 7" interpolate。

通過點 vertex. 5、vertex. 6 和 vertex. 7 擬合出樣條曲線 edge. 2。

（4）創建面。將圖形生成為面是劃分網格的前提，主要方法有：

①通過一系列線生成面，且這些線必須是共面的：

face create "face. 3" wireframe "edge. 4" "edge. 5" "edge. 6" "edge. 7" "edge. 8" "edge. 9" real。

②通過擬合線段創建面：

face create "face. 3" skin "edge. 11" "edge. 12" "edge. 13"。

③將線段進行軸對稱旋轉而創建曲面：

face create "face. 3" revolve "edge. 11" dangle 90 vector 0, 1, 0 origin 0, 0 0。

即線段 edge. 11 繞矢量方向（0, 1, 0），且經過點（0, 0, 0）的方式創建曲面 face. 3。

（5）創建三維體。主要應用在三維建模中。

①立方體：volume create width 5 depth 5 height 5 brick。

即創建長、寬、高均為 5 的立方體。

②圓柱體：volume create height 20 radius1, 10 radius2, 10 radius3, 10 offset 0, 0, 5 zaxis frustum。

即創建高 20，底面半徑 10 的圓柱體。

③圓錐臺：volume create height 20 radius1, 10 radius2, 10 radius3, 5 offset 0, 0, 10 zaxis frustum。

即創建高 20，上表面半徑 5，下表面半徑 10 的圓錐臺。

④不規則三維體，通過擬合一系列封閉曲面來創建：

volume create "volumn. 4" stitch "face. 3" "face. 4" "face. 5" "face. 6" "face. 7" "face. 8" real。

即用面 face. 3、face. 4、face. 5、face. 6、face. 7、face. 8 縫合成實體 volumn. 4。

（6）刪除操作。主要通過 delete 語句實現，如：

①vertex delete "vertex. 7"

即刪除點 vertex.11。

②face delete "face.8" lowertopology。

即刪除面 face.8。

③face delete "face.3" lowertopology onlymesh。

即刪除面 face.3 中的網格。

（7）撤銷操作。用 undo 命令可以撤銷最近一條操作。

edge create " edge.001" straight "vertex.001" "vertex.002"

edge create " edge.002" straight "vertex.002" "vertex.003"

undo

undo 語句將把操作命令「edge create " edge.002" straight "vertex.002" "vertex.003"設定為無效行。

還可以用 Undo-Group 命令來撤銷一組命令：

undo begingroup

……

undo endgroup

另外，還有兩點是在語句書寫時需要特別注意的，當一個語句較長，需要多行書寫時，要在每行末尾用「/」做後綴來表示續行。而在一行中，如果「/」後面有內容，則這些內容是註釋，不執行操作。

圖 10-5 為 Gambit 的批處理流程示意圖，根據所生成的 JOU 文件，Gambit 會依次為每種結構參數的組合建立相應的模型和劃分網格，並輸出網格文件，直到用戶設置的所用模型都處理完成后，批處理過程自動結束。

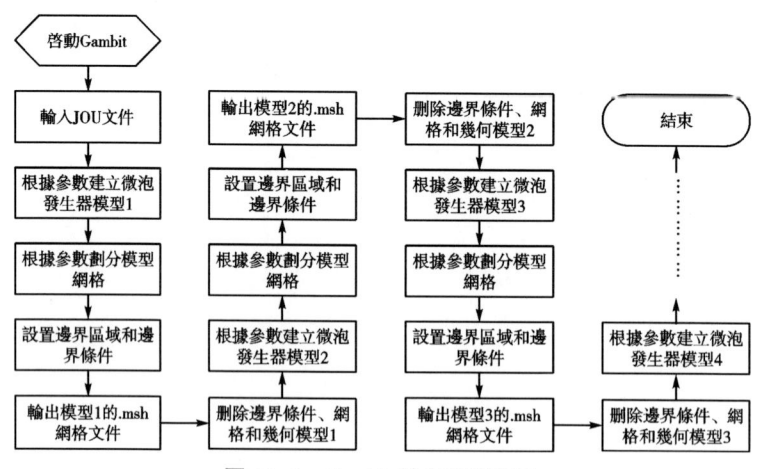

圖 10-5　Gambit 批處理流程圖

10.2.3 參數化建模及網格劃分模塊開發

在本模塊中，首先在菜單中選擇需要分析的噴嘴結構類型，然后啓動結構輸入界面，設置各基本結構參數的值，然后對需要進行離散的結構進行離散參數相關的設置，本模塊對各結構尺寸默認爲不離散。微泡發生器的獨立結構尺寸較多，在此只選取了三個比較重要的結構參數進行離散和相互組合，如果增加離散尺寸，其實現方法於此完全相同。

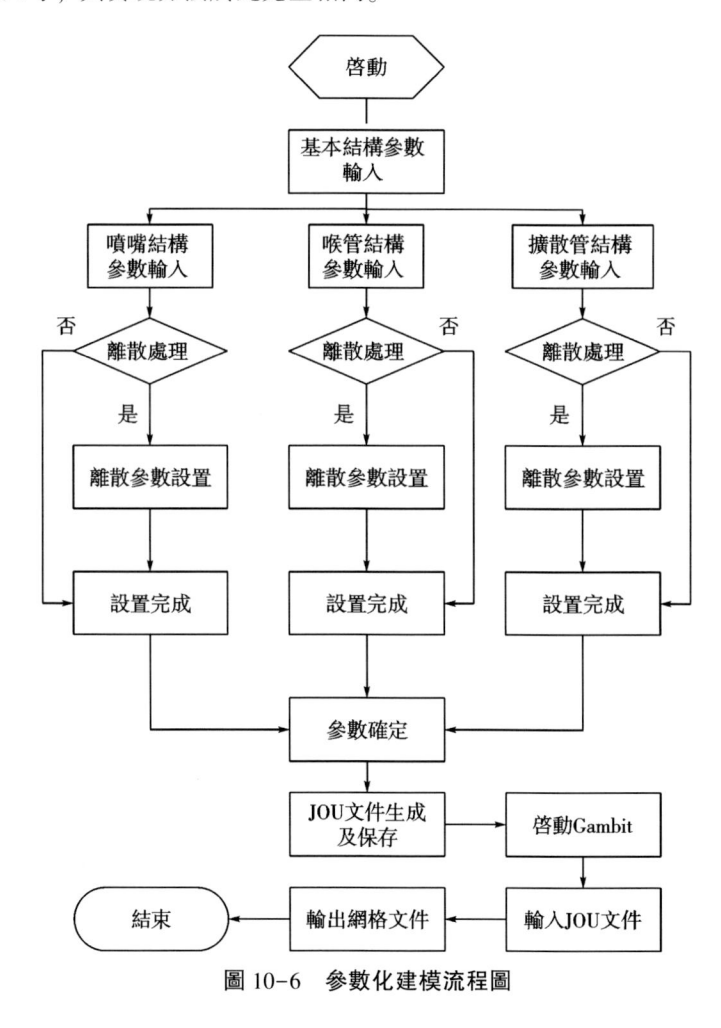

圖 10-6　參數化建模流程圖

圖 10-6 爲模塊的基本流程示意圖。在模塊中對於多尺寸離散的相互組合的實現，採用的核心方法爲嵌套循環。

圖 10-7 為離散尺寸組合流程圖，其中 N1、N2、N3 分別為每個尺寸的離散點數，他們的計數值從 1 開始，即尺寸不離散時值為 1，所以可以發現圖中的循環至少要執行一次寫入 JOU 文件的操作，也就是結構尺寸都固定情況下的建模語句。

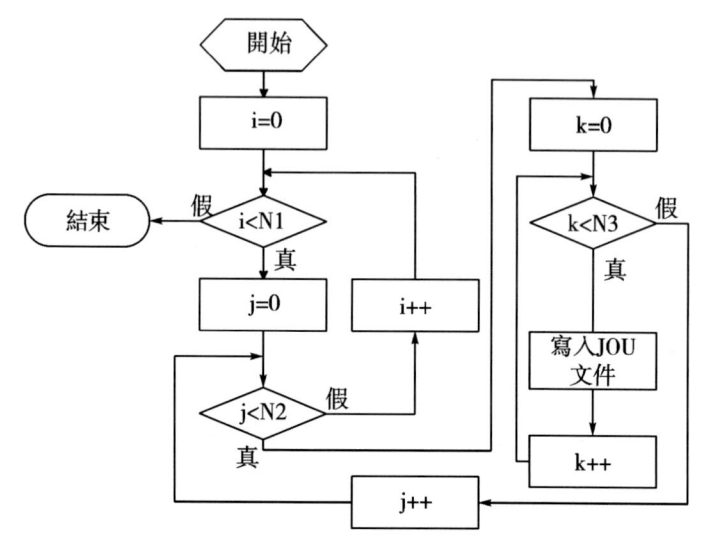

圖 10-7　離散尺寸組合流程圖

圖 10-8 為程序的主界面示意圖。主界面中包括菜單欄、操作按鈕區、圖形顯示區和結構數據監視區幾大部分，系統大部分的功能通過操作按鈕區的相應按鈕來調出。系統所有操作之前應該選擇要分析的微泡發生器的噴嘴結構，在菜單欄的第一項「選擇噴嘴結構」中進行選擇，選擇好結構后，主界面會顯示不同結構相應的示意圖和參數監視區，圖 10-8 為選擇球形噴嘴結構時的主界面的情況，下面的介紹也以球形結構為例。

圖 10-9 為結構參數輸入界面，該界面通過主界面中的「結構參數輸入」按鈕調出，分為四個部分：(a) 為固定尺寸輸入，主要是輸入發生器的主要外觀和與管道連接部分的固定尺寸；(b) 為噴嘴半徑尺寸離散；(c) 為喉管半徑尺寸離散；(d) 為喉管長度尺寸離散。各尺寸離散界面中通過尺寸的上下限和離散間距來計算離散點數，通過點擊「顯示離散點數」按鈕進行結果顯示。如圖 10-9 (d) 所示，尺寸上下分別為 5mm 和 4mm，離散間距為 0.1mm 時，得到的離散點數為 11 個。這裡對離散間距的設置沒有限制，可以根據需要設置得盡量小，但是小的間距就會增加離散點數，也就會相應地增加需要分析的模型數量，因此，需要考慮實際的需要和計算機硬件的水平。

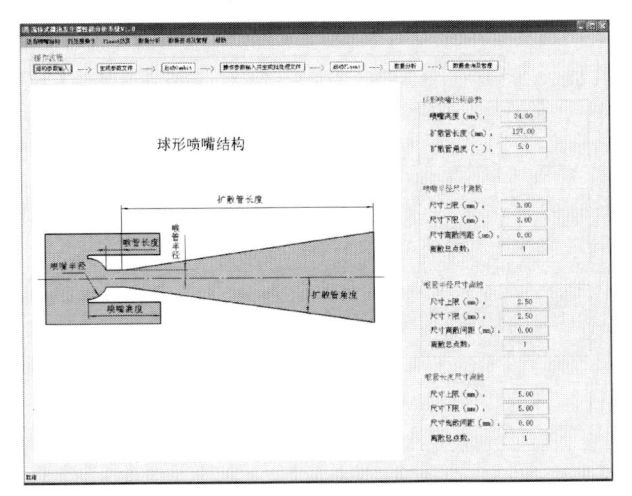

圖 10-8　程序主界面

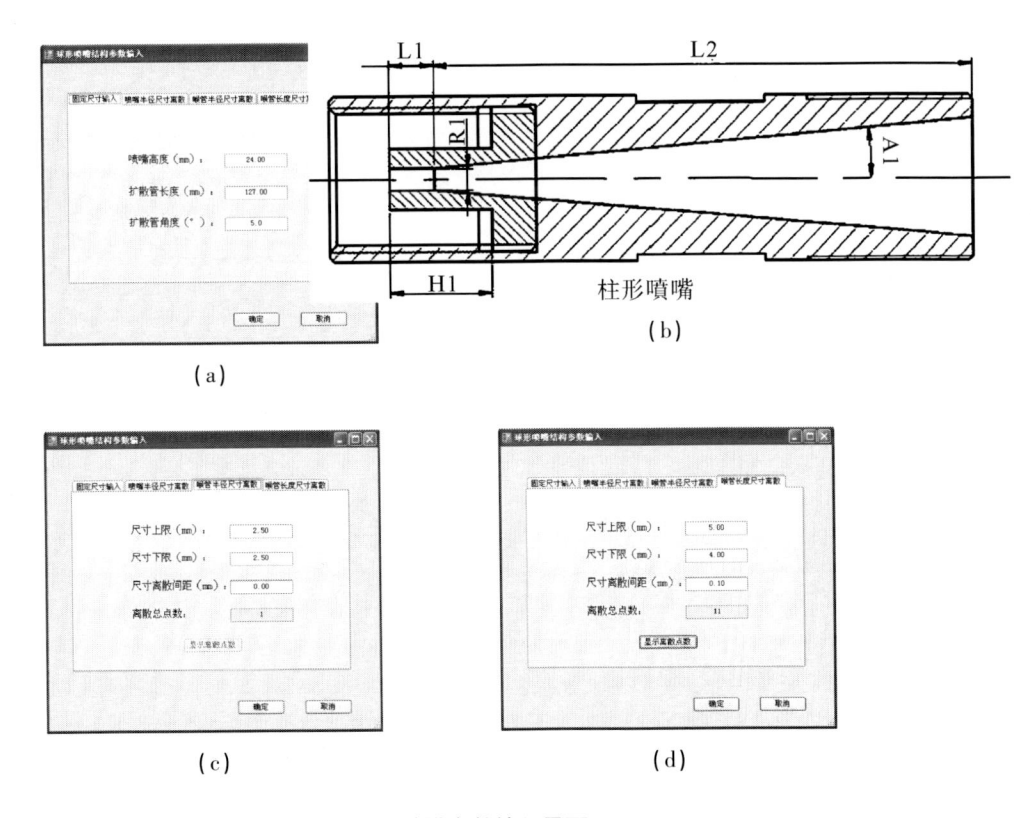

圖 10-9　結構參數輸入界面

圖 10-10 為結構參數文件即 Gambit 批處理 JOU 文件的生成界面。（a）為

網格大小設置，單位為 mm。點擊「確定」按鈕后會出現（b）選擇結構參數文件保存位置界面，在其中選擇文件的保存位置，選擇「保存」后會生成以.JOU 為后綴的批處理文件。（c）為 Gambit 啓動設置界面，通過主界面中的「啓動 Gambit」按鈕來調出，界面會定位於 Gambit 的默認安裝路徑上，如果用戶為默認安裝情況直接點擊「打開」即可啓動 Gambit，如果用戶為自定義安裝位置，只需通過界面導航找到相應程序即可啓動。

(a)

(b)

(c)

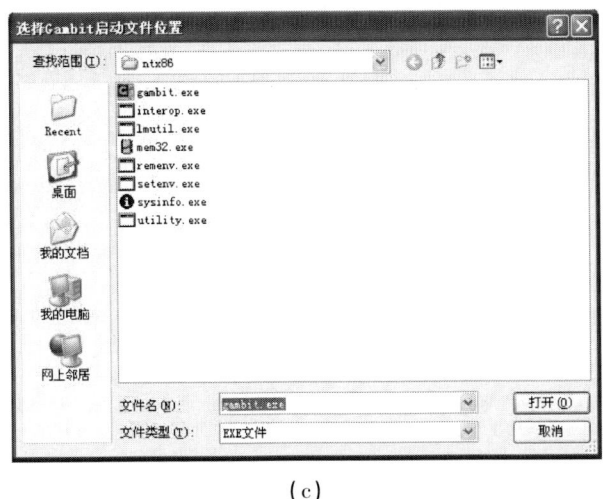

圖 10-10　結構參數文件生成界面

10.3　分析求解及操作參數離散化模塊

該模塊用來對前一步生成的結構模型進行批量的分析，省去重複設置計算參數的過程，並實現操作參數的離散化和參數的組合，以提高分析的工作效率和操作參數的尋優。

10.3.1　模塊實現方法

本模塊的實現是基於對 Fluent 進行二次開發以實現批量求解功能而建立的。要實現批量求解，首先要對 Fluent 的命令執行方式和命令系統進行相關分析。

Fluent 的操作界面分為窗口式輸入界面和文本界面，其實窗口式界面也是基於文本界面的，只不過用窗口方式與用戶交互，便於用戶操作。文本界面主要是基於 Scheme 語言編制的，它除了可以控製窗口界面中所有輸入與輸出外，還可以顯示解算器的一些隱藏的參數。鑒於文本界面強大的功能和批量求解的需要，本模塊將建立基於文本的界面。對文本界面的操作方法主要有在控製窗口中輸入相關命令和讀入命令流文件兩種形式。本模塊採用第二種方式，通過編制的程序將輸入的操作參數以命令流的形式寫入參數文件中，通過 Fluent 讀取參數文件，實現對參數化建模模塊生成的網格文件自動依次讀入、計算求解和結果輸出的功能。

Fluent 能夠識別的命令流文件也是以 JOU 文件的形式存在的，在這可以通過后臺程序實現 JOU 文件相關語句的寫入和文件生成。Fluent 中的命令流文件一般由 cx-activate-item、cx-set-list-selections、cx-set-toggle-button、cx-set-integer-entry、cx-set-real-entry-list、cx-set-text-entry 等語句構成。

（1）cx-activate-item，執行菜單和對話框的操作命令。

（cx-gui-do cx-activate-item "MenuBar*GridMenu*Check"），即選擇菜單 Grid 中的 Check 命令，檢查網格。

（cx-gui-do cx-activate-item "Materials*Table1*Frame1*Frame3*Button-Box3*P

ushButton1（Fluent Database）"）即在"Materials"對話框中選擇"Fluent Database"按鈕。

（2）cx-set-toggle-button，選擇對話框中的單選按鈕。

cx-gui-do cx-set-toggle-button" Viscous Model*Table1*Frame1（Model）*Toggle

Box1（Model）*k-epsilon　（2 eqn）" #f)，即在對話框中選擇兩方程的 k-epsilon 模型。

（3）cx-set-list-selections，選擇對話框中的下拉菜單。

（cx-gui-do cx-set-list-selections "Scale Grid*Frame3（Unit Conversion）*DropDo

wnList1（Grid Was Created In）"´（2）），即選擇 Scale Grid 對話框中 Unit Conversion 菜單下的第二項，其中，2 表示序號為 2 的項，菜單中各項的序號從 0 開始。

（4）cx-set-integer-entry，設置整數文本框。

（cx-gui-do cx-set-integer-entry "Multiphase Model*Table1*Table3*IntegerEntry1（Number of Phases）" 3），即設置多相流參數中的相數為 3。

（5）cx-set-real-entry-list，設置實數文本框。

（cx-gui-do cx-set-real-entry-list "Materials*Frame2（Properties）*Table2（Propertie

es）*Frame4*Frame2*RealEntry3"´（998.5）），即設置材料的密度屬性為實數 998.5。

6）cx-set-text-entry，在文本框中輸入文字。

（cx-gui-do cx-set-text-entry "Materials * Table1 * Frame1 * Table1 * TextEntry1（Name)" "water"），即設置材料名稱為 water。

值得注意的是，Fluent 命令系統中提供了「Write to File」的功能，利用這個功能可以將求解後的許多流場信息，如各相的含率、紊動能、壓強和速度等指標以文本文件（.txt）的形式保存下來，這一命令為數據分析模塊提供了功能實現的基礎。

圖 10-11 為 Fluent 的文件批處理流程圖。通過讀入 JOU 文件形式的命令流，Fluent 可以自動地按照用戶的要求依次讀入網格文件，設置相關的求解參數，計算求解，並輸出需要的結果。

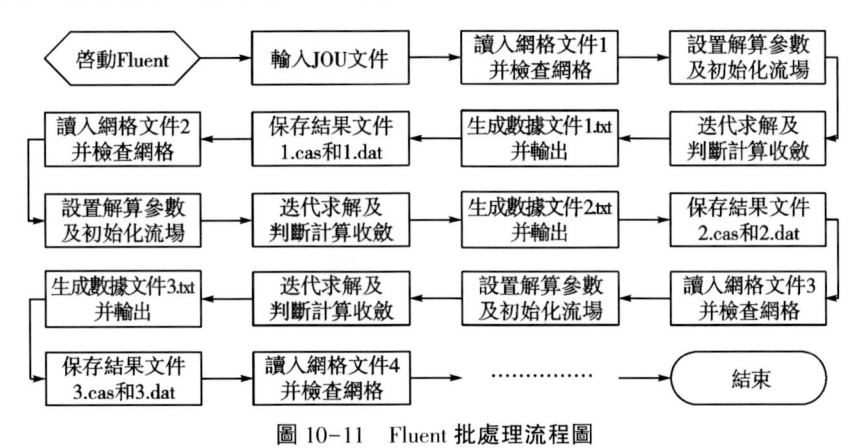

圖 10-11　Fluent 批處理流程圖

10.3.2　求解模塊開發

圖 10-12 為計算求解模塊的程序流程圖，首先可以設置相關的求解參數，然後選擇是否進行參數的離散，如果選擇離散就進行相關參數的離散設置，這樣可以實現結構參數和操作參數的同時離散，這裡先不進行操作參數的離散，當得到比較好的結構參數後再進行操作參數的離散求解，這樣可以減少分析量，所以在這裡加入了是否進行離散的選擇。

圖 10-12　計算求解程序流程圖

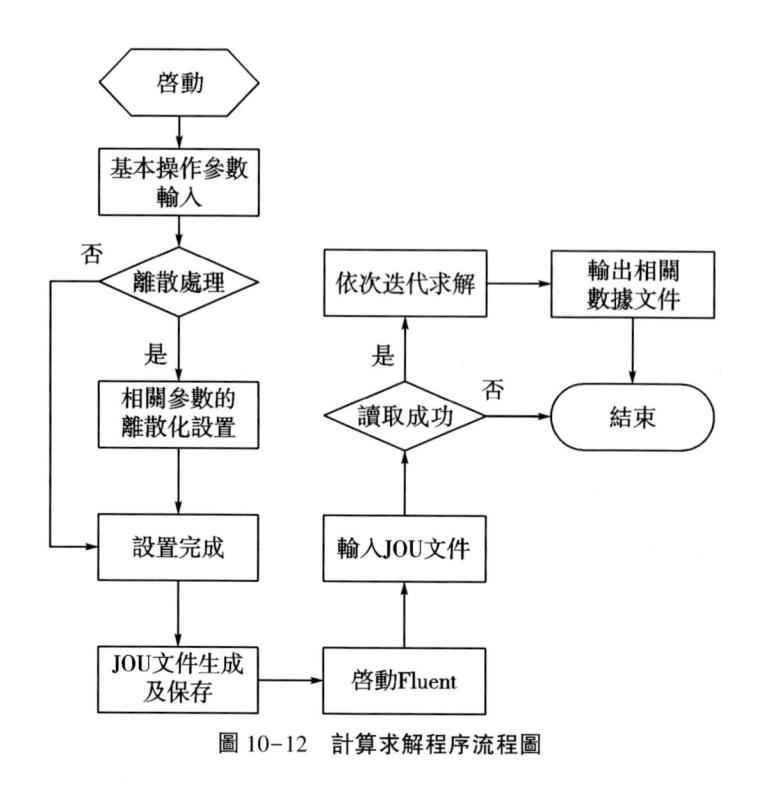

　　圖 10-13 為操作參數的輸入界面，在這裡可以對計算的相關參數進行設置，至於其他的一些解算的控制參數，將在程序后臺進行自動設置。

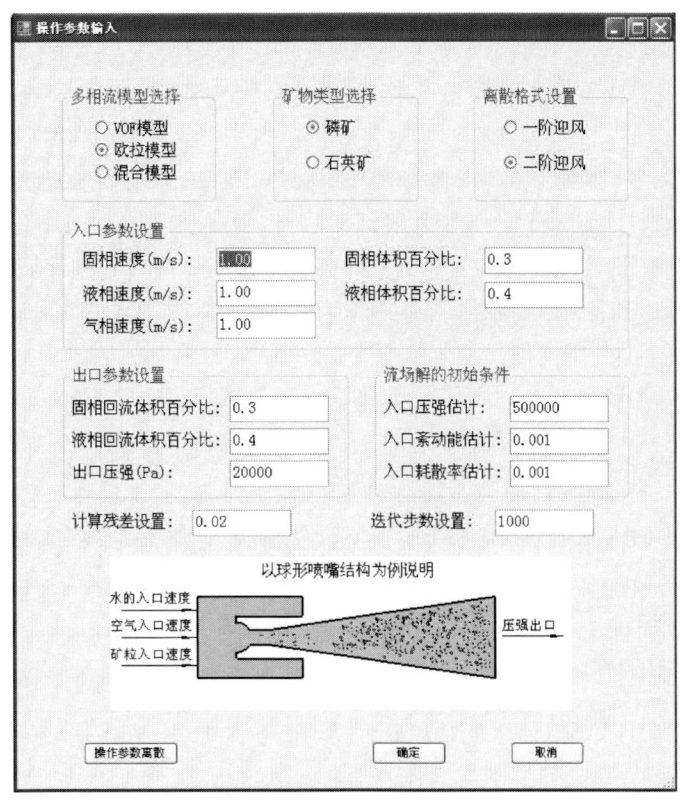

圖 10-13　操作參數輸入

當點擊「確定」按鈕后會彈出如圖 10-14 所示的批處理文件保存對話框，用於選擇文件的保存位置。

圖 10-14　批處理文件保存

第十章　微泡發生器性能分析評價系統研發 | 255

10.3.3 操作參數離散化開發

圖 10-15 為操作參數離散化界面，該界面通過操作參數輸入界面中的「操作參數離散」按鈕調出，分為四個部分：（a）為氣相速度離散；（b）為液相速度離散；（c）為液相體積份數離散；（d）為固相體積份數離散。各參數離散界面中通過參數的上下限和離散間距來得出離散點數，通過點擊「顯示離散點數」按鈕進行顯示。各參數之間的離散和組合原理與前面研究的結構尺寸的離散組合實現方法相同，都是利用嵌套的多循環語句來實現各離散參數之間的相互組合，只不過這裡是四個參數的組合，使用四層嵌套結構，不再贅述。有設置完成后通過主界面的「啓動 Fluent」按鈕來啓動 Fluent，會出現如圖 10-16 所示的啓動文件選擇對話框，如果用戶為默認安裝模式，可以直接啓動，其他情況時需要選擇安裝文件的位置。

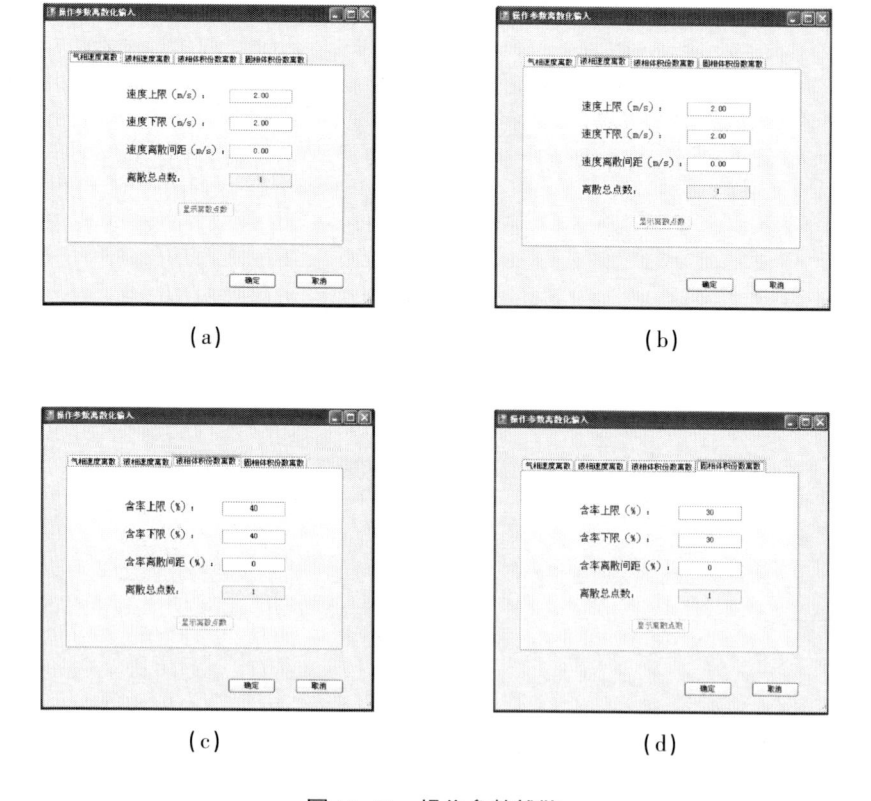

(a)

(b)

(c)

(d)

圖 10-15　操作參數離散

圖 10-16　Fluent 啟動

啟動 Fluent 后就可以通過導入生成的 JOU 文件來批量地處理建模生成的所有網格文件，這個過程中會自動地依次讀入各個網格文件直到所有模型都分析完畢，不需要任何人工干預。

10.4　性能評價模塊開發

評價模塊用來對計算得到的結果進行自動的分析，並根據筆者設置的評價指標，在選定的結構或操作參數中找出符合相關要求的算例。

10.4.1　模塊實現方法

本模塊的實現基礎是 Fluent 命令系統中提供的「Write to File」功能，利用這個功能將算例的結果寫入文本文件中，通過模塊的后臺程序，根據用戶的設置打開相應算例的結果文件，並從中讀取相應的字段結果，在選中的系列中進行比較得出符合相關條件的算例。流程如圖 10-17 所示。

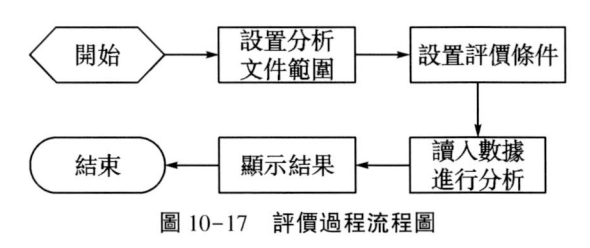

圖 10-17　評價過程流程圖

10.4.2 模塊開發

圖 10-18 為數據分析模塊的操作界面。

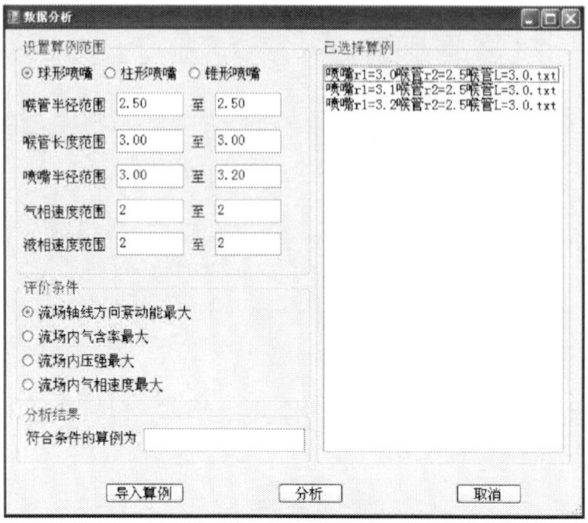

圖 10-18　數據分析界面

在分析界面中，首先要選擇將評價那種噴嘴結構的微泡發生器，然后再設置要分析的算例範圍，包括喉管半徑、喉管長度和噴嘴半徑的尺寸範圍，氣相和液相的速度範圍。這裡的條件為「與」類型，即能夠被選擇的算例必須滿足所有已設置的條件，如果某一條件為空，則表示在這個條件上沒有要求。設置好範圍后需點擊「導入算例」按鈕將算例從數據庫中識別出來，已識別的算例文件名將顯示在右側的列表中。

選擇評價條件，評價條件目前僅為四選一的方式，即流場軸線方向紊動能最大、流場內氣含率最大、流場內壓強最大、流場內氣相速度最大，評價的指標可以繼續添加甚至可以多條件同時評價，但是由於目前評價系統能夠從 Fluent 中輸出的結果文件內容有限，故可以先從這四個方面考慮。更多樣靈活的評價方式和多指標的同時評價將是系統以后的改進方向。選擇好條件后，單擊「分析」按鈕就可以得到算例範圍內符合條件的結果，在結果顯示框中顯示，如需瞭解相關算例的詳細情況，可以在數據查詢模塊中進行查詢。

10.5 數據管理模塊

本系統對微泡發生器的分析是基於多結構形式、多結構參數和多操作參數離散組合的，因此將會產生比較龐大的文件數目和數據量。例如，僅僅對球形噴嘴結構的發生器進行三個結構尺寸，每個尺寸10個離散點的組合分析，就將產生1,000個網格文件、2,000個.cas和.dat文件、1,000個結果文件以及1,000組算例數據，如果要從中查看特定類型的結果或進行相關的分析，不進行有效的數據組織和管理顯然是不可取的，因此系統建立了數據管理模塊。

10.5.1 模塊實現方法

本模塊主要是利用SQL Server建立數據庫來實現的，通過建立數據庫和相關的操作界面來進行數據的查詢和維護工作。

SQL Server是微軟公司推出的Windows系統數據庫開發平臺，它具有較高的安全性、方便的擴展性和較好的可靠性，並且它與本系統的集成開發環境Visual Studio有很好的兼容性，可以方便地使用C#語言進行相關的鏈接操作，能夠為本系統的開發提供較好的支持。

圖10-19為數據查詢和管理模塊的功能結構示意圖。

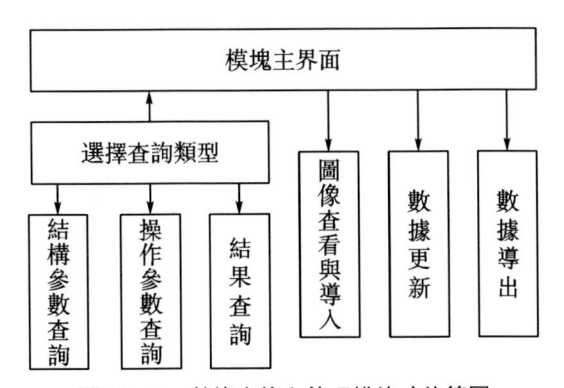

圖 10-19　數據查詢和管理模塊功能簡圖

10.5.2 數據庫設計

本系統數據庫名稱為MicroBubbleDB，主要包括主表（dbo. Main）、結構參數表（dbo. StruParam）、操作參數表（dbo. CtrlParam）、計算結果表（dbo.

Result）四張數據表，如表 10-4 至表 10-7 所示。

表 10-4　　　　　　　　　　數據主表

字段名	數據類型	長度	主鍵否	描述
MainId	int	4	是	主序號
StruParamId	int	4	否	結構序號
CtrlParamId	int	4	否	操作序號
ResultId	int	4	否	結果序號
SaveTime	datetime	8	否	系統時間

表 10-5　　　　　　　　　　結構參數表

字段名	數據類型	長度	主鍵否	描述
StruParamId	int	4	是	結構編號
StruType	varchar	50	否	結構類型
PzHeigh	real	8	否	噴嘴高度
KsgLength	real	8	否	擴散管長度
KsgAngle	real	8	否	擴散管角度
PzRadium	real	8	否	噴嘴半徑
HgRadium	real	8	否	喉管半徑
HgLength	real	8	否	喉管長度

表 10-6　　　　　　　　　　操作參數表

字段名	數據類型	長度	主鍵否	描述
CtrlParamId	int	4	是	操作序號
ModelType	varchar	50	否	多相流模型
MineralType	varchar	50	否	礦物類型
DisperseTpye	varchar	50	否	離散格式
SolidV	real	8	否	固相速度
LiquidV	real	8	否	液相速度
AirV	real	8	否	氣相速度
SolidCenti	real	8	否	固相體積份數

表10-6(續)

字段名	數據類型	長度	主鍵否	描述
LiquidCenti	real	8	否	液相體積份數
SolidBackCenti	real	8	否	固相體積回流
LiquidBackCenti	real	8	否	液相體積回流
OutputPaInit	real	8	否	出口壓強估計
InputPaInit	real	8	否	進口壓強估計
InputEpInit	real	8	否	進口紊動能估計
InputKInit	real	8	否	進口耗散率估計
Remain	real	8	否	計算殘差
StepNum	int	4	否	迭代步數

表 10-7　　　　　　　　　　　計算結果表

字段名	數據類型	長度	主鍵否	描述
ResultId	int	4	是	結果序號
EpMax	real	8	否	紊動能最大值
EpMin	real	8	否	紊動能最小值
EpAve	real	8	否	紊動能均值
AirVMax	real	8	否	氣相速度最大值
AirVMin	real	8	否	氣相速度最小值
AirVAve	real	8	否	氣相速度均值
PaMax	real	8	否	壓強最大值
PaMin	real	8	否	壓強最小值
PaAve	real	8	否	壓強均值
AirContVolMax	real	8	否	氣含率最大值
AirContVolMin	real	8	否	氣含率最小值
AirContVolAve	real	8	否	氣含率均值
PathEpPict	varchar	200	否	紊動能雲圖路徑
PathAirVPict	varchar	200	否	氣相速度雲圖路徑
PathPaPict	varchar	200	否	壓強雲圖路徑

表10-7(續)

字段名	數據類型	長度	主鍵否	描述
PathAirContVolPict	varchar	200	否	氣含率雲圖路徑
PathMshFile	varchar	200	否	網格文件路徑
PathCasFile	varchar	200	否	Cas 文件路徑
PathDatFile	varchar	200	否	Dat 文件路徑

10.5.3 數據查詢模塊開發

圖 10-20 為數據查詢與管理模塊的界面。查詢可以分為結構參數查詢、操作參數查詢和計算結果查詢三大類。每種查詢頁面中均有若干種查詢條件，可以根據算例的序號、解算的日期和相關的離散參數進行查詢。

另外，模塊還有圖片查看功能，由模塊主界面中的「相關圖像查詢」按鈕調用。在圖像查看中根據算例的序號查詢，信息框中顯示算例相關信息，在圖像選擇區中可以選擇要查看的圖像，選擇區中只有該算例已經保存的圖像選項才為可選的狀態，目前還未入庫的圖像選項為灰色不可選狀態，不能查看。

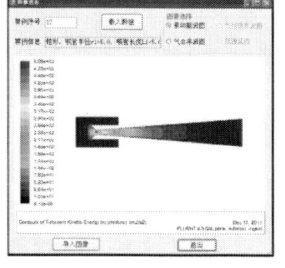

圖 10-20　數據管理模塊界面

10.6　性能分析實例

下面利用系統執行一個對球形噴嘴結構的微泡發生器進行結構分析的實例。取離散間隔為 0.2mm，設置噴嘴半徑為 7mm、7.2mm、7.4mm，喉管半徑為 2.4mm、2.6mm、2.8mm，喉管長度為 4mm、4.2mm、4.4mm 的尺寸組合。這有 9 個尺寸的離散點，即有 27 種結構形式要進行分析。結構參數和操作參數的設置如圖 10-21 所示。

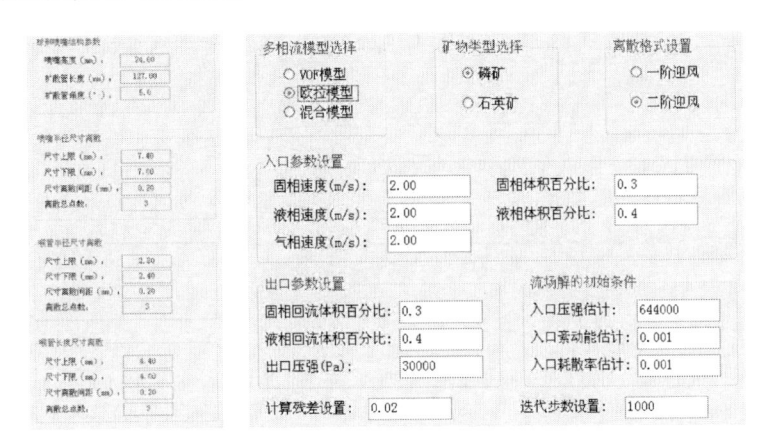

圖 10-21　界面參數設定局部圖

經過 Gambit 和 Fluent 處理后生成的文件如圖 10-22 所示。

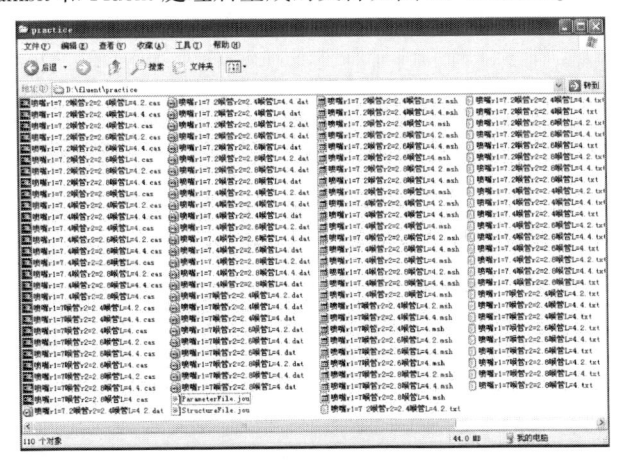

圖 10-22　生成的文件列表

數據分析的結果如圖 10-23 所示，噴嘴為 7.2mm、喉管為 2.8mm、喉管長度為 4.2mm 時，球形噴嘴微泡發生器有較好的性能。

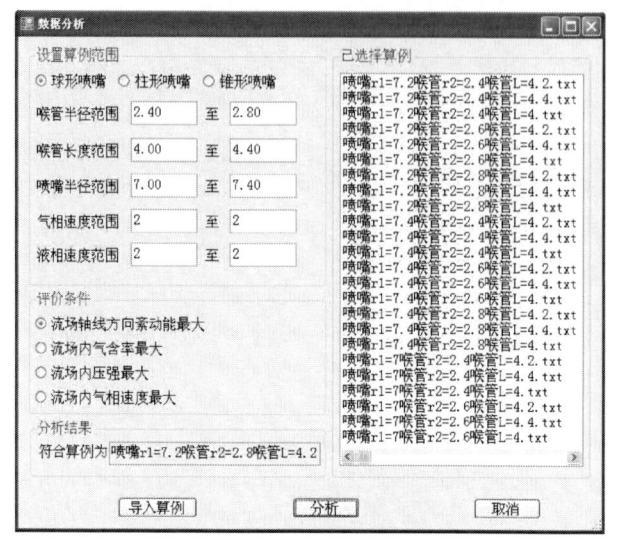

圖 10-23　數據分析結果

10.7　研發小結

這裡主要對微泡發生器的性能分析和評價平臺的建立進行了相關研究。首先明確了建立分析平臺的目的和意義，即為了在對微泡發生器性能進行優化時，提高工作效率，實現自動的批量分析；研究了分析平臺的功能要求、組成結構和總體實現方法，並將系統分成了結構參數化建模、解算與操作參數離散、數據分析和數據查詢與管理四大模塊，分別對每個模塊進行了功能分析、實現方法和程序開發三個方面的相關研究。最后進行了影響微泡發生器性能的結構參數的分析。通過平臺的建立，實現了對微泡發生器進行多結構參數組合，多操作參數組合、批量化、自動化和有序化的分析，並且能夠根據相關的指標對性能進行評價，同時能夠對大量的數據進行有效的管理。

第三部分
電導法檢測液位、泡沫層的研究

第十一章 檢測液位、泡沫層及其傳感器研究

在工作參數對微泡發生器的性能影響的實驗研究中，所要檢測的工作參數主要有工作壓力、自吸真空度、工作背壓、泡沫層的厚度等。微泡發生器工作時的背壓對其整體的工作性能有著直接的影響。泡沫層厚度雖與眾多因素相關，在其他影響因素確定的情況下，泡沫層厚度就成了評價微泡發生器工作性能及浮選性能的重要指標。但泡沫層厚度的檢測還是相當困難的。下面將對微泡發生器實驗過程中的工作背壓和泡沫層厚度的檢測進行必要的研究。

11.1 泡沫層厚度、液位高度對浮選的影響

浮選是在液氣界面進行分選的過程。根據各種物料表面性質的差異，利用泡沫把礦石中的目的礦物與脈石礦物等分離，使目的礦物富集。為了實現礦物分選（正浮選），礦粒必須選擇性地附著到氣泡上，然后穿過礦漿到達液面，在浮選柱礦漿液面的上部形成泡沫層。所以泡沫層的結構及其性質與浮選柱內液位的高低和氣泡的礦化效果等因素有著直接的聯繫，而泡沫層的厚度、氣泡的大小、數量等是影響浮選效果的重要參數。

11.1.1 泡沫層結構

（1）兩相泡沫。液相中的氣泡分散體浮升至液面穩定聚集，形成泡沫。沒有固相參與的泡沫為兩相泡沫。兩相泡沫在相鄰氣泡大小相差不大的情況下，往往形成水層夾角互為120°的三氣泡結構單元，由三叉水層分隔，此種三叉水層結構又稱為普蘭臺邊界。兩相泡沫層的下部以圓球狀的小氣泡為主，分隔水層很厚，含水較多。泡沫層上部水層逐漸變薄，氣泡逐漸變大，主要由多面體的大氣泡組成，水層很薄，含水很少。

(2）三相泡沫——礦化泡沫層。浮選中形成的含有礦粒或其他第三相物質的泡沫稱作三相泡沫。三相泡沫與兩相泡沫有許多相似之處，如泡沫層中的氣泡自上而下由大變小、分隔水層自上而下由薄變厚、泡沫層上部的大氣泡顯著變形等。浮選過程中理想的三相泡沫由礦化充分、大小適度的氣泡組成，泡沫層面上的氣泡直徑約為 1~3cm，而不形成大量粘滯的大泡（>5cm），有較好的流動性，除氣泡頂端外，其他氣泡表面均被礦化[159]。

氣泡互相兼併使氣液界面面積減少，氣泡壁破裂時的顫動等因素均使粘附於氣液界面的礦粒根據粘附牢固性大小來競爭氣液界面。礦粒粘附的牢固程度主要取決於其疏水性的大小及幾何形狀。疏水性較差的礦粒，粘附不牢，首先脫落，隨向下流動返回液相。於是，泡沫層中礦粒中的礦物組成和品位隨泡沫層高度的變化而變化，精礦品位隨泡沫層高度的增加而提高，而脈石礦物則主要聚集在泡沫層下部。

11.1.2 泡沫層性質

（1）泡沫層的穩定性。泡沫層的穩定性是評價泡沫性質的重要指標，建立一個平穩的泡沫層是泡沫分選的先決條件。泡沫層穩定性可通過泡沫層表面的氣泡破裂率來描述。

泡沫層中的固體顆粒強烈地影響泡沫的穩定性。對於充分礦化的泡沫層，礦粒在氣液界面密集排列，相當於給泡沫「裝甲」，因為氣泡兼併時需要消耗額外的能量以使粘附的礦粒脫落，所以此時兼併難以發生。再者，由於在氣液界面有礦粒粘附，分隔水層產生一種毛細作用，此種作用力使水層厚度保持一定。當礦粒之間的接觸角介於 0°~90°，隨著接觸角增大，礦粒在氣泡上的附著變得更加牢固，泡沫層的穩定性亦相應增大。但是如果礦粒的接觸角大於 90°，疏水礦粒反而成為溝通水層兩邊空氣的媒介，促使氣泡兼併。

礦粒的形狀及大小對泡沫的穩定性也有顯著影響。礦粒過粗，穩定作用減小。例如：添加 0.1mm 的方鉛礦礦粒可使異戊醇溶液的泡沫層壽命由 17s 增加到幾小時，而 0.3mm 的方鉛礦只能使泡沫層壽命由 17s 增加至 60s。小於 0.15m 的疏水膠粒會破壞泡沫的穩定性。礦粒的形狀也很重要，一般扁平礦粒產生較穩定的泡沫[160]。

此外，C. Aldrich 等的研究表明[161]，泡沫層的穩定性與氣泡直徑和起泡劑濃度有密切的關係。泡沫層穩定性隨氣泡直徑的減少和起泡劑濃度的增大而增加。

（2）泡沫駐留時間。與泡沫層的穩定性一樣，泡沫駐留時間也是評價泡沫層的重要指標之一。考慮到顆粒在泡沫相中垂直和水平方向上都有速度，所以 X. Zheng[162]等認為泡沫駐留時間 t_f 為：

$$t_f(r) = \frac{H_f \varepsilon_f}{J_f} + \frac{2h_f \varepsilon_f}{J_g} \ln\left(\frac{r}{R}\right) \tag{11-1}$$

式中，H_f 為泡沫層高度（氣液界面到溢流口的距離）；J_g 為泡沫相的表面氣體速率；h_f 為溢流口到泡沫頂部的距離；R 為浮選柱直徑；r 為礦化氣泡進入泡沫相的位置；ε_f 為泡沫相中的氣體保有量。

從式（11-1）可以看出，泡沫駐留時間與浮選設備的操作條件（泡沫層高度和泡沫相的表面氣體速率）、泡沫運動的距離（浮選柱直徑）以及礦化氣泡進入泡沫相中的位置有關。如果礦化氣泡在運動過程中不破裂，則泡沫的有效駐留時間 τ_f 為：

$$\tau_f = \frac{(H_f + h_f)\varepsilon_g}{J_g} \tag{11-2}$$

此外，改變柱體形狀限制泡沫的空間面積、加厚泡沫層高度，都可以減小泡沫損失速度，延長泡沫駐留時間。

另外，在礦物的回收利用過程中，過厚的泡沫層、過多的泡沫都會對浮選過程帶來一些不利的影響[163]-[165]：

厚的泡沫層雖然有較好的二次富集作用、提高精礦的品位、降低脈石的含量，但當泡沫層達到一定的厚度后會減小捕收區的高度，使得回收率下降、浮選效率降低。

過多的三相泡沫會降低礦漿的比重。為了改善精礦泡沫的流動性，便於輸送，必須加入大量的水。這不僅增加能源消耗和浮選成本，而且增加浮選用水量和水的循環量，造成了水資源的浪費。

泡沫上吸附了大量礦物浮選藥劑。當泡沫過多時，使得浮選藥劑的消耗量增加，並且當泡沫隨同廢水被排出時，泡沫漂浮在廢水上面，會造成廢水處理困難，影響環境污染的消除。

由此可知，泡沫層是決定浮選效果的一個關鍵因素。過厚、過薄的泡沫層都會對浮選產生不利的影響，一個合適的泡沫層厚度可以最大限度地提高浮選的效果。因此，對泡沫層的厚度的檢測是評價微泡發生器工作性能的指標，同時也為浮選過程的優化控制提供必要的手段。目前對泡沫層厚度的檢測的常用方法是圖像分析法，但其成本較高，準確性也還有待驗證。

11.1.3 液位高度對浮選的影響

浮選柱內的液位高度指的是其精礦區與捕收區分界面的高度，大量的礦化泡沫不停地經由此界面，從捕收區向上進入精礦區。在選礦過程中，由於礦漿性質變化，礦漿流量波動等因素會使礦漿液位經常改變。當液位升高時，使得泡沫層的厚度減小，二次富集作用降低，精礦品位下降，但可以提高精礦的產率。相反，當液位降低時，泡沫層厚度增加，二次富集作用增強，使得精礦品位提高，而產率降低[166]。另外浮選柱內礦漿液位的高低直接決定了微泡發生器背壓的大小，它的大小變化直接影響微泡發生器的工作狀態。高的液位會產生較大的背壓，影響微泡發生器的吸氣效果，影響柱內的含氣率和氣泡的大小，甚至會由於背壓太高而使射流微泡發生器喪失自吸氣的能力。因此，只有準確地檢測浮選柱的液位，才能有效地對浮選柱的輸入、輸出加以調節，充分發揮微泡發生器的效能，提高浮選的效果和產品的質量。

事實上浮選柱內的液位界面並不是一個清晰明顯的分界面，所謂的液位分界面只是捕收區和精礦區之間的一個過度帶。在其之下是含有少量氣體（氣體含量10%~30%）的礦漿，礦物顆粒的礦化及捕收均在其中進行；而在其上是含有大量氣體（氣體含量70%~90%）的礦化氣泡，氣泡將不斷地上升、膨脹、合併與破裂[167]。這個過渡帶一直處於小幅度的波動和旋流狀態，由於礦化氣泡的不斷溢出，礦漿的不斷補充使得這個過渡帶（液位）只能被看作處於動態平衡狀態[168]。正是因為浮選柱液位界面的這些特點以及泡沫層的存在，使得液位檢測難以精確。

11.2　浮選柱液位檢測方法分析

常見的浮選液位檢測方法有很多，原理也各有不同，但都是通過測量相應的能夠表示液位變化的物理量來進行檢測的。這個物理量可能是電量或機械量，也可能是聲波、能量衰減的變化、靜壓力等的變化。

（1）浮子液位檢測法[169]

液體浮力測量液位的原理在工業上的應用十分廣泛，恒浮力式液位計是靠浮子隨液面升降的位移來反映液位變化的，變浮力式液位計是靠液面升降對物體浮力改變來反映液位的。圖11-1為「浮筒」液位計示意圖，它屬於后者。選用密度大於水的「浮筒」，其重心低於幾何中心，其所受懸線拉力表示為：

$$F = G - \frac{\pi D^2 \rho g H}{4} \tag{11-3}$$

式中液位高度為 H（自桶底算起），桶的直徑 D、重力加速度 g、液體的密度 ρ

均為常數。拉力 F 與液位 H 之間呈線性關係，即利用力來反映液位，再利用力傳感器、彈簧或者位移傳感器把液位的變化換算成相應的電信號來表示液位。

但實際的礦漿液面分界線並不明顯，且礦漿處於不斷的波動之中，再加上柱體內存在流動的流體，浮筒很難處於真正的平衡狀態。另外浮子本身存在慣性，使測量響應速度慢，所以會產生較大的測量誤差，非最佳選用方法。

(2) 壓力檢測法[169][170]

壓力法也是常用的檢測液位的方法之一，常見的有單點壓力法和多點壓力法。它們都是根據靜壓原理，在假定液體密度均勻的前提下進行檢測的。下面以單點壓力法為例說明檢測原理。如圖 11-2 所示，H_f 是精礦泡沫層厚度，L 是礦漿液面（礦漿與泡沫層分界面）到傳感器的垂直距離，則壓力 P 為：

$$P = \rho_c gL + \rho_f gH_f \tag{11-4}$$

式中 ρ_f 為精礦泡沫層的密度，ρ_c 為礦漿的密度。在穩定的工作條件下，礦漿的液位可以表示為：

$$F = \frac{P - \rho_f gH_f}{(\rho_c - \rho_f)} \tag{11-5}$$

在這種測量方法中，精礦泡沫層和礦漿被假設均勻且穩定。但在浮選柱的實際浮選生產過程中，泡沫層的某一點壓力變化往往受到給料速度、礦漿濃度、充氣速度、空氣含量、藥劑用量等因素的影響，而且礦漿也並不是處於穩定的平衡狀態，很難滿足測量條件，因而測量誤差較大。多點壓力法雖有一定的補救作用，但不是最佳測量方法。

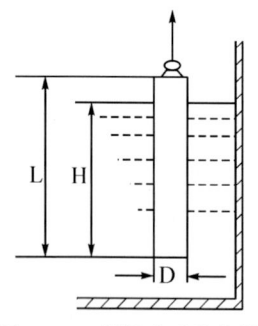

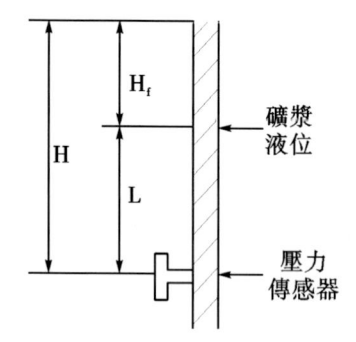

圖 11-1　變浮力式液位計　　　圖 11-2　單點壓力法檢測液位

(3) 電容式液位測量法[169]

電容式液位檢測法利用了電容器間填充物介電常數一定時，其液位正比於電容的原理。圖 11-3 為最簡單的一種接法，容器壁假定是金屬材料，作為一極，沿軸線插入金屬棒為另一極，其間構成的電容為：

$$C_x = C_1 + C_2 \tag{11-6}$$

電容與液位成正比。設容器內徑為 D，金屬棒直徑為 d，上部空氣的介電常數為 ε_1，下部液體的介電常數為 ε_2，根據同心圓筒狀電容的計算公式可得出其氣體部分的電容：

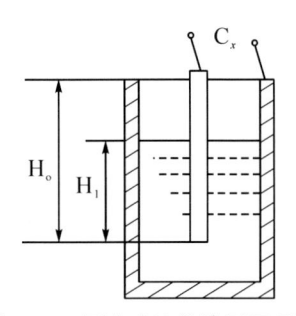

圖 11-3　電容式液位檢測原理圖 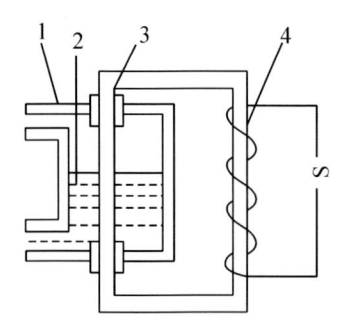　　圖 11-4　電感式液位檢測原理圖

$$C_1 = \frac{2\pi\varepsilon_1(H_0 - H_1)}{\ln(\frac{D}{d})} \tag{11-7}$$

液體部分的電容為：

$$C_2 = \frac{2\pi\varepsilon_2 H_1}{\ln(\frac{D}{d})} \tag{11-8}$$

忽略雜散電容及端部邊緣效應后，兩極間的總電容表示為：

$$C_x = C_1 + C_2 = \frac{2\pi}{\ln(\frac{D}{d})}[\varepsilon_1 H_0 + (\varepsilon_2 - \varepsilon_1)H_1] \tag{11-9}$$

在浮選柱的液位檢測中，礦漿和氣泡的介電常數都隨其組成的變化而變化，這會給測量帶來較大的誤差。

（4）電感式液位檢測法[169]

電感式液位測量法指依據液體內的渦流大小來反映液位的位置。圖 11-4 為其工作原理圖，用連通管 1 將被測導電液體引至容器 2，此容器中央有鐵芯 3 穿過，鐵芯上繞有線圈 4。在線圈中通入交流電，交流電通過線圈時有感抗作用，容器內無導電液體時感抗最大。液位升高渦流增大，相當於變壓器副邊接近短路，這時原邊感抗就越來越小，原邊電流逐漸增大。若線圈與電容並聯，並聯回路的諧振頻率會有明顯變化，利用這一原理可構成液位開關，但不適合於連續檢測。要用這種方法測浮選柱液位，還必須對浮選柱的結構進行大幅度的改造。

（5）超聲波液位檢測法[171]

超聲波液位檢測法利用超聲波測距原理，發射換能器發射超聲脈衝，到達液面後反射回來由接收換能器接收，根據超聲波往返時間，在已知聲速的條件下判斷液位高度。連續測量時，發射和接收各由一個換能器承擔；間斷測量時，發射和接收可由同一換能器承擔，先由它發射再由它接收。一般採用的超聲波頻率為 20~46kHz，測量距離大於 0.7m 且小於 40m。

這種測量方法的最大優點在於換能器不必與液體接觸，便於防腐蝕和防滲漏，而且對於有粘性的液體及含有顆粒雜質或氣泡的液體，也不妨礙工作。

但在浮選柱裡，在不斷波動的泡沫層和礦漿之中，難以設置超聲波反射面和接收換能器，而且，它們的設置會影響浮選柱的正常生產。

另外，微波及 γ 射線液位檢測法類似於超聲波液位檢測法，也是非接觸式的，只是所用的是電磁波，即雷達測距原理。

以上所涉及到的各種檢測液位的方法，各有其特點，應用時也可加以組合使用，如超聲波—浮子液位檢測法、γ 射線—浮子液位檢測法等，但是要使它們能同時完成對泡沫層厚度的檢測就顯得非常困難了。因此，為了滿足要求，有必要對浮選過程中液位和泡沫層厚度的檢測方法做進一步的研究。

11.3　電導式浮選液位傳感器的研究

浮選是氣體、固體、液體三相物質的複雜運動，浮選的液位檢測不同於一般的單純液位檢測。浮選過程中的礦漿液面上有礦化泡沫層，所以一般非接觸測量準確性差。目前，國內普遍使用的浮選機液位檢測方法有壓力檢測法、浮子液位計和電容液位檢測法等。使用最多的測量方法是電容檢測法，但是從 XJX-8 型、XJX-12 型等浮選機使用的電容液位計來看，大部分均不可靠，使用不久即已拆除。利用靜壓法測量浮選機的礦漿液位，需有適合於礦漿液位檢測的壓力傳感器。儘管目前國內市場上的某些壓力傳感器（如 L18 投入式液位變送器）已經可以不受介質起泡、沉積、電氣特性的影響[172]，但是只能檢測單一介質界面，無法檢測礦化泡沫層的厚度，且價格較貴。

國外的浮選液位檢測已經使用電導率液位檢測法及泡管液位檢測法。電導液位檢測能分辨出液位和泡沫層的厚度；泡管液位檢測是根據液面的壓力而測定的，可靠性較好。國內目前還沒有一種能較準確地檢測浮選過程中礦化泡沫層厚度的儀表，而泡沫層厚度和礦漿液面位置都是影響浮選性能的重要參數。因此，有必要研究一種適合在浮選柱內。在複雜、惡劣工況條件下工作的既檢測礦化泡沫層厚度又檢測礦漿液面高度的檢測裝置。

11.3.1 電導率液位檢測法原理

電導式液位傳感器測量液位的原理是，基於傳感器的敏感元件具有電阻的特性，其電阻值的大小隨著液位的變化而改變，對其電阻值採集，並進行相應的信號處理即可轉換成液位高度信號。傳感器與被測液體接觸時的接觸電阻與傳感元件的材料、幾何形狀、液體的電導率以及所盛液體容器的幾何形狀和尺寸有關。這些參數量直接影響傳感器敏感元件隨液位改變而變化的電阻值的變化規律和靈敏度。最簡單的檢測液位的方法是在容器上方豎直插入適當長度的兩根電極，通過電路通斷與否來決定液位的高低，電源採用交流電源或直流電源均可。

影響礦漿電導率的因素主要有柱內礦漿密度、氣泡的含量和溫度等。礦漿由礦粒和水組成，金屬礦粒含量加大則電導率增大；氣泡對電流有阻礙作用，氣泡含量越多電導率越小；捕集區的溫度高於精選區，溫度越高電導率越小。

Yianato[173]等人所做的氣水體系試驗表明，浮選柱中捕收區與泡沫區之間的電導率差異明顯。Gomez[174]等人發現，非金屬固體的存在並不能明顯改變電導率的比值。試驗證明，液體中的氣體含量是影響電導率比值的最主要的因素。圖 11-5 是典型的電導率分佈圖。由此可見，礦漿中空氣含量的差別正是精選區和捕收區電導率的區別所在，因此，利用電導率檢測液位和泡沫層高度的方法是可行的。

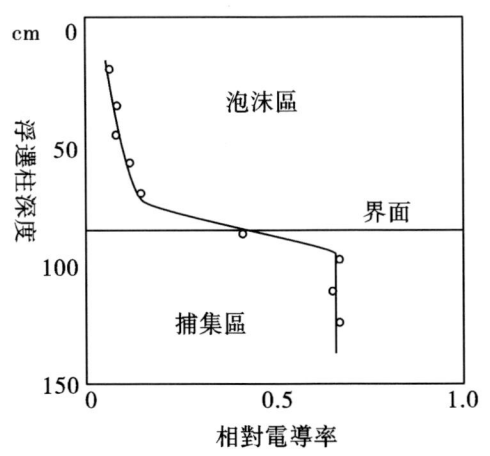

圖 11-5　實驗室浮選柱中典型電導率分佈圖

11.3.2 靜態礦漿與礦化泡沫物理特性的研究

根據歐姆定律，當電流通過一段均勻的導體而其溫度不變時，電流強度 I 和其兩端的電勢差 U 成正比。它們之比為常數，這個常數稱為這段導體的電阻 (R)，即由下面的公式表示：

$$R = \frac{U}{I} \tag{11-10}$$

導體的電阻與導體的材料、大小、形狀以及所處的狀態（溫度）有關。當導體的材料與溫度一定時，橫截面為 S、長度為 L 的一段柱形導體的電阻是：

$$R = \rho \frac{L}{S} \tag{11-11}$$

式中的 ρ 是一個由導體材料的性質及形狀所決定的物理量，即材料的電阻率，電阻率的倒數 γ（$\gamma = 1/\rho$）稱為電導率。

在固定的條件下，礦物顆粒（固相）、水（液相）的電阻值不變，即其電導率為一定值。為了給浮選柱液位傳感器的技術參數設計提供理論依據，對浮選過程中各種介質的物理特性，特別是其導電特性要進行進一步的研究。電導式浮選液位傳感器通過放置在浮選柱中的電極來測量浮選過程中礦漿和礦化泡沫層的不同阻抗，以此來判別浮選過程中的液位高度。礦漿和礦化泡沫層作為被測量的介質，其物理化學性質在各個浮選廠都各不相同，它們的電導性會受到礦物、藥劑、濃度等不同因素的影響，因此要根據不同的選礦條件進行相應的礦漿物理特性試驗，以便確定液位傳感器的設計參數。

如圖 11-6 所示的實驗裝置，通過對水、礦漿、礦化泡沫等介質的靜態物理參數進行測量，定性地研究了它們的電特性。

實驗裝置中，實驗容器為一定長度的玻璃管，電極材料選用紫銅，密封塞的材料為橡膠中，被測介質分別為水、礦漿、礦化泡沫，所用礦粉為分級磨細的原礦粉，電源為 5V 的恆壓源。

實驗的等效電路如圖 11-7 所示。R_1 為被測介質的等效電阻，R_2 為阻值 10KΩ 的測試基準電阻。通過恆壓電源在兩個測量電極間加載 +5V 的電壓信號，測量基準電阻上的電壓值，從而獲得測試介質的電壓。加在電極兩端的電壓（U）與流過回路中的電流（I）之比，即 U/I 為被測介質的阻抗，被測介質的電導率與所測的阻抗成反比。

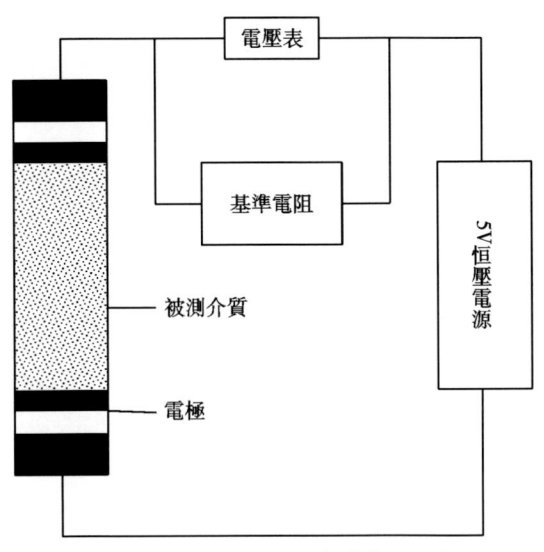

圖 11-6　靜態導電特性實驗裝置示意圖

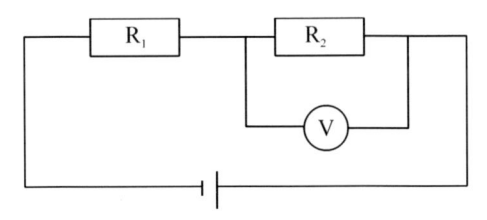

圖 11-7　試驗等效電路

表 11-1 為室溫時（20℃）分別對磷礦漿及磷礦的礦化泡沫、褐鐵礦礦漿及褐鐵礦的礦化泡沫進行試驗所獲得的不同電導率數值。表 11-2 為 50℃時重新實驗測得的磷礦漿及磷礦的礦化泡沫、褐鐵礦礦漿及褐鐵礦的礦化泡沫電導率值。

表 11-1　　　　　　　被測介質 20℃時電導率測量數據

被測介質（20℃）	被測介質電壓（V）	被測介質阻抗（KΩ）
磷礦漿	2.27	8.31
磷礦的礦化泡沫	4.06	43.19
褐鐵礦礦漿	1.93	6.28
褐鐵礦的礦化泡沫	2.81	12.83

第十一章　檢測液位、泡沫層及其傳感器研究

表 11-2　　　　　　　被測介質 50℃時電導率測量數據

被測介質（50℃）	被測介質電壓（V）	被測介質阻抗（KΩ）
磷礦漿	2.18	7.73
磷礦的礦化泡沫	3.72	29.06
褐鐵礦礦漿	1.72	5.24
褐鐵礦的礦化泡沫	2.62	11.00

從表 11-1 和表 11-2 的實驗數據結果中可以得到如下的結論：
（1）不同礦漿和礦化泡沫的導電能力因礦物種類的不同而差別較大。
（2）同一礦種的礦漿和礦化泡沫的導電能力之間的差異顯著，所測得磷礦、褐鐵礦礦漿和其礦化泡沫之間的電導率差異均超過了 50%。
（3）溫度對礦漿和礦化泡沫的導電能力都有影響，但其影響沒有改變礦漿和礦化泡沫之間顯著的電導率差異。

由此可知，靜態時礦漿和礦化泡沫之間導電性的差別並不因為礦種和溫度的不同而消失，而這個較大的固有電導率差別使得用電導率來分辨礦漿液位和泡沫厚度成為了可能。

11.3.3　小型浮選槽試驗

在靜態實驗中，礦物顆粒的懸浮能力不強，沉積嚴重，並且礦漿中的氣含量較低，泡沫層中的擾動也不大，這些均與浮選生產的實際情況有較大差異。為了進一步驗證電導率式浮選液位傳感器在浮選柱中應用的可行性，下面應用小型實驗室循環浮選槽對礦漿和泡沫層的物理特性做進一步的研究。

圖 11-8 所示的實驗室小型浮選槽為 20cm×12cm×25cm 的有機玻璃槽體，內有葉輪做攪拌。實驗所用的傳感器為一簡易的兩電極傳感器，電極由兩根長為 30cm、直徑為 6mm 的銅棒制成，兩銅棒僅裸露其頭部的 1cm 作為電極，其餘部分均用絕緣套管覆蓋。兩電極尾部固定在絕緣塑料上，距離為 3cm。基準電阻 R（10 KΩ）、電源（+5V）以及電壓表均與靜態實驗時相同。

設置實驗條件如下：礦粉為品位 22.54%、粒度-200 目 90% 的磷礦粉 500 克；礦漿濃度為 10%；浮選藥劑為 1‰的 YJFP-2#和 0.6‰的水玻璃。

實驗中礦漿的濃度、浮選藥劑的添加情況均與實際浮選柱工作時相一致。實驗時簡易的電導率傳感器由人工控製，在工作的浮選槽內由底部每隔 1cm 向上提起一次，記錄基準電阻上的電壓值，直到傳感器離開泡沫層。經過六次試驗，處理后換算得到每次採樣時兩銅電極之間的電壓（如表 11-3 所示）。

其中，第三、四次試驗時通過對充氣閥門的調節減小了小型浮選槽的充氣量，而第五、六次試驗時則加大了浮選槽的充氣量，以模擬實際工況時浮選過程中充氣量的波動。

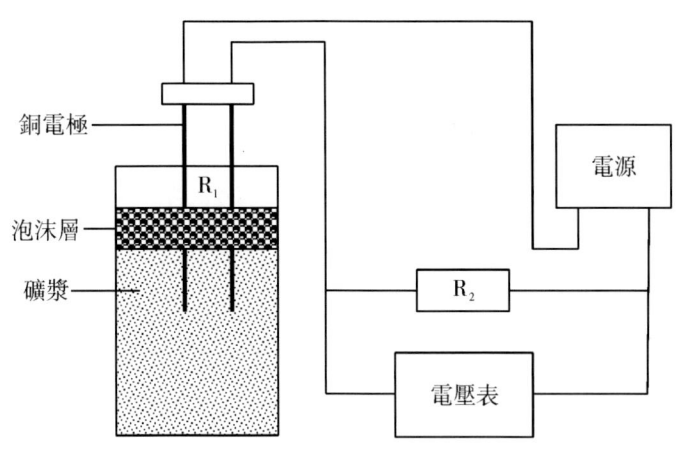

圖 11-8　小型浮選槽實驗裝置

表 11-3　　　　　　　小型浮選槽電導率試驗數據

測試點	第一次測試電壓（V）	第二次測試電壓（V）	第三次測試電壓（V）	第四次測試電壓（V）	第五次測試電壓（V）	第六次測試電壓（V）
1	1.03	1.05	1.00	0.97	1.01	0.99
2	0.90	0.83	0.79	0.87	0.77	0.86
3	0.85	0.80	0.85	0.85	0.82	0.84
4	0.80	0.78	0.84	0.82	0.86	0.87
5	0.84	0.89	0.87	0.86	0.82	0.89
6	0.90	0.82	0.86	0.87	0.80	0.84
7	0.93	0.82	0.87	0.84	0.87	0.83
8	0.77	0.90	0.82	0.92	0.81	0.85
9	0.80	0.87	0.83	0.83	0.86	0.80
10	0.83	0.86	0.80	0.85	0.85	0.89
11	0.75	0.88	0.89	0.89	0.89	0.87
12	0.89	0.83	0.80	0.85	0.81	0.80
13	0.81	0.78	0.84	0.90	0.76	0.78

表11-3(續)

測試點	第一次測試電壓(V)	第二次測試電壓(V)	第三次測試電壓(V)	第四次測試電壓(V)	第五次測試電壓(V)	第六次測試電壓(V)
14	0.78	0.84	0.87	0.94	0.84	0.84
15	0.82	0.83	0.81	0.78	0.89	0.81
16	0.77	0.89	0.82	0.86	0.90	0.88
17	0.86	0.92	0.88	0.76	0.84	0.85
18	0.79	0.87	0.90	0.83	3.21	3.16
19	3.20	3.18	3.22	0.92	3.16	3.33
20	3.32	3.26	3.34	3.20	4.06	4.03
21	4.10	4.13	4.22	3.44	4.03	4.17
22	4.09	4.06	4.12	4.09	4.15	4.06
23	4.22	4.14	4.26	4.23	4.27	4.33
24	4.35	4.30	5	5	4.31	4.36
25	5	5	5	5	5	5

實際測試過程中，第一、二、五、六次試驗時傳感器在第二十五次採樣時已經完全離開泡沫層，進入空氣中，即浮選槽的液位和泡沫層的總高度約為24cm。而第三、四次試驗時傳感器在第二十四次採樣時已經完全離開泡沫層，進入空氣中，即浮選槽的液位和泡沫層的總高度約為23cm。為了更直觀地研究礦化泡沫層和礦漿在導電能力上的差異，現將六次採樣的數據用 Origin 繪圖（如圖11-9所示）。

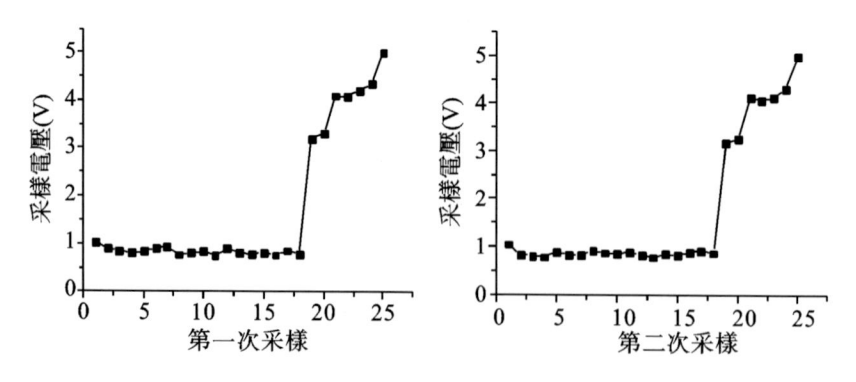

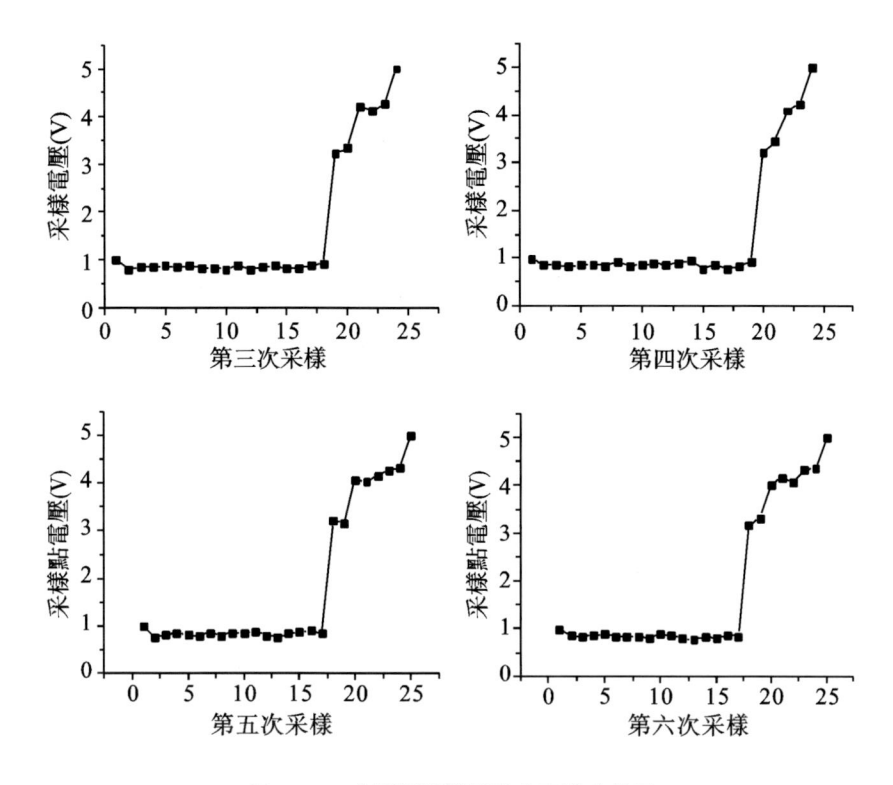

圖 11-9　小型浮選槽電導率實驗曲線圖

對表 11-3 和圖 11-9 中的數據進行分析可以得出如下的結論：

（1）用電導率式傳感器在實驗回路中所獲得的浮選槽內礦漿與礦化泡沫層的傳感信號有明顯差異，即實驗中兩測試電極間的電壓值隨電極在不同的位置（礦漿、礦化泡沫層或空氣中）變化較大，且三種介質之間的差異明顯易於分辨。採用電導率測量法可以清楚地分辨出礦漿、礦化泡沫層以及空氣。

（2）從表 11-3 和圖 11-9 中可以清楚地發現，第一點的採樣電壓明顯偏大，其數值大於礦漿內其餘各點的檢測值，經過對浮選槽結構的分析發現，由於浮選槽的葉輪攪拌能力有限，使得礦漿中的脈石和部分較大的礦物顆粒在槽底部有部分沉澱，導致採樣電壓明顯的偏大。而在實際浮選時，由於傳感器的電極不可能觸及柱底，所以這種現象不會出現。

（3）傳感信號在泡沫層內和礦漿內的信號穩定，但是在礦漿與泡沫層之間有一個範圍較窄的過渡帶（如前三次試驗中的 19 和 20 兩測試點），其電導率數值與礦漿相差較大，而與泡沫層的數值較為接近。重新做小型浮選槽試驗，對泡沫層仔細觀察分析發現，礦化泡沫層事實上存在分層現象，即分為第

第十一章　檢測液位、泡沫層及其傳感器研究　281

一和第二泡沫層。第一泡沫層緊鄰礦漿（即為礦漿和泡沫層之間的過渡帶），其中的氣泡體積相對較小（毫米級），由於液體和固體所占的比例相對較大，從而阻止了氣泡的合併、變大。而且由表 11-3 和多次反覆試驗得知，在特定的浮選條件下，此層的厚度相對固定，並獨立於總的泡沫層厚度。而第二泡沫層的氣泡直徑則相對較大（多為厘米級）並且氣泡間的兼併、變大現象較多，使得氣泡直徑由下向上成遞增趨勢。表中的各點的測試電壓值也成遞增趨勢。可見第一、第二泡沫層相對地反應了浮選泡沫的質量，因此可將第一、第二泡沫數值作為對浮選效果控製的一個量加以檢測。

（4）對比靜態試驗發現，礦粒的直徑大小對礦漿和礦化泡沫的導電性影響較大，但並不影響礦漿和泡沫層之間導電能力的差異，礦漿和泡沫層之間的導電能力的差異主要由所含空氣氣泡的大小與多少所決定。

11.3.4　試驗結論

從礦漿和礦化泡沫的靜態試驗和小型浮選槽試驗結果可以看出，通過電導率的測量可以清楚地分辨出礦漿液位的高低和礦化泡沫層的厚度，並且可以通過氣泡層中的電導率分佈，在一定程度上判斷氣泡的大小及泡沫層的質量。因此，用電導率式傳感器測量浮選柱的礦漿液位和泡沫層厚度是可行的。

從多次的檢測結果中可以清楚地看到，在粒度 200 目 90% 的磷礦粉（浮選柱浮選時使用同樣粒度的礦粉）組成的礦漿中，兩測試電極的電阻基本穩定在 2.0KΩ 左右，而泡沫層中兩測試電極間的電阻則從泡沫層的底端向上依次增大，但均大於 15KΩ。此數據可以作為礦漿和泡沫層之間電導率差別的一個判定依據。

11.4　電導式浮選液位傳感器的設計

浮選柱液位傳感器系統的設計包括電導率式液位傳感器機械結構的設計和傳感器控製電路部分的設計。該系統通過測量電極的檢測，將信號輸出給單片機 A/D 轉換電路，獲得反映不同被測介質電導率的電信號。

由礦漿電導率測量方法的研究可知，通過測量浮選槽中不同高度點的等效電阻值，比較其測量值的大小即可分辨出不同介質的界面——礦漿的液位和礦化泡沫層的厚度。在設計測量浮選柱中各點高度等效電阻的傳感器時，可以採用一對電極測量點進行移動測量，也可以採用多對電極靜止測量。以上兩種方法中，第一種方法的優點是電極數目較少、測量的量程較寬、傳感器測量轉換電路簡單。其缺點是移動測量點電極的傳動機構較為複雜，需要採用電機帶動測量電極進行檢測。整個系統由於有了傳動機構，可靠性能變差。多電極靜止測量方法的優點是：傳感器的電極數目較多，可以靜止測量，沒有運動部件，這樣可靠性較高。其缺點是測量轉換電路較為複雜。兩種方法比較後，本設計確定採用多電極式測量傳感器。

11.4.1 檢測原理

根據對圖 11-5 的分析，已經知道礦漿的電導率分佈呈一定規律，只要測出礦漿中一些點的電導率數值，便可獲得礦漿的電導率分佈圖。但在實際操作中，直接測量電導率會使問題變得複雜，於是，本設計在前期試驗傳感器結構和電路的設計上進行改進，通過取樣電阻測量各檢測點的採樣電壓值，便可對應得到不同點的礦漿電導率分佈特徵曲線，使問題簡單化。

系統的數據檢測過程如圖 11-10 所示，系統採用週期性循環檢測方式進行數據採集，檢測到的模擬量（電極對間的電壓），經 ADC0809 進行 A/D 轉換，變為數字量，送入單片機，由單片機對所採集的數據進行計算後得出液位值。

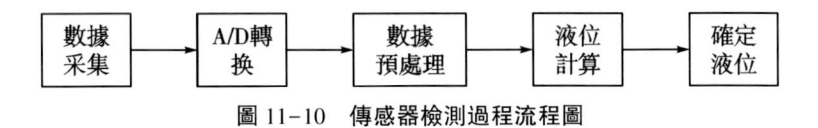

圖 11-10　傳感器檢測過程流程圖

數據預處理的作用是為了防止檢測中的偶然誤差，保證檢測的準確性。利用多路轉換開關的轉換速度快的特點，每次進行 32×10 個數據的採集，即對同一對電極檢測 10 次。在預處理過程中，把這 10 個數據進行處理得到一個數據。預處理的方法是：先比較這 10 個數據的大小，然後排除最小值和最大值，因為它們產生偶然誤差可能性最大，最后對其餘 8 個數據取平均值便可得到一個數據，這個數據在液位判定程序中用於確定液位，最大程度地減小了偶然性測量誤差。

利用預處理后的數據出浮選柱內礦漿的電導率分佈曲線，由曲線決定礦漿液位。礦漿液位在對應曲線的拐點位置，即為相鄰兩數據之差最大點處。

11.4.2 電導率液位傳感器結構設計

多電極傳感器的機械結構示意如圖 11-11 所示。

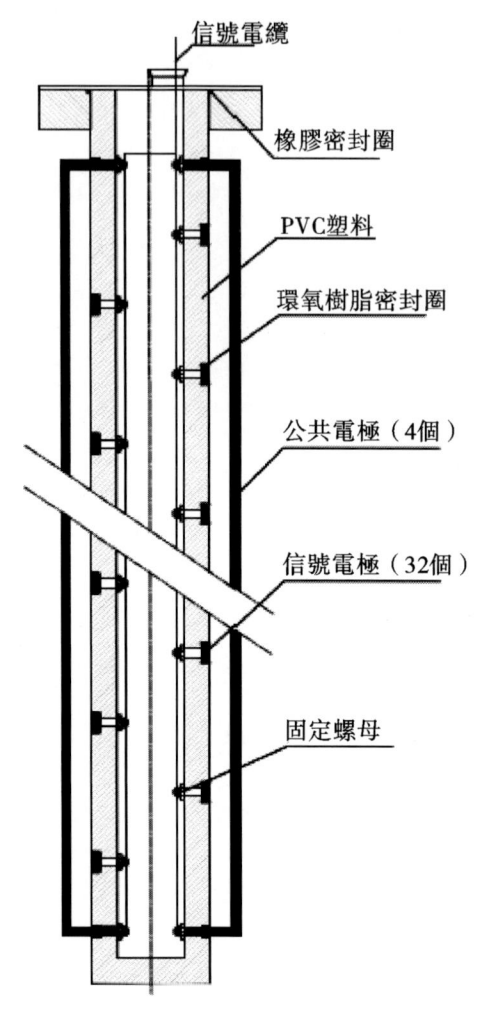

圖 11-11　電導式液位傳感器結構示意圖

　　傳感器的支撐杆材料為圓筒形 PVC 絕緣塑料，其外徑為 50mm。在該杆上裝有直徑為 6mm 的紫銅電極 32 個，這 32 個電極從支撐杆的頂端開始由上至下螺旋狀均勻排列（編號為 0~31），分佈在支撐杆的四個垂直方向上，為了本專著論述方便，把這四個方向稱之為 E、S、W、N 方向。每個方向上安裝 8 個電極，其電極間距為 8cm。相鄰兩個測量電極的垂直距離為 2cm，直線距離約為 4cm。在支撐杆的 E、S、W、N 四個方向的外延長線上 3cm 處裝有 4 根直徑為 6mm 的銅棒，將每根銅棒作為支撐棒，作為其各自方向的測量電極的公用負極。

　　在設計傳感器的電極時，首先保證電極的材料和形狀相同，其次保證電極對（正、負電極）在傳感器骨架上的安裝方式相同，即電極之間的距離和電極在傳感器骨架上外露部分的面積相同。由此可以把對電導率的測定轉換為對電阻的測定。然后再設計基準電阻檢測電路，進行電阻的測量，就可以換算出相對應的電極間的電阻。在檢測電源的選取上，只需一般的穩壓源即可。電路原理如圖 11-12 所示。

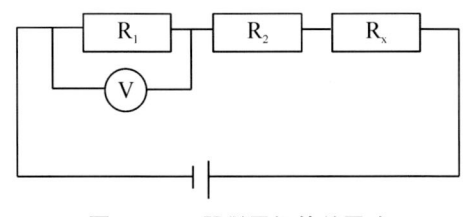

圖 11-12　單對電極等效電路

圖中，R_x 為礦漿中兩電極間的電阻，R_1 為基準電阻，R_2 為選通開關電阻，於是可得：

$$R_x = \frac{UR_1}{5-U} - R_2 \qquad (11-12)$$

由（11-12）式可知，電導率的測量可以轉變為對電壓的測量。適當調整基準電阻 R_1 的阻值，可以使得測量值電壓在 0~5V 之間。根據前期的實驗，取傳感器的基準電阻 $R_1 = 10K\Omega$。

這種設計方法可以得到較大的檢測信號（0~5V），避免了信號放大和噪聲信號對它的干擾，使檢測電路簡單化，同時提高了檢測的精度和可靠性。

電導式液位傳感器的總體結構特點如下：

（1）32 個測量電極從支撐杆的頂端開始由上至下螺旋狀均勻排列，使得相鄰兩個測量電極之間的直線距離增加，從而提高了傳感器的抗干擾能力。

（2）一對測量電極的間距增大為 4cm，並且分體電極光滑地鑲嵌在支撐杆上，減小了由於泡沫飛濺掛在傳感器測量電極之間的可能性。

（3）在此檢測電路中，選用的電極暴露於礦漿部分的面積很小，兩電極間的距離為 3 厘米，因此分佈電容很小，對檢測結果並沒有明顯的影響。

（4）克服了傳感器外型尺寸與測量範圍之間的矛盾，擴大了測量範圍，可測量範圍為 62cm，完全滿足了浮選柱測試的需要。

11.4.3　電導率液位傳感器控制電路設計

為了避免電極採樣測量時信號產生相互干擾，用控制電路輸出不同的控製信號對各測量電極與電源進行分時導通，控製信號由單片機輸出的編碼信號控製，其原理圖如圖 11-13 所示：

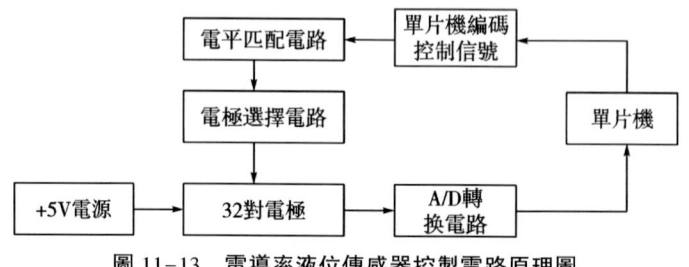

圖 11-13　電導率液位傳感器控製電路原理圖

(1) 電極選擇電路

電極選擇電路主要由多路模擬開關組成。杆式傳感器的機械結構為 32 個測量電極和 4 個公用電極分別分佈在支撐杆 E、S、W、N 四個不同的方向上。穩壓電源對不同的測量電極所加載的+5V 電壓，分別加載在某一個測量電極和其相對應的公共電極上。電極選擇電路通過單片機送來編碼信號對不同的測量電極進行控製，使各測量電極從支撐杆的頂端自上而下順序得到激勵電壓而導通，對各點的電導率值進行測量。

對傳感器的控製電路採用兩級選通，如圖 11-14 所示，單片機的 P0.5~P0.3 端口通過 74LS138 譯碼選片，單片機的 P2.6 口則與 74LS138 的 OE1 端相連來控製 74LS138 是否處在工作狀態，譯碼器輸出端 Y0~Y7（本傳感器只用到了 Y0~Y3 口，其餘端口可將來用於傳感器的擴展）分別連到每塊 CD4051 的控製端 $\overline{EN}$ 上，單片機的 P0.0~P0.2 則分別通過對 CD4051 的輸入端 A、B、C 的控製來選通電極進行數據採集。傳感器控製部分電路通過電纜使檢測信號和控製信號與主電路板相連。

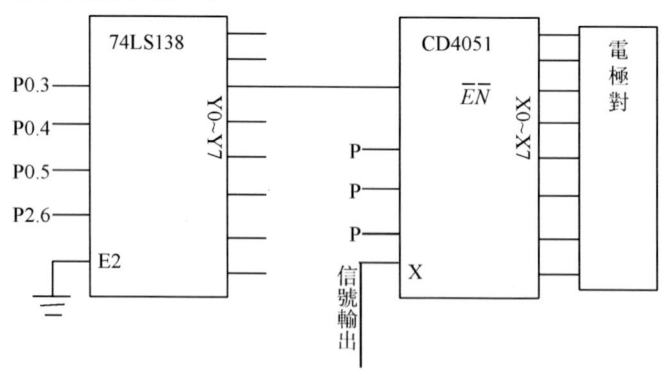

圖 11-14　傳感器電路示意圖

（2）電平的轉換

多路開關的導通電阻 RON（一般為數十至一千 Ω 左右）比機械開關的接觸電阻（一般為幾 Ω 量級）大得多，對自動數據採集的信號傳輸精度或過程控制增益的放大影響較明顯，而且 RON 通道隨電源電壓高低、傳輸信號的幅度等的變化而變化，其影響難以進行后期修正。實踐中一般是設法減小 RON 來降低其影響。

對傳感器控製電路中的多路開關 CD4051 測試發現：CD4051 的 RON 隨電源電壓和輸入模擬電壓的變化而變化。當 VDD = 5V、VEE = 0V 時，RON = 280Ω，且隨輸入模擬電壓的變化而突變；當 VDD > 10V、VEE = 0V 時，RON = 100Ω，且隨輸入模擬電壓的變化而緩變。可見，適當提高 CD4051 的 VDD 有利於減小 RON 的影響。此外，適當提高電源電壓，還可以同時減小導通電阻路差 ΔRON 和加快開關速度。

但必須注意，由於單片機輸出的編碼信號為 TTL 電平，其輸出的高電平規範值為 2.4V，而傳感器控製電路使用的是 CMOS 電平，在電源電壓為 5V 時，CMOS 電路的輸入高電平 $V_{IH} \geq 3.5V$，這就造成了 TTL 與 CMOS 接口的困難。因此，提高 VDD 的同時，應相應提高選通控製端 A、B、C 的輸入邏輯電平。所以，需要電平轉換電路完成從 TTL 電路到 CMOS 電路之間的電平匹配。

在設計中取 VDD = 12V（VEE = 0V），可採用如圖 11-15 所示的電源電壓上拉箝位的方法，上拉電阻 R 的阻值，取 1.5kΩ，這樣，既保證 CD4051 的理想導通（RON = 100Ω），又實現了 CMOS 電平與 TTL 電平的匹配。

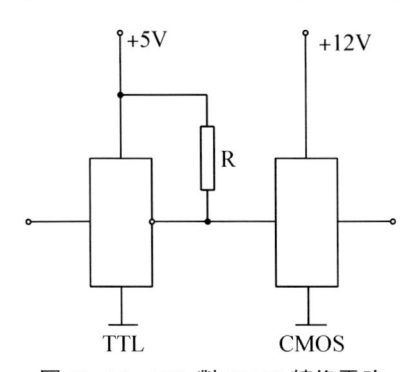

圖 11-15 TTL 對 CMOS 轉換電路

11.4.4 傳感器檢測電路和 A/D 轉換電路精度測試

為了檢驗測量電路和 A/D 轉換電路的準確性，選擇電導式液位傳感器的

任意四對電極（分別編號為 1、2、3、4），在每對電極間連接標準電阻 R_{X0} 進行測試，將測試的結果（兩電極間電壓值 U）轉化成相應的電阻測量值 R_X，再將極間電阻的測量值與標準值相比較求其誤差，通過其誤差來反映傳感器的檢測電路和 A/D 轉換電路的準確性。其中，標準電阻 R_{X0} 的阻值分別取 1KΩ、2 KΩ、3 KΩ、5 KΩ、10 KΩ、15 KΩ。電阻的測量值用公式 $R_X = \dfrac{UR_{X0}}{5-U} - R_1$ 計算，測量誤差使用公式 $\Delta = \left|\dfrac{R_X - R_{X0}}{R_{X0}}\right|$ 計算，測試結果如表 11-4 所示。

其結果表明：

(1) 測量結果的誤差值均在 5% 以下，大部分在 3% 左右。相對於礦漿和泡沫層的電導率差異，這樣小的誤差是檢測系統所允許的，它基本上可以保證系統檢測的高精確性。

(2) 多路轉換開關電阻值 R1 的差異對結果影響很小，在要求不高的情況下，可以忽略其差異，均取 100Ω。

以上的測試說明了傳感器檢測電路和 A/D 轉換電路具有較高的準確性。

表 11-4　　　　測試精度分析表

極編號	標準電阻 R_{X0}/KΩ	轉換開關電阻 R1/Ω	基準電阻 R0／KΩ	極間電壓 U/V	極間電阻測量值 R_X／KΩ	測量誤差 Δ
1	1	96	10	0.490	0.990	1.00%
2	1	92	10	0.509	1.041	4.10%
3	1	97	10	0.490	0.989	1.10%
4	1	101	10	0.490	0.985	1.50%
1	2	96	10	0.863	1.990	0.50%
2	2	92	10	0.843	1.936	3.20%
3	2	97	10	0.882	2.045	2.25%
4	2	101	10	0.863	1.985	0.75%
1	3	96	10	1.176	2.983	0.57%
2	3	92	10	1.196	3.060	2.00%
3	3	97	10	1.216	3.120	4.00%
4	3	101	10	1.196	3.042	1.40%

表11-4(續)

極編號	標準電阻 R_{X0}/KΩ	轉換開關電阻 R1/Ω	基準電阻 R0/KΩ	極間電壓 U/V	極間電阻測量值 R_X/KΩ	測量誤差 Δ
1	5	96	10	1.686	4.992	0.16%
2	5	92	10	1.706	5.087	1.74%
3	5	97	10	1.725	5.170	3.40%
4	5	101	10	1.667	4.901	1.98%
1	10	96	10	2.510	9.984	0.16%
2	10	92	10	2.510	9.988	0.12%
3	10	97	10	2.550	10.311	0.31%
4	10	101	10	2.490	9.919	0.81%
1	15	96	10	3.000	14.904	0.64%
2	15	92	10	3.039	15.405	2.70%
3	15	97	10	2.980	14.655	2.30%
4	15	101	10	3.020	15.152	1.01%

11.5 本章小結

在微泡發生器工作參數對其性能影響的實驗中，需要對工作壓力、自吸真空度、工作背壓、泡沫層厚度四項參數進行檢測。對於工作背壓和泡沫層厚度的檢測，目前還沒有較為簡單易行並且可靠的檢測方法。這裡對影響浮選性能的兩個檢測難點進行了必要的研究，設計了一種以介質電導率差異為基礎的電導率液位傳感器，可以同時完成了對礦漿液位（工作背壓）和泡沫層厚度的測量。

（1）分析了泡沫層厚度和液位高度等因素對浮選過程的影響，討論了常見的液位檢測方法的優缺點，發現常用的檢測方法無法同時對液位和泡沫層厚度進行檢測。

（2）研究了礦漿和礦化泡沫層之間物理特性的差異，通過靜態實驗和小型浮選槽實驗驗證了礦漿、礦化泡沫層、空氣三者之間在電導率上的差異，證明了電導率法在浮選過程中對礦漿液位和泡沫層厚度測量的可行性。

（3）根據礦漿和礦化泡沫層之間的電導率差異，設計了一種電導率液位傳感器，可同時完成對礦漿液位高度和礦化泡沫層厚度的測量。該電導率液位傳感器為浮選過程的檢測提供了一種新的手段。

第十二章 檢測裝置設計

　　檢測裝置以 ATMEL 系列單片機 AT89S52 為下位機，配有上位機、監控程序、工作參數採集電路、A/D 轉換電路、顯示電路、串口通信電路等。該檢測裝置用自行研製的浮選柱液位傳感器來實時檢測浮選時的背壓（液位高度）和泡沫層的厚度，用電阻式遠傳壓力表和遠傳真空表分別檢測微泡發生器工作時礦漿入口處的工作壓力和空氣入口處的自吸真空度值。

　　檢測裝置的硬件組成如圖 12-1 所示。由傳感器送來的電信號經由 A/D 轉換電路處理，被轉換成 AT89S52 可以處理的數字量。AT89S52 單片機對輸入的數字量進行計算、處理後，得到浮選柱內礦漿的液位高度和泡沫層的厚度，並且把浮選的工作背壓值、泡沫層厚度值、工作壓力值和自吸真空度值等送到上位機系統。該系統具有實時性，可以在浮選性能實驗中完成對四個工作參數的自動檢測。

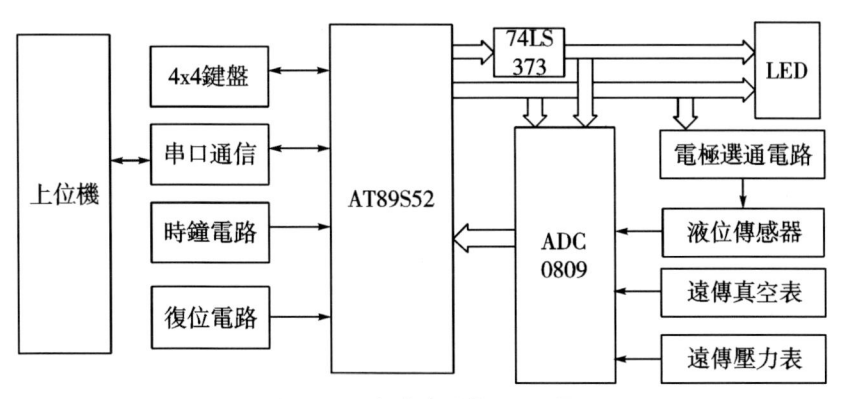

圖 12-1　實驗檢測裝置原理圖

12.1 電阻式遠傳壓力表

電阻遠傳壓力表適用於一般壓力表的工作環境和場所，既可以直觀地讀出壓力值，又可以遠程輸出相應的測量電信號至遠端的二次儀表上，實現檢測和遠程控制，其原理圖如圖 12-2 所示。

電阻遠傳壓力表由彈簧管壓力表和滑線電阻式發送器等組成。儀表機械部分的作用原理與一般彈簧管壓力表相同。電阻發送器設置在齒輪傳動機構上，當齒輪傳動機構中的扇形齒輪軸產生偏轉時，電阻發送器的轉臂（電刷）也相應地偏轉，電刷在電阻器上滑行，使得被測壓力值的變化轉換為電阻值的變化，傳至二次儀表，指示出相應的測量值。

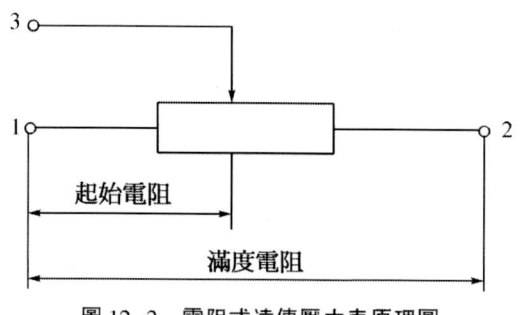

圖 12-2 電阻式遠傳壓力表原理圖

檢測裝置採用 YTZ-150 型遠傳壓力表對微泡發生器實驗中的工作壓力進行檢測，測量範圍為 0~0.30Mpa，測量精度為 0.01Mpa。電阻滿量程為 0~400Ω，起始電阻值（0 Mpa 時）為 20Ω，滿上限電阻值（0.30 Mpa 時）為 340Ω。

採用 YZTZ-150 型遠傳真空表對微泡發生器性能實驗中的自吸真空度進行檢測，其工作原理與遠傳壓力表相同，測量範圍為-0.100~0 Mpa，測量精度為 0.001MPa。電阻滿量程為 0~400Ω，起始電阻值（0 Mpa 時）為 20Ω，滿上限電阻值（-0.10 Mpa 時）為 360Ω。

遠傳電壓表和遠傳真空表 1、2 端所加載的電源均為 5V 的直流電源，其輸出端與檢測系統的 A/D 轉換電路相連，由單片機進行數據的採集和數據處理就可以得到微泡發生器的實時工作壓力和自吸真空度，從而實現了對工作壓力與自吸真空度的在線檢測。

經過 A/D 和二到十進制轉換后的遠傳壓力表的相對壓力測量值為 F_{y0}，其壓力表真實讀數為 F_y。由上述的遠傳壓力表的原理可知，在理想情況下，其真實讀數與相對壓力測量值之間的關係為：

$$F_y = \frac{\dfrac{F_{y0}}{256} \times 340 - 20}{340 - 20} \times 0.3 = \frac{F_{y0} \times \dfrac{85}{64} - 20}{320} \times 0.3 \quad (12-1)$$

同樣可得遠傳真空表的相對測量值與真實值之間的關係為：

$$F_z = \frac{\dfrac{F_{z0}}{256} \times 360 - 20}{360 - 20} \times (-0.1) = \frac{F_{z0} \times \dfrac{90}{64} - 20}{340} \times (-0.1) \quad (12-2)$$

下位機將所檢測到的測量值通過串行通信接口傳到上位機，應用上位機的高速運算能力對數據做相應的處理后進行顯示、保存和控製。

12.2　檢測裝置硬件實現

12.2.1　控製芯片的選擇

本系統採用 CPU 為 AT89S52 的單片機，這是一種低功耗、高性能的 CMOS 八位控製器，使用 ATMEL 公司的高密度非易失性存儲器技術製造，與工業 80C51 系列產品指令和引腳完全兼容。其具有以下標準功能：AT89S52 本身帶有 8K 的可編程 Flash 存儲器，可以在編程器上實現閃爍式的電擦寫達幾萬次以上；還有 256 字節 RAM、32 位 I/O 口、看門狗定時器、2 個數據指針、三個 16 位定時器/計數器、一個 6 向量 2 級中斷結構、全雙工串行口、片內晶振及時鐘電路。另外，AT89S52 可降至 0Hz 靜態邏輯操作，支持 2 種軟件可選的節電模式。空閒模式下，CPU 停止工作，允許 RAM、定時器/計數器、串口、中斷繼續工作。掉電保護方式下，RAM 內容被保存，振蕩器被凍結，單片機一切工作停止，直到下一個中斷或硬件復位為止。

AT89S52 的 8K 可編程 Flash 存儲器完全能滿足本檢測裝置的要求，不需要另外再擴展 EPROM 存儲器。由於單片機（下位機）只是在做實驗時進行數據採集和簡單處理，重要的檢測參數將被傳到上位機保存，所以 256 字節的 RAM 也完全可以滿足系統的要求。

另外，其 Flash 程序存儲器方便、快捷的可電擦寫性，也為系統程序的更改和可擴展性提供了便利。使用 ISPPLAY 下載軟件，通過所設計的 ISP 下載電路（如圖 12-3 所示）可以方便地對程序進行在線更改，免去了使用專門的燒錄器進行芯片燒錄的不便。

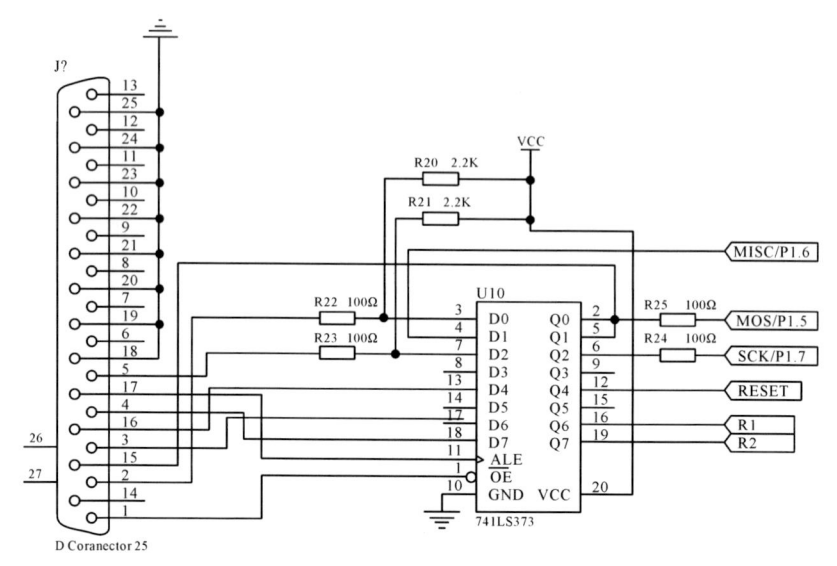

圖 12-3　ISP 下載電路

12.2.2　時鐘電路與復位電路

單片機的時鐘頻率是決定單片機 CPU 運行時序和速度的重要指標。其時鐘信號可由 XTAL1 輸入引腳從外部輸入（這時需設計專門的外部時鐘電路），也可採用 AT89S52 芯片內部的震盪器。檢測系統芯片 AT89S52 的 XTAL1 和 XTAL2 端子外接 12MHz 的石英晶體和微調電容，用來連接 AT89S52 片內的 OSC 定時反饋回路，其電路如圖 12-4 所示。外接電容 C1、C2 為 30PF 左右，調節它們可以達到微調 f_{osc} 的作用，這樣可以保證 AT89S52 工作在 12MHz 的時鐘下。

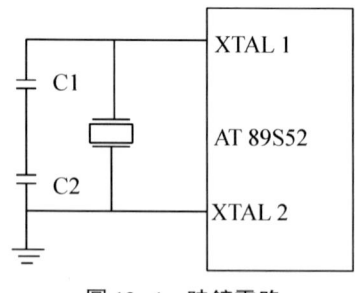

圖 12-4　時鐘電路

294　微泡發生器流體動力學機理及其仿真與應用

復位電路包括上電和按鈕復位在內的系統同步復位電路，如圖 12-5 所示。單片機在開機時需要復位，以便使 CPU 以及其他功能部件都處於一個確定的初始狀態，並從這個狀態開始工作。AT89S52 的 RST 引腳是復位信號的輸入端，復位信號高電平有效，持續時間需要 24 個時鐘週期以上。

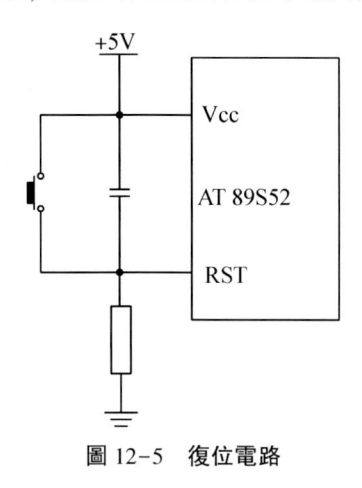

圖 12-5　復位電路

12.2.3　A/D 轉換電路

檢測裝置的 A/D 轉換電路採用 ADC0809。ADC0809 是一種較為常用的 8 路模擬量輸入、8 位數字量輸出的 ADC 芯片。芯片的主要部分是一個 8 位逐次比較式 A/D 轉換器。為了實現 8 路模擬信號的分時採集，在芯片內部設置了多路模擬開關及通道地址鎖存和譯碼電路，分時採集和轉換后的數據被送入三態輸出數據鎖存器。ADC0809 的最大不可調誤差為 ±1LSB，典型時鐘頻率為 640KHz，時鐘信號由外部提供。每一個通道的轉換時間約為 100ms。

A/D 轉換器與單片機的硬件接口一般有兩種方法：一種方法是通過並行 I/O 接口與 AT89S52 相連接（例如 8155 或 8255），需要占用 2 個並行端口（其中一個端口鏈接 A/D 轉換器的數據線，另一個端口用來產生 A/D 轉換器的工作控製信號）；第二種方法是利用 ADC0809 轉換器的三態輸出鎖存功能，可以實現直接與 AT89S52 的總線相連接。本系統採用第二種連接方法，如圖 12-6 所示，在系統中單片機將 ADC0809 轉換器當作外部 RAM 單元對待。

系統中的 ADC0809 轉換器的片選信號由 P2.7 線選控製，其通道 IN0 ~ IN7 的地址分別為 7FF8H ~ 7FFFH。當 AT89S52 產生 $\overline{WR}$ 寫信號時，由一個或非門產生轉換器的啟動信號 START 和地址鎖存信號 ALE（高電平有效），同時將地址總線送出的通道地址 A、B、C 鎖存，模擬量通過被選中的通道送到 A/D 轉換器，並在 START 下降沿時開始逐位轉換。當轉換結束時，轉換結束信號 EOC 變高電平。經反相器告訴 AT89S52 轉換結束，單片機通過查詢 P3.2（$\overline{INT0}$）引腳的電平是否為「0」來讀取 A/D 轉換器的數據，否則繼續查詢，直到 P3.2（$\overline{INT0}$）引腳的電平為「0」。這種方法較好地協調了 CPU 與 A/D 轉換器在速度上的差別。本檢測裝置只使用了 ADC0809 中的三路模擬通道進行模擬量的輸入轉換，其中 IN7 為電導式液位傳感器的輸入端，IN0 和 IN1 則分別是遠傳壓力表和遠傳真空表的輸入端。

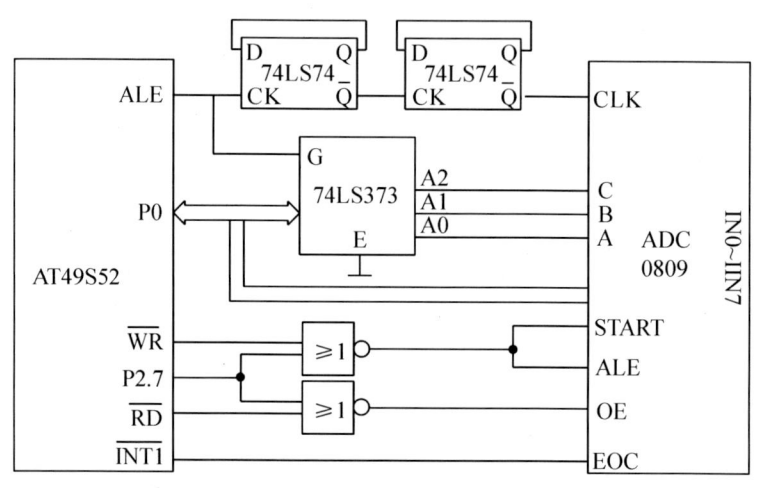

圖 12-6 ADC0809 與 AT89S52 的接口原理圖

12.2.4 串口通信電路

AT89S52 單片機內部除了含有並行的 I/O 接口外，還帶有一個串行的 I/O 接口，通過 P3 的兩個引腳 P3.0 和 P3.1 與上位機進行通信，串行通信的優點在於傳輸線少、通信距離長，特別適用於控制系統及遠程通信。其中，RXD（P3.0）為串行接收端，TXD（P3.1）為串行發送端。

AT89S52 單片機的串口主要由兩個數據緩衝寄存器 SBUF、一個輸入位寄存器以及兩個控製寄存器 SCON 和 PCON 組成，其結構如圖 12-7 所示。其中，緩衝寄存器 SBUF 是主體，是兩個專用寄存器：一個作為發送緩衝器，一個作為接受緩衝器。兩個緩衝器共用同一個地址 99H，由讀寫信號區分。CPU 寫 SBUF 就是對發送緩衝器中的內容進行操作，讀 SBUF 就是對接收緩衝器中的內容進行操作，因此，避免了發送和接受數據的衝突。

圖 12-7 串行口結構圖

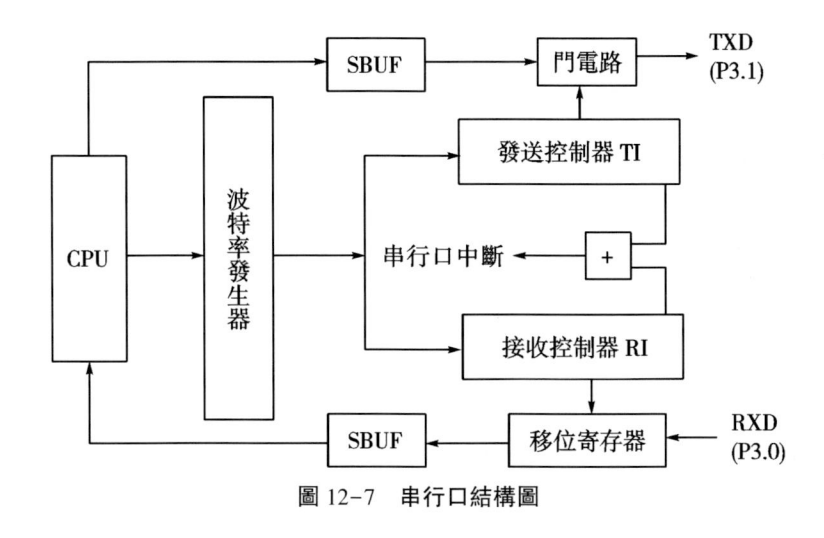

單片機與 PC 機之間的通信通過 RS232 串行通信協議完成，RS232 信號的電平和單片機串口信號的電平不一致，必須進行二者之間的電平轉換。這裡使用集成電路 MAX232 作為電平轉換芯片，實現 RS232/TTL 之間的電平轉換。只需要使用+5V 電源為其供電，另外再配接 4 個 10μF 的電解電容即可完成 RS232 電平與 TTL 電平之間的轉換。

在本檢測裝置中使用一個 9 針接口與 MAX232 相配合（如圖 12-8 所示），共同組成單片機與上位機的串行通信接口，及時把上位機的指令信號輸入單片機，並把單片機所採集的數據信息傳入上位機進行處理、儲存和顯示等。串行通信接口有利於系統的進一步擴展，以便能及時、直觀地顯示實驗過程中各檢測量的實時變化情況，為對實際檢測數據的進一步分析、控制提供了可能與便利。

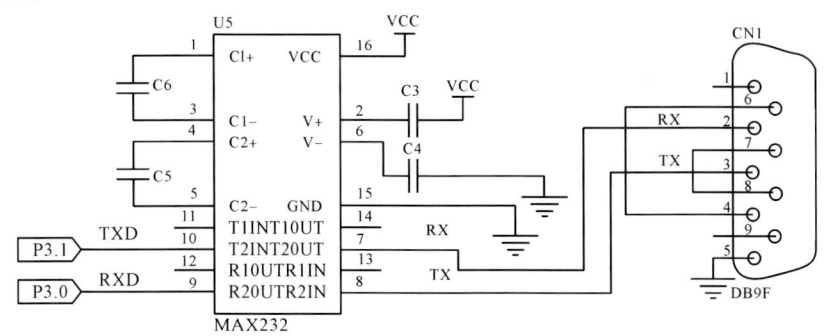

圖 12-8 串行通信電路圖

第十二章 檢測裝置設計 297

12.2.5 鍵盤與顯示電路

在某些情況下，下位機（單片機）可能需要脫離上位機而單獨被使用。在單獨使用單片機時，為了能夠方便地設定檢測參數和顯示實時的檢測數據，特為下位機系統設計了鍵盤與顯示電路。

使用 AT89S52 的 P1 口外接 4×4 鍵盤，按鍵的分配如圖 12-9 所示。

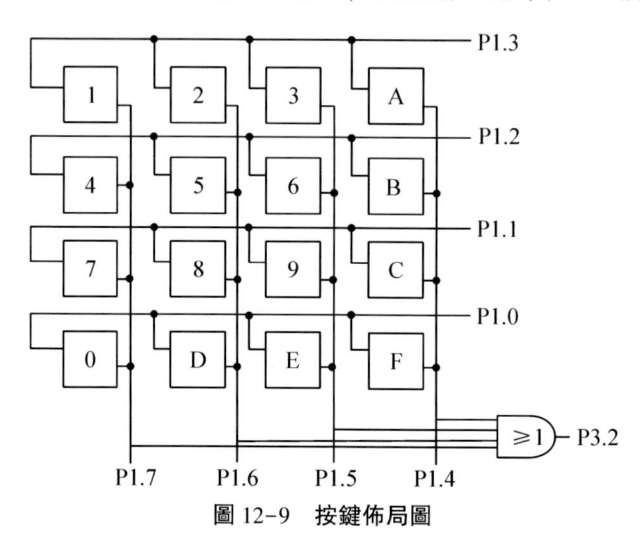

圖 12-9　按鍵佈局圖

按鍵 0~9 對應十個阿拉伯數字的輸入，A~F 為功能按鍵。因為微泡發生器的工作壓力和自吸真空度均可直接從壓力表和真空表中讀出，所以下位機可以不對其檢測值進行顯示。按鍵各功能如表 12-1 所示。

表 12-1　　　　　　　　　　　按鍵功能表

按鍵	功能	按鍵	功能
A	設定液位偏差值	D	顯示當前液位
B	設定泡沫層厚度偏差值	E	顯示當前泡沫層厚度
C	未定義	F	未定義

單片機以中斷的方式對鍵盤進行響應，程序初始化時 P1.0~P1.3 上加載高電平，而 P1.4~P1.7 上為低電平，當有按鍵按下時，行線和列線導通，觸發單片機外部中斷對鍵盤進行掃描，確定是哪個按鍵被按下，從而執行相應的功能。

單片機系統的顯示器由三個 8 位共陰極 LED 數碼管組成。採用分時動態掃描的方法顯示，即每次只點亮一只 LED 顯示器，延時一段時間（1~2ms）後再點亮下一只 LED 顯示器，周而復始，三只 LED 顯示器輪流掃描動態顯示。由於人眼視覺餘輝的暫留效應，三只顯示器看起來好像在同時顯示。

三只 LED 顯示器分別由 AT89S52 的 P2.3、P2.4、P2.5 口控製其是否處於工作狀態，由 P0 口輸出 LED 的顯示編碼。

12.2.6 系統電源

整個檢測系統需要三種直流電源：一個+5V 的開關電源為 AT89S52 及其外圍數字電路供電，+12V 電源為液位傳感器的模擬開關提供電源，三個+5V 穩壓源分別為液位傳感器、電阻式遠傳壓力表和真空表提供檢測電壓。

12.3 檢測軟件設計

本檢測軟件由上位機軟件和下位機軟件組成。上位機程序採用 VB 編寫，下位機程序用匯編語言編寫，上位機和下位機通過串行口進行通信。

下位機在每個檢測週期內首先分別對微泡發生器礦漿入口的工作壓力和空氣入口處的自吸真空度以及液位傳感器 32 個檢測點的數值進行採集、預處理、存儲，然后調用液位高度和泡沫層厚度判定程序，判斷出浮選柱的液位高度和泡沫層厚度，並將微泡發生器的工作壓力和自吸真空度、浮選柱的液位高度、泡沫層厚度、液位傳感器的 32 點檢測值等檢測數值傳輸到上位機顯示、保存。對於下位機，還設計了自動報警功能，當採集和計算的浮選柱的液位高度、泡沫層厚度等檢測值與設定值的偏差超過一定範圍或者微泡發生器的兩個壓力檢測值偏離設定值時，下位機會使蜂鳴器自動報警，同時將錯誤信息代碼傳送到上位機顯示。圖 12-10 為單片機的主程序流程圖。

上位機程序主要用於檢測系統主要參數的設定、顯示和記錄試驗過程中的主要試驗參數和報警等，以方便對各試驗數據的統一監控和日后進一步的分析處理。當上位機程序通過串行口對下位機發出操作指令時，下位機以串行口中斷的方式對上位機進行響應，以便提高單片機的運行速度和處理能力。串行口這一通信過程的順利實現對 PC 機與單片機之間的命令格式提出了嚴格的要求，也就是要定義一個可靠的通信協議。為了增強命令的可讀性，簡化軟件的編寫，將其通信命令的格式定義為：「起始位」「任務代碼」「參數」「結束位」。

另外，下位機對鍵盤的響應是通過外部中斷 $\overline{INT0}$ 進行的，主要是考慮到在某些特定的情況下，方便下位機進行檢測參數的設定和顯示主要參數的測量值。

```
                    ┌─────────┐
                    │   開始   │
                    └────┬────┘
                         ↓
                   ┌──────────┐
              ┌───→│ 程序初始化 │←───┐
              │    └─────┬────┘    │
              │          ↓         │
              │   ┌──────────┐     │
              │   │工作壓力和自吸│    │
              │   │ 真空度檢測 │    │
              │   └─────┬────┘    │
              │         ↓         │
              │   ┌──────────┐  ┌──┴──┐
              │   │液位傳感器信號│  │     │
              │   │ 采集及預處理 │  │ 警  │
              │   └─────┬────┘  │     │
              │         ↓        │ 報  │
              │   ┌──────────┐  │     │
              │   │ 液位高度判定 │  └──┬──┘
              │   └─────┬────┘    ↑
              │         ↓         │
              │   ┌──────────┐    │
              │   │ 泡沫層厚度判定│    │
              │   └─────┬────┘    │
              │         ↓         │
              │   ┌──────────┐    │
              │   │檢測數據送上位機│   │
              │   └─────┬────┘    │
              │         ↓         │
              │    ╱─────────╲    │
              └──N─┤ 偏差判別 ├─Y──┘
                   ╲─────────╱
                         ↓
                    ┌─────────┐
                    │   END   │
                    └─────────┘
```

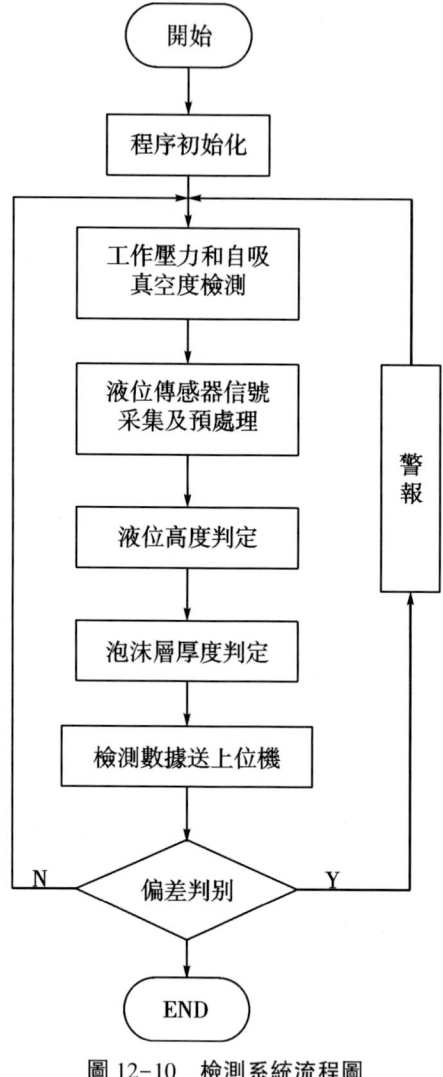

圖 12-10　檢測系統流程圖

檢測軟件包含 30 多個子程序，內容豐富。現將其按功能模塊進行劃分，並畫出相應的流程圖，並加以說明。

12.3.1 數字濾波

由於在單片機檢測通道中難免會竄入這樣或那樣的隨機干擾，從而使A/D轉換送入單片機的數據中存在誤差，這是一種隨機誤差。就一次測量而言，隨機誤差沒有規律，不可預測。但當測量次數足夠多時，其總體服從統計規律，大多數隨機誤差服從正態分佈。

為了克服隨機干擾引入的隨機誤差，可以採用硬件抗干擾的方法，也可以按統計規律用軟件方法來克服，即採用數值濾波方法來抑制有效信號中的干擾成分，消除隨機誤差的影響。

所謂的數字濾波，即通過一定的計算程序，對采集的數據進行某種處理，從而消除或減弱干擾噪聲的影響，提高測量的可靠性和精度。採用數字濾波克服干擾，具有如下的優點：

一是節省硬件的成本。數字濾波只是一個濾波程序，無需添加硬件，而且一個濾波程序可以用於多處和多個通道，無需在每個通道專門設置一個濾波器。

二是可靠穩定。軟件濾波不像硬件濾波那樣需要阻抗的匹配，而且容易產生硬件故障。

三是功能強。數字濾波可以對頻率很高或者頻率很低的信號進行濾波，這是模擬濾波難以實現的。數字濾波的手段有多種，而模擬濾波只局限於頻率濾波，即利用干擾與信號的頻率差異進行濾波。

四是方便靈活。只要適當的改變濾波程序的運行參數，即可以方便地改變其濾波的功能。

常用的數字濾波方法有：

（1）中位值濾波

中位值濾波是指對某一被測參數連續採樣n次（一般n取奇數），然后把n次採樣值按照大小排列，取中間值為本次採樣值。中位值濾波有效地克服了偶然因素所引起的波動或由採樣器不穩定引起的誤碼等脈衝干擾。對於溫度、液位等緩慢變化的被測參數，採用此法能得到良好的濾波效果，但對於流量、壓力等快速變化的參數，一般不宜採用中位值濾波。

（2）算術平均濾波

算術平均濾波是指按輸入的N個採樣數據x_i（i=1~N），尋找y值，使y與各採樣值之間偏差的平方和最小，即：

$$E = \min\left[\sum_{i=1}^{n} (y - x_i)^2\right] \quad (12-3)$$

由一元函數求極值的原理可得：

$$y = \frac{1}{N} \sum_{i=1}^{N} x_i \qquad (12-4)$$

上式為算術平均濾波的基本公式。

設第 i 次測量的測量值包含信號成分 S_i 和噪聲成分 n_i，進行 N 次測量的信號成分之和為：

$$\sum_{i=1}^{N} S_i = N \cdot S \qquad (12-5)$$

噪聲的強度是用均方根來衡量的，當噪聲為隨機信號時，進行 N 次測量的噪聲強度之和為：

$$\sqrt{\sum_{i=1}^{N} n_i^2} = \sqrt{N} \cdot n \qquad (12-6)$$

上述 S、n 分別表示進行 N 次測量之后的信號和噪聲的平均幅度。

這樣，對 N 次測量進行算術平均后的信號比可提高 $\sqrt{N}$ 倍，即：

$$\frac{N \cdot S}{\sqrt{N} \cdot n} = \sqrt{N} \cdot \frac{S}{n} \qquad (12-7)$$

算術平均濾波算法適用於對一般具有隨機干擾的信號進行濾波。這種信號的特點是有一個平均值，信號在某一數值範圍內做上下波動，在這種情況下僅取一個採樣值做依據顯然是不準確的。算術平均濾波法的平滑程度完全取決於採樣數 N。當 N 較大時，平滑度高，但靈敏度低；當 N 較小時，平滑度低，但靈敏度較高。應視具體情況選取 N，以便占用計算時間，同時達到最好的效果。對於一般的壓力測量，常取 N=4。

（3）去極值平均濾波

算術平均濾波對抑制隨機信號的干擾效果較好，但對脈衝干擾的抑制能力較弱，明顯的脈衝干擾會使平均值偏離實際值。而中值濾波對脈衝干擾的抑制卻非常有效，因而可以將它們結合起來形成去極值平均濾波。本檢測系統採用去極值平均濾波是比較合適的，它可以最大限度地去除壓力信號採集和浮選柱液位信號採集中的噪聲誤差。

12.3.2 檢測系統初始化

檢測系統啓動后，AT89S52 單片機上電復位，要首先對 AT89S52 單片機系統進行必要的初始化。包括：

（1）中斷設定。允許串行中斷和外部中斷。

（2）串行口工作模式的設定。設定串行口的工作模式以及串行傳輸的波特率，並啓動定時器。

（3）設定堆棧指針 SP 的初始地址，並對相關的內存單元和輸出口賦初始值。

12.3.3 壓力檢測程序

在檢測程序初始化完成后，要對微泡發生器的工作壓力和自吸真空度進行檢測。AT89S52 首先由 P2.7 選通 A/D 轉換器 ADC0809，使其處於工作狀態，然后通過地址總線送出地址 7FF8H 或 7FF9H 來控製 A/D 轉換器 ADC0809 模擬量輸入通道 IN0（微泡發生器的工作壓力輸入端口）或 IN1（微泡發生器的自吸真空度輸入端）的選通，從而採集微泡發生器的工作壓力和自吸真空度。

為了能較為精確地對壓力信號進行採樣，在程序設計上對兩個壓力信號均進行 6 次採樣，而后對 6 次採樣信號進行去極值平均濾波，求得一個均值作為對應壓力的測量值。另外，由於單片機對浮點小數進行處理存在困難，因此，在微泡發生器的壓力採樣上只對壓力信號的相對值進行採樣，而將採樣信號的換算處理交由上位機程序完成。其流程圖如圖 12-11 所示。

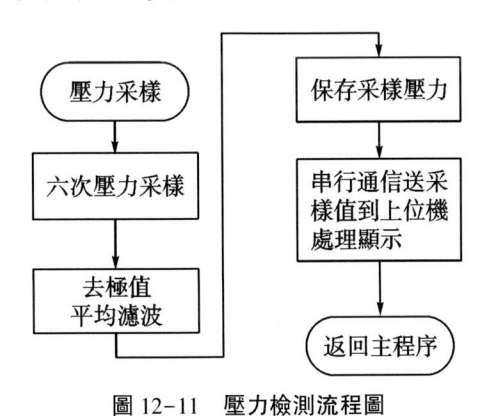

圖 12-11 壓力檢測流程圖

12.3.4 液位傳感器的信號採集及預處理程序

當系統處於液位檢測狀態時，AT89S52 在檢測狀態程序的支持下，可以實現以兩級選通的方式對各個測量電極按順序分時導通加載測量電壓，同時啓動 A/D 裝換器 ADC0809，將傳感信號電路的模擬信號轉換成相應的數字信號。為了盡量地避免可能產生的測量誤差，對同一個測試點進行 10 次採樣，分別儲存於內存單元 40H~49H 中，然后對 10 次採樣值進行去極值平均濾波，求出一個平均值作為這個電極的測量值，儲存在相應的內存單元（50H~7FH）中。

如此，當 32 個電極點測量完成后，對所採集的數據進行預處理，求出各個相鄰點的差，並將其差值儲存在相對應的內存單元 81H～9FH 中，以方便下一步對浮選柱的液位高度和泡沫層厚度進行判定（見圖 12-12）。

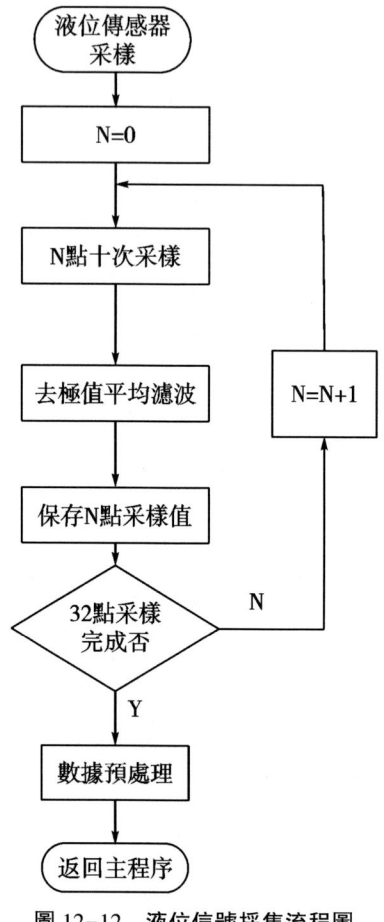

圖 12-12　液位信號採集流程圖

12.3.5　液位高度及泡沫層厚度判定程序

由於浮選柱的柱高（從浮選柱的底端到溢流槽上邊緣）為 208cm，要求電導式浮選柱液位傳感器在安裝時其 0 號檢測點與浮選柱溢流槽的上邊緣處於同一水平面內，電導式浮選柱液位傳感器的軸線與浮選柱的軸線平行。這樣傳感器的 0 號檢測點到 31 號檢測點就與浮選柱內的高度值建立了一一對應的關係：$H_n = 208 - 2n$。所以在判定浮選柱的液位高度和泡沫層的厚度時，只要對所測量的電極採樣信號進行整體的比較，找出三種介質（礦漿、礦化泡沫層、空氣）的兩個分界面所對應的傳感器電極編號，就可以計算出浮選柱液位的高度和礦化泡沫層的厚度。但是，由於兩個檢測電極之間的垂直距離達到了2cm，有較大的檢測誤差，為了減小檢測誤差，在計算浮選柱液位高度和礦化泡沫層的厚度時，取兩電極中間的插值點做為礦漿—礦化泡沫層、礦化泡沫層—空氣兩個分界面的分界點，這樣傳感器的 0 號檢測點到 31 號檢測點與浮選柱內的高度值的對應關係就變為：$H_n = 208 - 2n - 1$。這就使得測量誤差縮小了一倍。

對礦漿—礦化泡沫層和礦化泡沫層—空氣這兩個分界面的判定是根據礦漿、礦化泡沫、空氣的不同電導率特性以及所做的靜態及小型浮選槽動態試驗來綜合決定的。小型浮選槽動態試驗的各種基本條件均與浮選柱的實驗條件相一致，因此，由前期的試驗可以得出以下的判定依據：

（1）礦漿中兩測試電極的電阻基本穩定在 2.0KΩ 左右，取樣電阻上的電壓值均大於 4 V。

（2）礦化泡沫層中兩測試電極間的電阻從礦化泡沫層的底端向上依次增大，且均大於 15KΩ，取樣電阻上的電壓值小於 2 V。

（3）由於所用的電壓不大，所以空氣近似於絕緣體，空氣中兩電極之間的電阻值為無窮大，取樣電阻上的電壓值為 0 V。

實際判定中，以礦漿區採樣電壓平均值 25% 的數據（實際判定時取為 1）為參數 1。當兩相鄰的採樣數值之差 Kn 大於參數 1 時，並且滿足其對應點採樣電壓大於 3.8V（參數 2），其后各點差值均小於參數 1，此時即可以認為其相對應的採樣點是礦漿—泡沫層界面，它所對應的浮選柱內高度即為液位高度（見圖 12-13）。

在實際實驗過程中，由於礦漿的波動、傳感器掛漿等原因，泡沫層中最接近礦漿液面的點會出現偶然的電導率升高的情況，雖然通過前期採樣，數值濾波在一定程度上可以予以消除，但依然可能出現礦漿與泡沫層的分界點 N 滿足判定條件 1 但不滿足條件 2 的情況，而事實上，在點 N 以上已經全是泡沫層了。為了避免這種情況對礦漿液位誤判的影響，就需要對 N 點的后一點，即 $N+1$ 點進行判斷。當第 $N+1$ 點滿足採樣電壓大於 3.8V，第 $N+1$ 點與第 $N-1$ 點的採樣電壓差大於參數 1，其后相鄰點的採樣值之差均小於參數 1，就可以判定第 $N+1$ 點已經位於泡沫層之中了，第 N 點就是礦漿和礦化泡沫層的分界點。

由於已經判斷出了礦漿和礦化泡沫層分界點所對應的電極編號 W，因此，在判定泡沫層和空氣分界點時，只用對餘下的編號 0 到編號 W-1 點進行判斷。

空氣在試驗中可以認為空氣的電阻無窮大，因此當取樣電阻上電壓大於 0V 時，表示測量電極進入了礦化泡沫層，但考慮到測量誤差，取 0.1V 作為空氣和礦化泡沫層的分界點參數（參數 3）。當第 M 個電極採樣值大於 0.1V，並且其后的電極採樣值均小於 0.1V 時，M 點可以作為礦化泡沫和空氣的分界點，M 點所對應的柱內高度與已計算出的浮選柱的液位高度之差，就是礦化泡沫層的厚度（見圖 12-14）。

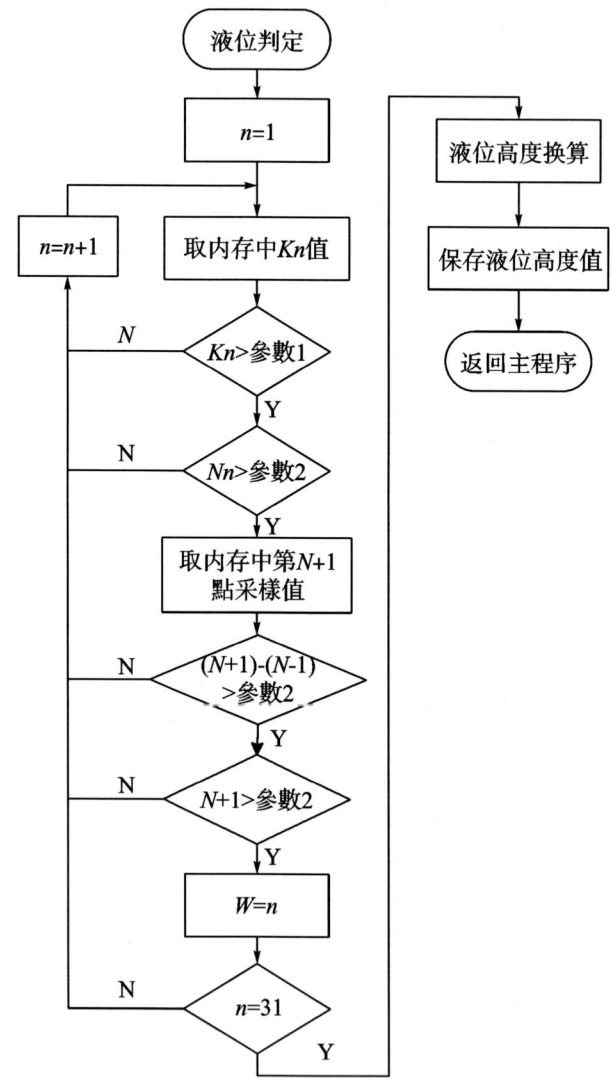

圖 12-13 液位高度判定流程圖

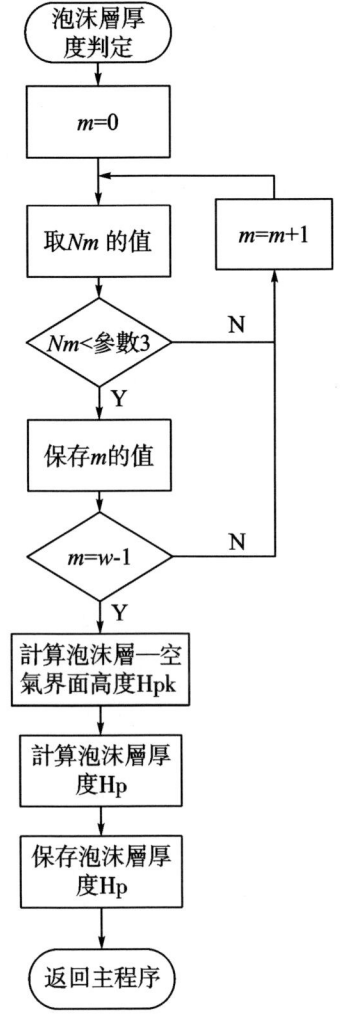

图 12-14　泡沫層厚度判定流程圖

12.3.6　報警程序

在進行浮選實驗時，有時因為各種不確定的因素，檢測參數會發生大幅度的波動，超出要求的範圍，因此，在進行實驗參數的檢測中，當實驗檢測參數出現大幅度變化超出試驗要求時，系統應能自動識別並發出相應的警告。因此，在實驗檢測系統的設計中加入了參數超限報警程序，其流程圖如圖 12-15 所示。對於檢測到的工作壓力和自吸真空度信號，當其偏離設定的最小值時，單片機自動觸發報警程序。下位機會以蜂鳴報警的形式發出警告，同時將錯誤代碼傳入上位機，經上位機識別后使相應的報警燈點亮，顯示警告。而對於液位高度和泡沫層厚度的報警，則都是在檢測值與設定值的偏差超出預定的範圍后觸發報警程序。

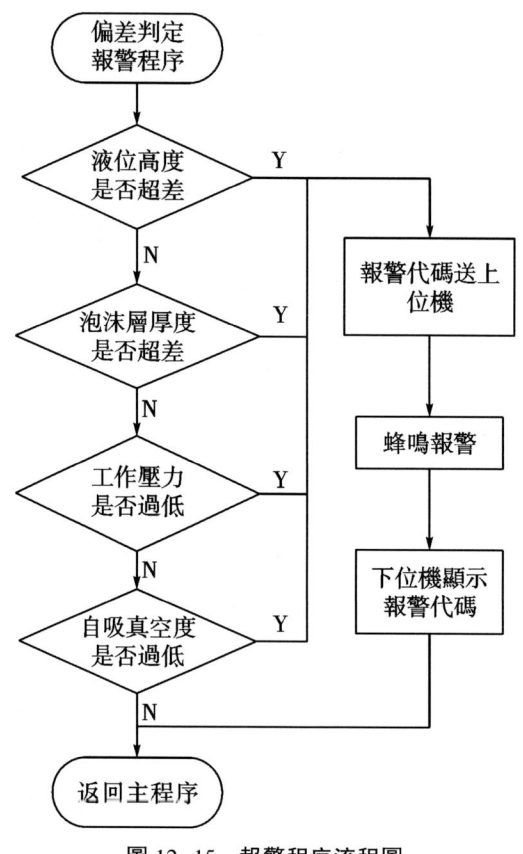

圖 12-15　報警程序流程圖

12.3.7　串行中斷程序

串行口是 AT89S52 與上位 PC 機的通信渠道，為了避免單片機長時間地等待上位機指令，浪費 CPU 資源，單片機對上位機串行口輸入指令的處理是以中斷方式進行響應的。

程序初始化時，設置串行口中斷為允許。當上位機向單片機發送指令時，單片機串口中斷程序觸發，首先對現場進行保護，然后對上位機呼叫進行響應，對接收到的任務代碼進行判斷，執行相應的子程序。其流程圖如圖 12-16

所示。

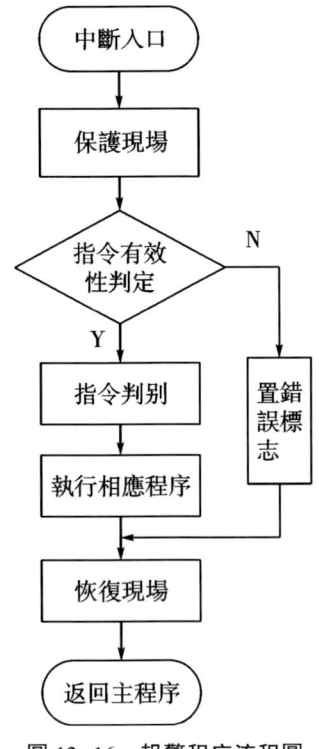

圖 12-16　報警程序流程圖

12.3.8　上位機程序設計

通過上位機監測程序對系統進行控制可以使操作的難度和複雜度大大降低。隨著計算機功能的日益增強，監控程序所能完成的功能也越來越多，在有些情況下，可以讓上位機協助下位機完成檢測功能。

本系統的上位機（PC 機）監控軟件是基於 Windows 操作系統上的 Visual Basic 6.0 軟件進行開發的。其優點是，該軟件具有強大的人機交互界面的功能，提供了開發 Windows 下應用程序的簡捷、迅速的方法；採用高級面向對象的 OOP 技術的集成開發環境，使編程的思路清晰，代碼實現簡單，大大簡化了應用程序的用戶界面設計。

12.3.8.1　Windows 環境下串行通信的實現

在 Windows 環境下，用戶有以下兩種方法實現串行口通訊：

（1）使用串口通訊控件——MSComm

MSComm 是微軟公司提供的 ActiveX 控件，應用它可以簡化 Windows 的串行通信編輯，程序員只需要修改控件的屬性和使用控件提供的方法，就可以配置串口，實現數據的接收和發送。

（2）API 應用程序接口

API 提供了 4 個函數，即 Creatfile、ReadFile、CreatEvent 和 Closehandle，分別用於打開串行口、讀串行、建立事件對象和關閉串行口。程序員只需要把串行口當作文件打開或訪問。

但利用 API 編寫串口通信程序比較複雜，而通過 MSComm 控件進行通信程序設計較之調用 API 函數進行設計要簡單、快捷，且只要較少的代碼就可以實現相同的功能。如果不對串口進行高級控製，一般可採用第一種方法，即使用串口通信控件進行串口程序開發。這裡採用 MSComm 控件進行開發。

VB 的通信控件 MSComm 提供了功能完善的串行口數據發送及接收，進行串行通信所需的詳細設置、規則都可以通過設置 MSComm 控件的各種屬性而實現。利用 MSComm 的函數可以完成數據的接收和發送。

MSComm 控件對串行通信有兩種處理方式：事件驅動方式和查詢方式。

事件驅動方式相當於一般程序設計中的中斷方式。當有新的字符到達、端口改變或者有錯誤發生時，MSComm 控件會產生 OnComm 事件，用戶程序可以捕獲該事件進行相應處理。

查詢方式在用戶程序中設計定時或不定時查詢 MSComm 控件的某些屬性是否發生變化，從而確定相應處理。在程序空閒時間較多時，可以採用該方式。本系統中採用查詢的方式對通信請求予以處理。

MSComm 控件的常用屬性如下：

CormnPort 屬性：設置並返回連接的串行端口號，Windows 將會利用該串口和外界通信。該屬性必須在打開端口之前設置。

Settings 屬性：該屬性用於設置並返回數據傳輸速率、奇偶校驗、數據位、停止參數位。只有當通信雙方的該屬性值都一樣時，通信連接才能生效。

PortOpen 屬性：設置並返回通信端口的狀態，即打開或者關閉端口。

Input 屬性：表示從接收緩衝區移走一串字符，將緩衝區中收到的數據讀入變量。該屬性在端口未打開時不可用，在運行時是只讀的。

Output 屬性：用於向發送數據緩衝區寫數據流。該屬性在端口未打開時不可用，在運行時是只寫的。

InputMode 屬性：該屬性用於設置或者返回傳輸數據的類型。

InputLen 屬性：用於設置並返回 Input 屬性從接收緩衝區讀取的字符數，該屬性的默認值是 0。

Rthreshold：設置或返回引發接收事件的字節數。

通過對 MSComm 控件的上述屬性進行相應的設置，就可以實現 VB 中對串行數據的操作。其串口的初始化程序如下：

If Not MSComm1. PortOpen Then

MSComm1. CommPort = 1

MSComm1. Settings = "9600, n, 8, 1"

MSComm1. InputMode = comInputModeText

MSComm1. InBufferCount = 0

MSComm1. RThreshold = 1

Else

MsgBox "串口正在使用!", vbExclamation, "警告"

End If

12.3.8.2 上位機監測系統的功能要求

上位機監測程序的主要功能有：

（1）設置試驗中液位的標定高度、泡沫層的標定厚度以及最小工作壓力和自吸真空度的報警值。

（2）實時顯示試驗中的液位高度、泡沫層厚度、工作壓力和自吸真空度的檢測值，並能顯示實驗過程中的液位高度、泡沫層厚度、工作壓力和自吸真空度的波動圖。

（3）對壓力檢測值等下位機處理不便的數據進行處理，協助下位機完成檢測任務，減輕下位機的負擔，加快系統檢測速度。

（4）對實驗中的各種數據進行保存，以便后期進一步分析。

12.3.8.3 上位機程序的實現

系統的上位機軟件設計是整個檢測系統的組成部分。在設計其界面時，要充分考慮到監測界面所需的友好性和整潔性，試驗過程中要通過操作界面對各種實驗數據進行監測和設定。因此監測界面設計應盡量簡單明了，使各種設定值和實時監控數據都能一目了然（如圖 12-17 所示）。

上位機程序可以根據微泡發生器工作參數在實驗中的不同情況，及時地對下位機的參數進行調整。在實驗檢測過程中，浮選柱的各個檢測參數能夠及時變化，在浮選檢測的主程序窗口中加入了對所測得的浮選柱電導率曲線動態的顯示，它更加形象地顯示了液位高度和泡沫層厚度的變化，同時泡沫層中曲線

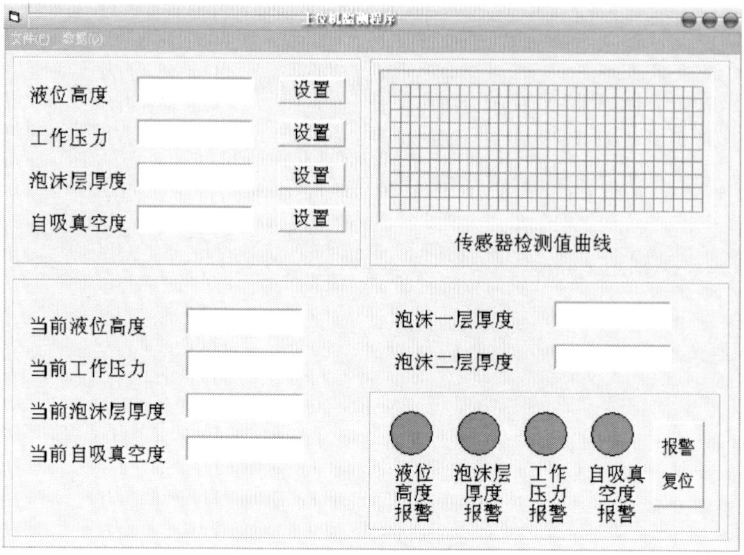

圖 12-17　監測程序主界面

的波動也能在一定程度上反映泡沫層質量的變化。當浮選實驗過程中有檢測值超過所設定的範圍時，相應的報警燈會變亮，發出警告，以便能及時對實驗過程作出調整。

另外，在實驗中還可以通過監測主程序菜單對子程序進行調用，及時觀察實驗中已經測量得到的液位高度、泡沫層厚度、工作壓力和自吸真空度數據以及他們的波動變化曲線。當檢測結束退出程序時，程序能自動保存檢測過程中得到的液位高度、泡沫層厚度、工作壓力、自吸真空度以及電導率液位傳感器各檢測點的檢測值等數據，以方便進一步地分析。

12.4　實際檢測實驗

由仿真可知，射流微泡發生器的工作參數對微泡發生器內流場有很大影響，即對微泡發生器的性能有很大的影響，為了驗證仿真結果，使用自行設計的實驗檢測裝置與射流式微泡發生器配合進行實際工況實驗研究，實驗結果為進一步改善和提高微泡發生器的性能提供了參考。

實驗系統由浮選柱、微泡發生器、工作泵、遠傳真空表、遠傳壓力表及電導式浮選柱液位傳感器等測量元件組成，其中，浮選柱的結構如圖 12-18

所示。

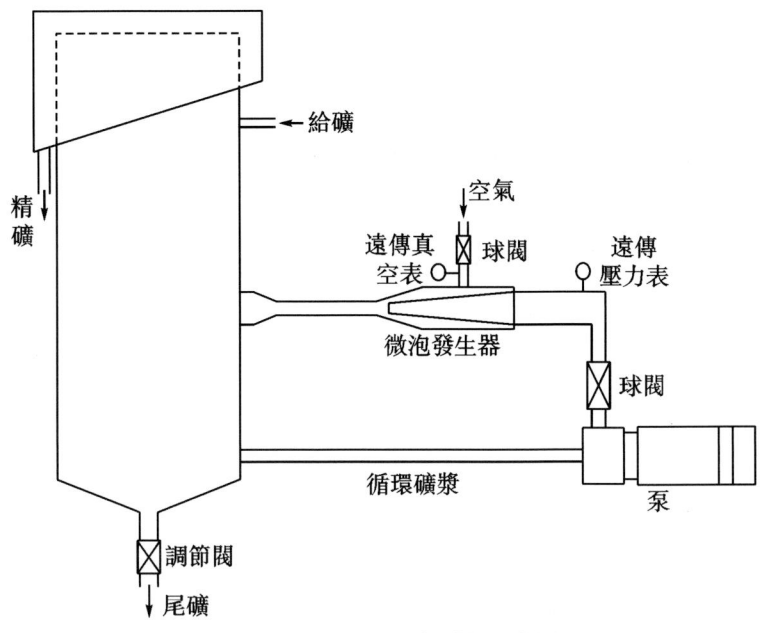

圖 12-18 射流浮選柱結構示意圖

實驗室浮選柱外徑為 0.15m，內徑為 0.13m，總高度為 2m，溢流槽上沿到浮選柱頂高度為 0.08m。為方便觀測，柱體中間部分為高 1.5m 的有機玻璃管。在安裝電導式浮選柱液位傳感器時，其 0 號檢測點與浮選柱溢流槽的上邊緣處於同一水平面內，液位傳感器的軸線與浮選柱的軸線平行。工作泵為單相潛水泵，為了滿足實驗的要求，選取兩種型號工作泵：一種是型號為 QD3-15J，流量為 $3m^3/h$，另一種是型號為 QDX1.5-32-0.75，流量為 $1.5m^3/h$。採用遠傳壓力表測量流體工作壓力，測量範圍為 $0\sim0.3MPa$，測量精度為 $0.01MPa$。遠傳真空壓力表測量範圍為 $-0.1\sim0MPa$，測量精度為 $0.001MPa$，工作介質流量及壓力由 PP-R 專用球閥調節。實驗在實際工況條件下進行：礦粉為品位 22.54%、粒度-200 目 90% 的磷礦粉 3,000 克；礦漿濃度為 10%；浮選藥劑為 3 克的 YJFP-2#和 1.8 克的水玻璃。

12.4.1　工作背壓對微泡發生器性能的影響

實驗中，浮選柱筒體高度為 2m，因此微泡發生器需在此背壓下運行。實驗中採用 QDX1.5-32-0.75 型水泵和 QD3-15J 型水泵分別進行研究。首先關閉進氣閥，調節尾礦閥，使得礦漿液位面穩定在 1.8m 左右。然後打開進氣閥，並緩慢加大尾礦閥的開度，使液位徐徐下降，開啓檢測裝置，對液位下降過程中各參數的變化進行檢測，並將液位高度與自吸真空度檢測所得數據繪圖，如圖 12-19 所示。

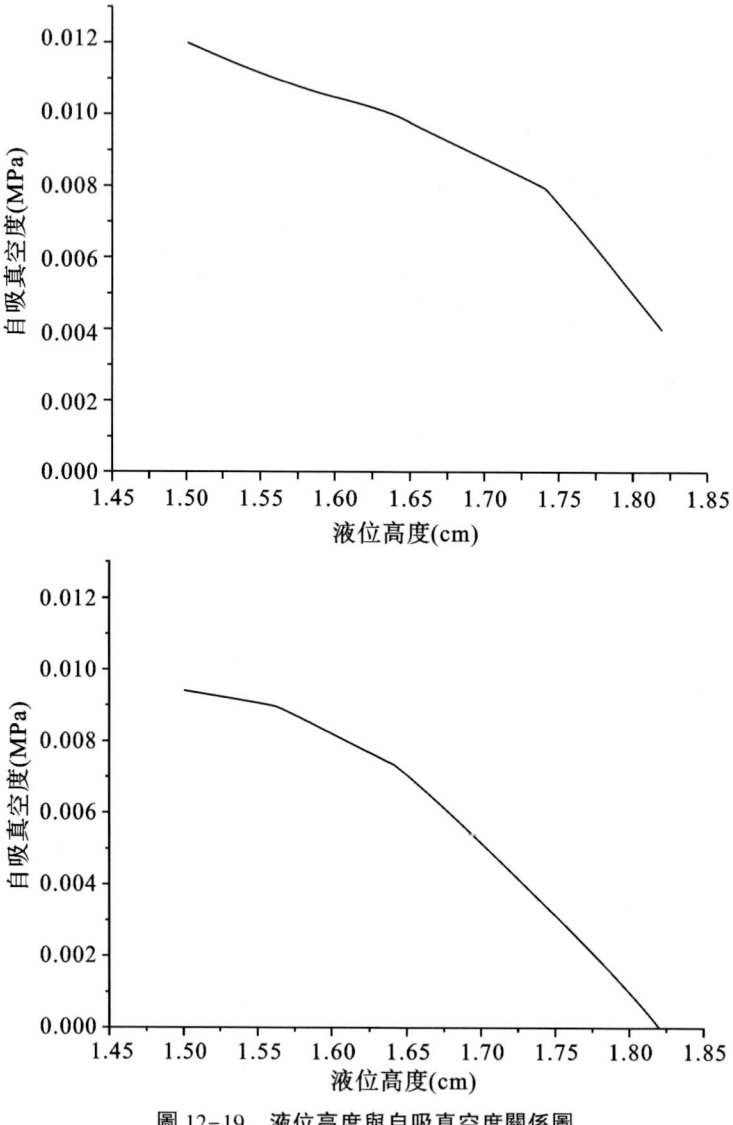

圖 12-19　液位高度與自吸真空度關係圖

從圖中可以清晰地發現，隨著浮選柱液面的降低，自吸真空度隨之升高，這與仿真結果是一致的。同時實驗還發現，當採用 QD3-15J 水泵時，其自吸真空度明顯小於採用 QD×1.5-32-0.75 水泵時的自吸真空度，並且當液面上升到 1.8m、採用 QD3-15J 水泵時，微泡發生器的自吸氣不能產生，這主要是由工作壓力不夠所引起的。而採用型號為 QD×1.5-32-0.75 的水泵時，由於揚程得到了較為合理的配置，在試驗中可以支撐較高的背壓，使得微泡發生器的自吸氣在柱內液面上升到高點位置時也能正常進行。說明工作壓力是影響微泡發生器充氣性能的重要參數。

隨著背壓的升高，可以通過增大工作壓力的方式來改善微泡發生器的性能，但這會增加浮選過程中的能量消耗。而一個較低的背壓雖然可以使微泡發生器獲得較好的性能，但也會使浮選柱內捕收區範圍縮小，影響浮選的效果。因此，在浮選過程中，需要對浮選柱內的液位變化進行實時檢測，以保證微泡發生器的穩定工作。

12.4.2 微泡發生器工作壓力對泡沫層厚度的影響

浮選過程中，泡沫層厚度（不考慮浮選藥劑的影響）與微泡發生器的充氣性能有著直接的聯繫。在微泡發生器的各項工作參數中，工作介質流量對其充氣性能有較大影響，常用流量比（混合係數，以引射氣體量與工作介質流量之比為特徵量）來表徵氣泡發生器的引射氣體能力。而浮選柱氣泡發生器的工作壓力是浮選柱最要的工作參數，其大小直接影響著流量比。當氣泡發生器的噴嘴結構一定時，噴嘴大端與小端的直徑（分別設為 D_1、D_2）也已經確定，設兩端處的工作介質速度分別為 v_1、v_2，工作介質流量為 Q，則根據流量公式：

$$Q = \frac{1}{4}\pi D_1^2 \times v_1 = \frac{1}{4}\pi D_2^2 \times v_2 \tag{12-8}$$

噴嘴處的工作介質流速就完全取決於工作介質流量，設噴嘴兩端工作介質壓力分別為 P_0 和 P_1，建立如下柏努利方程：

$$P_0 + \rho\frac{v_0^2}{2} = P_1 + \rho\frac{v_1^2}{2} + K\rho\frac{v_1^2}{2} \tag{12-9}$$

可見，噴嘴處的壓力由工作介質的工作壓力和噴嘴處工作介質流速決定，也就是說，在工作介質噴出噴嘴後形成的真空度取決於工作介質流速及其工作壓力，這決定了吸氣量。因此，只要描繪出工作壓力、充氣真空度和泡沫層厚度三者之間的關係，就能定性地分析出微泡發生器充氣性能與泡沫層厚度之間的關係。

為了更好地說明微泡發生器的充氣性能對泡沫層厚度影響，在試驗中先將礦漿液位穩定在 1.6 m 左右，並在試驗中通過對尾礦閥的調節，穩定保持這個液位值以獲得較為穩定的實驗背壓，而后對微泡發生器礦漿入口的球閥進行緩慢調節，使微泡發生器在不同的工作壓力狀態下運行，通過檢測裝置獲得試驗數據。由於實驗中選取的工作泵有一定的限制，不能得到工作壓力大於 0.260,6MPa 的數據。在檢測數據時，選取微泡發生器工作壓力、自吸真空度和泡沫層厚度較為穩定的區域內的六組數據（如表 12-2）進行分析。

表 12-2　　微泡發生器充氣性能與泡沫層厚度的關係

工作壓力 （MPa）	<0.1	0.101,4	0.120,4	0.149,7	0.180,5	0.220,0	0.260,6
自吸真空度 （MPa）	0	0.004,2	0.007,0	0.010,2	0.011,6	0.012,5	0.013,4
泡沫層厚度 （cm）	0	24	32	38	42	44	48

　　從上表可以看出，當微泡發生器的工作壓力由 0.1MPa 上升到 0.26MPa 時，自吸真空度從 0.004,2MPa 增加到 0.013,4Mpa，而泡沫層的厚度也隨之從 24cm 增加到 48cm，並開始溢出，這充分說明了微泡發生器的工作參數對浮選過程中泡沫層厚度有重要影響。

　　從圖 12-20 可以看出，工作壓力在 0.1MPa 到 0.15MPa 之間，真空度增大較快，而當工作壓力達到 0.20MPa 后，真空度增大變慢。由於真空度與充氣壓力（充氣速率）有著直接的關係，因此，可以通過圖 12-20 近似看出工作壓力與充氣速率的關係，即充氣速率隨著工作壓力的升高而增大，這主要是因為射流的出口流速越高，真空度大，越利於吸入更多的空氣。

　　從圖 12-21 可以看出，泡沫層厚度和微泡發生器的自吸真空度之間幾乎呈兩段線性關係，隨著自吸真空度的增加，泡沫層厚度也隨之變厚，因此，泡沫層厚度和自吸真空度與微泡發生器的工作壓力之間有著相同的關係，即工作壓力在 0.1MPa 到 0.15MPa 之間，泡沫層增大較快，而當工作壓力達到 0.20MPa 后，泡沫層增厚速度變慢。

　　因此，可以看出在微泡發生器完全自吸的情況下，通過對微泡發生器礦漿入口處的球閥進行調節，使其工作壓力產生變化，可以改變微泡發生器的充氣性能，從而影響泡沫層的高度。但頻繁地調節微泡發生器的工作壓力，會使微泡發生器工作不穩定。在穩定的工作壓力下，其充氣速率雖然一定，但其充氣量依然可調，可以通過控製進氣閥的開度大小，來控製充其量的大小，從而控製泡沫層的厚度。

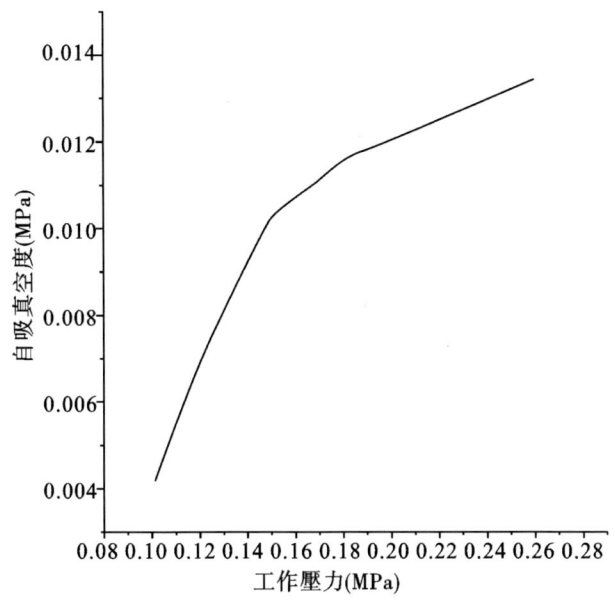

圖 12-20　工作壓力與自吸真空度關係圖

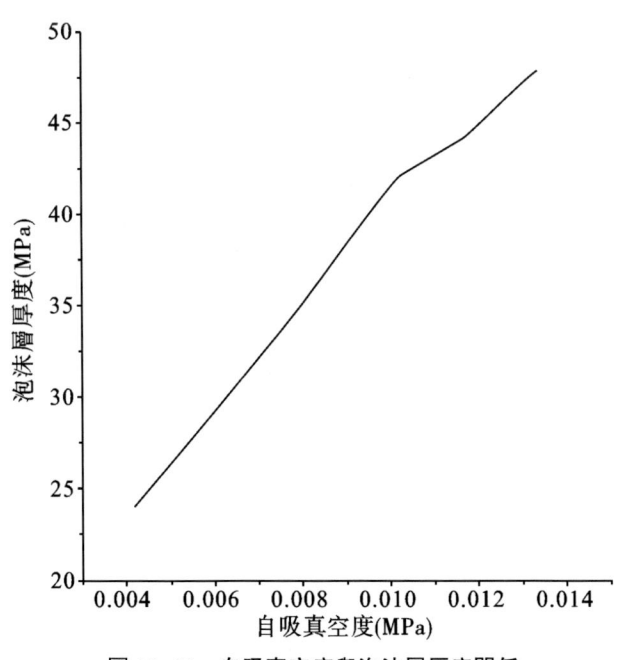

圖 12-21　自吸真空度與泡沫層厚度關係

第十二章　檢測裝置設計　317

12.4.3 進氣閥開度對泡沫層的影響

在實驗中發現，調節進氣管閥門的開度對吸氣量、氣泡直徑以及流場的穩定性都有較大的影響。當其他條件不變時，微泡發生器的充氣量與氣泡直徑是矛盾的，調節進氣閥的開度增加充氣量雖然可以增加泡沫層的厚度但氣泡直徑也會長大；因此，通過進氣閥對充氣量進行調節來控制泡沫層的厚度只能在一定的範圍內進行。由於礦漿的不透明和實驗條件所限，無法在實際工況條件下對礦漿內氣泡的大小進行測量，只能先通過清水試驗來確定充氣量的調節範圍。在清水試驗中，通過照相處理發現，閥門的開度超過一定值時（大約為70%左右時）氣泡直徑變大，且流場不穩定。筆者抓取了兩張圖片，如圖12-22所示。

(a) 進氣閥開度>70%時　　(b) 30%< 進氣閥開度<70%時

圖 12-22　不同進氣閥開度下氣泡大小圖

由此可見，在進氣閥開度在 30%~70% 範圍時，對充氣量進行調節，既可以得到較為合適的氣泡大小，又可以對泡沫層的厚度進行一定的控制。

在工況試驗中，為了較好地觀測泡沫層厚度隨進氣閥開度的變化，首先將液位穩定在1.5m再進行試驗。試驗中，由於礦漿的干擾，已經無法從浮選柱液位以下的礦漿中觀測到氣泡的大小及其分佈，但是在對泡沫層的觀測發現同清水試驗相近：當進氣閥開度在一定的範圍內（開度30%~70%）調節時，泡沫層中氣泡的大小穩定且分佈均勻；當進氣閥的開度超過一定值時（大約為75%左右時），泡沫層變得不穩定，有直徑數厘米的大氣泡出現，如圖12-23所示。

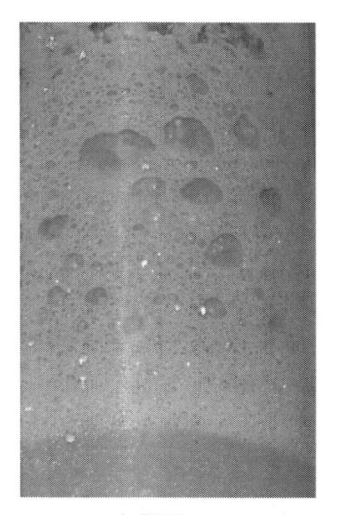

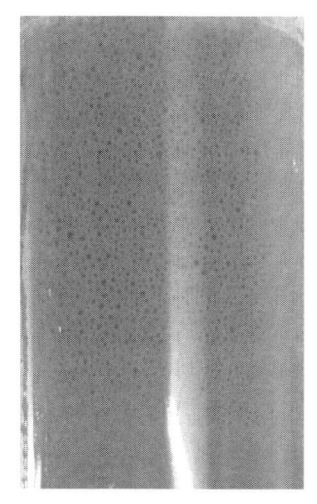

(a) 進氣閥開度>75%時　　　(b) 30%< 進氣閥開度<70%時

圖 12-23　不同進氣閥開度下泡沫層情形圖

　　同時對相應情況下的兩組檢測數據進行提取分析（見圖 12-24）可知，隨著進氣閥開度的增大，礦漿中的含氣率增加使得液位升高，同時，由於泡沫層中氣泡的直徑變大，電導率式液位傳感器的兩極間電阻變大，系統所得到的檢測值變小。另外，從數據中還可以看到，在進氣閥開度>75%時，由於泡沫層中的氣泡直徑大小不均勻，泡沫層中的電導率檢測值與進氣閥小開度的情況相比產生較大的波動。

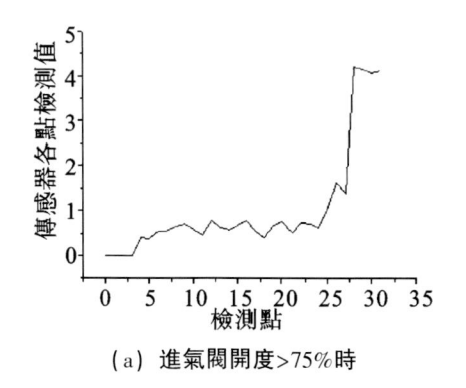

(a) 進氣閥開度>75%時　　　(b) 30%<進氣閥開度>70%時

圖 12-24　檢測數據分析圖

12.5　本章小結

　　本章對浮選柱檢測裝置下位機的各硬件部分進行了詳細的設計與說明，對下位機的控製軟件進行了設計。由於系統實現的功能比較多，在設計時，分模塊進行了功能的調試，以便減輕總體調試的工作量。在下位機控製軟件設計時，根據系統的整體功能需求，把程序分為幾個模塊，以便於調試。程序在 MedWin v2.39 的環境下進行調試。

　　上位機監控程序的開發使用了 VB6.0 軟件來實現，其在界面設計上的強大功能，給上位機程序的設計提供了一個良好的平臺。利用 VB6.0 環境中的串行通信控件 MSComm，順利地實現了下位機與上位機監控程序之間的通信，使得檢測過程中的各個數據可以方便地顯示、儲存和調用，為浮選性能的分析提供了基礎。

　　使用所設計的浮選柱檢測裝置對自吸氣射流微泡發生器工作參數實驗過程中的各個參數量進行了檢測、提取、分析，實驗結果與前期的軟件仿真結論基本一致，為微泡發生器工作參數的優化提供了依據，具體實驗結論如下：

　　（1）浮選過程中的背壓對微泡發生器的性能影響巨大，浮選過程中應保持液位的穩定，以保證微泡發生器處在最佳的工作狀態。

　　（2）工作壓力對微泡發生器的工作效果有重要的影響，實驗所用的微泡發生器在 0.18~0.22MPa 的工作壓力下具有最佳的充氣性能，可以得到較為理想的泡沫層。

　　（3）在一定的範圍內調節進氣閥可以使得充氣量改變，達到對泡沫層厚度控製的目的，但過大的充氣量會使泡沫層中的氣泡變大，質量變得不穩定。合理的進氣閥門調節範圍應在 30%~70%。

　　（4）從試驗中還可以看出，電導率液位傳感器各檢測點的值隨著泡沫層中泡沫質量的變化而波動，因此，通過對傳感器泡沫層中各檢測點的分析可以在一定程度上判斷出泡沫層質量的優劣。

第十三章　總結與展望

13.1　研究成果

　　在人類即將面臨資源危機、能源危機、環境保護等問題的今天，研究微泡浮選的關鍵技術及微泡生成的理論具有重要的理論意義和實際應用參考價值。本專著以國家自然科學基金項目「微泡形成與微泡浮選的三相流動力學機理及評價體系研究」「流體型微泡生成及微泡氣浮對水處理的作用機理研究」以及雲南省自然科學基金項目「微泡浮選三相流力學機理及應用研究」的研究為基礎，從流體力學的基本理論出發，在 $k-\varepsilon-k_p$ 湍流模型的基礎上提出了 $k-\varepsilon-k_p-k_g$ 多相湍流封閉模型，根據雙流體模型的基本思想，建立了描述微泡發生器內流體流動的氣、固、液三相流混合模型。同時，運用計算流體力學軟件 FLUENT 模擬計算了流體型微泡發生器內氣液兩相流及氣固液三相流的流動狀態，得出了一些有價值的結論。並在進一步優化操作參數及結構參數的基礎上，進行了相關的實驗及實驗分析。本專著為微細難選物料的微泡浮選中的關鍵技術提供了理論及實際應用的依據，並對流體型微泡發生器的設計與實驗提供了有效的方法，具有重要的理論意義和應用參考價值。本專著完成了以下研究內容：

　　（1）分析研究了資源問題、目前礦產資源的特點、微泡浮選的作用及其關鍵技術，資源高效綜合利用、微細粒礦物選別、再生資源利用、尾礦再選等，已經成為 21 世紀人類面臨的重要任務。

　　（2）分析研究了流體型微泡發生器的微泡生成機理、微泡形成的理論。對氣泡尺寸和氣泡行為、氣泡的聚並與破碎規律、氣泡的分散與結群、氣泡與礦漿間的相互作用、氣泡尺寸大小和穩定性的影響因素等進行了研究分析，建立了單顆粒氣泡與單顆粒礦粒因碰撞粉碎成微泡的力學機理模型。

（3）研究了微泡浮選中的氣、固、液三相流力學理論，分析了微泡形成、運動、變化的規律以及影響微泡生成的主要因素，在 $k-\varepsilon-k_p$ 湍流模型的基礎上，提出了 $k-\varepsilon-k_p-k_g$ 多相湍流封閉模型，根據雙流體模型的基本思想，建立了描述微泡發生器內流體流動的氣、固、液三相流混合模型。

（4）設計了射流式、旋流式、混流式、自吸式剪切流微孔流體型微泡發生器的數字樣機，基於計算流體動力學理論，利用計算機仿真技術，對微泡浮選的關鍵技術及裝置——微泡發生器進行數值模擬仿真分析。

（5）根據 CFD 的理論和計算機仿真技術，從兩相流、三相流兩個方面進行了數值模擬計算研究，定性、定量地分析了流體型微泡發生器內流場各處的速度、壓力和各相耦合強度等重要參數，得出了一些有價值的結論，為流體型微泡發生器的設計和改進提供了依據和有價值的參考。

（6）基於建立的三相流理論和流體型微泡發生器的設計理論，從浮選礦漿的濃度、節約能源等角度出發，設計、製造、安裝、調試了微泡發生器物理樣機以及微泡發生器的實驗裝置。

（7）建立了微泡發生器性能分析評價系統。分析了系統的功能要求、組成結構和本實現方法，將其分成了結構參數化建模、解算與操作參數離散、數據分析和數據查詢與管理四大模塊。對每個模塊進行了功能分析、實現方法和程序開發三個方面的研究，分析了影響微泡發生器性能的結構參數，實現了對微泡發生器進行多結構參數組合、多操作參數組合、批量化、自動化和有序化的分析，根據相關的指標能夠對性能進行評價，同時能夠對大量的數據進行有效的管理。對微泡發生器的性能分析和評價進行了相關研究，對優化微泡發生器性能，提供了幫助。

（8）研究了礦漿和礦化泡沫層之間物理特性的差異，根據礦漿、礦化泡沫層以及空氣層之間的電導率差異實現液位高度和礦化泡沫層厚度的檢測。設計了一種以介質電導率差異為基礎的電導率液位傳感器及整個檢測裝置，可以同時完成對礦漿液位（工作背壓）和礦化泡沫層厚度的測量。實現了用電導法對液位高度、泡沫層厚度進行檢測。

（9）進行了一系列不同操作參數及結構參數對微泡生成的影響的實驗研究。實驗結果論證了三相流理論和流體型微泡發生器的設計理論的正確性，驗證了數值模擬計算的正確性。本專著為流體型微泡發生器的設計與實驗提供了有效的方法，為微泡浮選研究提供了有價值的參考。

13.2　展望

由於本專著研究的內容涉及的範疇較廣，理論研究還有待進一步地深入，所進行的實驗研究僅是以微泡發生器性能的定性實驗研究為主，實驗裝置還待於進一步地改進，研究工作在以下幾個方面有待進一步地深入：

（1）在氣、固、液三相流混合模型中，為使方程組封閉，引入了各種湍動模型，其中包含了假設和經驗常數；對相變機理的詮釋還不是很充分，在連續方程的建立中沒有考慮這個因素，只是在提出 $k-\varepsilon-k_p-k_g$ 多相湍流封閉模型時體現了這一概念，有必要建立既適合於工程分析需要又便於理論分析的模型。

（2）在實驗研究中進行的微泡發生器的各種操作參數及結構參數的實驗，只是定性地或較粗地進行定量實驗效果分析，獲得的實驗數據對工程問題有一定指導意義和參考價值，但不一定是工程應用中的最優結果。

（3）微泡發生器的實驗裝置雖然基本能滿足實驗要求，但還比較簡單。為了建立一個能進行各種微泡發生器的性能實驗、進行微泡浮選的工業實驗研究的平臺，有待於進一步地改進和完善實驗裝置，在實驗裝置的動力、自動化、自動檢測等方面，還有大量的工作要做。

（4）在探索建立的三相流理論、數值模擬仿真方法及實驗裝置的基礎上，可以進一步進行微細物料的性別、工業廢水處理、廢紙脫墨等實際應用的理論分析、計算機數值模擬仿真以及實驗研究。

（5）在流體裝置和設備的開發設計中，可以採用本專著探索的方法，在理論研究的基礎上，先進行虛擬樣機的計算機數值模擬仿真研究，再進行物理樣機設計開發，最后形成產品。這樣既可以節約成本、縮短開發實驗週期，又可以獲得性能質量較高的產品。

希望本研究能為微細物料的性別、微泡浮選、微泡發生器的研究提供有價值的參考，為三相流理論的研究、流體裝置和設備的研發提供有價值的參考和有效的研究方法。

李浙昆

2016 年 8 月於春城昆明

參考文獻

［1］王澱佐. 礦物浮選和浮選劑——理論與實踐［M］. 長沙：中南工業大學出版社，1986.

［2］中國礦業信息［N］. 2001，185（5）.

［3］李浙昆，張宗華，樊瑜瑾. 資源、環境及礦業發展對策［J］. 礦業研究與開發，2003，(10)：1-3，7.

［4］宋瑞祥. 中國礦產資源報告96［M］. 北京：地質出版社，1997.

［5］閻長樂. 中國能源發展報告［M］. 北京：經濟管理出版社，1997.

［6］朱訓，等. 中國礦情［M］. 北京：科學出版社，1998.

［7］國家發展和改革委員會.「十一五」資源綜合利用指導意見［R/OL］.（2006-12-24）. http：/ hzs. ndrc. gov. cn/zhly/20070117_ 602323. html.

［8］胡熙庚，等. 浮選理論與工藝［M］. 長沙：中國礦業大學出版社，1991.

［9］Wheeler D A Historical view of column flotation development［R］. Column Flotation，1988，3-4.

［10］Fuerstenau M C. The principles of flotation［M］. Editor R. P. King, Johannesburg，1982.

［11］王昌安. 國外浮選機的應用及發展［J］. 礦業快報，2005，3：12-16.

［12］徐志強，皇甫京華，曾鳴，等. 射流浮選柱氣泡發生器及其充氣性能的研究［J］. 中國礦業大學學報，2003，32（6）：615-619.

［13］劉炯天. 柱分選技術與旋流——靜態微泡柱分選方法［J］. 選煤技術，2000，(1)：42-44.

［14］王永田，劉炯天. 浮選柱在螢石礦浮選中的應用初探［J］. 礦冶，2002. 7：227-230.

［15］劉殿文，張文彬. 浮選柱研究及其應用新進展．［J］. 國外金屬礦選

礦，2002，6：22-27.

［16］孫時元. 浮選柱的技術進展［J］. 礦業快報，2002，4：32-35.

［17］謝廣元，等. 選礦學［M］. 徐州：中國礦業大學出版社，2001.

［18］薩梅金，等. 浮選理論現狀與遠景［M］. 劉恩鴻，譯. 北京：冶金工業出版社，1984.

［19］Schulze H J, Radoev B, Geidle Th, Stechemesser H, Topfer E. Investigations of the Collision Process Between Particles and Gas Bubbles in Flotation: A Theoretical Analysis［J］. Int J Miner Process, 1989: 263-278.

［20］R H Yoon. 礦粒—氣泡作用中的流體動力及表面力［J］. 國外金屬礦選礦，1993（6）：5-11.

［21］周凌鋒，張立明. 浮選柱強化細粒分選的研究［J］. 有色金屬（選礦部分），2004（4）：33-35.

［22］歐樂明，等. 浮選柱研究和應用進展［J］. 礦產保護與利用，2003（3）：44-48.

［23］Marchese MM, Uribe-Salas A, Finch J. Hydrodynamics of a Downflow Column［C］. XVIII International Processing Congress, Sydney, May 23-28, 1998, 814-822.

［24］D G 赫爾伯特. 選礦過程的建模、控制和仿真［J］. 國外金屬礦選礦，2004，（3）：27-33.

［25］L G 貝爾，等. 浮選柱的動力學實驗與研究［J］. 國外金屬礦選礦，1997（12）：17-24.

［26］J A Finch. 新型浮選設備［J］. 國外錫工業，1995，23（4）：5-16.

［27］J A Finch, G S Dobby. Column Flotation［M］. North-Holland Elsevier Science Pub Co, 1990.

［28］朱友益、張強，湍流態下浮選礦化速率數學模型［J］. 武漢冶金科技大學學報，1998，21（4）：381-386.

［29］楊儉、沈笑君. 吸氣式浮選旋流器內部流場理論分析［J］. 煤炭轉化，1999，22（2）：90-93.

［30］Zhan De-xin, Wang Jia-mei, Lin Li-ming. Numerical investigations Into the Friction Reduction by Microbubbles for Flat Plates［J］. Journal of Hydrodynamics, Ser. B, 3（2003），82—88. China Ocean Press, Beijing—Printed in China.

［31］Cheng Wen, Zhou Xiao-de, Song Ce, et al. Experimental and Numerical Simulation of Three-Phase Flow in an Aeration Tank［J］. Journal of Hydrodynamics,

Ser. B, 4 (2003), 118-123.

[32] Tangren, R F, Dodge, et al. Compressibility effects in two-phase flow [J]. J Appl Phys, 1949 (20) 637-645.

[33] 劉大有. 兩相流體動力學 [M]. 北京：高等教育出版社, 1993, 9：2-28.

[34] Ingebo, R D. Drag Coefficients for Droplets and Solid Sphere in Clouds Accelerated in Air Streams [R]. NACA TN 3762, 1956.

[35] Streeter, V L. Handbook of Fluid Dinamics [M]. New York：McGraw-Hill, 1961.

[36] Rundinger G. Fundamentals of Gas-Particle Flow [M]. Amsterdam：Elsevier Scientific Publishing Co., 1980.

[37] Hetsroni G. Handbook of Multiphase Systems [M]. Washington：Hemisphere Publishing Co., 1982.

[38] LEACHCJ, WALKER GL. The application of high speed liquid jets to cutting [R]. Phil Trans A, 1965, 260：295-308.

[39] Cooper M G, Lloyd J P. The microlayer and bubble growth in nucleate pool boiling [J]. Int J Heat Mass Transfer, 1996, 12：915-933.

[40] C J Chen, S Y Jaw. Fundamentals of Turbulence Modeling [M]. Washington：Taylor & Francis, 1998.

[41] Gan Din, A. M. Flotation [M]. New York：McGraw-Hill, 1975：354-387.

[42] 費祥麟, 等. 高等流體力學 [M]. 西安：西安交通大學出版社, 1989：440-477.

[43] 章梓雄, 董曾南. 粘性流體力學 [M]. 北京：清華大學出版社, 1998 (4)：29-353.

[44] 周光坰, 等. 流體力學 [M]. 北京：高等教育出版社, 2000：353-363.

[45] 董志勇. 射流力學 [M]. 北京：科學出版社, 2005 (3)：12-174.

[46] 胡為柏. 浮選 [M]. 北京：冶金工業出版社, 1986 (12)：163-165.

[47] Lee L P, De Lasa HI. Phase holdups in three-phase fluidized beds [J]. AIChe J, 1987, 33 (8).

[48] Kim SD, Baker C G J. Bubble characteristics in three fluidized beds [J]. Chem Eng Sci, 1977, 32 (11)：1300-1308.

[49] 陳翼孫, 胡斌. 氣浮淨水技術 [M]. 北京：中國環境科學出版社, 1991 (5)：121-130.

[50] 盧壽慈. 礦物浮選原理 [M]. 武漢：冶金工業出版社, 1988 (5)：186-201.

[51] 何廷樹, 陳炳辰. 順流浮選機中氣泡的運動特性和部分氣體的溶析 [J]. 西部探礦工程, 1996, 8 (4)：42.

[52] 陸宏圻. 射流泵技術的理論及應用 [M]. 北京：水利電力出版社, 1989.

[53] 盧壽慈, 翁達. 界面分選原理及應用 [M]. 冶金工業出版社, 1990, (4)：39-407.

[54] J Rubinstein, V Badenicov. New aspects in the theory and practice of column flotation [C]. Proc Int Miner Process Cong, 1995 (3)：113-116.

[55] 許宏慶, 何文奇, 李良杰. 應用 PIV 技術對氣固兩相流粒子濃度場的瞬時測量 [J]. 流體力學實驗與測量, 2003, 17 (3)：53-56.

[56] 田長福, 等. 稠密氣固兩相流中單顆粒所受氣動力的數值模擬 [C]. 北京：中國工程熱物理學多相流學術會議論文, 2002, 6.

[57] 劉炯天, 等. 自吸式微泡發生器 [J]. 中國礦業大學學報, 1998 (1)：27-31.

[58] 梁在潮. 工程湍流 [M]. 武漢：華中理工大學出版社, 1994 (4)：1-27.

[59] 晉國棟. 中國科學院博士后工作報告：氣固液三相流化床多尺度建模及煤炭多聯產氣化爐流場數值模擬 [R]. 2005 (3)：10-14.

[60] 袁亞雄. 高溫高壓多相流體動力學基礎 [M]. 哈爾濱：哈爾濱工業大學出版社, 2005, (8)：109-142.

[61] 胡宗定, 張立國. 氣固液三相流化床中局部相含率的隨機分析 [J]. 天津：化工學報, 1989, (4)：462-470.

[62] 白擴社. 流體力學·泵與風機 [M]. 北京：機械工業出版社, 2005, (1)：179.

[63] 王鐵峰, 等. 循環漿態床流體力學行為的數學模型與模擬 [J]. 過程工程學報, 2002, 2 (增刊 11)：432-434.

[64] Hinze J O. Turbulence (An introduction to its mechanism and theory) [M]. Mcgraw Hill Book comp, Inc, 1959.

[65] Levich, V G. Physiochemical hydrodynamics [M]. New Jersey：Pretics

Hall, 1962: 301-306.

［66］張立國. 氣-液-固三相流化床內氣泡行為分區初探［J］. 化工冶金, 1991, 12（1）: 24-29.

［67］蔡璋. 浮遊選煤與選礦［M］. 北京: 煤炭工業出版社, 1990,（6）: 113.

［68］程景峰, 等. 影響射流浮選機分選效率的因素淺析［J］. 中國鉬業, 2005, 29（5）: 24.

［69］Lindken R, L Gui W, Merzkirch. Velocity measure meals in multiphase flow by means of particle image velocimelry［J］. Chem Eng Technol, 1999（22）: 3.

［70］王臨適. 紅寶石高壓水射流噴嘴製造工藝概述［J］. 高壓水射流, 1987（4）: 35-39.

［71］Krothapalli A, Baganoff D, Karamchetik. On the mixing of a rectangular jet［J］. J Fluid Mech, 1981, 107: 201-220.

［72］Quinn W R, Militzer J. Experimental and numerical study of a turbulent free square jet［J］. Phrs Fluids, 1988, 31（5）: 1017-1025.

［73］劉昭偉, 等. 旋轉轉磨料射流特性分析及新型噴嘴設計［J］. 中國環境水力學, 2004: 16-22.

［74］B C Khoo, E Klaseboer, K C Hung. A collapsing bubble-induced micropump using the jetting effect［J］. Sensors and Actuators A: Physical, 2005,（118）: 152-161.

［75］向清江. 液氣射流泵傳質分析［J］. 水利電力機械, 2002, 24（3）: 4.

［76］王恒, 等. FJC20-6型煤用噴射式浮選機的充氣性能［J］. 煤質技術, 2005, 9（5）: 17-19.

［77］王鐵峰, 等. 三相循環流化床中氣泡大小及其分佈研究［J］. 化工學報, 2001,（3）: 52.

［78］T Shigechi, N Kawae, Y Lee. Turbulent fluid flow and heat transfer in concentric annuli with moving cores［J］. International Journal of Heat and Mass Transfer, 1990,（33）: 2029-2037.

［79］郭烈錦. 兩相與多相流動力學［M］. 西安: 西安交通大學出版社, 2002.

［80］Y Lee. A study and improvement of large eddy simulation for practical applications [D]. State of Texas: Texas A&M University, 1992.

[81] Eaton J K. Experimental and simulations on turbulence modification bydispersed particles [J]. Appl Mech Rev. 1994, 47 (6): 44-48.

[82] Yang X. Two-phase flow dynamics simulations and modeling [D]. Birmingham: University of Birmingham, 1996.

[83] Spalding, D B. Mathematics and computers in simulation [M]. X111, Holland: North Holland, 1981.

[84] Torvik R, Svendsen H F. Modeling of slurry reactors: a fundamental approach [J]. Chem Eng Sci, 1990, 45 (8): 2325-2332.

[85] Militzer J, Basu P. Circulating Fluidized Bed Technology [M]. Oxford: Pergamon Press, 1986: 172-184.

[86] 聞建平, 等. 氣固液三相湍流流動的 E/E/L 模型與模擬 [J]. 化工學報, 2001, 5 (4): 343-348.

[87] Mitra-Majundar D, Furouk B, Shah Y T. Hydrodynamic modeling of three-phase flows through a vertical column [J]. Chem Eng Sci, 1997, 52 (24): 4485-4497.

[88] 羅運柏, 聞建平. 氣液鼓泡塔中的含氣率與液速分佈和數值模擬 [J]. 化學反應工程與工藝, 1998, 14 (1): 106-111.

[89] Wen Jianping, Xu S. Local by drodynamics in a gas-liquid-solid three-phase bubble column reactor [J]. Chem Eng J, 1998, 70 (1): 81-84.

[90] 張政, 謝灼利. 流體-固體兩相流的數值模擬 [J]. 化工學報, 2001, 52 (1): 31.

[91] 王維, 李佑楚. 顆粒-流體兩相流模型研究進展 [J]. 化學進展, 2001 (22): 25.

[92] 廖定佳. 液氣兩相湍射流和射流泵的數值模擬及試驗研究 [D]. 武漢: 武漢水利電力大學, 1997.

[93] 陳漢平. 計算流體力學 [M]. 北京: 水利電力出版社, 1988.

[94] 沈榮春. 氣升式環流反應器內氣液兩相流動 CFD 數值模擬的研究 [D]. 上海: 華東理工大學, 2005, 65.

[95] Jones W P, Launder B P. Prediction of communalization with a two-equation model of turbulence [J]. Int J Heal and Mass Transfer, 1972, 15: 301.

[96] T H Shih, W W Liou, A Shabbir, et al. A new $k-\varepsilon$ eddy viscosity model for high Reynolds number turbulent flows [J]. Computers and Fluids, 1995: 24

(3), 227-238.

[97] Kuipers JAM. A Numerical model of gas-solid fluidized beds [J]. Chem Eng Sci, 1992, 47 (8): 1913-1924.

[98] Lopez de Bertodano M. Development of $k-\varepsilon$ model bubbly two-phase flow [J]. J Fluids Eng, 1994, (116): 128-134.

[99] 林宗虎, 等. 氣液兩相流旋渦脫落特性及工程應用 [M]. 北京: 化學工業出版社, 2001, (7): 162.

[100] 柴芳芳, 聞建平. 三相流化床反應器流體流動的數值模擬 [J]. 化工設計通訊, 2001, 27 (2): 56-59.

[101] 張利斌, 等. 流化床內多相流動模擬研究進展 [J]. 化學工程, 2002, 30 (3): 73.

[102] 樊建人, 岑可法. 三維氣固兩相混合層湍流擬序結構的直接數值模擬 [J]. 工程熱物理學報, 2001, 22 (2): 241-244.

[103] 顧漢洋, 郭烈錦. 方截面鼓泡床氣液兩相瞬態數值研究 [J]. 中國工程熱物理學會學術論文, 2003: 133.

[104] 詹樹華. 幾種化工及冶金反應器內多相流動傳輸現象的模擬研究 [D]. 長沙: 中南大學, 2004.

[105] 白博峰, 等. 相間作用對泡狀流壓力波傳播特性的影響 [J]. 多相流學術會議, 1999, (5): 337.

[106] Sato Y, Sekoguchi k. Liquid Velocity Distribution in Two-Phase Bubble Flow [J]. Int J Multiphase Flow, 1975, 2.

[107] 周力行, 等. 鼓泡床內氣泡-液體兩相湍流代數應力模型的數值模擬 [J]. 化工學報, 2002, 53 (8): 780-786.

[108] Reitz R D, Rutland CJ. Development and testing of diesel engine CFD models [J]. Progress in Energy and Combustion Science, 1995, (21): 173-196.

[109] 錢詩智, 等. 氣固射流流化床中流體力學特性的數值模擬 [C] // 中國工程熱物理學會燃燒學學術會議論文, 1998, (4): 28.

[110] Svend sen HF, Jakobsen HA, Torvik R etc. Local flow structure in inter loop and bubble column reactors [J]. Chem Eng Sce, 1992, (47): 3297-3304.

[111] 劉明言. 多相反應器能量最小尺度建模及非線性分析-氣固液三相流化床能量最小多尺度模擬及氣-液鼓泡塔非線性分析 [D]. 北京: 中國科學院過程工程研究所, 2000, (6): 11.

[112] 楊寧. 非均勻氣固兩相流動的計算機模擬-多尺度方法與雙流體模

型的結合 [D]. 北京：中國科學院過程工程研究所，2003，57.

[113] H Schlichting. Boundary Layer Theory [M]. New York：McGrawhill，1979.

[114] 孔瓏. 兩相流體力學 [M]. 北京：高等教育出版社，2004，93.

[115] 王峰. 攪拌槽內液-液-固三相流的數值模擬與實驗研究 [D]. 北京：中國科學院過程研究所，2004，31.

[116] 李姚敏，蔡國琰. 非牛頓流體力學 [M]. 山東：石油大學出版社，2001，(12)：32.

[117] Violet P L, Simonin O. Modeling dispersed two-phase flows：Closure, validation and software development [J]. Appl Mech Rev. 1994, 47 (6)：80-84.

[118] Zhou L X, Huang X Q. Predication of confined Turbulent Gas-Particle Jets by an Energy Equation Model of particle turbulence [J]. Science in China，1990, 33 (1)：50-60.

[119] 周力行. 旋流兩側流動的DSM-PDF兩相湍流模型 [C] //中國工程熱物理學燃燒學學術會議論文，1998，(4)：99-100.

[120] 王海剛，等. 用雷諾應力模型計算旋風分離器中氣-固兩相流動 [J]. 工程熱物理學報，2004，25 (s1)：191-194.

[121] 毛羽，等. 旋風分離器內氣-固兩相流動的顆粒隨機軌道法數值模擬 [J]. 過程工程學報，2002，2 (增刊11)：438.

[122] 徐江榮. 氣-固兩相湍流模型的研究及煤粉濃淡旋流燃燒器兩相流動的數值模擬 [D]. 杭州：浙江大學，1999：171-172.

[123] 王福軍. 計算流體動力學分析-CFD軟件原理與應用 [M]. 北京：清華大學出版社，2004，119.

[124] 冉景煜. 低壓旋流霧化噴嘴結構特性優化研究 [J]. 流體機械，1999，(7)：34.

[125] 楊燁，等. 射流懸浮床氣固兩相流動的數值模擬 [J]. 北京化工大學學報 (自然科學版)，2003，28 (2)：23-27.

[126] 程易，等. 顆粒動力學理論及應用於氣固兩相流預測 [C] //北京：中國工程熱物理學會學術會議論文，2001，(5)：650-651.

[127] H K Versteeg, W Malalasekera. An Introduction to Computational Fluid Dynamics：The Finite Volume Method [M]. New York：Wiley Press, 1995.

[128] Fluent Inc. Fluent User's Guide [K]. Fluent Inc., 2003.

[129] V Stephane. Local mesh refinement and penalty methods dedicated to the

Direct Numerical Simulation of incompressible multiphase flows [C] //Proc of the ASME/JSME Joint Fluids Engineering Conf, 2003: 1299-1305.

[130] 陳泉源. 實驗室規模高氣泡表面積通量浮選柱的原理、研製及應用 [D]. 長沙: 中南大學, 2002.

[131] Franzidis J P, Harris M C, O'Conner C T. Review of column flotation practice on South Africa Mines [J]. Proceedings of column'91. 1991: 479-494.

[132] 邵延海. 浮選柱氣泡發生器充氣性能及應用研究 [D]. 長沙: 中南大學, 2004.

[133] Fielden, et al. Surface and capillary force affecting air bubble-particle interactions in aqueous electrolyte [J]. Langmuir. 1996 (12): 3721-3727.

[134] Vinke, et al. Adhesion of small particles to gas bubbles: determination of small effective solid-liquid-gas contact angles [J]. Chemical Engineering Science, 1991 (46): 2497-2506.

[135] Vinke, et al. Particle-to-bubble adhesion in gas-liquid-solid slurries [J]. A I Ch E, 1991 (37): 1801-1809.

[136] 富爾斯特鎦. 浮選 [M]. 胡力行, 等, 譯. 北京: 冶金工業出版社, 1998.

[137] 陳翼孫, 胡斌. 氣浮靜水技術的研究及應用 [M]. 上海: 上海科學技術出版社, 1989.

[138] 須英. 物理化學 [M]. 北京: 高等教育出版社, 1982.

[139] 龐學詩. 水利旋流器直徑選擇計算法 [J]. 礦業快報. 2006, 10: 38-41

[140] 島田晴示, 六軒益成. 一種微小氣泡發生裝置 [P]. 日本: 200680054241.8, 2006, 1

[141] Collins G L, Jameson G J. Double layer Effects in the Flotation of the Particles [J]. Chem Eng Sci, 1977, (32): 239-246.

[142] Oshinowo T, Charles M B. Vertical two-phase flow Part I: Flow pattern correlations [J]. Can J of Chem Eng. 1974, (52): 25-35.

[143] S Hirai, M Komura, et al. Development of High Density Micro-bubble Generator for Environmental Technology [J]. Electronics And Electrical Engineering. 2009, (4): 37-40.

[144] Barnes D A. Unified model for predicting flow pattern transitions for whole range of pipe inclinations [J]. Int J Multiphase Flow. 1987, (13): 1-12

[145] 張鳴遠, 陳學俊. 螺旋管內氣水兩相流流型轉換的研究 [J]. 核科學與工程, 1983, (3): 298-304.

[146] Hewitt G F, Khor S K, Pan L. Three-phase gas-liquid-liquid flow: flow pattern holdups and pressure drop [C] //In: Proc of Int Symp on Multiphase Flow. Beijing: Internationl Academic publishers. 1997, (22): 1-19.

[147] 周雲龍, 孫斌, 陳飛. 氣液兩相流型智能識別理論及方法 [M]. 北京: 科學出版社, 2007.

[148] 荀志遠, 張強, 王化軍, 等. 新型低高度浮選柱數學模型及按比例放大 [J]. 有色金屬, 1996, 48 (3): 26-31.

[149] J Rubio, M L Souza, R W et al. Overview of flotation as a wastewater treatment technique [J]. Minerals Engineering. 2002, (15): 139-155.

[150] Wallis, G B, One-Dimensional Two Phase Flow [M]. New York: McGraw-Hill, 1969.

[151] M T ITYOKUMBUL, A I A SALAMA, A M ALTAWEEL. Estimation Of Bubble Size In Flotation Columns [J]. Minerals Engineering. 1995, (8): 77-89.

[152] J P Tortorelli, J W Craven, et al. The effect of external gas/slurry contact on the flotation of fine particles [J]. Minerals Engineering, 1997, (10): 1127-1138.

[153] R T 羅德里蓋斯. 氣泡尺寸分佈檢測新方法 [J]. 國外金屬選礦, 2004, (10): 39-43.

[154] 代敬龍, 謝廣元, 等. 浮選氣泡尺寸影響因素分析 [J]. 選煤技術, 2007 (5): 7-10.

[155] 齊學義, 馮駿豪, 李純良. 三維湍流流動計算在混流式轉輪水流設計中的應用 [J]. 蘭州理工大學學報, 2006, (32): 48-52.

[156] 曾克文, 餘永富. 浮選礦漿紊流強度對礦物浮選的影響 [J]. 金屬礦山, 2000, (291): 17-20.

[157] J B Yianatos. 柱體高度對浮選柱性能的影響 [J]. 國外金屬選礦, 1990 (11): 18-21.

[158] S R S Sastri. Carrying capacity in flotation columns [J]. Minerals Engineering, 1996 (9): 65-468.

[159] 馬寶岐, 孫風順. 三相泡沫特性的研究 [J]. 油田化學, 1992 (3): 238-241.

[160] Yianatos, Juan B. Column Flotation Froths [M]. Canada: McGill Uni-

versity,1987.

［161］ C Aldrich, D feng. The Effect of Frothers on Bubble Size Distributions in Flotation Pulp Phases and Surface Froths ［J］. Mineral Engineering, 2000 (9): 1049-1057.

［162］ X zheng, J P Franzidis. Modeling of Froth transportation in industrial flotation cells Part Ⅰ: Development of froth transportation models for attached particles ［J］. Minerals Engineering, 2004 (9-10): 981-988.

［163］ 楊俊玲. 泡沫及消泡技術 ［J］. 印染助劑, 1995 (4): 29-32.

［164］ 馮真明, 穆臬. 浮選過程中的泡沫及消泡技術 ［J］. 礦產保護與利用, 2006 (8): 31-35.

［165］ R J Pugh. Foaming, foam films, antifoaming and defoaming ［J］. Colloid Interface Sei, 1996, (6): 67-142.

［166］ James A Finch, Glenm Dobby. Column Flotation: A Selected Review Part Ⅰ ［J］. International Journal of Mineral Processing. 1991, (33): 343-354.

［167］ M Milot, A Desbiens. Identification and Multivariable Nonlinear Predictive Control of A Pilot Flotation column ［J］. Minerals Engineering, 1996.

［168］ M J Mankosa, et al. A study of axial mixing in column flotation at Mines Gaspe ［J］. Mineral Processing. 1982: 4-21.

［169］ 杜如彬, 柯象恒. 液位檢測技術 ［M］. 北京: 國防工業出版社, 1992.

［170］ Motorola Pressure Sensor Device data ［M］. USA. 1993.

［171］ 林森正直, 山崎弘郎. 傳感器技術 ［M］. 北京: 科學出版社, 1988.

［172］ Dirsus D f. Flotation columns: level sensing in three-phase slurries B S Thesis ［D］. Toronto: University of Toronto, 1988.

［173］ Finch J A, Moy M H. Development in the Control of Flotation Columns ［J］. International Journal of Mineral Processing, 1988, 23 (3): 265-278.

［174］ G A Kodick. Advanced control technology of flotation columns ［C］. Canada: Canadian Mineral Processors Annual Operators Conferences, 1990.

總結與展望

研究成果

在人類即將面臨資源危機、能源危機、環境保護等問題的今天，研究微泡浮選的關鍵技術及微泡生成的理論具有重要的理論意義和實際應用參考價值。本專著以國家自然科學基金項目「微泡形成與微泡浮選的三相流動力學機理及評價體系研究」、「流體型微泡生成及微泡氣浮對水處理的作用機理研究」以及雲南省自然科學基金項目「微泡浮選三相流力學機理及應用研究」的研究為基礎，從流體力學的基本理論出發，在湍流模型的基礎上提出了多相湍流封閉模型，根據雙流體模型的基本思想，建立了描述微泡發生器內流體流動的氣、固、液三相流混合模型。同時，運用計算流體力學軟件FLUENT模擬計算了流體型微泡發生器內氣液兩相流及氣固液三相流的流動狀態，得出了一些有價值的結論。並在進一步優化操作參數及結構參數的基礎上進行了相關的實驗及實驗分析。本專著為微細難選物料的微泡浮選中的關鍵技術提供了理論及實際應用的依據，並對流體型微泡發生器的設計與實驗提供了有效的方法，具有重要的理論意義和應用參考價值。本專著完成了以下研究內容：

（1）分析研究了資源問題、目前礦產資源的特點、微泡浮選的作用及其關鍵技術，資源高效綜合利用、微細粒礦物選別、再生資源利用、尾礦再選等，已經成為21世紀人類面臨的重要任務。

（2）分析研究了流體型微泡發生器的微泡生成機理、微泡形成的理論。對氣泡尺寸和氣泡行為、氣泡的聚並與破碎規律、氣泡的分散與結群、氣泡與礦漿間的相互作用、氣泡尺寸大小和穩定性的影響因素等進行了研究分析，建立了單顆粒氣泡與單顆粒礦粒因碰撞粉碎成微泡的力學機理模型。

（3）研究了微泡浮選中的氣、固、液三相流力學理論，分析了微泡形成、運動、變化的規律以及影響微泡生成的主要因素，在湍流模型的基礎上，提出了多相湍流封閉模型，根據雙流體模型的基本思想，建立了描述微泡發生器內流體流動的氣、固、液三相流混合模型。

（4）設計了射流式、旋流式、混流式、自吸式剪切流微孔等流體型微泡發生器的數字樣機，基於計算流體動力學理論，利用計算機仿真技術，對微泡浮選的關鍵技術及裝置——微泡發生器進行數值模擬仿真分析。

（5）根據CFD的理論和計算機仿真技術，從兩相流、三相流兩個方面進行了數值模擬計算研究，定性、定量地分析了流體型微泡發生器內流場各處的速度、壓力和各相耦合強度等重要參數，得出了一些有價值的結論，為流體型微泡發生器的設計和改進提供了依據和有價值的參考。

（6）基於建立的三相流理論和流體型微泡發生器的設計理論，從浮選礦漿的濃度、節約能源等角度出發，設計、製造、安裝、調試了微泡發生器物理樣機以及微泡發生器的實驗裝置。

（7）建立了微泡發生器性能分析評價系統。分析了系統的功能要求、組成結構和總體實現方法，將其分成了結構參數化建模、解算與操作參數離散、數據分析和數據查詢與管理四大模塊。對每個模塊進行了功能分析、實現方法和程序開發三個方面的研究，分析了影響微泡發生器性能的結構參數，實現了對微泡發生器進行多結構參數組合、多操作參數組合、批量化、自動化和有序化的分析，根據相關的指標能夠對性能進行評價，同時能夠對大量的數據進行有效的管理。對微泡發生器的性能分析和評價進行了相關研究，為優化微泡發生器性能，提供了幫助。

（8）研究了礦漿和礦化泡沫層之間物理特性的差異，根據礦漿、礦化泡沫層以及空氣層之間的電導率差異實現液位高度和礦化泡沫層厚度的檢測。設計了一種以介質電導率差異為基礎的電導率液位傳感器及整個檢測裝置，可以同時完成對礦漿液位（工作背壓）和礦化泡沫層厚度的測量。實現了用電導法對液位高度、泡沫層厚度進行檢測。

（9）進行了一系列不同操作參數及結構參數對微泡生成的影響的實驗研究。實驗結果論證了三相流理論和流體型微泡發生器的設計理論的正確性，驗證了數值模擬計算的正確性。本專著為流體型微泡發生器的設計與實驗提供了有效的方法，為微泡浮選研究提供了有價值的參考。

展望

由於本專著研究的內容涉及的範疇較廣，理論研究還有待進一步地深入，所進行的實驗研究僅是以微泡發生器性能的定性實驗研究為主，實驗裝置還有待進一步地改進；研究工作在以下幾個方面有待進一步地深入：

（1）在氣、固、液三相流混合模型中，為使方程組封閉，引入了各種湍動模型，其中包含了假設和經驗常數；對相變機理的詮釋還不是很充分，在連續方程的建立中沒有考慮這個因素，只是在提出多相湍流封閉模型時體現了這一概念，有必要建立既適合於工程分析需要又便於理論分析的模型。

（2）在實驗研究中進行的微泡發生器的各種操作參數及結構參數的實驗，只是定性地或較粗地進行定量實驗效果分析，獲得的實驗數據對工程問題有一定指導意義和參考價值，但不一定是工程應用中的最優結果。

（3）微泡發生器的實驗裝置雖然基本能滿足實驗要求，但還比較簡單。為了建立一個能進行各種微泡發生器的性能實驗、進行微泡浮選的工業實驗研究的平臺，有待於進一步地改進和完善實驗裝置，在實驗裝置的動力、自動化、自動檢測等方面，還有大量的工作要做。

（4）在探索建立的三相流理論、數值模擬仿真方法及實驗裝置的基礎上，可以進一步進行微細物料的性別、工業廢水處理、廢紙脫墨等實際應用的理論分析、計算機數值模擬仿真以及實驗研究。

（5）在流體裝置和設備的開發設計中，可以採用本專著探索的方法，在理論研究的基礎上，先進行虛擬樣機的計算機數值模擬仿真研究，再進行物理樣機設計開發，最后形成產品。這樣既可以節約成本、縮短開發實驗週期，又可以獲得性能質量較高的產品。

希望本研究能為微細物料的性別、微泡浮選、微泡發生器的研究提供有價值的參考，為三相流理論的研究、流體裝置和設備的研發，提供有價值的參考和有效的研究方法。

李浙昆

國家圖書館出版品預行編目(CIP)資料

微泡發生器流體動力學機理及其仿真與應用 / 李浙昆 著. -- 第一版.
-- 臺北市：崧博出版：崧燁文化發行，2018.09

面；　公分

ISBN 978-957-735-468-6(平裝)

1. 流體力學

332.6　　　　　107015202

書　　名：微泡發生器流體動力學機理及其仿真與應用
作　　者：李浙昆 著
發 行 人：黃振庭
出 版 者：崧博出版事業有限公司
發 行 者：崧燁文化事業有限公司
E-mail：sonbookservice@gmail.com
粉絲頁　　　　　網　址：
地　　址：台北市中正區重慶南路一段六十一號八樓 815 室
8F.-815, No.61, Sec. 1, Chongqing S. Rd., Zhongzheng Dist., Taipei City 100, Taiwan (R.O.C.)
電　　話：(02)2370-3310　傳　真：(02) 2370-3210
總 經 銷：紅螞蟻圖書有限公司
地　　址：台北市內湖區舊宗路二段 121 巷 19 號
電　　話：02-2795-3656　傳真：02-2795-4100　網址：
印　　刷：京峯彩色印刷有限公司（京峰數位）

本書版權為西南財經大學出版社所有授權崧博出版事業有限公司獨家發行
電子書繁體字版。若有其他相關權利及授權需求請與本公司聯繫。

定價：600 元
發行日期：2018 年 9 月第一版
◎ 本書以POD印製發行